"十三五"国家重点出版物出版规划项目
材料科学研究与工程技术系列

功能材料概论

An Introduction to Functional Materials

● 殷景华　王雅珍　鞠 刚　主编

哈爾濱工業大學出版社

内容简介

本书由五大部分组成。第一部分是功能材料的科学基础，包括晶体学基础及材料性能、高分子基础；第二部分是金属功能材料，包括超导材料、贮氢合金、形状记忆合金、非晶态合金、磁性材料；第三部分是无机非金属功能材料，包括半导体材料、光学材料、精细功能陶瓷、功能转换材料；第四部分是功能高分子材料，包括高分子试剂及固相合成、高分子催化剂、固定化酶及高分子螯合剂、感光及导电性高分子材料、高分子药物；第五部分是低维功能材料，包括功能薄膜材料、新型功能材料等。

本书可作为高等学校材料学科各专业本科生教材，亦可作为研究生教学参考书，也可供从事材料研究与应用工作的科技人员参考。

图书在版编目(CIP)数据

功能材料概论/殷景华，王雅珍，鞠刚主编.—哈尔滨：哈尔滨工业大学出版社，2017.8(2023.7 重印)
ISBN 978-7-5603-6861-0

Ⅰ.①功… Ⅱ.①殷… ②王… ③鞠… Ⅲ.①功能材料-概论 Ⅳ.①TB34

中国版本图书馆 CIP 数据核字(2017)第 191001 号

策划编辑 许雅莹 张秀华
责任编辑 张秀华
封面设计 卞秉利
出版发行 哈尔滨工业大学出版社
社　　址 哈尔滨市南岗区复华四道街 10 号 邮编 150006
传　　真 0451-86414749
网　　址 http://hitpress.hit.edu.cn
印　　刷 哈尔滨市工大节能印刷厂
开　　本 787mm×1092mm 1/16 印张 19 字数 460 千字
版　　次 2017 年 8 月第 1 版 2023 年 7 月第 6 次印刷
书　　号 ISBN 978-7-5603-6861-0
定　　价 36.00 元

前　言

能源、信息和材料是现代文明的三大支柱，而材料又是一切技术发展的物质基础。功能材料是指具有特定光、电、磁、声、热、湿、气、生物等特性的各类材料。这些材料在能源、计算技术、通信、电子、激光、空间、医药等现代技术中有着广泛的应用。

材料科学的迅速发展，要求即将成为材料工作者的在校本科生、研究生有一个较高的学习起点，掌握这一领域的基本知识、概念和方法，并能够独立地学习和掌握更多的知识，能够接触一些材料科学前沿领域和新的进展。本书是在这种思想指导下，根据国家教育部1998年调整的最新专业目录和全国材料工程类专业教学指导委员会的精神，为材料科学与工程专业学生编写的教科书。

本书是作者在使用多年功能材料讲义的基础上，修改补充而成的。全书共分18章，分别介绍了超导、贮氢合金、形状记忆合金、非晶态合金、磁性材料、半导体材料、微电子器件材料、光学材料、功能陶瓷、纳米材料、功能转换材料、高分子试剂、高分子催化剂、高分子螯合剂、感光导电性高分子、功能薄膜、新型功能材料等内容。

在此基础上，书中介绍了目前材料领域较热的有机发光材料，聚合物光析变材料，光存储材料和碳纳米管、石墨烯等内容。

我们希望通过上述内容的介绍，使读者对功能材料的性能、制备、应用有一定的了解和掌握。

本书第1章，第8～13章(其中第10章10.4.6，10.8，10.9；第12章12.6.2，12.6.3由王玥编写)和第17～18章由殷景华编写；第2章和第14～16章由王雅珍编写；第3～7章由鞠刚编写。本书由顾大明，杨尚林主审。

由于时间仓促，编者学识、水平有限，书中不当之处在所难免，诚恳欢迎读者批评指正。

编　者

2016年7月

目　　录

第1章　晶体学基础及材料性能

1.1　晶体特征

1.1.1　空间点阵

原子或分子结合成金属和陶瓷时,形成晶体。在晶体中,原子和原子集团在三维空间中有规律分布。如果将每一个可重复的单位用一个点来表示,就能形成一个有规则的三维点阵,称为空间点阵。图1.1为二维晶体结构和空间点阵示意图。为了便于分析各种晶体中原子排列的规律,空间点阵常用空间格子来表示,如图1.2(a)所示,这种空间格子称为晶格。由于晶格具有周期性,可取一单位体积(平行六面体)作为重复单元,来概括整个晶格的特征。这样选取的重复单元称为原胞,如图1.2(b)所示。

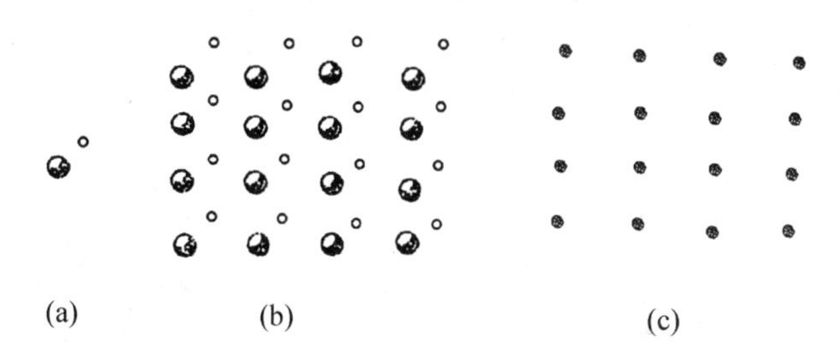

图1.1　二维晶体结构和空间点阵示意图
(a)包含两种原子的结构单元；(b)晶体结构；(c)空间点阵

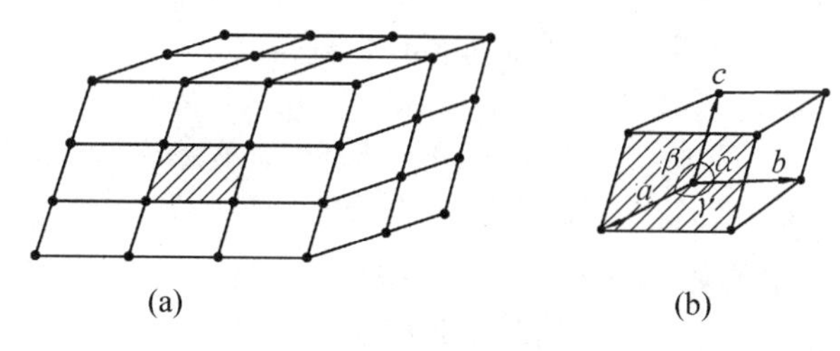

图1.2　晶格和原胞
(a)晶格；(b)原胞

空间点阵就其对称性,可以分为十四种类型,见图1.3,隶属于七个晶系。

1.1.2　晶面指数

在晶体中,为了表达与晶轴相关的晶面方向或晶向,常使用三个整数,称为密勒指数。如图1.4所示,设有一晶面与 $\boldsymbol{a}$,$\boldsymbol{b}$,$\boldsymbol{c}$ 轴交于 $\boldsymbol{M}_1$,$\boldsymbol{M}_2$,$\boldsymbol{M}_3$ 三点,通过求出三个截距值倒数的最小整数比,即可得到该晶面的晶面指数(236)。图1.5中标出了晶体中一些晶面的

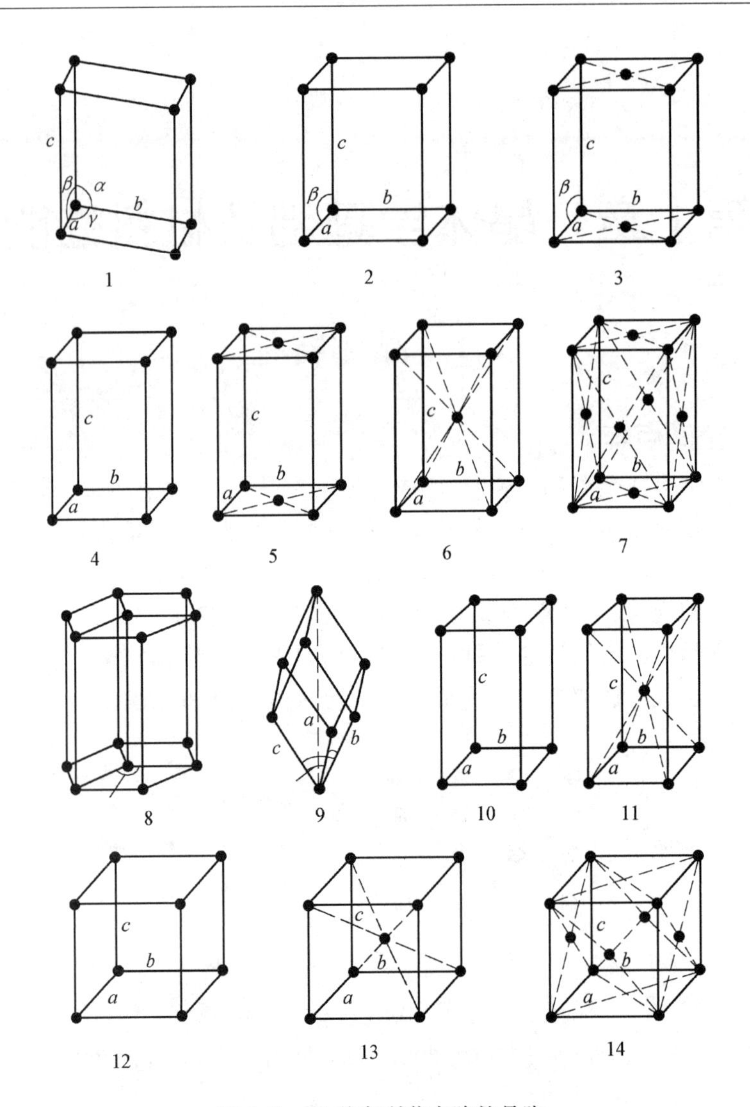

图 1.3　14 种布喇菲点阵的晶胞

1—简单三斜;2—简单单斜;3—底心单斜;4—简单正交;5—底心正交;6—体心正交;7—面心正交;8—简单六方;9—简单菱形;10—简单正方;11—体心正方;12—简单立方;13—体心立方;14—面心立方

密勒指数。密勒指数简单的晶面,如(100),(110),晶面上原子聚集密度较大,晶面之间的距离较大,结合力较弱,易分裂,这样的晶面为解理面。

1.1.3　对称性

晶体具有一定的对称性,晶体的对称性是指晶体经过某些对称操作后仍然能回复原状的特性。基本的对称操作为旋转与反映,对称操作所依赖的几何要素,如点、线、面,称为对称元素。

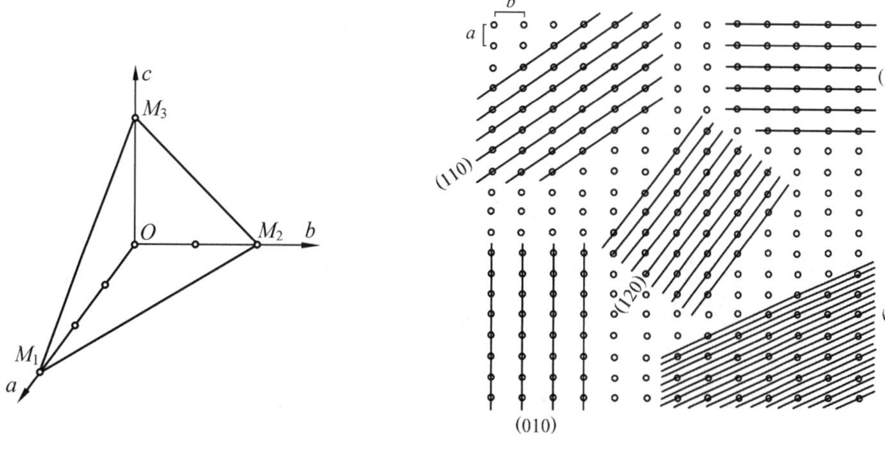

图 1.4　晶面指数　　图 1.5　晶面指数与面间距

1.2　化学键与晶体类型

研究表明，当自由原子结合成晶体时，其最外层价电子的分布情况将要发生变化，并由此产生不同类型的结合力，晶体的结构和性质则主要决定于组成晶体的原子结构以及它们之间结合力的性质。

1.2.1　离子键与离子晶体

原子间最简单的作用力是离子键，它产生于正、负电荷之间的静电引力，典型的离子晶体是元素周期表中ⅠA 族的碱金属元素 Li，Na，K，Rb，Cs 和ⅦA 族的卤族元素 F，Cl，Br，I之间形成的化合物晶体。这种晶体是以正、负离子为结合单元的，最典型的结构有两种：一种是 NaCl 型结构，配位数为 6；另一种是 CsCl 型结构，配位数为 8。离子晶体结构稳定，结合能较大，具有导电性差、熔点高、硬度高和膨胀系数小等特点。大多数离子晶体对可见光是透明的，但在红外区域有一个特征吸收峰。

1.2.2　共价键与原子晶体

在晶体中，一对为两个原子所共有的自旋相反、配对的电子结构称为共价键。共价键有两个基本特点：饱和性和方向性。ⅣA ~ ⅥA 族元素是共价键结合，大多数共价键的最大数目符合 $8-N$ 定则，其中 N 为原子的价电子数目，并且原子总是在其价电子波函数最大的方向上形成共价键。

元素周期表中第ⅣA 族元素 C（金刚石），Si，Ge，Sn（灰锡）的晶体是这类晶体的典型代表，它们的结构是金刚石结构。共价键结合是一种强的结合，晶体有很高的熔点和硬度，如金刚石是目前所知最硬的晶体，其熔点高达 3 550 ℃。同时，共价晶体中价电子定域在共价键上，因而其导电性很弱，一般属于绝缘体或半导体。

1.2.3　金属键与金属晶体

金属键的基本特征是电子为晶体共有，即原属于各原子的价电子不再束缚在原子上，可在整个晶体内运动(可视为离域的共价键),原子间结合较强。多数金属晶体以面心立方排列,配位数为12。

金属具有良好的导电性、导热性及高延展性,其熔点较高。

1.2.3　范德华力与分子晶体

分子晶体的结合是依靠分子之间的作用力,这种作用力称为范德华力,其作用范围为0.2~0.5 nm,一般不具有方向性和饱和性。

惰性元素在低温下形成典型非极性分子晶体。Ne,Ar,Kr,Xe的晶体是面心立方结构。它们是透明的绝缘体,熔点较低,分别为24 K,84 K,117 K和161 K,温度升高时,易升华。

1.3　晶体结构

1.3.1　元素的晶体结构

表1.1把元素的晶体结构分为三类。周期表左面的元素属于第一类,它们都是金属,具有面心立方、六方和体心立方等密堆积型的晶体结构,如图1.6所示。

表1.1　元素的晶体结构*

IA	IIA	IIIB	IVB	VB	VIB	VIIB	VIII			IB	IIB	IIIA	IVA	VA	VIA	VIIA
Li b.	Be c.											B hex	C			
Na b.	Mg c.											Al f.	Si	P	S	Cl
K b.	Ca f.c.	Sc f.c.	Ti c.	V b.	Cr b.c.	Mn cub	Fe b.f.	Co c.f.	Ni f.c.	Cu f.	Zn hex	Ga orh	Ge	As	Se	Br
Rb b.	Sr f.	Y c.	Zr c.b.	Nb b.	Mo b.	Tc c.	Ru c.	Rh f.cub	Pd f.	Ag f.	Cd hex	In tet	Sn	Sb	Te	I
Cs b.	Ba b.	La c.f.	Hf c.	Ta b.	W b.cub	Re c.	Os c.	Ir f.	Pt f.	Au f.	Hg rho	Tl c.f.	Pb f.	Bi		
			Th f.		U orh											
第一类结构											第二类结构			第三类结构		

* 表中,b为体心立方,c为六方密堆积,f为面心立方密堆积,cub为立方,hec为六方,orh为正交,tet为四方,rho为三方

周期表右面的元素属于第三类结构,它们是非金属。由于形成共价键,这类结构的配位数不超过8,遵守8-*N*规则,*N*为非金属元素在周期表中所处的族数。图1.7(a)为碘的晶体结构,配位数为2,形成链状结构;图1.7(b)为Te的结构,配位数为3,形成层状结构;图1.7(c)为As的结构,配位数为4,形成三维伸展的网状结构。

处于周期表中间的一些少数元素属于第二类结构。它们之中锌和镉虽属六方结构,但不是密堆积。汞是简单三方结构,镓的结构复杂。具有六方密堆积的α-Tl,具有面心立方的铅以及具有四方结构的铟,在结构上均相似于金属,但从原子间距上看,结构中却存在着原子部分离解。硼和锡结构介于第二类和第三类结构之间。

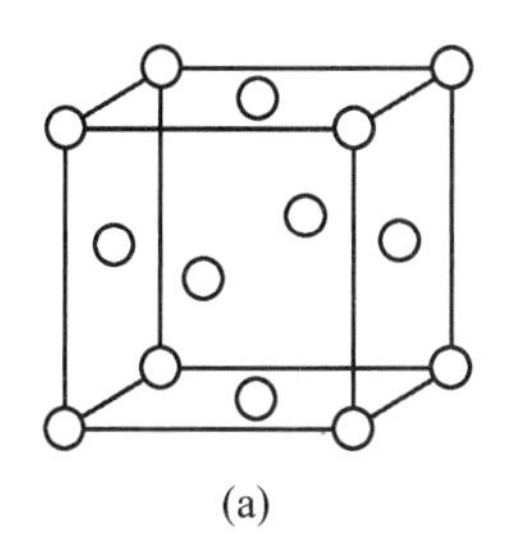
(a)

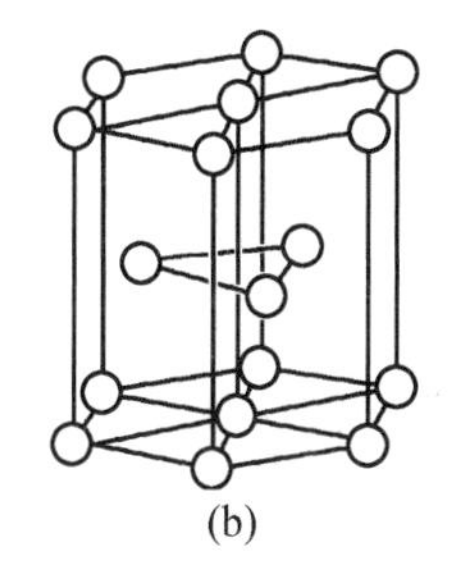
(b)

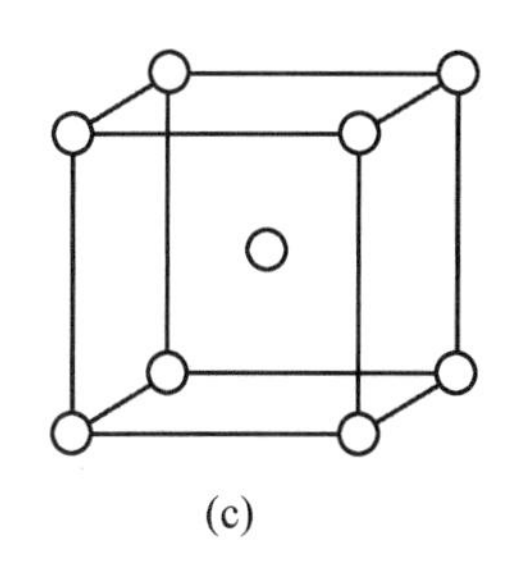
(c)

图 1.6　典型密堆积型的金属晶体结构
(a)面心立方；(b)六方密堆积；(c)体心立方

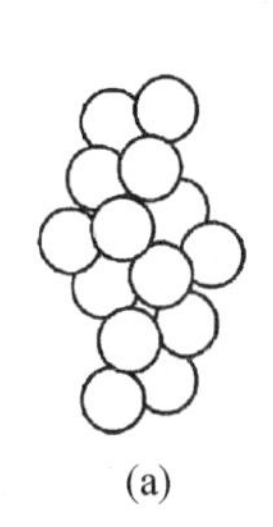
(a)

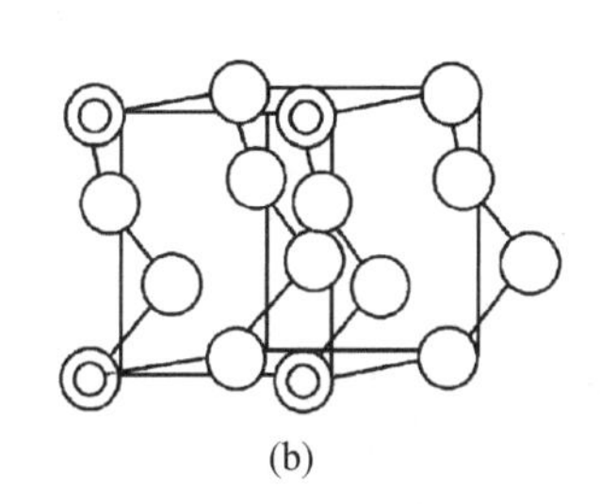
(b)

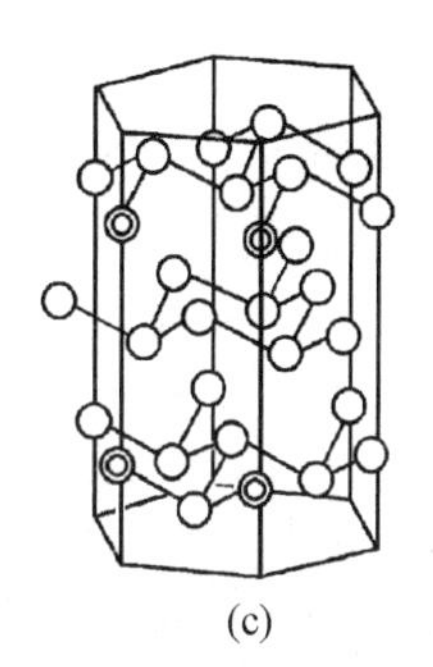
(c)

图 1.7　典型非金属的晶体结构
(a)碘的晶体结构；(b)碲的晶体结构；(c)砷的晶体结构

有些元素具有一种以上的结构形式，称其为同素异构体。一种元素是否有同素异构体，如果有，它的每种同素异构体在什么条件下生成，均取决于元素本身特性以外的温度、压力等外部条件。碳可以立方金刚石结构存在，也可以六方石墨结构存在。把石墨变成金刚石需 1 000 ℃以上的高温及巨大压强。铁的情形有所不同，具有体心立方的 α-Fe，在室温稳定存在，当温度升至 906～1 400 ℃时，具有面心立方的 γ-Fe 取代了 α-Fe 成为主要晶型；当温度从 1 400 ℃升至熔点 1 535 ℃时，晶型又变回体心立方 δ-Fe。

1.3.2　典型晶体结构

氯化钠（NaCl）具有面心立方结构。每个结构单元含一个钠离子和一个氯离子，该结构可认为是分别由钠离子和氯离子组成的两个相同的面心立方格子，沿体对角线相对位移 1/2 对角线长度套构而成，如图 1.8 所示。属于 NaCl 结构的一些有代表性的晶体，见表 1.2，其中 a 为晶格常数。

表 1.2　具有氯化钠结构的晶体

晶体	a/nm	晶体	a/nm
LiH	0.408	AgBr	0.577
NaCl	0.563	MgO	0.422
KCl	0.629	MnO	0.443
PbS	0.592	kBr	0.659

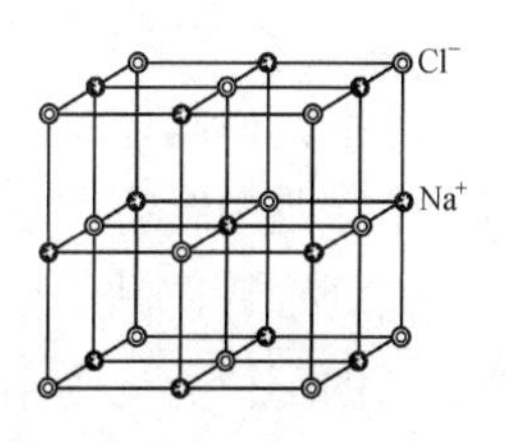

图 1.8　氯化钠晶体结构

氯化铯(CsCl)具有简单立方结构,如图 1.9 所示。铯离子和氯离子分别组成两个相同的简单立方格子,沿体对角线相对位移 1/2 的长度套构而成。具有 CsCl 结构的一些晶体,见表 1.3。

金刚石具有面心立方结构,每个结构单元包含两个原子。金刚石结构可认为是由两个相同的面心立方格子,沿体对角线相对位移 1/4 的长度套构而成,如图 1.10 所示。

半导体锗和硅具有金刚石结构,这种结构空隙较大,杂质原子容易在这些材料中扩散,这一特性被应用到半导体器件的制作技术中。

如果把金刚石结构中的两个面心立方晶格上的碳原子,一个换成锌原子,另一个换成硫原子,则形成闪锌矿结构,如图 1.11 所示。一些重要的化合物半导体材料,如砷化镓、锑化铟等晶体都具有闪锌矿结构,而且在[111]轴的上下两个方向上,表现出不同性质,其生长速率和腐蚀速率不相同,如图 1.12 所示。属于闪锌矿结构的晶体还有 CuF,CuCl,ZnSe,CdS,InAs,SiC 和 AlP。

表 1.3 具有氯化铯结构的晶体

晶体	a/nm	晶体	a/nm
CsCl	0.411	CuZn	0.294
TLBr	0.397	AgMg	0.328
TLI	0.420	LiHg	0.329
NH_4Cl	0.387	AlNi	0.288
CuPd	0.299	BeCu	0.270

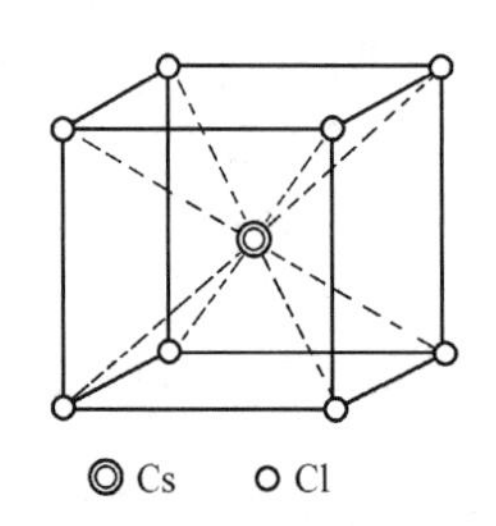

图 1.9 氯化铯晶体结构

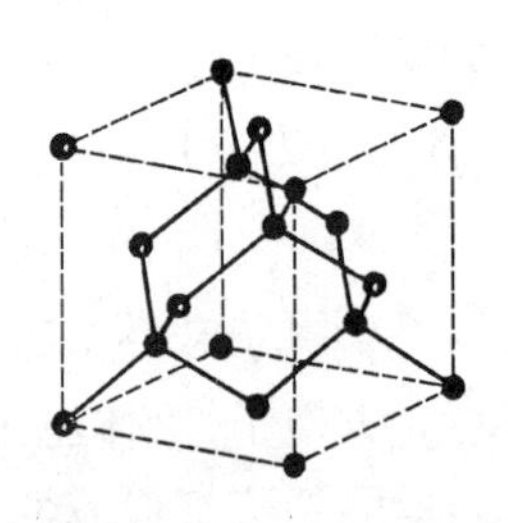
图 1.10 金刚石晶体结构

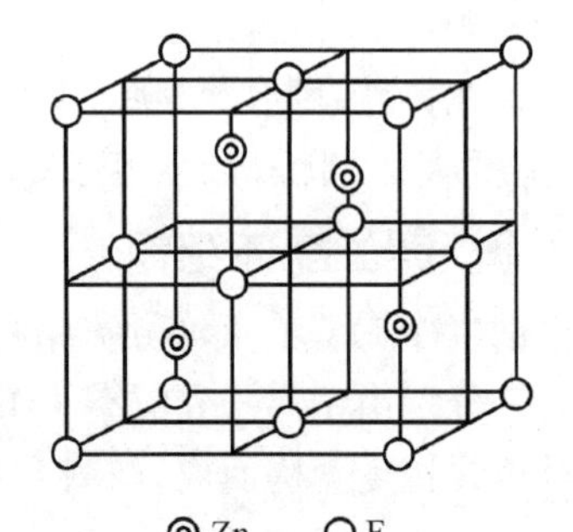

图 1.11 闪锌矿晶体结构

纤维锌矿晶体结构属于六方晶系,晶格常数为 a=0.384 nm,c=0.5180 nm。在一个结晶学原胞中含有两个 Zn 原子、两个 S 原子,纤维锌矿晶体结构,如图 1.13 所示。

在纤维锌矿晶体结构中,S^{2-}构成六方最紧密堆积,而 Zn^{2+} 占有 1/2 四面体空隙中,两种离子的配位数均为 4。属于纤维锌矿型结构的晶体有 CuBr,CuI,AgI,ZnO,CdS,CdSe,ZnSe,BN,GaN,AlN 等晶体。

萤石(CaF_2)晶体属于立方晶系,面心立方晶格,晶格常数a=0.545 nm。在一个结晶学原胞中含有 4 个 Ca 离子和 8 个 F 离子。整个萤石晶体结构可看作是三个相同的面心

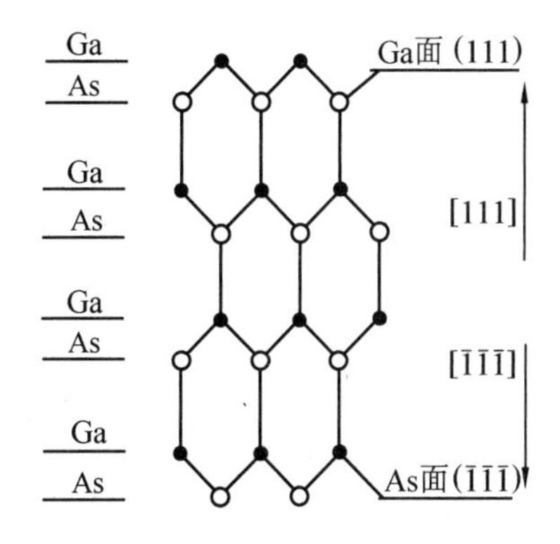

图1.12　砷化镓晶体的

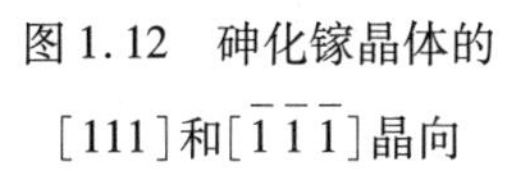
[111]和[1̄1̄1̄]晶向

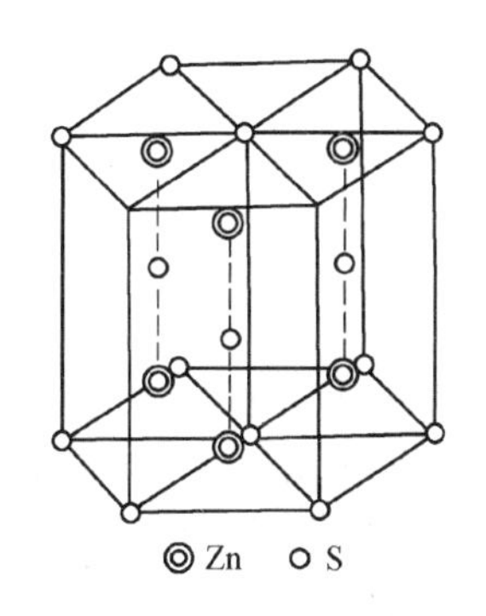

图1.13　纤维锌矿晶体结构

立方点阵套叠而成,其结构如图1.14所示。Ca^{2+}的配位数为8,F^{-}的配位数为4。属于萤石结构的晶体有BaF_2,CdF_2,ZrO_2,CeO_2等晶体。

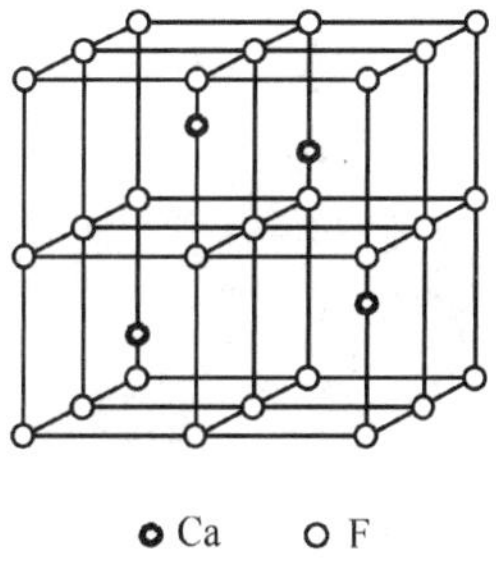

钙钛矿($CaTiO_3$)型结构是以天然钙钛矿命名的。在钙钛矿结构中,Ca^{2+}和O^{2-}共同构成近似立方最紧密堆积,Ca^{2+}周围有12个O^{2-},每一个O^{2-}被4个Ca^{2+}包围,Ti^{4+}占据着由O^{2-}形成的全部八面体空隙,$CaTiO_3$晶体结构模型,如图1.15所示。

Ca　F

图1.14　氟化钙晶体结构

理想的钙钛矿型结构属立方晶系,但许多属于这种结构的晶体却扭曲为正方、斜方或单斜晶系的晶体,这种扭曲与晶体的压电、热释电和非线性光学性质有着密切的关系,已成为一类十分重要的技术晶体。属于钙钛矿结构的晶体有$BaTiO_3$,$PbTiO_3$等。

图1.16为尖晶石(AB_2O_4)的紧密堆积。在尖晶石结构中,能相互代替的三价元素有Fe^{3+},Al^{3+},Cr^{3+},Mn^{3+},二价元素有Mg^{2+},Fe^{2+},Zn^{2+},Mn^{2+}。该晶体属立方晶体,晶胞内含有8个分子。在天然矿物中有以下几种尖晶石型矿物:锌尖晶石($ZnAl_2O_4$),铁尖晶石($FeAl_2O_4$),锰尖晶石($MnAl_2O_4$)和镁铁尖晶石[$Fe^{3+}(MgFe^{3+})O_4$]等。

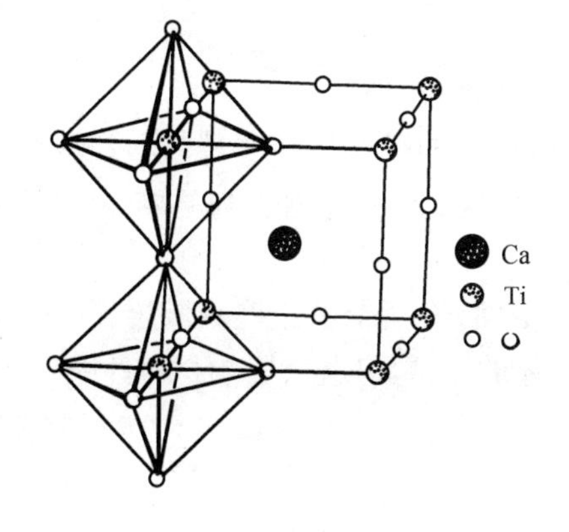

图1.15　钙钛矿($CaTiO_3$)的晶体结构模型

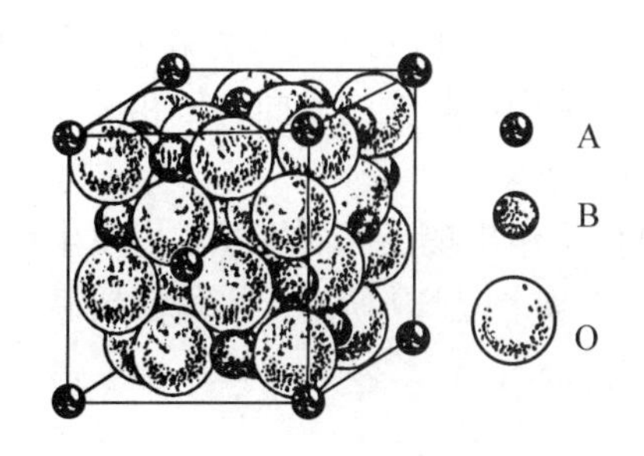

图1.16　尖晶石的紧密堆积

1.4　晶体缺陷

实际晶体总是有各种缺陷，功能材料的一些性能与这些缺陷密切相关。晶体缺陷按它们的几何形状分为点缺陷、线缺陷和面缺陷。

1.4.1　点缺陷

点缺陷在三维空间中各个方向上的尺寸都很小，如空位、间隙原子、杂质原子等，如图1.17所示。半导体材料对杂质非常敏感，其性能可以发生几个数量级的变化。

1.4.2　线缺陷

线缺陷即为位错。晶体中最简单的位错是刃型位错和螺型位错，如图1.18所示。晶体中位错的量常用位错密度表示，单位体积中所包含的位错线总长度称为位错密度。位错密度对晶体的机械性能以及某些电学、磁学和光学性能都有显著影响。

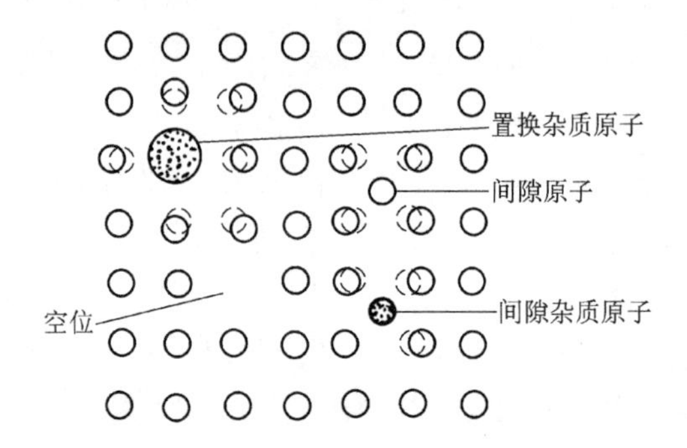

图1.17　点缺陷示意图

1.4.3　面缺陷

主要的面缺陷是表面、界面和堆垛层错。表面层的原子既受到体内原子的束缚，又受环境影响，所以表面的组成和结构在很大程度上与形成条件及随后的处理有关，表面对材料和器件的性能影响很大。

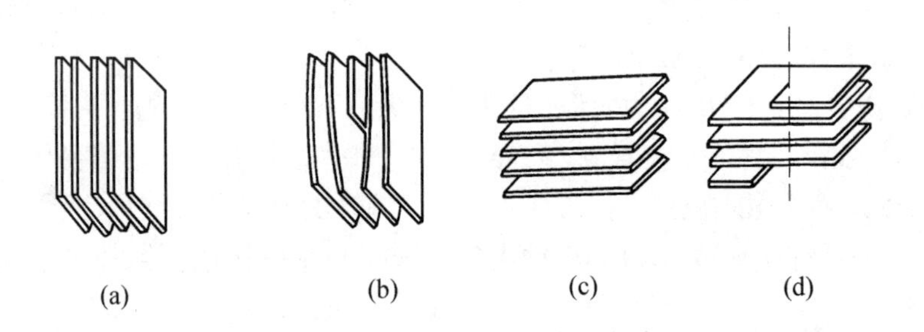

图1.18　晶体中原子平面示意图

(a)完整晶体；(b)含有刃型位错的晶体；(c)完整晶体；(d)含有螺型位错的晶体

多晶体中各晶粒的取向各不相同，不同取向晶粒之间的接触面为晶界，晶界能阻止沿位错的运动。

堆垛层错出现于晶面堆积顺序发生错误的层面，将两个不正确堆垛层面隔开的就是堆垛层错，如图1.19所示。堆垛层错破坏了晶体的正常周期性，影响材料性能。

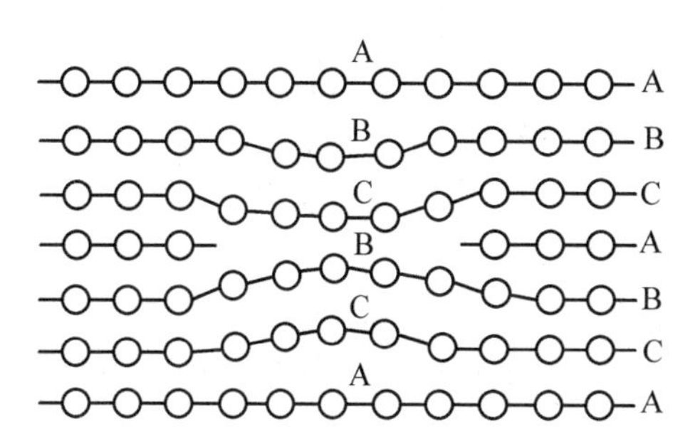

图 1.19　堆垛层错

1.5　导体、半导体和绝缘体

固体中含有大量的电子，但不同固体中的电子导电性相差很大，导体的电阻率为 $10^{-5} \sim 10^{-4}\Omega \cdot cm$，半导体的电阻率为 $10^{-4} \sim 10^{10}\Omega \cdot cm$，绝缘体的电阻率可高达 $10^{10} \sim 10^{22}\Omega \cdot cm$。固体能带理论可以说明导体、半导体和绝缘体的区别。

1.5.1　能带填充与晶体导电性

当大量原子构成固体时，电子能级结构发生很大变化，能级会极端密集，形成能带。

对于 N 个原胞组成的晶体，简约布里渊区中可取 N 个不同的波矢 $\boldsymbol{k}$，标志单电子态，每个能带可容纳 $2N$ 个电子。$\boldsymbol{k}$ 态电子以速度 $\boldsymbol{V}(\boldsymbol{k}) = \nabla_k E/\hbar$ 运动，并产生电流 $\boldsymbol{J}=-e\boldsymbol{V}(\boldsymbol{k})$。由于能带结构函数具有反演对称性，$E(\boldsymbol{k})=\boldsymbol{E}(-\boldsymbol{k})$，$-\boldsymbol{k}$ 态电子的速度与 $\boldsymbol{k}$ 态电子速度等值反号，$\boldsymbol{V}(-\boldsymbol{k}) = -\boldsymbol{V}(\boldsymbol{k})$，所以 $-\boldsymbol{k}$ 态电子产生的电流 $\boldsymbol{J}(-\boldsymbol{k}) = -e\boldsymbol{V}(-\boldsymbol{k}) = e\boldsymbol{V}(\boldsymbol{k})$，恰好与 $\boldsymbol{k}$ 态电子产生的电流相抵消。

若一个能带被 $2N$ 个电子填满，则一切 $\boldsymbol{k}$ 与 $-\boldsymbol{k}$ 态所产生的电流正好一一抵消，不会产生电流，并且电场不改变满带中电子的分布。因此，可以得到满带中的电子不导电的结构。

若一个能带被电子部分填充，$T=0$ K，无外场时，电子填充至费米面，费米面内的态均有电子，这些态对 $\boldsymbol{k}$ 空间的原点是对称分布的。费米面内的 $\boldsymbol{k}$ 态与 $-\boldsymbol{k}$ 态对电流的贡献一一相互抵消，不存在宏观电流。若存在外电场，由于电场的作用，电子在布里渊区中的分布不再是对称，总的电流不为零。若 $T>0$ K，情况大致与 0 K 相似，只是比费米能 E_F 高约 $k_B T$ 的态有一定的几率成为非空态。因此，得到部分填充能带中的电子可以导电的结论。

1.5.2　导体、半导体和绝缘体的区别

由上面讨论可知，在电场的作用下，一个充满了电子的能带不可能产生电流，如果孤立原子的电子都形成满壳层，当有 N 个原子组成晶体时，能级过渡成能带，能带中的状态是能级中的状态数目的 N 倍，因此，原有的电子恰好充满能带中所有的状态，这些电子并不参与导电。相反，如果原来孤立原子的壳层并不满，如金属钠，一共有 11 个电子

($1s^22s^22p^63s^1$),当 N 个原子组成晶体时,3s 能级过渡成能带,能带中有 $2N$ 个状态,可以容纳 $2N$ 个电子。但钠只有 N 个 3s 电子,因此能带是半满的,在电场作用下,可以产生电流。周期表中第一族元素的价电子都处于未被充满的带中,它们都是金属,这种能带称为价带。碱土金属由于其 s 能带和较高的能带有交叠,价电子仍在不满的能带中参与导电,使其晶体具有金属的性质。

绝缘体的价电子把价带填满,上面的空带与价带之间存在一个较宽的禁带。在非强电场作用下不会产生电流如图 1.20 所示。其中 E_C 为导带底,E_V 为价带顶,E_F 为费米能级,E_g 为禁带宽度。

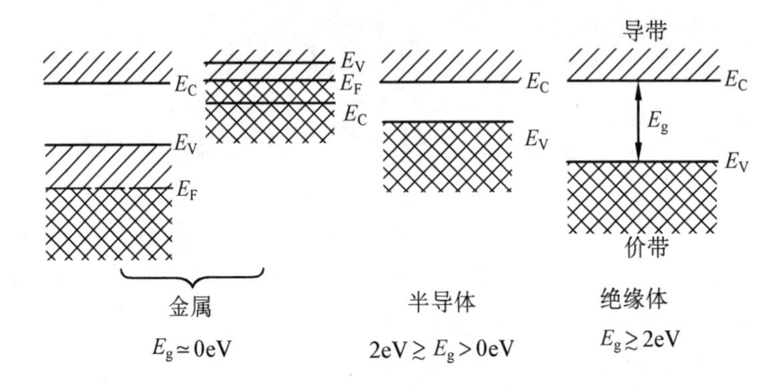

图 1.20　金属、半导体和绝缘体的能带结构

半导体的能带结构,与绝缘体的能带相似,只是禁带较窄。禁带宽度在 2 eV 以下,通过热激发,把满带的电子激发到空带,而具有导电能力。由于热激发的电子数目随温度按指数规律变化,所以半导体的电导率随温度的变化也是呈指数的,这是半导体的主要特征。

1.6　功能材料的性能

1.6.1　半导体电性

根据能带理论,晶体中并非所有电子或价电子参与导电,只有导带中的电子或价带顶部的空穴才能参与导电。由于半导体禁带宽度小于 2 eV,在外界作用下(如热、光辐射),电子跃迁到导带,价带中留下空穴。这种导带中的电子导电和价带中的空穴导电同时存在的情况,称为本征电导。这类半导体称为本征半导体。

杂质对半导体的导电性能影响很大,例如在硅单晶中掺入十万分之一的硼原子,可使硅的导电能力增加一千倍,杂质半导体分为 n 型半导体和 p 型半导体,在四价的硅单晶中掺入五价的原子,成键后,多余一个电子,其能级离导带很近,易激发。这种多余电子的杂质能级称为施主能级。这类掺入施主杂质的半导体称为 n 型半导体,如图 1.21(a),其中 E_D 为施主能级。

若在硅中掺入三价原子,成键后少一个电子,在距价带很近处,出现一个空穴能级,这个空穴能级能容纳由价带激发上来的电子,这种杂质能级称为受主能级。受主杂质的半导体称为 p 型半导体，如图 1.21(b)，E_A 为受主能级。

n 型、p 型半导体的电导率与施主、受主杂质浓度有关。低温时，杂质起主要作用；高温时，属于本征电导性。

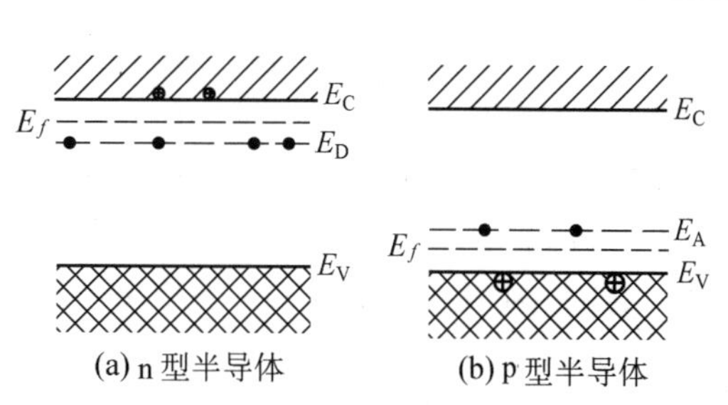

图 1.21　n 型与 p 型半导体能带结构

1.6.2　磁性

磁性是功能材料的一个重要性质，有些金属材料在外磁场作用下产生很强的磁化强度，外磁场除去后仍能保持相当大的永久磁性，这种特性叫铁磁性。过渡金属铁、钴、镍和某些稀土金属都具有铁磁性。铁磁性材料的磁化率可高达 10^6。铁磁性材料所能达到的最大磁化强度叫饱和磁化强度，用 $\boldsymbol{M}_s$ 表示。

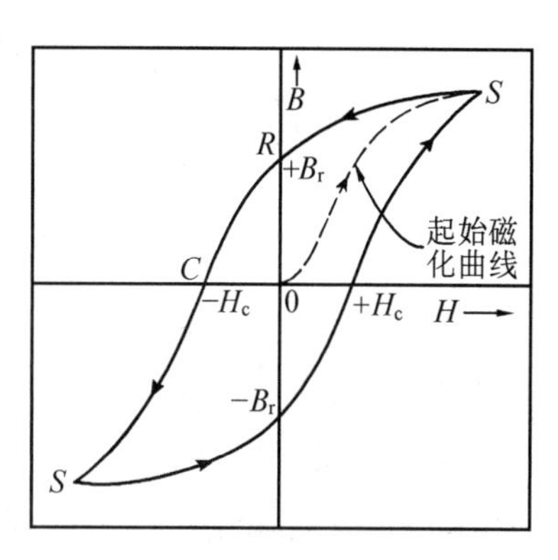

图 1.22　铁磁体和亚铁磁体的磁化曲线，退磁曲线和磁滞回线

抗磁性是一种很弱、非永久性的磁性，只有在外磁场存在时才能维持，磁矩方向与外磁场相反，磁化率大约为 -10^{-5}。如果磁矩的方向与外磁场方向相同，则为顺磁性，磁导率约为 $10^{-5}\sim10^{-2}$。抗磁材料和顺磁材料都被看作是无磁性的。

在有些非铁磁性材料中，相邻原子或离子的磁矩作反方向平行排列，总磁矩为零，这种性质为反铁磁性。Mn，Cr，MnO 等都属反铁磁性材料。

亚铁磁性是某些陶瓷材料表现的永久磁性，其饱和磁化强度比铁磁性材料低。

任何铁磁体和亚铁磁体，在温度低于居里温度 T_c 时，都是由磁畴组成，磁畴是磁矩方向相同的小区域，相邻磁畴之间的界叫畴壁。磁畴壁是一个有一定厚度的过渡层，在过渡层中磁矩方向逐渐改变。铁磁体和亚铁磁体在外磁场作用下磁化时，$\boldsymbol{B}$ 随 $\boldsymbol{H}$ 的变化，如图 1.22 所示。

1.6.3　超导性

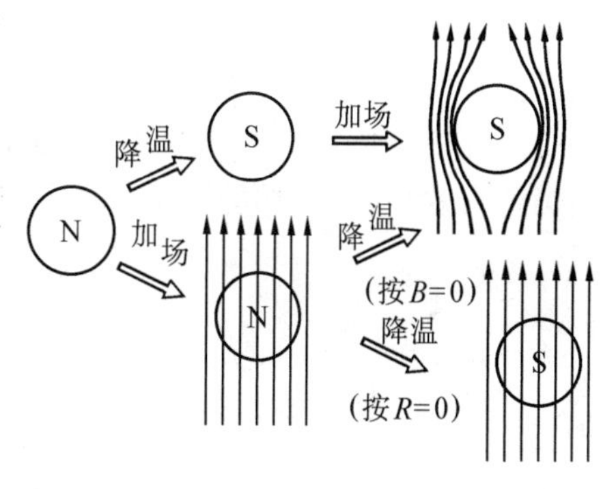

图 1.23　迈斯纳效应与理想导体情况比较

1911 年荷兰物理学家昂尼斯发现汞的直流电阻在 4.2 K 时，突然消失，他认为汞进入以零电阻为特征的“超导态”。通常把电阻突然变为零的温度称为超导转变温度，或临界温度，用 T_c 表示。

1933 年迈斯纳发现，超导体一旦进入超导态，体内的磁通量将全部被排出体外，磁感应强度恒等于零。这种现象称为迈斯纳效应，该效应展示了超导体与理想导体完全不同的磁性质。

所谓理想导体,其电导率 $\sigma=\infty$,由欧姆定律 $\boldsymbol{J}=\sigma\boldsymbol{E}$ 可知,其内部电场强度 $\boldsymbol{E}$ 必处处为零。由麦克斯韦方程 $\nabla\times\boldsymbol{E}=-\partial\boldsymbol{B}/\partial t$ 可知,当 $\boldsymbol{E}=0$,则 $\partial\boldsymbol{B}/\partial t=0$,表明超导体内 $\boldsymbol{B}$ 由初始条件确定,$\boldsymbol{B}=\boldsymbol{B}_0$。但实验结果表明(图 1.23),不论先降温后加磁场,还是先加磁场后降温,只要进入超导态(S 态),超导体就把全部磁通排出体外,与初始条件无关。

由此可知,电性质 $R=0$,磁性质 $\boldsymbol{B}=0$ 是超导体两个最基本的特性,这两个性质既彼此独立又紧密相关。

1950 年美国科学家 E · M · 麦克斯韦和 C · A · 雷诺兹分别独立发现汞的几种同位素临界温度各不相同,T_c 与相对原子质量的平方根成反比,即 $T_c\propto 1/M^{\alpha}(\alpha=1/2)$,汞同位素的临界温度,见表 1.4。

表 1.4 汞同位素的临界温度

汞相对原子质量 M	198	199.7	200.6	200.7	202.4	203.4
T_c/K	4.177	4.161	4.156	4.150	4.143	4.126

同位素相对原子质量越小,T_c 越高,这种现象称为同位素效应。该效应为探明超导转变的微观机制提供了一条重要线索。

1.6.4 光谱性质

人们关于原子和分子的大部分认识是以光谱研究为依据,从电磁辐射和材料的相互作用产生的吸收光谱和发射光谱中,可以得到材料与其周围环境相互作用的信息。

吸收光谱是指物质在光谱范围里的吸收系数按光频率分布的总体。一束光在通过物质之后它的强度就发生减弱,有一部分能量被物质吸收。各种类型的发光物质表现出不同的吸收光谱。由于吸收光谱直接表征发光中心与它的组成、结构的关系以及环境对它的影响,所以吸收光谱对发光材料的研究具有重要的作用。

发光物质发射光子的能量按频率(或波长)分布的总体称为该物质的发射光谱,也称荧光光谱。发射光谱同吸收光谱一样,取决于发光中心的组成、结构和周围介质的影响。

激光光谱是指使物质产生发光时的激励光按频率分布的总体。通过激光光谱的测定可以确定有效吸收带的位置,即吸收光谱中哪些吸收带对产生某个荧光光谱带是有贡献的。

第2章　高分子基础

2.1　高分子的概念

2.1.1　高分子的含义

在日常生活中,我们吃的粮食、肉类、蔬菜,穿的衣服,使用的塑料、橡胶制品的基本成分都是高分子化合物。

“高分子”这一名称,对应于英文的 Macromolecule, high polymer, polymer,相应的中文有高分子化合物、高分子物、高聚物、高分子、聚合物、大分子等多种说法,其含义也各有异同,目前尚未做统一的规定。这类物质的分子都是由成千上万个原子以共价键相互连接而成的,分子的尺寸很大,相对分子质量一般在 $10^4 \sim 10^6$ 之间。尽管高分子的尺寸很大,相对分子质量很高,但其化学组成往往比较简单,是由许多简单的结构单元多次重复连接组成的。如聚氯乙烯,是由许多氯乙烯结构单元重复连接而成的,表示为

$$\sim\sim\sim CH_2\underset{\substack{|\\ Cl}}{CH}CH_2\underset{\substack{|\\ Cl}}{CH}\sim\sim\sim$$

上式中的～～～代表碳链骨架,表示还有很多 $-CH_2-\underset{\substack{|\\ Cl}}{CH}-$ 这样的重复单元。以聚氯乙烯为例,高分子的结构还可以表示为

$$\left[CH_2-\underset{\substack{|\\ Cl}}{CH}\right]_n \quad 或 \quad \left(CH_2-\underset{\substack{|\\ Cl}}{CH}\right)_n \quad 等$$

在以上的聚氯乙烯的结构式中,因为 n 值在一百以上,端基只占大分子中很少一部分,可以略去不计。括号内是聚氯乙烯的结构单元,也是其重复结构单元,并简称为重复单元。许多重复单元以共价键连接成线型大分子,类似一条链子,所以有时也称重复单元为链节。

能够形成结构单元的低分子化合物称为单体。单体是合成高聚物的原料。聚氯乙烯的结构单元与原料单体氯乙烯分子相比,除了电子结构有所改变外,原子的种类和各种原子的个数完全相同,这种单元又称为单体单元。

对于像聚氯乙烯一类的聚合物,其结构单元、重复单元、单体单元是相同的。还有另外一类聚合物,它的结构单元、重复单元是不同的,而且它的结构单元、重复单元与形成聚合物的原料单体也不相同。如尼龙-66

$$\left[\!\!-NH(CH_2)_6NH \cdot CO(CH_2)_4CO-\!\!\right]_n$$

|←结构单元→|←结构单元→|

|←——重复单元——→|

它的重复单元由 $—NH(CH_2)_6NH—$ 和 $—CO(CH_2)_4CO—$ 两种结构单元组成。而尼龙-66 的单体是己二胺 $NH_2(CH_2)_6NH_2$ 和己二酸 $HOOC(CH_2)_4COOH$。重复单元要比单体少了一些原子，所以也不宜称做单体单元。

高聚物结构式中的方括号（或圆括号）表示重复连接的意思，而 n 代表重复单元数，称为聚合度，用 DP 表示。有些书刊中用结构单元数来表示聚合度，用 X_n 来表示。对于像聚氯乙烯这样的结构单元与重复单元相同的聚合物来讲，$DP=X_n$；而对于像尼龙-66 这样的结构单元与重复单元不同的聚合物来说，$X_n=2n=2DP$。在应用时，要加以注意。总的来讲，聚合度是衡量高分子大小的一个指标。

2.1.2 高分子的结构

1. 高分子的化学结构

高聚物是由重复单元连接而成的，仔细分析聚氯乙烯类的高聚物发现，它还存在着各种异构体。如以三个重复单元的连接方式表示，可有以下几种结构（X 表示取代基），如

$$—CH_2—\underset{|\atop X}{CH}—CH_2—\underset{|\atop X}{CH}—CH_2—\underset{|\atop X}{CH}—$$

头尾结构

$$—CH_2—\underset{|\atop X}{CH}—\underset{|\atop X}{CH}—CH_2—CH_2—CH_2—\underset{|\atop X}{CH}—$$

头头结构或尾尾结构

通常乙烯系聚合物是以头尾结构组成的。在这种情况下，它还存在着三种空间异构体，一种是取代基在同侧连接的全同（等规）立构体，一种是取代基交替在两侧连接的间同（间规）立构体。还有一种是取代基在两侧连接的无规的立构体，如

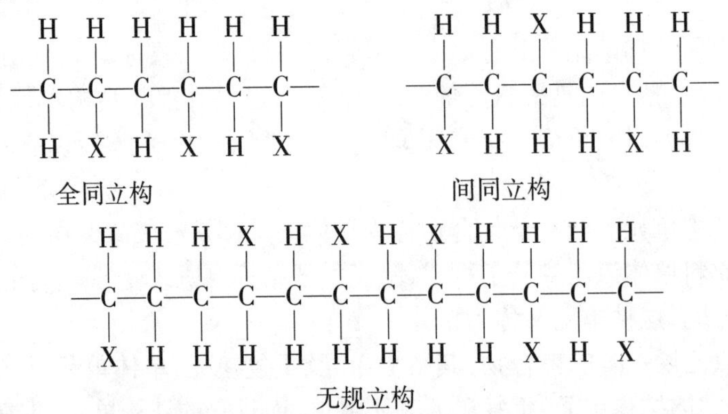

全同立构　间同立构

无规立构

双烯系高聚物，例如聚丁二烯，存在如下异构体

$$-CH_2-\underset{\underset{\underset{CH_2}{\|}}{CH}}{\overset{|}{CH}}-$$

1,2—结构

$$\begin{matrix} -CH_2 & & CH_2- \\ & C=C & \\ H & & H \end{matrix}$$

顺式1,4—结构

$$\begin{matrix} -CH_2 & & H \\ & C=C & \\ H & & CH_2- \end{matrix}$$

反式1,4—结构

而在1.2-结构中,又有1.2-全同立构,1.2-间同立构,1.2-无规立构几种异构体。而在聚丁二烯中,往往以上几种结构单元是同时存在的。由于所含结构单元的比例不同,高聚物的性质也有显著不同。

由两种或两种以上不同的重复单元构成的高聚物被称为共聚物。以由两种重复单元构成的二元共聚物为例,以A和B分别表示两种不同的重复单元,它们之间的连接方式有如下几种

—AABBBABAAABB—

(a)无规共聚物

—ABABABABAB—

(b)交替共聚物

—AAAAAAABBBBBBAAAAAAABBBB—

(c)嵌段共聚物

```
                           BBBBB—
                           |
—AAAAAAAAAAAAAAAAA—
       |
       BBBBB—
```

(d)接枝共聚物

高分子的化学结构是聚合物最基本的结构,是影响聚合物性能的最主要的因素。

2.大分子的形状

前面我们曾提到,高分子是由许多相同的重复单元连接而成的。重复单元连接方式不同,可能使大分子具有线型、支链型、体型三种形状。如图2.1所示。

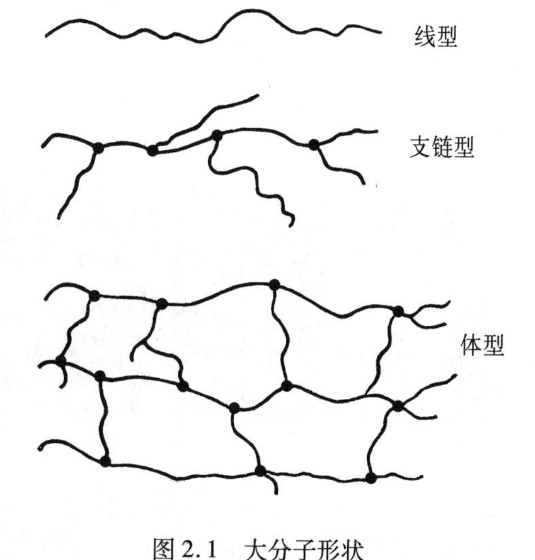

图2.1 大分子形状

形成线型大分子的单体要有两个官能团。在加聚反应中,烯类的π键,或环状单体开环聚合时断裂的单键,都相当于两个官能团。在线型缩聚反应中,单体需具有两个官能团,如二元醇、二元酸、二元胺等。

含有两个以上官能团的单体,可能形成体型大分子,如二元酸与三元醇的缩聚反应,苯乙烯与二乙烯基苯(四官能团)的共聚等。在形成体型大分子之前,往往先形成支链型大分子。

有些二官能团的单体,由于链转移反应,也可能形成支链,甚至交联结构。例如高压聚乙烯总带有一定数量的长支链和短支链。又如在合成丁苯橡胶时,转化率一般控制在60%左右,以防止支链和交联的产生。有时还有目的地在一个大分子链上接上另一结构

单元的支链，形成接枝共聚物，使之具有两种结构单元的双重性能。

线型、支链型的大分子彼此间是靠分子间力聚集在一起的。因此，加热可熔化，并可溶解于适当的溶剂中。支链型大分子不易紧密堆砌，难于结晶或结晶度很低。交联型聚合物可以看成是许多线型或支链型大分子由化学键连接而成的体型结构。许多大分子键合在一起，已无单个大分子可言。所以交联型聚合物既不能熔融，也不能溶解。

3. 聚合物的固体结构

分子聚集形成物质，根据分子聚集情况的不同，物质可以有各种聚集态和相态。根据分子堆砌密度、作用力和热运动特性，低分子物质具有气态、液态和固态三种聚集状态。

在聚合物中，由于相对分子质量很大，分子链很长，分子间作用力往往超过化学键的键能，在温度达到足够高时，往往会因为化学键的断裂而分解，不会破坏分子之间作用力而气化，因此聚合物仅有液态和固态，而没有气态。

对于低分子物质来说，由于分子较小，结构相对比较简单，所以低分子固体或者是完全结晶或完全是非晶体，而对于固态聚合物来说，尽管也存在晶相和非晶相结构，但情况却要复杂得多。在非晶态聚合物中，由于分子链很长，分子移动困难，分子的几何不对称性较大，致使非晶态聚合物具有某种程度的有序排列，如图 2.2(a)所示。

在结晶性聚合物中，一般都是晶区和非晶区共存的两相结构体系。由于聚合物的分子链很长，结构又复杂，即使能够生成晶核，也难于长大。因此，固态高聚物具有大量的结晶化小区域(微晶)分散在非晶体之中的微细结构。如图 2.2(b)，(c)所示。

如果缓慢冷却某种结晶性高聚物的稀溶液，可形成单晶。例如聚乙烯能形成厚度为 10 nm 的单晶，而这种聚乙烯分子链长可达数百纳米，分子链不可能是伸展开来结晶的，而是按长度为 10 nm 左右的长度规则地折叠起来而结晶的。这种结构被称为折叠结构或片晶结构，如图 2.3 所示。

结晶性聚合物依其结构和制备条件的不同，可以形成折叠结构或微晶的缨状胶束结构。

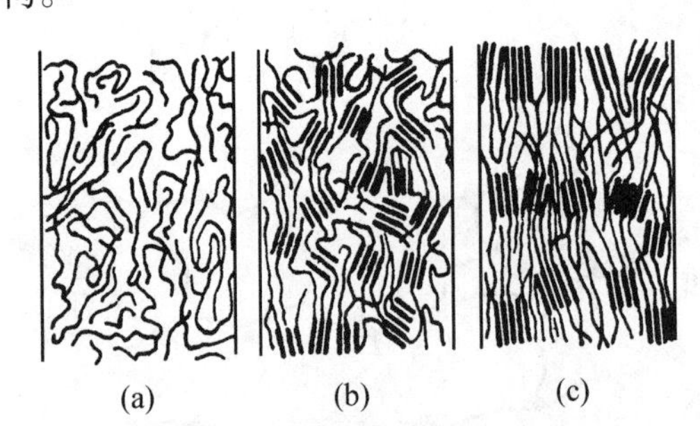

图 2.2　聚合物的固体结构
(a)非结晶聚合物；(b)微晶无规排列的聚合物；(c)拉伸使微晶取向的聚合物

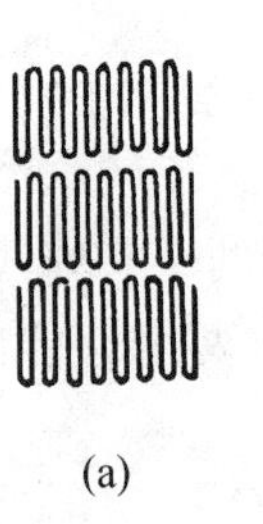

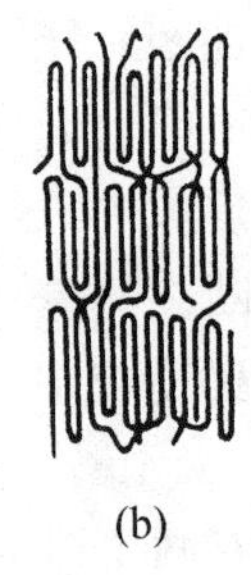

图 2.3　聚乙烯结晶的折叠结构
(a)规则重叠的片晶；(b)不规则重叠的片晶，交接部分成为非晶部分

2.2　合成高分子的化学反应

由低分子单体合成聚合物的反应称做聚合反应。聚合反应有许多种类型，可以从不同的角度进行分类。我们介绍几种主要的分类方法。

2.2.1　按单体和聚合物在组成和结构上发生的变化分类

1. 加聚反应

单体加成而聚合起来的反应称为加聚反应。氯乙烯加聚成聚氯乙烯就是一个例子，即

$$n\,CH_2=\underset{\displaystyle Cl}{\underset{|}{CH}}\longrightarrow\!\left[\,CH_2-\underset{\displaystyle Cl}{\underset{|}{CH}}\,\right]_n$$

加聚反应的产物叫加聚物，加聚物的元素组成与其单体相同，仅仅是电子结构有所改变。

2. 缩聚反应

单体在形成大分子的聚合反应过程中，在生成高分子化合物的同时，还有小分子副产物生成，称为缩聚反应。例如，己二酸与己二胺反应生成尼龙-66，即

$$nH_2N(CH_2)_6NH_2+nHOOC(CH_2)_4COOH\longrightarrow$$
$$H\left[NH(CH_2)_6NHCO(CH_2)_4CO\right]_nOH+(2n-1)H_2O$$

缩聚物往往具有官能团的特征，如酰胺键 —NHCO— ，酯键 —OCO— 等；因此，大部分缩聚物是杂链聚合物。

2.2.2　按聚合机理和动力学分类

根据聚合机理，聚合反应被分为连锁聚合和逐步聚合两大类。

1. 连锁聚合反应

连锁聚合反应的必要条件要有自由基、阴离子、阳离子等活性中心，整个聚合反应由链引发、链增长、链终止等几步基元反应组成。链引发使活性中心形成，单体只能与活性中心反应而使链增长，彼此间不能反应。活性中心破坏就是链终止，自由基聚合在不同的转化率下分离得到的聚合物的平均相对分子质量差别不大，体系中始终由单体、高相对分子质量聚合物所组成，没有相对分子质量递增的中间产物。

2. 逐步聚合反应

逐步聚合反应的特征是在低分子转变成高分子的过程中，反应是逐步进行的，在反应早期，大部分单体很快聚合成二聚体、三聚体、四聚体等低聚体，短期内转化率很高，随后，低聚体间继续反应，相对分子质量缓慢增加，直至最后，相对分子质量才达到较高的数值。在逐步聚合全过程中，体系由单体和相对分子质量递增的一系列中间产物所组成，中间产物的任何两个分子之间都能反应。

2.2.3　均聚反应和共聚反应

用一种单体进行聚合反应，所得大分子中只含一种单体链节，称为均聚反应，产物称为均聚物。

用两种或两种以上的单体一起进行聚合反应，生成的聚合物大分子中含有两种或两种以上的单体链节，称为共聚反应，产物称为共聚物。

2.2.4 高分子化合物的化学反应

除了按逐步聚合反应和链锁聚合反应合成高分子化合物外，当高分子化合物的分子中含有可进行化学反应的基团时，可进一步进行化学反应以制备具有新性能的另一种高分子化合物。很多功能高分子材料的功能基团是通过高分子化合物的化学反应而引入到高分子母体上去的。

根据聚合和基团（侧基和端基）的变化，高聚物的化学反应可作如下分类。

1. 聚合度基本不变，只有侧基和/或端基变化的反应

这类反应也称做大分子的相似转变。功能高分子中的高分子试剂、高分子催化剂的作用可以归入此类反应。

2. 聚合度变大的反应

聚合度变大的反应包括交联、接枝、嵌段、扩链等反应。在生物医用功能高分子材料中，为了提高材料的生物相容性，而将肝素接枝在高聚物大分子上的反应属于此类。

3. 聚合度变小的反应

聚合度变小的反应包括解聚、降解等。功能性降解膜，在失去作用后，自动进行降解反应以减少环境污染的反应属于此类。

2.3 高聚物的分类和命名

2.3.1 高聚物的分类

高聚物种类繁多，分类方法也有几种，如从单体来源、合成方法、用途、热性质、聚合物结构等角度进行分类。这里我们只介绍几种最常用的分类方法。

1. 按高分子化合物的性能和用途分类

按照性能和用途可以将高分子材料分为塑料、橡胶、纤维三大合成材料 。近年来，由于功能化高分子材料的不断开发和利用，功能高分子材料已成为新的一类高分子材料。

塑料 是以高分子化合物为基础，加入某些助剂和填料混炼而成，可制成各种制品。按照热性能，塑料又分为热塑性塑料和热固性塑料，前者是线型和支链型聚合物，受热即软化或熔融，冷却即固化成型，这一过程可反复进行。聚乙烯、聚丙烯、聚氯乙烯等均属于这一类。后者是在加工过程形成交联结构，再加热它也不软化和熔融。酚醛树脂、环氧树脂、不饱和聚酯均属于此类。按使用性能，塑料又可分为通用塑料和工程塑料。

橡胶 是具有高弹性的聚合物，按来源橡胶可分为天然橡胶和合成橡胶。

纤维 纤维又可分为天然纤维（包括棉、毛、丝、麻）和化学纤维两大类。而化学纤维又可分为人造纤维和合成纤维。人造纤维是将天然高分子化合物经过化学处理再加工纺制而得到的纤维，如粘胶、醋酸纤维等。合成纤维是将合成高聚物经加工纺制而成的纤维，如涤纶、锦纶等。

功能性高分子材料 带有特殊功能基团的聚合物叫做功能高分子。近年来，由于科学技术的发展，功能高分子的种类和数量大大增加，广泛应用的功能高分子材料有高分子试剂、高分子催化剂、高分子医用材料、高分子药物等诸多种类。功能高分子的制法一般有两种，一种是将功能基团接到聚合物母体上去，另一是将带功能基团的单体进行聚合或共聚。

2. 按照聚合物主链结构分类

按照聚合物主链结构可分为碳链、杂链、元素有机聚合物三大类。

碳链聚合物　在大分子主链上只有碳元素，如聚乙烯、聚丙烯、聚丙烯腈等。

杂链聚合物　大分子主链上除含碳外，还含有氧、氮、硫磷等元素，如聚酯、聚酰胺等。

元素有机聚合物　大分子主链上含有钛、硅、铝、锡等天然有机物中不常见的元素而在侧基上含有有机基团，如聚硅氧烷、聚钠氧烷等。

3. 按照聚合物的来源分类

按照聚合物的来源可分为天然高聚物、合成高聚物、半合成高聚物。

天然高聚物　天然高聚物是指在自然界中自然形成的高聚物。天然高聚物又分天然无机高聚物（如石棉、云母等）和天然有机高聚物（如纤维素、淀粉、蛋白质、天然橡胶等）。

合成高聚物　合成高聚物是指低分子物质，经化学反应制成的高聚物。合成高聚物又分为合成无机高聚物（如合成云母等）和合成有机高聚物（聚乙烯、聚氯乙烯、聚酰胺等）。

半合成高聚物　半合成高聚物是以天然高聚物为原料，进行化学处理得到的聚合物。半合成高聚物包括半合成无机高聚物（如玻璃等）和半合成有机高聚物（如醋酸纤维素等）。

2.3.2　高聚物的命名

高分子化合物的命名法有几种，因此，同一种聚合物往往有几个名称。最常用的是通俗命名法。所谓通俗命名法是在单体名称前冠以“聚”字，如由乙烯聚合得到的聚合物叫“聚乙烯”，由氯乙烯聚合得到的聚合物叫“聚氯乙烯”，由己二酰、乙二胺制得的聚合物称为“聚己二酰己二胺”等。

由两种单体缩聚而成的聚合物，如果结构比较复杂或不太明确，则往往在单体名称后加上“树脂”二字来命名。如由苯酚和甲醛合成的聚合物叫做“酚醛树脂”。现在，“树脂”这个名词的应用范围扩大了，未加工成型的聚合物往往都叫树脂，如聚苯乙烯树脂、聚丙烯树脂等。

此外，还有一些聚合物习惯使用商品名称及简写代号。表2.1是几种常见聚合物的通俗名称、商品名称及简写代号。

前面提到的几种命名法简明易记，但不能充分反映聚合物的组成和结构特征，而且有时不同的单体可以制出同一种聚合物，由单体出发的命名法容易造成混乱。国际聚合物化学联合会制定了聚合物的系统命名法，非常严谨，但过于繁琐，在一般不致引起误会的情况下，并不常用，在此不加赘述。

表 2.1 一些聚合物通俗名称、商品名称及简写代号

通俗名称	商品名称	简写代号
聚氯乙烯	氯纶	PVC
聚丙烯	丙纶	PP
聚丙烯腈	腈纶	PAN
聚己内酰胺	锦纶-6(尼龙-6)	PA6
聚己二酰己二胺	锦纶-66(尼龙-6)	PA66
聚对苯二甲酸乙二酯	涤纶	PET
聚苯乙烯	聚苯乙烯树脂	PS
聚甲基丙烯酸甲酯	有机玻璃	PMMA
聚丙烯腈-丁二烯-苯乙烯	ABS 树脂	ABS
聚苯乙烯-丁二烯-苯乙烯	SBS 树脂	SBS

2.4 高分子材料的特性

2.4.1 高分子与低分子的区别

高分子化合物与低分子化合物的最大区别是高分子化合物的相对分子质量很大。另一个重要的区别是高分子化合物是多分散的。高聚物的多分散性包括结构的多分散性和相对分子质量的多分散性。结构多分散性是指高聚物内大分子链中,各结构单元的连接方式不同,使得即使是在同一种高聚物中,大分子的化学结构及几何形状也不完全相同;而相对分子质量的多分散性是指所形成的高分子化合物分子的相对分子质量并不完全相同。所以,即使是一种“纯粹”的高分子化合物,它也不过是由化学组成相同,而相对分子质量不同的分子所组成的同系物。

2.4.2 高聚物的相对分子质量及相对分子质量分布

高聚物的相对分子质量 M 等于其聚合度 DP 与重复单元的相对分子质量 M_o 之积,即

$$M = \mathrm{DP} \cdot M_o$$

但由于高聚物的多分散性,其相对分子质量或聚合度通常用平均相对分子质量 $\overline{M}$ 或平均聚合度$\overline{\mathrm{DP}}$来表示。由于测定相对分子质量的方法和计算相对分子质量的统计方法不同,所得的相对分子质量数值也不同。根据统计方法的不同,平均相对分子质量的表示方法有四种:数均相对分子质量$\overline{M_n}$、质均相对分子质量$\overline{M_w}$、Z 均相对分子质量$\overline{M_z}$、黏均相对分子质量$\overline{M_r}$。

1. 数均相对分子质量

$$\overline{M}_n = \frac{N_1M_1 + N_2M_2 + \cdots + N_iM_i}{N_1 + N_2 + \cdots + N_i} = \frac{\sum N_iM_i}{\sum N_i} = \sum N_iM_i$$

式中，$N_1, N_2, \cdots, N_i$ 分别是相对分子质量为 $M_1, M_2, \cdots, M_i$，的聚合物分子的分子数；N_i 表示相应的分子所占的数量分数。

数均相对分子质量的物理意义为：各种不同相对分子质量的分子分数与其对应的相对分子质量乘积的总和。凡是利用与分子数有关的物理化学性质如端基分析、沸点升高、冰点下降、蒸汽压和渗透压等方法测得的相对分子质量都是数均相对分子质量。

2. 质均相对分子质量

$$\overline{M}_w = \frac{W_1M_1 + W_2M_2 + \cdots + W_iM_i}{W_1 + W_2 + \cdots + W_i} = \frac{N_1M_1^2 + N_2M_2^2 + \cdots + N_iM_i^2}{N_1M_1 + N_2M_2 + \cdots + N_iM_i} = \frac{\sum N_iM_i^2}{\sum N_iM_i} = \sum W_iM_i$$

式中，$W_1, W_2, \cdots, W_i$ 分别表示相对分子质量为 $M_1, M_2, \cdots, M_i$ 的聚合物分子的质量；W_i 表示相应的分子所占的质量分数。

质均相对分子质量的物理意义是，各种不同相对分子质量的分子之质量分数与其对应的相对分子质量乘积的总和。凡是利用与分子质量有关的性质如光散射法等测得的相对分子质量是质均相对分子质量。

3. *Z* 均相对分子质量

$$\overline{M}_z = \frac{\sum N_iM_i^3}{\sum N_iM_i^2} = \frac{\sum W_iM_i^2}{\sum W_iM_i}$$

关于 Z 均相对分子质量，很难清楚地表明其物理意义，它只是由超速离心法测得的聚合物的平均相对分子质量。

4. 黏均相对分子负量

在实际工作中，普遍采用黏度法测定聚合物的相对分子质量，因此又引入了一个黏均相对分子质量，即

$$\overline{M}_r = \left(\frac{\sum N_iM_i^{\alpha+1}}{\sum N_iM_i}\right)^{1/\alpha} = \left(\frac{\sum W_iM_i^{\alpha}}{\sum W_i}\right)^{1/\alpha}$$

式中，α 为特性黏数，即相对分子质量关系式中的指数，其数值与分子的大小、形状，所用溶剂和测定温度有关，一般在 0.5 ~ 1.0 的范围内。

黏均相对分子质量也没有明确的物理意义。

只要聚合物存在多分散性，则$\overline{M}_z > \overline{M}_w > \overline{M}_r > \overline{M}_n$。$\overline{M}_r$ 介于$\overline{M}_n$ 与$\overline{M}_w$ 之间且接近$\overline{M}_w$。只有单分散的聚合物，才有$\overline{M}_z = \overline{M}_r = \overline{M}_n$。通常将$\overline{M}_w / \overline{M}_n$ 称为多分散性指数，用来表示相对分子质量分布的宽度。多分散性指数越大，表示相对分子质量分布越宽，即表示高聚物的相对分子质量大小分布越不均一，反之，多分散性指数越小，表示相对分子质量分布越窄，多分散性指数等于 1 是一种理想情况，表示聚合物内所有大分子的相对分子质量都一样大，且等于平均相对分子质量。

高聚物的相对分子质量及相对分子质量分布是高聚物的重要的物理性能指标，对材料的性能和应用有很大的影响。

2.4.3 高聚物的热性质和力学性质

由于相对分子质量很大，又具有相对分子质量和结构多分散性，表现在热性能、力学性能和溶液性质上也有其自己的特点。

一般，交联型聚合物在受热时不熔融，当温度足够高时就会分解。线型聚合物加热到一定温度后就软化，进而熔融，还有些聚合物熔融时就会分解。低分子晶体具有敏锐的熔点，而高分子晶体没有，仅有一个熔融温度范围，这与晶区-非晶区共存的结构密切相关。

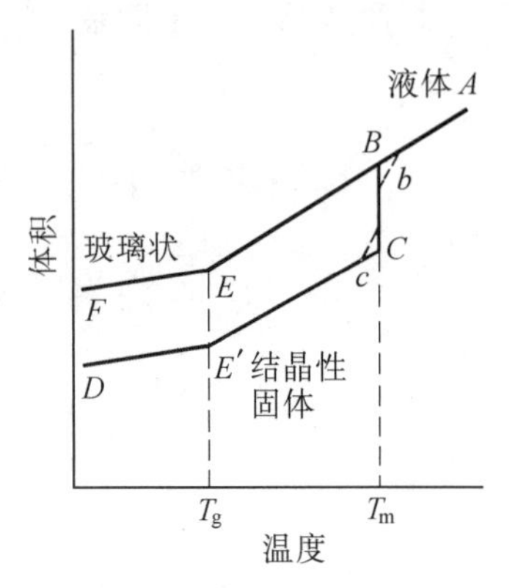

图 2.4 聚合物的比体积-温度的关系

加热熔融成液体的聚合物逐步冷却时，可能会出现两种转变过程，如图 2.4 所示。对于结晶性聚合物，随温度的逐渐降低，比体积逐渐减少，其变化按 $A \to B \to C \to E \to D$ 这条路线进行。到了某个温度，比 WSG TKW 发生突变，这个温度就是聚合物的熔点 T_m，它有一个温度范围（$b \to c$），是聚合物中结晶部分的熔融温度。比体积发生突变的过程是分子作规则排列，形成结晶的过程。在此过程中，分子由液相的不规则排列变为晶相的规则排列，这就发生了相变，比体积、比热容、熵、内能等热力学函数都发生了突变。对于非结晶性聚合物，或进行急冷的结晶性聚合物，比体积的变化按 $A \to B \to E \to F$ 这条路线进行。温度降至 T_m 以下，比体积仍连续减少而不出现突变，直至另一个温度，聚合物转变为玻璃状固体，这个温度称为玻璃化温度（T_g），该过程称为玻璃化转变。在玻璃化转变过程中，没有热力学函数的突变，所以不是相变过程。

玻璃化温度 T_g 是衡量聚合物性能的一个重要参数，对聚合物的力学行为有很大影响。线型非晶态聚合物，在玻璃化温度以下处于玻璃态。玻璃态聚合物受热一般先经过高弹态，再转变为黏流态。玻璃态、高弹态和黏流态是非晶态高聚物的三种力学状态，它是以力学性质的不同来区分的。在一定外力作用下，不断升高温度，以形变对温度作图，可以得到温度形变曲线，如图 2.5 所示。

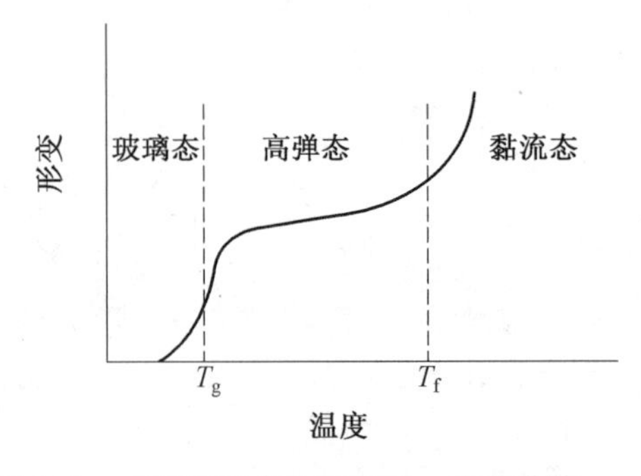

图 2.5 非晶态聚合物的温度 - 变形曲线

在玻璃态，整个大分子链和链段（由若干个结构单元构成的运动单元）都被冻结，在聚合物受力时，仅能发生主链上键长和键角的微小变化，宏观上表现为形变量很小，形变与受力大小成正比，服从虎克定律。当外力去除后，形变能立即恢复，这种形变为普弹形变。

随着温度的升高，分子热运动能量增加，当温度高于玻璃化温度时，虽然整个大分子链仍不能移动,但链段却可随外力的作用而运动,由此产生很大的形变,外力解除后,形变能慢慢地恢复原状,这种形变称为高弹形变。

温度再继续升高,不仅链段,而且整个大分子链都能发生相对滑移,当外力去除后,形变不可恢复,这称形变称为黏流形变,聚合物的这种状态称为黏流态。从高弹态转变为黏流态的温度称为黏流温度(T_f)。

2.5　高聚物的溶解过程及溶液性质

高聚物的溶解过程和溶液的性质要比低分子复杂得多。交联型的聚合物是不能够被溶解的;线型聚合物能溶解于适当的溶剂中,支链型聚合物也可溶于适当的溶剂。

对于低分子化合物,可以用溶解度表示某种溶质的溶解能力;但对于聚合物,溶解性随相对分子质量、支化度、结晶度的增加而减少,所以很难定量表示出溶解度这个参数。

聚合物在溶解之前总要经过“溶胀”阶段,这与低分子物也很不同。对于低分子物来说,溶质分子和溶剂分子尺寸相近,而且很小,扩散速度都较快。但对聚合物来说,大分子比溶剂分子的体积大得多,扩散速度很慢,所以在溶解开始阶段,是溶剂分子扩散进入大分子链间,形成一种胀大的类似胶状物,这种现象就是“溶胀”。随着溶胀过程的继续进行,进入大分子链间的溶剂分子越来越多,最终使整个大分子链分散到溶剂中,这就是溶解。线型聚合物能够发生溶解过程,交联聚合物虽也能发生溶胀,但由于交联键的束缚,到一定时候就达到“溶胀平衡”,不能溶解。

溶解后形成的高聚物溶液,其黏度比相同浓度的低分子溶液高几十倍到几百倍。这也是高分子化合物相对分子质量大的具体标志之一。

第3章　超导材料

超导现象的发现引起了各国科学家的极大兴趣，但直到1986年以前，已知超导材料的最高临界温度只有23.2 K。大多数超导材料的临界温度还要低得多，这样低的温度基本上只有液氦才能达到。因此，尽管超导材料具有革命性的潜力，但由于很难制造工程用的材料，又难以保持很低的工作温度，所以几十年来超导技术的实际应用一直受到严重限制。另外，在相当长的一段时间内，人们对超导的机制不太清楚，直到1957年提出了BCS理论，才真正弄清了超导的本质。当前，氧化物高温超导体的发现与研究，为超导技术进一步走向实用化提供了前提条件。

3.1　超导的微观图像

3.1.1　超导能隙

从物质的微观结构看，金属是由晶格点阵与共有化电子组成的。其中，晶格点阵上的离子与离子，共有化电子与共有化电子，离子与共有化电子之间，都存在着相互作用。那么，究竟是哪一种作用，对超导电性的产生起着决定性的作用呢？同位素效应的发现，对这一问题的解决，提供了重要的启示。超导电性的产生，应与晶格点阵上离子的某种行为有关。而超导电性又是与电子的凝聚密切相关的一种现象。因此，处理这个问题时，必须顾及晶格点阵运动与共有化电子两个方面。因此，完全有理由推测，电子与晶格点阵之间的相互作用，可能是导致超导电性产生的根源。

20世纪50年代，人们逐渐认识到在超导基态与激发态之间有能隙存在。图3.1是绝对零度下，电子能谱的示意图。

图3.1的左半部分是正常态的能谱，图3.1的右半部分是超导态的能谱。这种能谱的一个显著特点是，在费米能级E_F附近，有一个半宽度为Δ的能量间隔，在这个能量间隔内禁止电子占据，人们把2Δ或Δ称为超导态的能隙。在绝对零度下，处于能隙下边缘以下的各能态全被占据，而能隙上边缘以上的各能态全空着。这种状态就是超导基态。

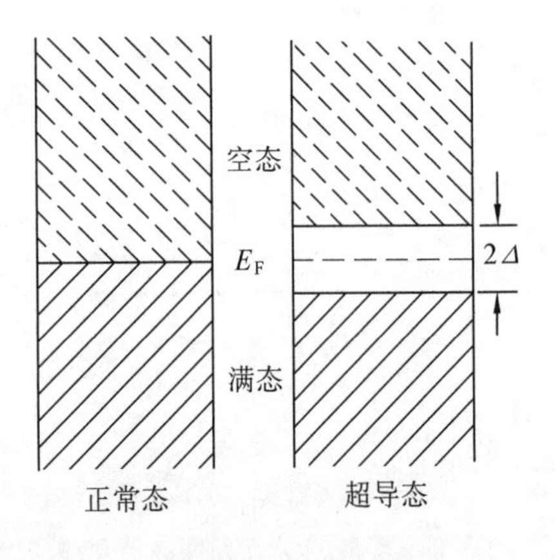

图3.1　绝对零度下的电子能谱

当频率为ν的电磁波照射到超导体上时，由于能隙E_g的存在，只有当照射频率满足下式时，激发过程才会发生，即

$$h\nu \geqslant E_g \tag{3.1}$$

当照射频率 $\nu = \nu_0 = E_g/h$ 时,超导体就会开始强烈地吸收电磁波。临界频率 ν_0 一般处于微波或远红外频谱部分。

当 $h\nu \gg E_g$ 时,相当于把 E_g 看成等于零。超导体在这些频段的行为,同正常金属没有什么差别。

实验表明,超导体的临界频率 ν_0,实际上也就是超导体的能隙 E_g,不同的超导体,其 E_g 不同,且随温度升高而减小,当温度达到临界温度 T_c 时,有 $E_g = 0$,$\nu_0 = 0$。实验结果表明,一般超导体的临界频率 ν_0 为 10^{11} Hz 量级,相应的超导体能隙的量级为 10^{-4} eV 左右。

3.1.2　电子 - 声子相互作用

在温度高于绝对零度时,晶格点阵上的离子并不是固定不动的,而是要在各自的平衡位置附近振动。各个离子的振动,通过类似弹性力那样的相互作用耦合在一起。因此,任何局部的扰动或激发,都将通过格波的传播,导致晶格点阵的集体振动。

在处理与热振动能量相关的一类问题时,往往把晶格点阵的集体振动,等效成若干个不同频率的互相独立的简正振动的叠加。而每一种频率的简正振动的能量都是量子化的,其能量量子 $\hbar\omega(q)$ 就称为声子,q 表示该频率下晶格振动引起的格波动量或波矢。根据德拜模型,声子的频率有一上限 ω_0,称为德拜频率。

引进声子的概念后,可将声子看成一种准粒子,它像真实粒子一样和电子发生相互作用。通常把电子与晶格点阵的相互作用,称为电子-声子相互作用。这样处理,既简明又生动。一个电子通过相互作用,把能量、动量转移给晶格点阵,激起它的某个简正频率的振动,叫做产生一个声子。反之,也可以通过相互作用,从振动着的晶格点阵获得能量和动量,同时减弱晶格点阵的某个简正频率的振动,叫做吸收一个声子。这种相互作用的直接效果是改变电子的运动状态,产生各种具体的物理效应,其中包括正常导体的电阻效应和超导体的无阻效应。

在图 3.2 中,电子在晶格点阵中运动,它对周围的正离子有吸引作用,从而造成局部正离子的相对集中,导致对另外电子的吸引作用。这种两个电子通过晶格点阵发生的间接吸引作用,可以用电子-声子相互作用模式处理,如图 3.3 所示。

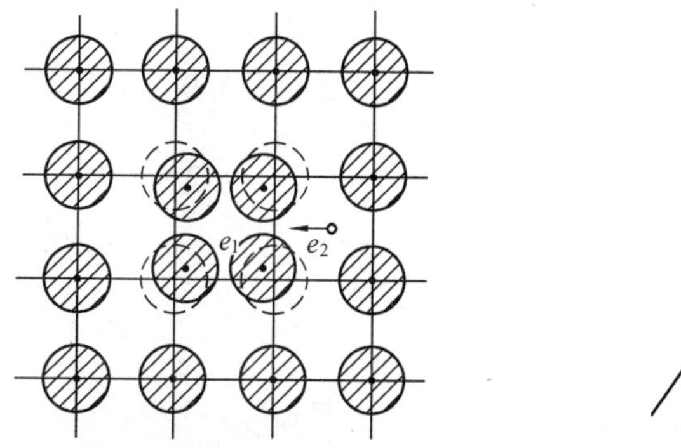

图 3.2　电子使正离子位移从而吸引其他电子

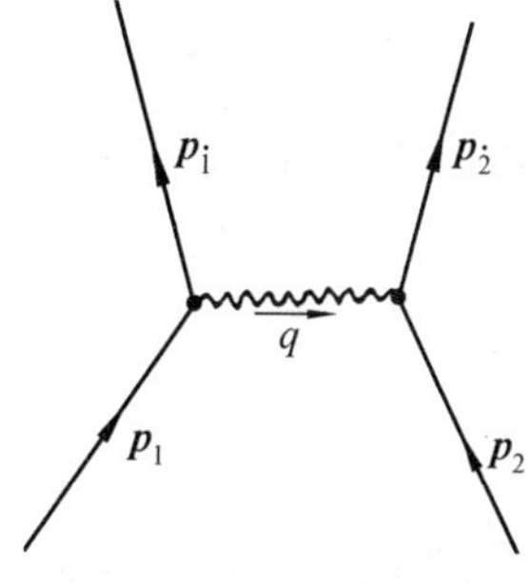

图 3.3　由声子传递的电子-电子相互作用示意图

3.1.3　库柏电子对

在讨论电子-声子相互作用的基础上，库柏证明了，只要两个电子之间有净的吸引作用，不管这种作用多么微弱，它们都能形成束缚态，两个电子的总能量将低于 $2E_F$。此时，这种吸引作用有可能超过电子之间的库仑排斥作用，而表现为净的相互吸引作用，这样的两个电子被称为库柏电子对。从能量上看，组成库柏对的两个电子，由相互作用所导致的势能降低，将超过动能比 $2E_F$ 多出的量，即库柏对的总能量将低于 $2E_F$。

3.1.4　BCS 超导微观图像

1957 年，美国物理学家巴丁、库柏、施里弗，证明了库柏对的简单结果可以推广应用到许多相互作用着的电子。即对于原已属于金属，而能量略低于 E_F 或动量略低于 p_F 的两个电子，可以同样很好地应用库柏的结果。因此，若从绝对零度下的金属开始，可以移去两个动量略低于 p_F 的电子，使它们形成库柏对，从而使整个系统处于较低的能量状态。如果能使一对电子形成库柏对，那么其他电子也可以照此办理，使整个系统的能量得到进一步降低，于是正常金属原来的费米球就完全不稳定了。事实上，在绝对零度下，超导基态的费米分布，与正常金属基态的费米分布并不相同。在费米面附近，包括动量略小于 p_F 和动量略大于 p_F 的原来那些电子态，都有可能按一定方式以电子对态占据，因为这样的状态分布，比费米球分布能量更低。一种比较形象的说法是，超导基态具有模糊的费米球面，而正常金属处于基态时，费米球面是清晰的、明确的，它将电子占据的态和未被占据的态截然分开。

根据上面分析，可以得到如下的物理图像。在绝对零度下，对于超导态，低能量的即在费米球内部深处的电子，仍与在正常态中的一样。但在费米面附近的电子，则在吸引力作用下，按相反的动量和自旋全部两两结合成库柏对，这些库柏对可以理解为凝聚的超导电子。在有限温度下，一方面出现一些不成对的单个热激发电子，另一方面，每个库柏对的吸引力减弱，结合程度较差。这些不成对的热激发电子，相当于所谓正常电子。温度越高，结成对的电子数量越少，结合程度越差。达到临界温度时，库柏对全部拆散成正常电子，此时超导态即转变成正常态。

从动量角度看，在超导基态中，各库柏对中单个电子的动量（或速度）可以不同，但每个库柏对总是涉及各个总动量为零的对态，因此，所有库柏对都凝聚在零动量上。

在载流的情况下，假设库柏对的总动量是 $\boldsymbol{p}$，则每一库柏对所涉及的对态为 $(\boldsymbol{p}_i+\boldsymbol{p}/2)\uparrow$，$(-\boldsymbol{p}_i+\boldsymbol{p}/2)\downarrow$，这相当于动量空间的整个动量分布整体移动了 $\boldsymbol{p}/2$，如图 3.4 所示。

如果有一个观察者以速度 $\boldsymbol{p}/(2m)$ 运动，那么观察者所看到的情况，和前面讨论过的总动量为零的情况是一样的。

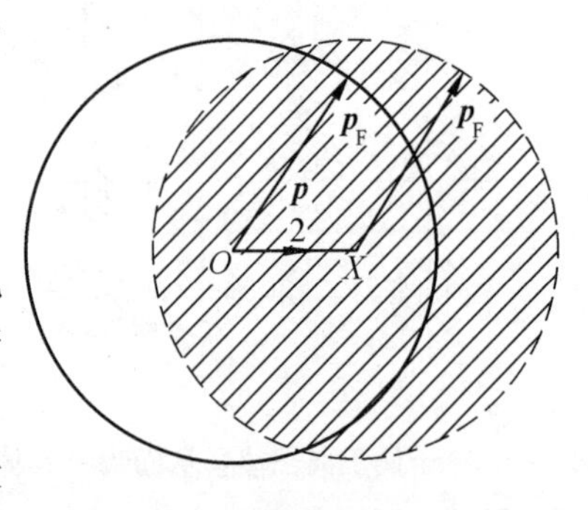

图 3.4　形成库柏对的条件

当正常金属载流时，将会出现电阻，因为电子会受到散射而改变动量，使这些载流电子沿电场方向的自由加速受到阻碍。而在超导情况下，组成库柏对的电子虽会受到不断散射，但是，由于在散射过程中，库柏对的总动量维持不变，所以电流没有变化，呈无阻状态。

必须指出，库柏对是由吸引力束缚在一起的两个电子，实际上使它们结合在一起的吸引作用并不强，其结合能仅相当于超导能隙的量级。利用测不准关系，可估计出一个库柏对的尺寸，约为 10^{-4}cm 左右，这个尺寸相当于晶格常数的 10 000 倍。由此可见，一个库柏对在空间延展的范围是很大的，在这空间范围内存在着许多个库柏对互相重叠交叉的分布。库柏对有一定的尺寸，反映了组成库柏对的两个电子，不像两个正常电子那样，完全互不相关的独立运动，而是存在着一种关联性，库柏对的尺寸正是这种关联效应的空间尺度，称为 BCS 相干长度。

另外，所谓库柏对，还有超导能隙，都应理解为全部电子的集体效应。一对电子间的吸引力，并不仅仅是两个电子加上晶格就能存在的，它是通过整个电子气体与晶格相耦合而产生的，它的大小取决于所有电子的状态。因此，把一个库柏对拆散成两个正常电子时，至少需要 2Δ 的能量也是这个道理。

由巴丁、库柏和施里弗三人共同努力，建立起来的超导微观理论，即 BCS 理论，可以很好地解释人们所观察到的与低温超导相关的各种实验事实，并包含了已经建立起来的各种唯像理论，清楚地揭示出了超导电性的微观本质。为此，巴丁、库柏和施里弗共同荣获 1972 年的诺贝尔物理学奖。但是，BCS 理论也存在着一些问题。例如，关于吸引作用，只考虑了自旋和动量都相反的一对电子之间存在；在电声相互作用过程中，格波的波速不能认为是无限大，从而交换声子是需要时间的；还有该理论只是在弱耦合的情况下才成立等等。尽管如此，BCS 理论仍然是迄今为止，最为成功的低温超导微观理论，已为世人所公认。

3.2　超导体的临界参数

超导体有三个基本临界参数，即临界温度 T_c、临界磁场 H_c、临界电流 I_c（或临界电流密度 J_c）。

1. 临界温度 T_c

为了便于超导材料使用，希望临界温度越高越好。目前已知的金属超导材料中铑的 T_c 最低为 0.000 2 K；Nb_3Ge 的 T_c 最高为 23.3 K。

2. 临界磁场 H_c

对处于超导态的超导体施加一个磁场，当磁场强度高于 H_c 时，磁力线将穿入超导体，超导态被破坏。一般把可以破坏超导态的最小磁场强度称为临界磁场。H_c 是温度的函数，即

$$H_c = H_{C_0}(1 - T^2/T_c^2) \quad (T \leqslant T_c) \tag{3.9}$$

H_{C_0} 为 0 K 时的临界磁场。当 $T = T_c$ 时，$H_c = 0$；随温度的降低，H_c 渐增，至 0 K 时达到最大值 H_{C_0}。H_c 与材料性质也有关系，上述在临界磁场以下显示超导性，超过临界磁场便立即转变为正常态的超导体，称为第一类超导体。

与第一类超导体相反,第二类超导体有两个临界磁场。一个是下临界磁场(H_{C_1}) 另一个是上临界磁场(H_{C_2})。下临界磁场值较小,上临界磁场比下临界磁场高一个数最级,而且,大部分第二类超导体的上临界磁场比第一类超导体的临界磁场要高得多。在温度低于 T_c 条件下,外磁场小于 H_{C_1} 时,第二类超导体与第一类超导体相同,处于完全抗磁性状态。当外磁场介于 H_{C_1} 与 H_{C_2} 之间时,第二类超导体处于超导态与正常态的混合状态。磁场部分地穿透到超导体内部,如图 3. 5 所示。电流在超导部分流动。随着外加磁场的增加,正常导体部分会渐渐扩大,当外加磁场等于 H_{C_2} 时,超导部分消失,导体转为正常态。由于第二类超导体的下临界磁场比上临界磁场要小得多,所以除个别极低的磁场外,上临界磁场以下的大部分磁场都可以形成混合态。

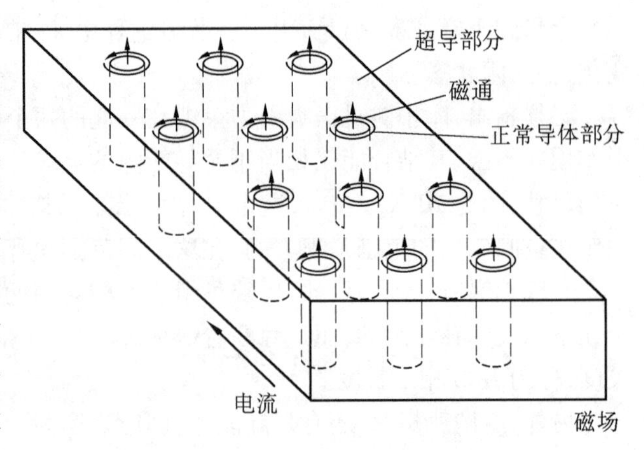

图 3. 5　超导态与正常态的混合状态

3. 临界电流 I_c

产生临界磁场的电流,即超导态允许流动的最大电流,称为临界电流。对于第一类超导体,根据西尔斯比定则,对于半径为 a 的超导丝所形成的回路,有如下关系

$$I_c = \frac{1}{2} a H_C \tag{3.3}$$

由于第一类超导体的 H_C 都不大,I_c 也较小,使第一类超体不能实用。对于第二类超导体,在 H_{C_1} 以下行为与第一类超导体相同,其 I_c 也可以按第一类超导体考虑。当第二类超导体处于混合态时,超导体中正常导体部分通过的磁力线与电流作用,产生了洛伦兹力,使磁通在超导体内发生运动,要消耗能量。在这种形式下,只能以电功率的损失补充这部分能量,换句话说,等于产生了电阻,临界电流为零。但超导体内总是存在阻碍磁通运动的“钉扎点”,如缺陷、杂质、第二相等。随着电流的增加,洛伦兹力超过了钉扎力,磁力线开始运动,此状态下的电流是该超导体的临界电流。

3.3　低温超导材料

超导材料按其化学组成可分为元素超导体,合金超导体,化合物超导体。

近年来,由于具有较高临界温度的氧化物超导体的出现,有人把临界温度 T_c 达到液氮温度(77 K) 以上的超导材料称为高温超导体,上述元素超导体,合金超导体,化合物超导体均属低温超导体。

已发现的超导材料有上千种,大部分金属元素都具有超导电性,在采用了特殊技术后(如高压技术、低温下淀积成薄膜技术、极快速冷却技术等),以前不能变成超导态的许多半导体和金属元素已在一定条件下实现了超导态。

3.3.1　元素超导体

常压下，在所能达到的低温范围内，已发现具有超导电性的金属元素有 28 种，其中过渡族元素 18 种，如 Ti，V，Zr，Nb，Mo，Ta，W，Re 等。非过渡族元素 10 种，如 Bi，Al，Sn，Cd，Pb 等。按临界温度高低排列，Nb 居首位，临界温度 9.24 K；其次是人造元素 Tc，Tc 为 7.8 K；第三是 Pb 为 7.197 K；第四是 La 为 6.00 K。然后是 V 为 5.4 K；Ta 为4.47 K；Hg 为 4.15 K；以下依次为 Sn，In，Tl，Al。研究发现，在施以 30 GPa 压力的条件下，超导元素的最高临界温度可达 13 K。

元素超导体除 V，Nb，Ta 以外均属于第一类超导体，很难实用化。超导现象发现后，昂纳斯曾试验用铅丝绕制超导磁体，但其临界电流、临界磁场均较小（临界磁场仅为 0.055 T），无法实用。1950 年前后，研究者又采用纯铌线制做超导磁体，最终也告失败。

3.3.2　合金超导体

作为合金系超导材料，最早出售的超导线材为 Nb-Zr 系，用于制做超导磁体。Nb-Zr 合金具有低磁场高电流的特点，在 1965 年以前曾是超导合金中最主要的产品。后来逐渐被加工性能好，临界磁场高，成本低的 Nb-Ti 合金所取代。在目前的合金超导材料中，Nb-Ti系合金实用线材的使用最为广泛。其原因之一在于它与铜很容易复合，复合的目的是防止超导态受到破坏时，超导材料自身被毁。复合后采取冷加工的方法将超导线材坯料拉成细丝，然后，在 300 ~ 500 ℃进行时效处理。第二相粒子的析出对磁通在超导体内的运动产生了很强的钉扎作用，有利于提高临界电流。Nb-Ti 合金线材虽然不是当前最佳的超导材料，但由于这种线材的制造技术比较成熟，性能也较稳定，生产成本低，所以目前仍是实用线材中的主导。20 世纪 70 年代中期，在 Nb-Zr，Nb-Ti 合金的基础上又发展了一系列具有很高临界电流的三元超导合金材料，如 Nb-40Zr-10Ti，Nb-Ti-Ta 等，它们是制造磁流体发电机大型磁体的理想材料。表 3.1 为几种合金系超导材料。

为了进一步提高合金超导体的超导性能，有人进行了一系列试验。结果表明，在超导合金中，有些材料在降低温度使用时，其上临界磁场和临界电流可以有大幅度提高；而且合金超导体的临界温度在超高压下有所提高，如 Nb-Zr 合金，在 30 GPa 压力下，临界温度达到 17K 左右。

表 3.1　合金系超导材料

合金系	成分/%	T_c/K	H_{C_2}/T	J_c/(A·cm^{-1})	复合加工性	成本	特征
Nb-Zr	75-25	10.2	~7	1×10^5(3T)	难	中	尚未使用
Nb-Ti	40-60	9.0 ~ 9.5	~12	2.1×10^5(5T)	易	低	主　流
Nb-Zr-Ti	65-25-10	9.8 ~ 10.0	10 ~ 11	3×10^5(5T)	难	中	
Nb-Ti-Ta	36-64-4	9.9	~12		易	低	
Nb-Ti-V				1.2×10^5(3T)	易	低	
Nb-Ti-Zr-Ta	27-61-6-6	9.2	12	1.85×10^5(5T)	易	低	

3.3.3 化合物超导材料

化合物超导体与合金超导体相比,临界温度和临界磁场(H_{C_2})都较高,至 1986 年,Nb_3Ge 的 $T_c=23.2$ K,为超导材料中最高。一般超过 10 T 的超导磁体只能用化合物系超导材料制造。化合物超导材料按其晶格类型可分为 B1 型(NaCl 型),A15 型,C15 型(拉威斯型),菱面晶型(肖布莱尔型)。其中最受重视的是 A15 型化合物,Nb_3Sn 和 V_3Ga 最先引起人们的注意,其次是 Nb_3Ge,Nb_3Al,$Nb_3(AlGe)$等。A15 型化合物都具有较高的临界温度,如 Nb_3Sn,18 K;V_3Si,17 K;Nb_3Ge,23.2 K…。但实际能够使用的只有 Nb_3Sn 和 V_3Ga 两种,其他化合物由于加工成线材较困难,尚不能实用。

20 世纪 60 年代后期,人们开始研究化合物超导材料的加工方法。较成熟的是 Nb_3Sn,V_3Ga 的加工技术。60 年代后期,采用化学蒸镀法和表面扩散法制成 Nb_3Sn 带材;利用表面扩散法制成 V_3Ga 带材。日本利用 Cu-Ga 合金与 V 的复合,巧妙地制成了 V_3Ga 超细多芯线(太刀川法),使硬而脆的金属间化合物线材化成为可能。与此同时,美国也采用复合加工法制成 Nb_3Sn 线材。由于使用了铜合金(青铜)作为基体,这种方法又称为青铜法,如图 3.6 所示。利用青铜法制作超细多芯线材,由于线材中青铜比例高,与表面扩散法带材相比,临界电流密度低,在强磁场中临界电流密度迅速下降。为了改善这一现象,在制造 Nb_3Sn 线材时,在铌芯中加入 Ta,Ti,Zr 等元素;在青铜中加入 Mg,Ga,Ti,或同时加入 Ga 与 Hf 等元素,可将 H_{C_2} 从 21 T 提高到 25 T。日本开发的用加 Ti 的 Nb_3Sn 线材制成的超导磁体已投入使用。在 V 和 Cu-Ga 合金中加入 Mg,可获得更好的效果。

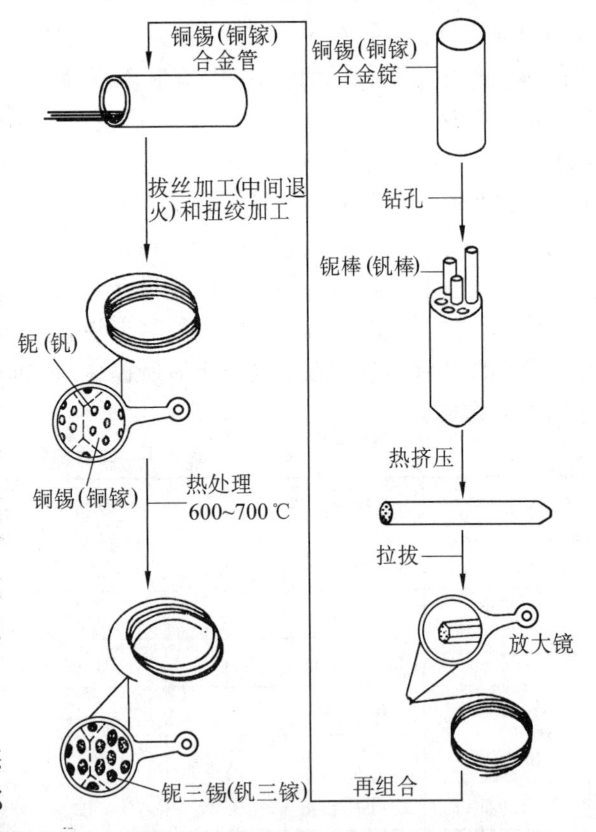

图 3.6 复合法制 Nb_3Sn,V_3Ga 线材

已经应用的超导材料,如 Nb-Ti 合金、V_3Ga 所产生的磁场均不超过 20 T。而其他材料,如 Nb_3Al 和 $Nb_3(AlGe)$等临界温度及上临界磁场均高于 Nb_3Sn,V_3Ga。这些材料的加工技术与前述 Nb_3Sn,V_3Ga 的加工方法不同,近年来日本采用熔体急冷法、激光和电子束辐照等新方法,对 Nb_3Al 等化合物进行试验,取得了重要进展。如用电子束和激光束辐照 $Nb_3(AlGe)$,在4.2 K,25 T 的磁场下,临界电流密度达到3×10^4 A/cm^2。

除常规的金属超导材料,非晶态超导体、磁性超导体、颗粒超导体都受到了研究人员的关注。此外,有机超导体自 70 年代问世以来在研究领域取得了较大进展，常压下，超导临界温度达到 8 K，而且有不断增加的趋势。自 1986 年以来，高温氧化物超导体的发展，使超导的研究与应用有了突破性的飞跃（这部分内容在第 10 章详述）。

3.4　超导材料的应用

对超导的应用研究始于 20 世纪 60 年代，在超导的应用上处于领先地位的是制造高磁场的超导磁体。在大学和研究机构的许多研究室中，已使用供物性研究用的小型、中型超导磁体。另外，在高能物理、受控核反应、磁流体发电机、输电、磁悬浮列车、舰船推进、贮能、医疗各领域，超导的应用也在稳步进行。粗略地计算一下，采用超导磁体后，可以使现有设备的能量消耗降低到原来的十分之一到百分之一。但已应用于实际的超导器材，还是比较少的。应用技术的发展，有待于更高级的基础技术的建立和进步，如线材和薄膜的制造技术，制冷及冷却技术，超低温用结构材料和检测技术等。另外，高临界温度的超导材料的发现及加工也是一个必不可少的条件。

3.4.1　开发新能源

1. 超导受控热核反应堆

人类面临着能源危机，受控热核反应的实现将从根本上解决人类的能源危机。如果想建立热核聚变反应堆，利用核聚变能量来发电，首先必须建成大体积、高强度的大型磁场（磁感应强度约为 10^5 T）。这种磁体贮能应达 4×10^{10} J，只有超导磁体才能满足要求，若用常规磁体，产生的全部电能只能维持该磁体系统的电力消耗。用于制造核聚变装置中超导磁体的超导材料主要是 Nb_3Sn，Nb-Ti 合金，NbN，Nb_3Al，$Nb_3(Al,Ge)$等。

2. 超导磁流体发电

磁流体发电是一种靠燃料产生高温等离子气体，使这种气体通过磁场而产生电流的发电方式。磁流体发电机的主体主要由三个部分组成：燃烧室，发电通道和电极，其输出功率与发电通道体积及磁场强度的平方成正比。如使用常规磁体，不仅磁场的大小受到限制，而且励磁损耗大，发电机产生的电能将有很大一部分为自身消耗掉，尤其是磁场较强时。而超导磁体可以产生较大磁场，且励磁损耗小，体积，质量也可以大大减小。

美国和日本对磁流体发电进行了大规模的研究，日本制造的磁流体发电超导磁体产生磁场 4.5 T，贮能 60 MJ，发电 500 kW。采用超导磁体的磁流体发电机已经开始工作，磁流体-蒸汽联合电站正在进行试验。

磁流体发电特别适合用于军事上大功率脉冲电源和舰艇电力推进。美国将磁流体推进装置用于潜艇，已进行了实验。

3.4.2　节能方面

1. 超导输电

超导体的零电阻特性使超导输电引起人们极大的兴趣，但实用的超导材料临界温度较低，因此，对于超导输电必须考虑冷却电缆所需成本。近年随着高温超导体的发现，日本研制了 66 kV，50 m 长的具有柔性绝热液氮管的电缆模型和 50 m 长的导体绕在柔性芯子上的电缆,其交流载流能力为2 000 A,有望用于市内地下电力传输系统。美国也研制了直流临界电流为900 A的电缆。

2. 超导发电机和电动机

超导电机的优点是小型、轻量、输出功率高、损耗小。据计算,电机采用超导材料线圈,磁感应强度可提高5~10倍。一般常规电机允许的电流密度为10^2~10^3 A/cm^2,超导电机可达到10^4 A/cm^{2}以上。可见超导电机单机输出功率可大大增加,换句话说,同样输出功率下,电机质量可大大减轻。目前,超导单极直流电机和同步发电机是人们研究的主要对象。

3. 超导变压器

超导材料用于制造变压器,可大大降低磁损耗,缩小体积,减轻质量。日本已研制成500 kV·A的高温超导变压器;美国为模拟全尺寸的30 MV·A的高温超导变压器而研制了1 MV·A的高温超导变压器。

3.4.3　超导磁悬浮列车

磁悬浮列车的设想是20世纪60年代提出的。这种高速列车利用路面的超导线圈与列车上超导线圈磁场间的排斥力使列车悬浮起来,消除了普通列车车轮与轨道的摩擦力,使列车速度大大提高。使用的超导磁体如图3.7所示。

日本在1979年就研制成了时速517 km的超导磁悬浮实验车。而1990年德国汉诺威-维尔茨堡高速磁浮列车线路正式投入运营,使德国在磁浮列车的实用化方面居领先地位。

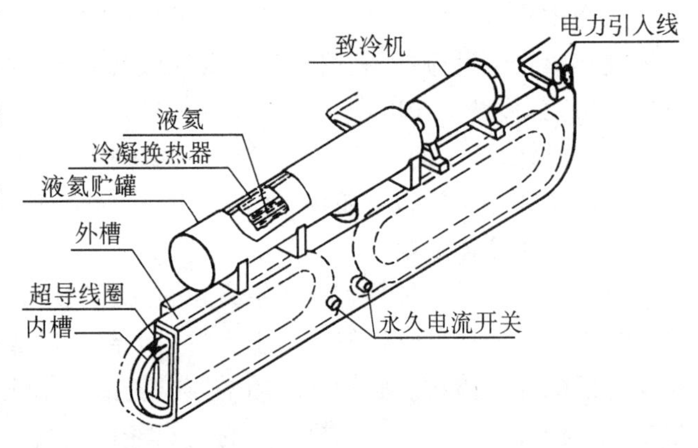

图3.7　日本研制的磁悬浮列车上使用的超导磁体

3.4.4　超导贮能

由于超导体电阻为零,在其回路中通入电流,电流应永不衰减。即可以将电能存贮于超导线圈中。目前,超导贮能的应用研究主要集中于两个方面:一方面,计划用口径几百米的巨大线圈贮存电力,供电网调峰用。另一方面,是作为脉冲电源,如用作激光武器电源。小型超导贮能装置在美国已形成产品,下一步将用于变电所以提高电力能量及质量。

3.4.5　在研究领域

超导磁体的应用最早是在研究领域展开的。在实验室中,用铜与Nb_3Sn超导磁体制成的混合磁体,已产生了30.7 T的磁场。

在高能物理方面,超导体在同步加速器中的应用,已取得了很大成绩。在加速器中使用的超导磁体有两种,一种是使粒子束偏转的二极磁体,一种是使粒子束聚焦的四极磁体。美国研制了一个由Nb_3Sn和Nb-Ti两层线圈组成的二极磁体和一个四层的Nb_3Sn

二极磁体。另外,日本、德国、荷兰在这方面也做了大量工作。

1977年试制成功了用超导磁体代替部分常规磁体的电子显微镜,分辨力达0.17 nm。

3.4.6　其他方面的应用

核磁共振成像技术利用超导磁体的强磁场穿透人体软组织,经过计算机对所得数据进行处理,在成像仪中显示图像,来判断人体有无癌细胞。常规磁体也可完成这种工作,但速度慢,分辨力差。另外在"π介子"照射治疗装置及外科手术中,超导磁体的应用已取得重大进展。

超导体的另一个重要应用是制造"约瑟夫森"器件。约瑟夫森器件的原理是所谓的"约瑟夫森效应",即两块超导体之间点接触,或通过正常导电膜或绝缘膜接触,形成弱连接,则超导体中的"库柏对"可以隧道效应穿过,如图3.8所示。

约瑟夫森结中超导体之间的电流电压特性在磁场的作用下会发生变化。另外,在一定限度内电流可以无阻碍地通过介质,超过一定限度则会产生电压——可进行二进制运算。约瑟夫森器件用于集成电路具有开关速度快、功耗小、集成度高的特点,如果将其用于超导计算机的研制,相信会取得非常好的效果。

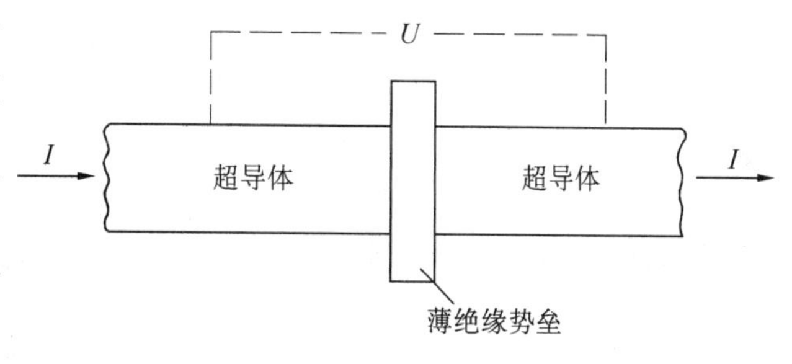

图3.8　约瑟夫森结

约瑟夫森效应为超导电子学开辟了广阔的前景,约瑟夫森器件已应用于很多方面。现在高温超导体的发现及在液氮温度区实现了约瑟夫森效应,将会大大扩大约瑟夫森器件的应用范围。图3.9为几种常见的约瑟夫森结。

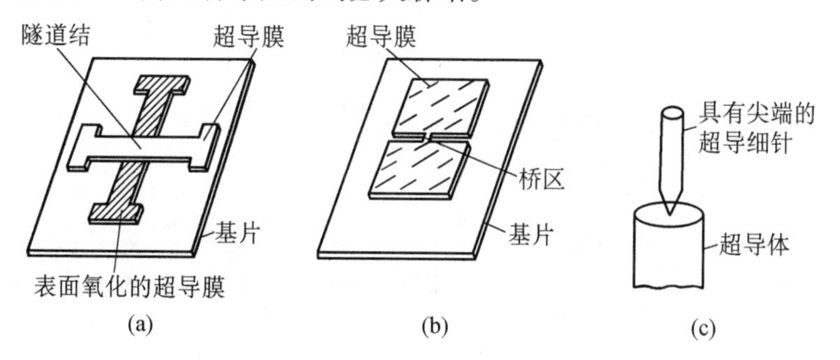

图3.9　几种常见的约瑟夫森结

(a)隧道结;　(b)超导微桥;　(c)点接触结

制作约瑟夫森器件的材料主要有软金属(Sn, Pb, In, Pb-In合金, Pb-Bi合金, Pb-In-Au合金等)Nb及Nb的化合物及氧化物薄膜等。最常见的形式是在两枚超导薄膜之间插入导电(绝缘)薄膜。薄膜的制造方法主要有溅射法、蒸镀法、CVD法等。如Nb膜/Al膜/Nb膜, NbN/无定形Si/Nb_2O_5/NbN膜, Nb_3Ge膜/无定形Si/SiO_2膜/Nb_3Ge膜等。

第4章　贮氢合金

人类面临着能源危机,作为主要能源的石油、煤炭和天燃气由于长期的过量开采已濒临枯竭。为了开发新能源,人们想到了利用太阳能,地热,风能及海水的温差等,试图将它们转化为二次能源。氢是一种非常重要的二次能源。它的资源丰富;发热值高,燃烧1 kg氢可产生142 120 kJ的热量,比任何一种化学燃料的发热值都高;氢燃烧后生成水,不污染环境。鉴于以上种种优点,氢能源的开发引起了人们极大的兴趣。遇到的问题主要是制氢工艺和氢的贮存。目前,倾向于用光解法制氢——利用太阳能,到海水中取氢,这是大量制氢最有希望的方向。

氢的存贮是一个更大的难题。虽然可将氢气存贮于钢瓶中,但这种方法有一定危险,而且贮氢量小(15 MPa,氢气质量尚不到钢瓶质量的1/100),使用也不方便。液态氢比气态氢的密度高许多倍,固然少占容器空间,但是氢气的液化温度是-253 ℃,为了使氢保持液态,还必须有极好的绝热保护,绝热层的体积和质量往往与贮箱相当。大型运载火箭使用液氢作为燃料,液氧作为氧化剂,其存贮装置占去整个火箭一半以上的空间。为了解决氢的存贮和运输问题,人们想到了用金属贮氢。最早发现Mg-Ni合金具有贮氢功能,随后又开发了La-Ni,Fe-Ti贮氢合金,此后,新型贮氢合金不断出现。

4.1　金属贮氢原理

许多金属(或合金)可固溶氢气形成含氢的固溶体(MHx),固溶体的溶解度$[H]_M$与其平衡氢压p_{H_2}的平方根成正比。在一定温度和压力条件下,固溶相(MHx)与氢反应生成金属氢化物,反应式如下

$$\frac{2}{y-x}\mathrm{MH}x + \mathrm{H_2} \rightleftharpoons \frac{2}{y-x}\mathrm{MH}y + \Delta H \tag{4.1}$$

式中,MHy为金属氢化物;ΔH为生成热。贮氢合金正是靠其与氢起化学反应生成金属氢化物来贮氢的。

作为贮氢材料的金属氢化物,就其结构而论有两种类型。一类是Ⅰ和Ⅱ主族元素与氢作用,生成的NaCl型氢化物(离子型氢化物),这类化合物中,氢以负离子态嵌入金属离子间。另一类是Ⅲ和Ⅳ族过渡金属及Pb与氢结合,生成的金属型氢化物,其中氢以正离子态固溶于金属晶格的间隙中。

金属与氢的反应,是一个可逆过程(如上式)。正向反应,吸氢、放热;逆向反应,释氢、吸热;改变温度与压力条件可使反应按正向、逆向反复进行,实现材料的吸释氢功能。换言之,是金属吸氢生成金属氢化物还是金属氢化物分解释放氢,受温度、压力与合金成分的控制,由图4.1平衡氢压-氢浓度等温曲线(p-C-T曲线)可看出。

在图4.1中，由O点开始，金属形成含氢固溶体，A点为固溶体溶解度极限。从A点，氢化反应开始，金属中氢浓度显著增加，氢压几乎不变，至B点，氢化反应结束，B点对应氢浓度为氢化物中氢的极限溶解度。图中AB段为氢气、固溶体、金属氢化物三相共存区，其对应的压力为氢的平衡压力，氢浓度(H/M)为金属氢化物在相应温度的有效氢容量。显然，高温生成的氢化物具有高的平衡压力，同时，有效氢容量减少。由图中还可以看出，金属氢化物在吸氢与释氢时，虽在同一温度，但压力不同，这种现象称为滞后。作为贮氢材料，滞后越小越好。

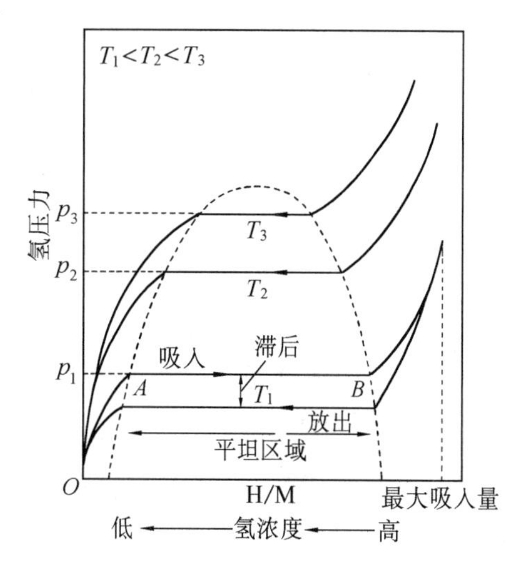

图4.1　M-H系统$p-C-T$平衡图

根据$p-C-T$图可以作出贮氢合金平衡压-温度之间关系图，如图4.2所示。

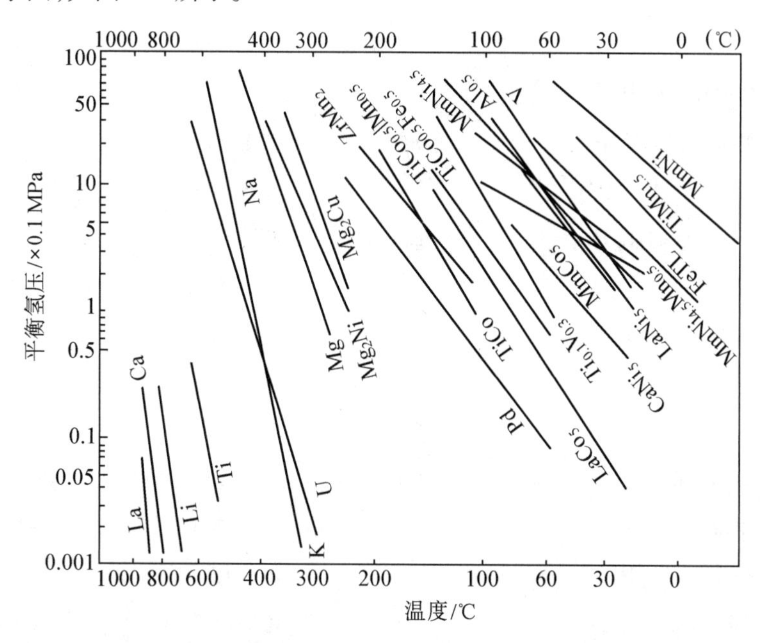

图4.2　各种贮氢合金平衡分解压-温度关系曲线

图4.2表明，对各种贮氢合金，当温度和氢气压力值在曲线上侧时，合金吸氢，生成金属氢化物，同时放热；当温度与氢压力值在曲线下侧时，金属氢化物分解，放出氢气，同时吸热。

表 4.1　各种氢化物特性比较

金属氢化物	氢含有率 w_b/%	分解压 /MPa	生成热 /4.2(kJ · mol^{-1} H_2)
LiH	12.7	0.1(894℃)	-43.3
MgH_2	7.6	0.1(290℃)	-17.8
$Mg_2HiH_{4.0}$	3.6	0.1(250℃)	-15.4
$MgCaH_{3.72}$	5.5	0.5(350℃)	-17.4
Mg_2Cu-H	2.7	0.1(239℃)	-17.4
$CeMg_{12}$-H	4.0	0.3(325℃)	-
AlH_3	10.1	-	-2.7
$LaNi_5H_{6.0}$	1.4	0.4(50℃)	-7.2
$MmNi_5H_{6.3}$	1.4	3.4(50℃)	-6.3
$MmNi_{2.5}Co_{2.5}H_{5.2}$	1.2	0.6(50℃)	-5.5
$MmCo_5H_{3.0}$	0.7	0.3(50℃)	-9.6
$MmNi_{4.5}Al_{0.5}H_{4.9}$	1.2	0.5(50℃)	-5.5
$MmNi_{4.5}Si_{0.5}H_{3.8}$	0.9	2.1(50℃)	-6.0
$MmNi_{4.5}Cr_{0.25}Mn_{0.25}H_{6.9}$	1.6	0.5(50℃)	-7.1
$MmNi_{4.5}Al_{0.45}Ti_{0.05}H_{5.3}$	1.3	0.3(30℃)	-
$MmNi_{4.5}Mn_{0.5}Zr_{0.05}H_{7.0}$	1.6	0.4(50℃)	-7.9
$LaNi_{4.6}Al_{0.4}H_{5.5}$	1.3	0.2(80℃)	-9.1
$TiFeH_{1.9}$	1.8	1(50℃)	-5.5
$TiFe_{0.35}Mn_{0.15}H_{1.5}$	1.8	0.5(40℃)	-
$TiCo_{0.5}Mn_{0.5}H_{1.7}$	1.6	0.1(90℃)	-11.2
$TiCo_{0.5}Fe_{0.5}H_{1.2}$	1.1	0.1(70℃)	-10.1
$TiCo_{0.75}Ni_{0.25}H_{1.5}$	1.4	0.1(156℃)	-15.2
$TiFe_{0.8}Be_{0.2}H_{1.34}$	1.4	0.25(50℃)	3.66(kcal/gH)
$TiFe_{0.8}Ni_{0.15}V_{0.05}H_{1.6}$	1.6	0.1(79℃)	-10.2
$TiMn_{1.5}H_{2.47}$	1.8	0.5~0.8(20℃)	-6.8
$Ti_{0.75}Al_{0.25}H_{1.5}$	3.4	0.1(100℃)	-11.3
$TiFe_{0.8}Mn_{0.2}Zr_{0.05}H_{2.2}$	2.0	0.55(80℃)	-
$Ti_{1.2}Cr_{1.2}V_{0.8}H_{4.6}$	3.0	0.4(140℃)	-9.1
$ZrMn_2H_{3.46}$	1.7	0.1(210℃)	-9.3
VH_2	3.8	0.8(50℃)	-9.6
$V_{0.8}Ti_{0.2}H_{1.6}$	3.1	0.3~1(100℃)	-11.8

4.2　贮氢合金分类

并不是所有与氢作用能生成金属氢化物的金属(或合金)都可以作为贮氢材料。实用的贮氢材料应具备如下条件

①吸氢能力大,即单位质量或单位体积贮氢量大。

②金属氢化物的生成热要适当,如果生成热太高,生成的金属氢化物过于稳定,释氢时就需要较高温度;反之,如果用作热贮藏,则希望生成热高。

③平衡氢压适当。最好在室温附近只有几个大气压,便于贮氢和释放氢气。且其 *p*–*C*–*T* 曲线有良好的平坦区,平坦区域要宽,倾斜程度小,这样,在这个区域内稍稍改变压力,就能吸收或释放较多的氢气。

④吸氢、释氢速度快。

⑤传热性能好。

⑥对氧、水和二氧化碳等杂质敏感性小,反复吸氢,释氢时,材料性能不致恶化。

⑦在贮存与运输中性能可靠、安全、无害。

⑧化学性质稳定,经久耐用。

⑨价格便宜。

基本上能够满足上述要求的主要合金成分有:Mg,Ti,Nb,V,Zr 和稀土类金属,添加成分有 Cr,Fe,Mn,Co,Ni,Cu 等。

已投入使用的贮氢合金主要有稀土系、钛系、镁系几类。另外,可用于核反应堆中的金属氢化物及非晶态贮氢合金,复合贮氢材料已引起人们极大的兴趣。

4.2.1　镁系贮氢合金

最早研究的贮氢材料。镁与镁基合金贮氢量大(MgH_2 约为7.6%)、质量轻、资源丰富、价格低廉。主要缺点是分解温度过高(250 ℃),吸放氢速度慢,使镁系合金至今处于研究阶段,尚未实用。

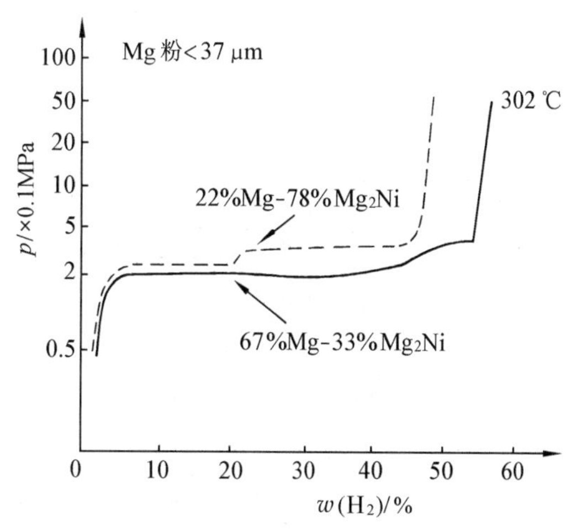

图4.3　$Mg\text{-}Mg_2Ni\text{-}H$ 系统 *p*–*C*–*T* 平衡图

镁与氢在300～400 ℃和较高的氢压下反应生成 MgH_2,具有四方晶金红石结构,属离子型氢化物,过于稳定,释氢困难。在 Mg 中添加5%～10%的 Cu 或 Ni,对镁氢化物的形成起催化作用,使氢化速度加快。Mg 和 Ni 可以形成 Mg_2Ni 和 $MgNi_2$ 二种金属化合物,其中 $MgNi_2$ 不与氢发生反应,Mg_2Ni 在一定条件下(2 MPa,300 ℃)与氢反应生成 Mg_2NiH_4,稳定性比 MgH_2 低,使其释氢温度降低,反应速度加快,但贮氢量大大降低,见表4.1。在 Mg–Ni 合金中,当 Mg 质量分数超过一定程度时,产生 Mg 和 Mg_2Ni 二相,如

图4.3,等温线上出现两个平坦区,低平坦区对应反应

$$Mg + H_2 \rightleftharpoons MgH_2 \tag{4.2}$$

高平坦区对应反应

$$Mg_2Ni + 2H_2 \rightleftharpoons Mg_2NiH_4 \tag{4.3}$$

Mg 和 Mg_2Ni 二相合金具有较好的吸释氢功能,Ni 质量分数在 3% ~5% 时,可获得最大吸氢量 7%。

日本研制的两种以 Mg_2Ni 为基础的贮氢合金,一种是用 Al 或 Ca 置换 Mg_2Ni 中的部分 Mg,形成 $Mg_{2-x}MxNi$ 合金(M 代表 Al 或 Ca),其中 $0.01 \leqslant x \leqslant 1.0$。这种合金吸释氢反应速度比 Mg_2Ni 大 40% 以上,且可通过控制 X 值调节平衡压。另一种是用 V,Cr,Mn,Fe,Co 中任一种置换 Mg_2Ni 中部分 Ni,形成 $Mg_2Ni_{1-x}Mx$ 合金,氢化速度和分解速度均比 Mg_2Ni 提高。

Mg 与 Cu 也可形成 Mg_2Cu,$MgCu_2$ 两种金属化合物。Mg_2Cu 与 H_2 在 300 ℃,2 MPa 下反应

$$2Mg_2Cu + 3H_2 \rightleftharpoons 3MgH_2 + MgCu_2 \tag{4.4}$$

分解压为 0.1 MPa 时,温度 239 ℃,但最大吸氢量仅为 2.7%。

此外,稀土与 Mg 可形成 $ReMg_{12}$,$ReMg_{17}$,Re_5Mg_{41} 等金属化合物,其中 Re 代表 La,Ce 或 Mm(La,Ce,Sm 混合稀土元素)。$CeMg_{12}$ 贮氢量 6%(325 ℃,3 MPa),$LaMg_{12}$ 贮氢量 4.5%,分解压与 MgH_2 相当。$LaMg_{12}$ 释氢反应速度较 $CeMg_{12}$ 快。

镁系贮氢合金的发展方向是通过合金化,改善 Mg 基合金氢化反应的动力学和热力学。研究发现,Ni,Cu,Re 等元素对 Mg 的氢化反应有良好的催化作用,对 Mg-Ni-Cu 系,Mg-Re 系,Mg-Ni-Cu-M(M=Cu,Mn,Ti)系,La-M-Mg-Ni(M=La,Zr,Ca)系及 Ce-Ca-Mg-Ni 系多元镁基贮氢合金的研究和开发已经取得很多成果。

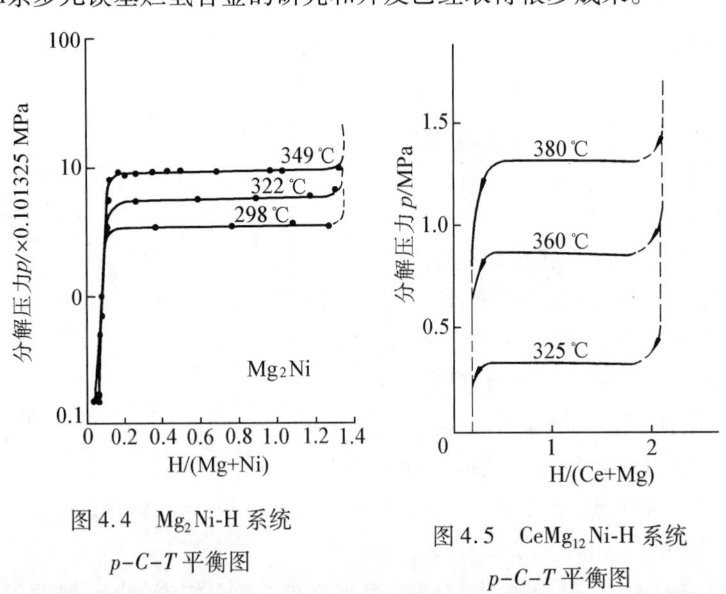

图 4.4 Mg_2Ni-H 系统 *p-C-T* 平衡图

图 4.5 $CeMg_{12}Ni$-H 系统 *p-C-T* 平衡图

4.2.2 稀土系

$LaNi_5$ 是稀土系贮氢合金的典型代表。其优点是室温即可活化,吸氢放氢容易,平衡

压力低，滞后小，如图 4.6，抗杂质等；缺点是成本高，大规模应用受到限制。$LaNi_5$ 具有 $CaCu_5$ 型的六方结构，其氢化物仍保持六方结构。为了克服 $LaNi_5$ 的缺点，开发了稀土系多元合金，主要有以下几类。

1. $LaNi_5$ 三元系

$LaNi_5$ 三元系主要有两个系列：$LaNi_{5-x}M_x$ 型和 $R_{0.2}La_{0.8}Ni_5$ 型。$LaNi_{5-x}M_x$（M：Al，Mn，Cr，Fe，Co，Cu，Ag，Pd 等）系列中最受注重的是 $LaNi_{5-x}Al_x$ 合金，M 的置换显著改变了平衡压力和生成热值，如图 4.7 所示。表 4.2 为该系列合金氢化物的基本特征参数。

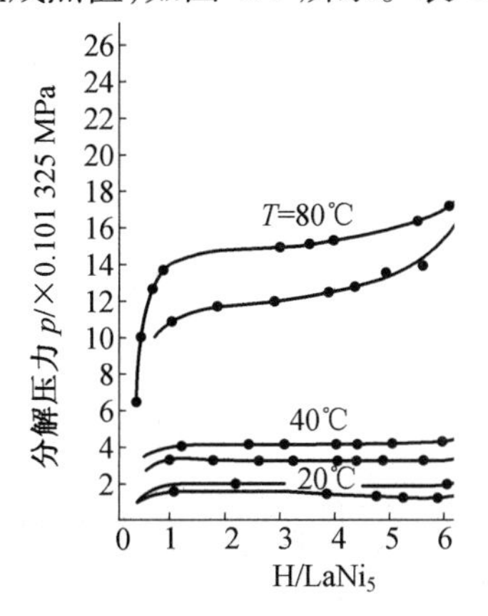

图 4.6　$LaNi_5$-H 系统 $p-C-T$ 平衡图

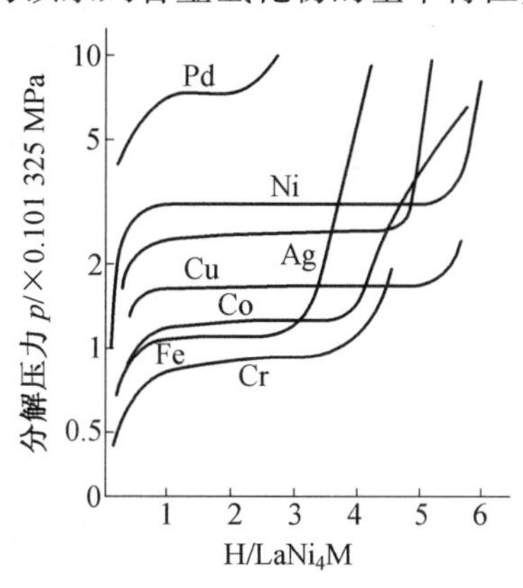

图 4.7　$LaNi_4M$-H 系统 $p-C-T$ 平衡图（40 ℃）

表 4.2　$LaNi_{5-x}Al_x$ 系合金的氢化物特性

合　金	ΔH° /4.19（$kJ \cdot mol^{-1} H_2$）	ΔS° /4.19（$J \cdot kmol^{-1} H_2$）	温　度/℃（分解压力 0.2 MPa）
$LaNi_5$	-7.2	-26.1	~25
$LaNi_{4.8}Al_{0.2}$	-8.3	-27.3	~50
$LaNi_{4.6}Al_{0.4}$	-9.1	-28.1	~70
$LaNi_{4.5}Al_{0.5}$	-9.2	-26.6	~90
$LaNi_4Al$	-12.7	-29.2	~180
$LaNi_{3.5}Al_{1.5}$	14.5	-29.6	-240

$R_{0.2}La_{0.8}Ni_5$（R=Zr，Y，Gd，Nd，Th 等）型合金中，置换元素使其氢化物稳定性降低。

2. $MmNi_5$ 系

$MmNi_5$ 用混合稀土元素（Ce，La，Sm）置换 $LaNi_5$ 中的 La，价格比 $LaNi_5$ 低得多。$MmNi_5$ 可在室温，6 MPa 下氢化生成 $MmNi_5H_{6.0}$，20 ℃分解压为 1.3 MPa，由于释氢压力大，滞后大，使 $MmNi_5$ 难于实用。为此，在 $MmNi_5$ 基础上又开发了许多多元合金，如用 Al，B，Cu，Mn，Si，Ca，Ti，Co 等置换 Mm 而形成的 $Mm_{1-x}A_xNi_5$ 型（A 为上述元素中一种或

两种)合金;用 B,Al,Mn,Fe,Cu,Si,Cr,Co,Ti,Zr,V 等取代部分 Ni,形成的 $MmNi_5$-yBy 型合金(B 为上述元素中的一种或两种)。其中取代 Ni 的元素均可降低平衡压力,Al,Mn 效果较显著,取代 Mm 的元素则一般使平衡压力升高。如 $MmNi_{4.5}Mn_{0.5}$,贮氢量大,释氢压力适当,通常用于氢的贮存和净化;$MmNi_{4.15}Fe_{0.85}$ 的 $p-C-T$图斜度小,滞后小,可作热泵、空调用贮氢材料;$MmNi_5-xCo_X$ 具有优良的贮氢特征,吸氢量大,吸释氢速度快,而且通过改变 X 值(X 范围为 0.1 ~4.9),可以连续改变合金的吸释氢特性,图 4.8 为 $MmNi_5$-yBy-H系合金氢化特性。

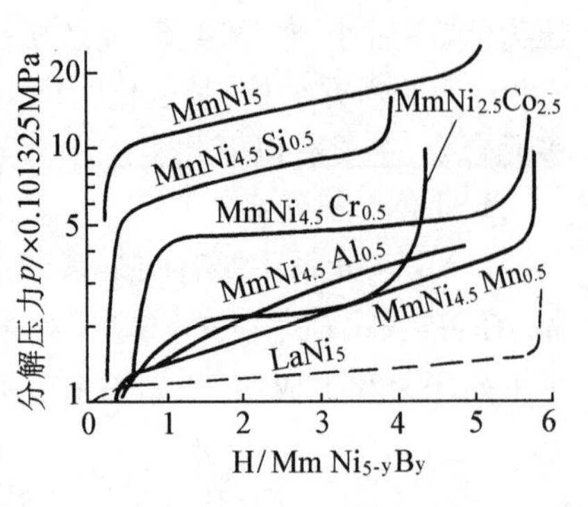

图 4.8 $MmNi_5$-yBy-H 系统 $p-C-T$ 平衡图(20℃)

还有许多 $MmNi_5$ 系多元贮氢合金,如(MnCa)$(NiAl)_5$,$(MmCa)_{0.95}Cu_{0.05}(NiAl)_5$,$Mm_{0.95}Cu_{0.05}(NiAl)_5Zr_{0.1}$等。多元合金化可以综合提高贮氢特性,并满足某些特殊要求,主要用于制备高压氢,图 4.9 为该系列贮氢合金的开发现状。

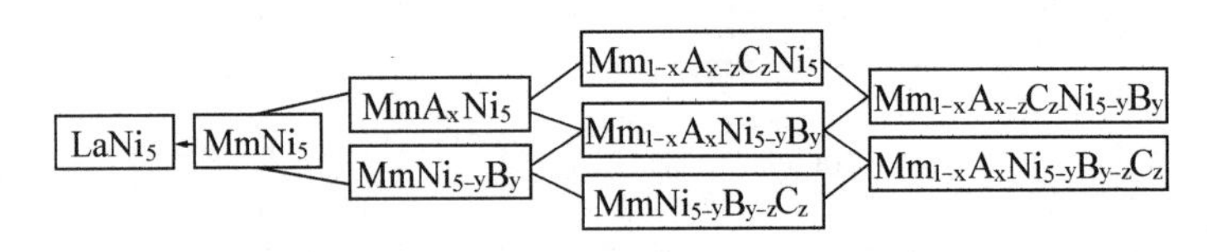

图 4.9 $MmNi_5$ 系合金的开发系统图

3. $MlNi_5$ 系

以 Ml(富含 La 与 Nd 的混合稀土金属,La+Nd>70%)取代 La 形成的 $MlNi_5$,价格仅为纯 La 的 1/5,却保持了 $LaNi_5$ 的优良特性,而且在贮氢量和动力学特性方面优于 $LaNi_5$,更具实用性,如图 4.10 所示。在 $MlNi_5$ 基础上发展了 $MlNi_5-x$Mx 系列合金,即以 Mn,Al,Cr 等置换部分 Ni,以降低氢平衡分解压。其中 $MlNi_5-x$Alx 已大规模应用于氢的贮运、回收和净化。

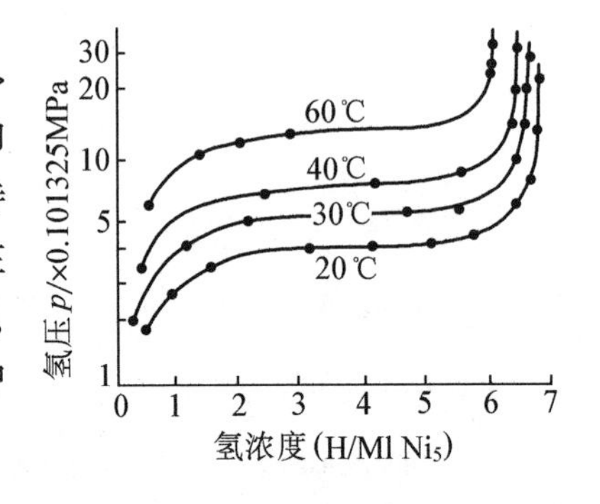

图 4.10 $MlNi_5$-H 系 $p-C-T$ 平衡图

4.2.3 钛系贮氢合金

1. 钛铁系合金

钛和铁可形成 TiFe 和 $TiFe_2$ 二种稳定的金属间化合物。$TiFe_2$ 基本上不与氢反应,TiFe 可在室温与氢反应生成 $TiFeH_{1.04}$和 $TiFeH_{1.95}$两种氢化物,如图 4.11 所示。因为出现两种氢化物相,$p-C-T$ 曲线有两个平台。其中 $TiFeH_{1.04}$为四方结构,$TiFeH_{1.95}$为立方结构。

TiFe 合金室温下释氢压力不到 1 MPa,且价格便宜。缺点是活化困难,抗杂质气体中毒能力差,且在反复吸释氢后性能下降。为改善 TiFe 合金的贮氢特性,研究了以过渡金属(M)Co,Cr,Cu,Mn,Mo,Ni,Nb,V 等置换部分铁的 $TiFe_{1-x}$Mx 合金。过渡金属的加入,使合金活化性能得到改善,氢化物稳定性增加,但平台变得倾斜。TiFe 三元合金中具有

代表性的是 $TiFe_{1-x}Mn_x$（$x=0.1\sim0.3$），如图 4.12 所示。$TiFe_{0.8}Mn_{0.2}$在 25 ℃和 30 MPa 氢压下即可活化，生成的 $TiFe_{0.8}M_{0.2}H_{1.95}$，贮氢量 1.9%，但 $p-C-T$ 曲线平台倾斜度大，释氢量少。日本研制出一种新型 Fe-Ti 氧化物合金，贮氢性能很好。

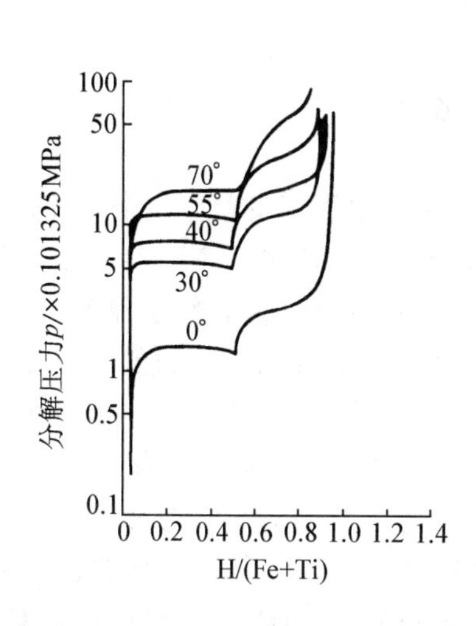

图 4.11　TiFe-H 系

$p-C-T$ 平衡图

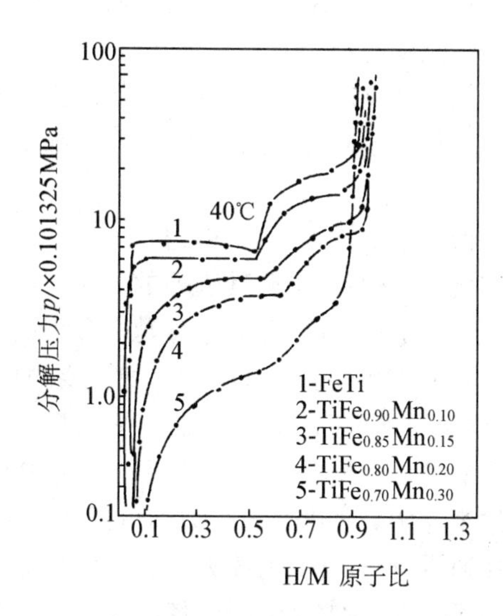

图 4.12　$TiFe_1-xMx$ 系

$p-C-T$ 平衡图

2. 钛锰系合金

Ti-Mn 合金是拉维斯相结构，Ti-Mn 二元合金中 $TiMn_{1.5}$贮氢性能最佳，在室温下即可活化，与氢反应生成 $TiMn_{1.5}H_{2.4}$，其特性见表 4.1。TiMn 原子比 Mn/Ti=1.5 时，合金吸氢量较大，如果 Ti 量增加，吸氢量增大，但由于形成稳定的 Ti 氢化物，室温释氢量减少。

以 TiMn 为基的多元合金主要有 $TiMn_{1.4}M_{0.1}$（M 为 Fe，Co，Ni 等）；$Ti_{0.8}Zr_{0.2}Mn_{1.8}M_{0.2}$（M 为 Co，Mo 等），$Ti_{0.9}Zr_{0.1}Mn_{1.4}V_{0.2}Cr_{0.4}$等，如图 4.13 所示。其中 $Ti_{0.9}Zr_{0.1}Mn_{1.4}V_{0.2}Cr_{0.4}$贮氢性能最好，室温最大吸氢量 2.1%，氢化物在 20 ℃的分解压为 0.9 MPa，室温下最大释氢量 233 ml/g，生成热-7.0 kcal/mol。

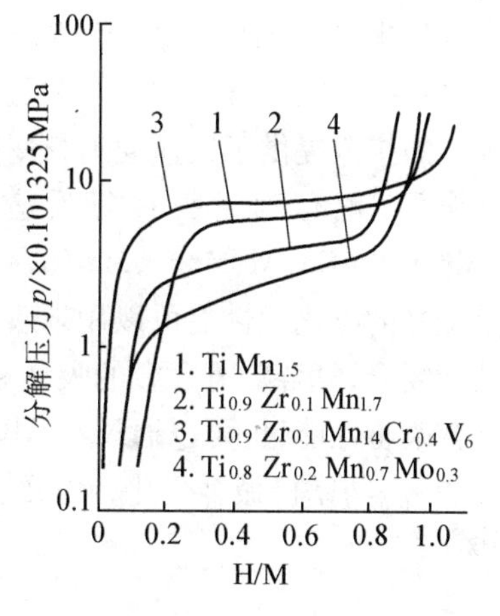

图 4.13　Ti-Mn-H 系统

$p-C-T$ 平衡图

除以上几类典型贮氢合金外，非晶态贮氢合金目前也引起了人们的注意。研究表明，非晶态贮氢合金比同组份的晶态合金在相同的温度和氢压下有更大的贮氢量；具有较高的耐磨性；即使经过几百次吸、放氢循环也不致破碎；吸氢后体积膨胀小。但非晶态贮氢合金往往由于吸氢过程中的放热而晶化。有关非晶态贮氢材料的机理，有待进一步研究。

4.2.4 机械合金化技术及复合贮氢合金

机械合金化(MA)是20世纪70年代发展起来的一种用途广泛的材料制备技术。将欲合金化的元素粉末以一定的比例,在保护性气氛中机械混合并长时间随球磨机运转,粉末间由于频繁的碰撞而形成复合粉末,同时发生强烈的塑性变形;具有层片状结构的复合粉末因加工硬化而碎裂,碎裂后的粉末露出的新鲜原子表面又极易再发生机械复合;合金粉末周而复始地复合、碎裂、再复合,组织结构不断细化,最终达到粉末的原子级混合而形成合金。

机械合金化技术于20世纪80年代中期开始被广泛应用于制备贮氢合金。MA技术可以细化合金颗粒,破碎其表面的氧化层,形成不规则的表面,使合金表面参与氢化反应的活性点增加;有利于氢分子穿越合金表面的氧化层;晶粒细化使氢化物层厚度减少,相应地参与氢化反应的合金增加。最重要的是MA可以方便地控制合成材料的成分和微观结构,制备出纳米晶、非晶、过饱和固溶体等亚稳态结构的材料,这些亚稳态结构对改善贮氢合金的氢化性能有很好的效果。如用MA技术制备的纳米晶镁基贮氢合金(Mg_2Ni),由于纳米晶中高密度晶界一方面可以作为贮氢的位置,另一方面为氢在合金中的扩散提供快速通道,使合金具有很好的动力学性能,吸释氢速度加快。通过MA在纳米晶镁基合金表面添加催化剂(如纳米颗粒Pd),合金在室温下即可吸氢,100 ℃下可以快速释氢。另外,MA应用于其他贮氢合金,AB_5型、AB_2型、AB型,制得的合金贮氢性能均好于传统方法制备的合金。

总之,机械合金化技术应用于贮氢合金的制备,是改善贮氢合金性能的有效途径。该技术成本低、工艺简单、生产周期短;制备的贮氢合金具有贮氢量大、活化容易、吸释氢速度快、电催化活性好等优点。美中不足的是用MA制备贮氢合金尚处于实验室研究阶段,理论模型,工艺参数,工艺条件还有待于进一步优化。

近年来,许多学者通过MA技术,将不同类型的贮氢合金复合在一起,可以得到性能优于单一类型贮氢合金的复合贮氢合金。复合贮氢合金是一个多相体系,高密度的相界面为氢的扩散提供了快速通道,有利于贮氢动力学特征的改善;纳米相之间通过相界面的相互作用,也有利于吸释氢反应的进行。目前研究较多的复合贮氢合金主要有$Mg/MmNi_{5-x}(Co,Al,Mn)_x$,$Mg_2Ni/MmNi_5$,Mg/FeTi等合金系。研究结果表明,$AB_5$型贮氢合金良好的电化学性能可以用来改善其他合金的贮氢性能,比如,将镁和$MmNi_{4.6}Fe_{0.4}$进行纳米复合,复合贮氢合金的吸释氢速度是Mg_2H_2的5~6倍。镁基合金除了可以用AB_5型合金改善性能,也可以通过与AB_2型Zr基合金的复合改变性能。有人用35%的非晶$ZrNi_{1.6}Cr_{0.4}$与镁机械合金化,制得纳米复合贮氢合金,该合金在300 ℃,30 min内可释氢4.3%。

4.3 贮氢合金的应用

4.3.1 贮运氢气的容器

如前所述,传统的贮氢方法,如钢瓶贮氢及贮存液态氢都有诸多缺点,而贮氢合金的出现解决了上述问题。首先,氢以金属氢化物形式存在于贮氢合金之中,其原子密度比相同温度、压力条件下的气态氢大1 000倍。如采用$TiMn_{1.5}$制成贮氢容器与高压(15 MPa)钢瓶,液氢贮存装置相比,在贮氢量相等的情况下,三者的质量比为1:1.4:0.2,体积比为1:4:1.3。可见用贮氢合金作贮氢容器具有质量轻,体积小的优点。其次,用贮氢合金贮氢,无需高压及贮存液氢的极低温设备和绝热措施,节省能量,安全可靠。主要方向是开发密度小,贮氢效率高的合金。

氢化物氢贮运装置分两类:固定式和移动式。移动式贮氢装置主要用于大规模贮存氢气及车辆燃料箱等。贮氢装置的结构有多种,由于金属—氢的反应存在热效应,所以贮氢装置一般为热交换器结构,其中贮氢材料多与其他材料复合,形成复合贮氢材料。

4.3.2　氢能汽车

贮氢合金作为车辆氢燃料的贮存器,目前处于研究试验阶段。如德国图曾试验氢燃料汽车,采用200 kg的TiFe合金贮氢,行驶130 km。我国也于1980年研制出一辆氢源汽车,贮氢燃料箱重90 kg,乘员12人,时速50 km,行驶了40 km。主要问题是贮氢材料的质量比汽油箱质量大得多,影响汽车速度。但氢的热效率高于汽油,而且燃烧后无污染,使氢能汽车的前景十分诱人。

4.3.3　分离、回收氢

工业生产中,有大量含氢的废气排放到空中白白浪费了。如能对其加以分离、回收、利用,则可节约巨大的能源。氢化物分离氢气的方法与传统方法不同,当含氢的混合气体(氢分压高于合金—氢系平衡压)流过装有贮氢合金的分离床时,氢被贮氢合金吸收,形成金属氢化物,杂质排出;加热金属氢化物,即可释放出氢气。如采用一种由$LaNi_5$与不吸氢的金属粉及黏结材料混合压制烧结成的多孔颗粒作为吸氢材料,分离合成氨生产气中的氢。另外,可用金属氢化物分离氢与氦,原理与上述的从混合气体中分离氢大致相同。有试验证明,用$MlNi_5+MlNi_{4.5}M_{0.5}$二级分离床分离含He,H_2的混合气体,氢回收率可达99%,可有效分离H_2与He。

4.3.4　制取高纯度氢气

利用贮氢合金对氢的选择性吸收特性,可制备99.9999%以上的高纯氢。如含有杂质的氢气与贮氢合金接触,氢被吸收,杂质则被吸附于合金表面;除去杂质后,再使氢化物释氢,则得到的是高纯度氢气。在这方面,$TiMn_{1.5}$及稀土系贮氢合金应用效果较好。德国、日本和我国对氢净化器都有深入研究,如浙江大学研制的净化器,选用了$MlNi_5$型贮氢合金。高纯度氢在电子工业、光纤生产方面有重要应用。

4.3.5　氢气静压机

由图4.1可知,改变金属氢化物温度时,其氢分解压也随之变化,由此可实现热能与机械能之间的转换。这种通过平衡氢压的变化而产生高压氢气的贮氢金属,称为氢气静压机。

到目前为止,已开发了各种氢化物压缩器,如荷兰菲利浦公司研制的氢化物压缩器,使用$LaNi_5$贮氢合金,在160 ℃和15 ℃下循环操作,氢压从0.4 MPa增加到4.5 MPa;美国布鲁克赫文实验室使用VH_2氢化物,工作温度18～50 ℃,压力由0.7 MPa增至

2.4 MPa;美国1981年研制了一台氢压机样机,使用$LaNi_{4.5}Al_{0.5}$贮氢合金,300 ℃氢压力可达7.5 MPa。大多数的氢化物压缩器用于氢化物热泵、空调机、制冷装置、水泵等。上述压缩器只具备增压功能,在100 ℃以下加热条件下只能获得中等压力的氢气;我国开发的一系列氢化物净化压缩器兼有提纯与压缩两种功能。其中MH HC24/15型压缩器使用$(MnCa)_{0.95}Cu_{0.05}(NiAl)_5$作为净化压缩介质,在温度低于100 ℃的情况下,可获得14 MPa的高压氢,可直接充灌钢瓶。

4.3.6 氢化物电极

20世纪70年代初,发现$LaNi_5$和TiNi等贮氢合金具有阴极贮氢能力,而且对氢的阴极氧化也有催化作用。但由于材料本身性能方面的原因,使贮氢合金没有作为电池负极的新材料而走向实用化。1984年以后,由于$LaNi_5$基多元合金在循环寿命方面的突破,用金属氢化物电极代替Ni-Cd电池中的负极组成的Ni/MH电池才开始进入实用化阶段。

以氢化物电极为负极,$Ni(OH)_2$电极为正极,KOH水溶液为电解质组成的Ni/MH电池的电极反应如下:

正极
$$Ni(OH)_2+OH^- \underset{放电}{\overset{充电}{\rightleftharpoons}} NiOOH+H_2O+e \tag{4.5}$$

负极
$$M+XH_2O+Xe \rightleftharpoons MH_x+XOH^- \tag{4.6}$$

总的电极反应
$$M+X(NiOH)_2 \rightleftharpoons MHx+XNiOOH \tag{4.7}$$

其中M代表贮氢合金,MHx为氢化物。充电时,氢化物电极作为阴极贮氢——M作为阴极电解KOH水溶液时,生成的氢原子在材料表面吸附,继而扩散入电极材料进行氢化反应生成金属氢化物MHx;放电时,金属氢化物MHx作为阳极释放出所吸收的氢原子并氧化为水。可见,充放电过程只是氢原子从一个电极转移到另一个电极的反复过程,如图4.14所示。

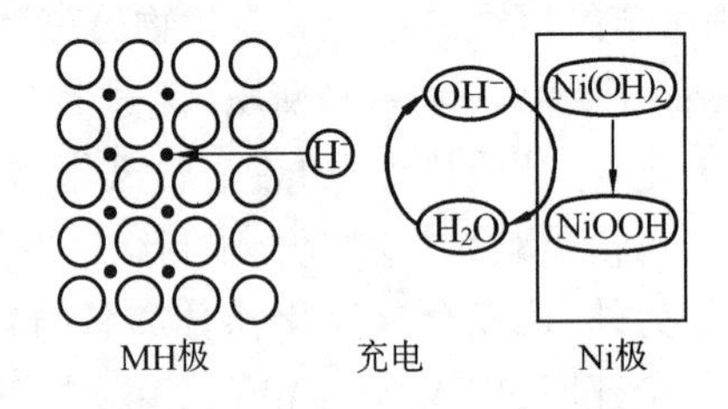

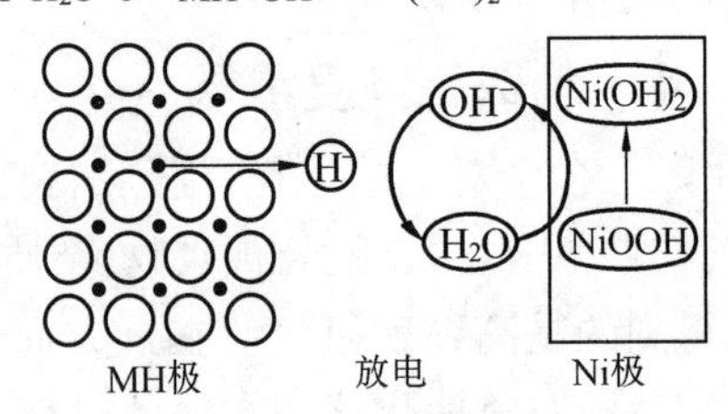

图4.14 Ni/MHx电池充放电过程示意图

与Ni-Cd电池相比,Ni/MHx电池具有如下优点:①比能量为Ni/Cd电池的1.5~2倍;②无重金属Cd对人体的危害;③良好的耐过充、放电性能;④无记忆效应;⑤主要特性与Ni/Cd电池相近,可以互换使用。

决定氢化物电极性能的最主要因素是贮氢材料本身。作为氢化物电极的贮氢合金必须满足如下基本要求:①在碱性电解质溶液中良好的化学稳定性;②高的阴极贮氢容量;③合适的室温平台压力;④良好的电催化活性和抗阴极氧化能力;⑤良好的电极反应动力学特性。

其中贮氢合金的化学稳定性即氢化物电极的循环工作寿命是贮氢合金作为电极材料能否实用的一个重要指标，要求其工作寿命必须大于500次。图4.15和图4.16给出了一些贮氢合金的充放电循环特性。目前已实用的氢化物电极合金材料，见表4.3。

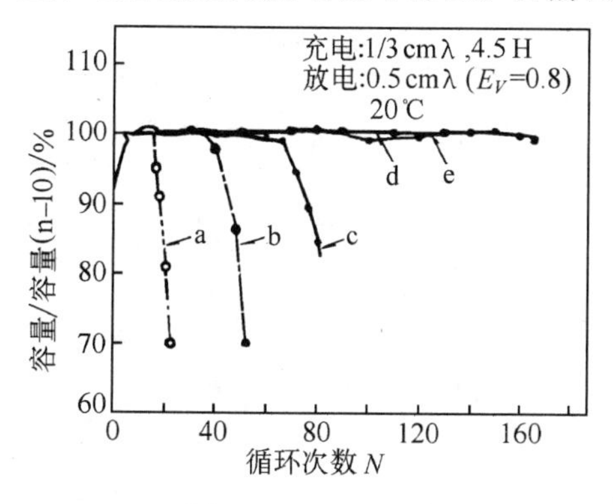

图4.15　$MmNi_5$ 系多元合金电极的充放电循环特性

a—$LaNi_5$；b—$MmNi_{1.3}Mn_{0.1}Al_{0.3}$；c—$MmNi_{1.05}Mn_{0.1}Al_{0.3}CO_{0.25}$；d—$MmNi_{3.8}Mn_{0.1}Al_{0.3}CO_{0.5}$；e—$MmNi_{3.55}Mn_{0.1}Al_{0.3}CO_{0.75}$

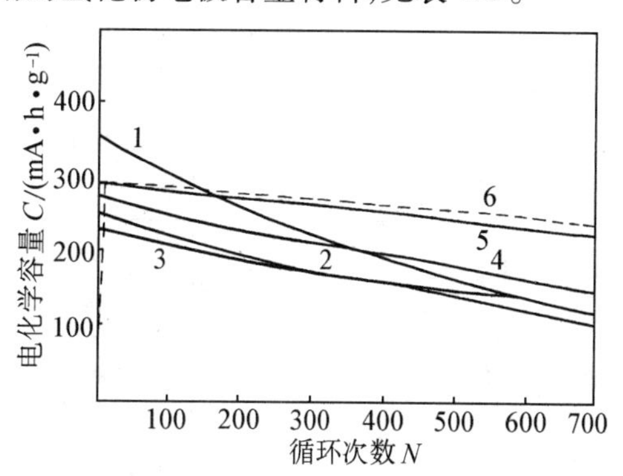

图4.16　$MlNi_5$ 系多元合金电极的充放电循环特性

1—$MlNi_4Mn$；2—$Ml_{0.8}Zr_{0.2}Ni_4Al$；3—$MlNi_{3.25}CoAl_{0.75}$；4—$MlNi_{3-(3.5)}(CoMn)_{1.5}$；5—$MlNi_{3.45}(CoMnTi)_{1.55}$；6—$MlNi_{3.45}(CoMnTi)_{1.55}$镀铜

表4.3　已实用氢化物电极合金材料

合金类型		MH电极合金实例	开发研究单位
AB_5 型	$LaNi_5$ 系	$La_{0.8}Nd_{0.2}Ni_{2.5}Co_{2.4}Al_{0.1}$	荷兰 Philips 公司
		$La_{0.8}Nd_{0.15}Zr_{0.05}Ni_{3.8}Co_{0.7}Al_{0.5}$	日本大阪工业技术研究所
	$MlNi_5$ 系	$MlNi_{3.45}(CoMnTi)_{1.55}$	中国浙江大学东方氢化物技术公司
	$MmNi_5$ 系	$MmNi_{3.55}Co_{0.75}Mn_{0.4}Al_{0.3}$	日本松下电池公司
		$Mm_{0.85}Zr_{0.15}Ni_{4.0}Al_{0.8}V_{0.2}$	日本大阪工业技术研究所
		$MmNi_{4.2-x}Co_xMn_{0.6}Al_{0.2}$	日本东芝电池公司
	MmB_x 系	MmB_x(x = 4.55 ~ 4.76，B = Ni，Co，Mn，Al)	日本三洋电池公司
AB/A_2B 型	TiNi 系	Ti_2-TiNi 基多元合金(V，Cr，Zr，Mn，Co，Cu 置换部分 Ni)	日本 Tokai 大学
AB_2 型 Laves 相	C14 型	$Ti_{17}Zr_{16}V_{22}Ni_{39}Cr_7$	美国 Ovnic 公司
	C15 型	$ZrMn_{0.3}Cr_{0.2}V_{0.3}Ni_{1.2}$	日本松下电池公司

贮氢合金的应用很多，除上面介绍的几个方面外，在热能的贮存与运输、金属氢化物热泵、空调与制冷、均衡电场负荷方面都有广阔的应用前景，许多潜在的项目也正在积极

开发。表4.4为几种实用贮氢合金的应用举例。

表4.4 实用贮氢合金几种性能及其用途

合金	贮气量 w/%	分解压 /MPa	反应热/ (kJ·mol^{-1})	滞后系数 $\ln\frac{P_a}{P_d}$	平高线斜率 $\frac{d(\ln P_d)}{d(H/M)}$	用途
$LaNi_5$	1.4	0.4(50℃)	-30.1	0.19	0.09	贮氢容器,氢精制装置,热泵,马达,传感器,电池,压缩机
$LaNi_{4.7}Al_{0.3}$	1.4	1.1(120℃)	-33.1	0.25	0.42	贮氢容器、热泵、压缩机
$MmNi_{4.5}Al_{0.5}$	1.2	0.5(20℃)	-29.7	0.18	0.36	贮氢容器,氢精制装置,热泵,马达,传感器,电池
$MmNi_{4.5}Al_{0.25}Co_{0.25}$	1.2	0.6(20℃)	-27.2	-	-	贮氢容器,电池
$MmNi_{4.5}Al_{0.25}Mn_{0.25}$	1.3	0.25(30℃)	-31.8	-	-	贮氢容器,电池
$MmNi_{3.55}Mn_{0.4}Al_{0.3}Co_{0.75}$	0.8(H/M)	0.05~0.5 (45℃)	-	-	2.32	电池
9.1% Ca-85.1% Ni-5.0% Mm-0.79% Al	200cm^3/g	0.1(35℃)	-32.6	0.07	-	贮氢容器,热泵,马达
TiFe	1.8	1.0(50℃)	-23.0	0.64	0.00	贮氢容器,汽车燃料箱
$TiFe_{0.9}Mn_{0.1}$	1.8	0.5(25℃)	-29.3	0.62	0.65	贮氢容器
$FeTi_{1.13}$-1.9% Fe_7-$Ti_{10}O_3$	0.9(H/M)	0.2~0.1 (40℃)	-	-	-	贮氢容器,蓄热装置
$TiFe_{0.8}Ni_{0.15}V_{0.05}$	1.6	0.1(70℃)	-45.2	0.11	1.37	贮氢容器,热泵
$Ti_{1.1}Fe_{0.5}Ni_{0.2}Zr_{0.05}$	1.2	0.95(160℃)	-43.1	0.06	0.3	热泵,蓄热装置
$TiCo_{0.05}Fe_{0.5}Zr_{0.05}$	1.3	0.3(120℃)	-46.9	0.21	0.80	热泵,贮氢容器
$TiMn_{1.5}$	1.8	0.5~0.8 (20℃)	-28.5	-	-	贮氢容器,氢精制装置,热泵电池
$Ti_{0.8}Zr_{0.2}Cr_{0.8}Mn_{1.2}$	1.8	0.5(20℃)	-28.9	-	-	热泵
$Ti_{1.2}Cr_{1.2}Mn_{0.8}$	2.0	0.7(-10℃)	-25.5	0.05	1.49	贮氢容器
$Zr_{0.8}Ti_{0.2}$-$(Fe_{0.75}V_{0.15}Cr_{0.1})_2$	1.2	0.15(40℃)	-33.5	0.13	1.5	贮氢容器,热泵
Mg_2Ni	3.6	0.1(250℃)	-64.4	-	0.02	贮氢容器,汽车燃料箱

表中,P_a 为吸氢的平衡压;P_d 为释放氢的平衡压;$d(\mathrm{In}P_d)$为压力-成分等温线上的分解压差;d(H/M)为压力成分等温线上氢化物的浓度差;Mm为混合稀土(铈镧)。

贮氢合金在应用时存在以下几个主要问题:①贮氢能力低;②对气体杂质的高度敏感性;③初始活化困难;④氢化物在空气中自燃;⑤反复吸释氢时氢化物产生岐化。在解决上述问题的同时,应注意开发新型贮氢材料,如非晶态合金,过渡金属络合物及一些非金属材料等;在研究方法上也将采用与以往不同的全新方法。

第5章 形状记忆合金

在研究 Ti-Ni 合金时发现,原来弯曲的合金丝被拉直后,当温度升高到一定值时,它又恢复到原来弯曲的形状。人们把这种现象称为形状记忆效应(Shape Memory Effect)简称 SME,具有形状记忆效应的金属称为形状记忆合金(SMA)。

形状记忆现象的发现可追溯到1932年,美国在研究 Au-Cd 合金时观察到马氏体随温度变化而消长;1938年美国哈佛大学和麻省理工学院发现 Cu-Sn,Cu-Zn 合金在马氏体相变中的形状记忆效应;同年前苏联对 Cu-Al-Ni,Cu-Sn 合金的形状记忆机理进行了研究;1951～1953年,美国分别在 Au-Cd,In-TI 合金中观察到形状记忆效应。直到20世纪60年代初,形状记忆效应只被看作一种现象,Ti-Ni 合金形状记忆效应发现后,美国研制了最初实用的形状记忆合金"Nitinol"。

5.1 形状记忆原理

5.1.1 热弹性马氏体相变

大部分形状记忆合金的形状记忆机理是热弹性马氏体相变。马氏体相变往往具有可逆性,即把马氏体(低温相)以足够快的速度加热,可以不经分解直接转变为高温相(母相)。母相向马氏体相转变开始,终了温度称为 M_s,M_f;马氏体向母相逆转变开始、终了温度称为 A_s,A_f,图5.1为马氏体与母相平衡的热力学条件。具有马氏体逆转变,且 M_s 与 A_s 相差很小的合金,将其冷却到 M_s 点以下,马氏体晶核随温度下降逐渐长大,温度回升时马氏体片又反过来同步地随温度上升而缩小,这种马氏体叫热弹性马氏体。在 M_s 以上某一温度对合金施加外力也可引起马氏体转变,形成的马氏体叫应力诱发马氏体。有些应力诱发马氏体也属弹性马氏体,应力增加时马氏体长大,反之马氏体缩小,应力消除后马氏体消失,这种马氏体叫应力弹性马氏体。应力弹性马氏体形成时会使合金产生附加应变,当除去应力时,这种附加应变也随之消失,这种现象称为超弹性(伪弹性)。

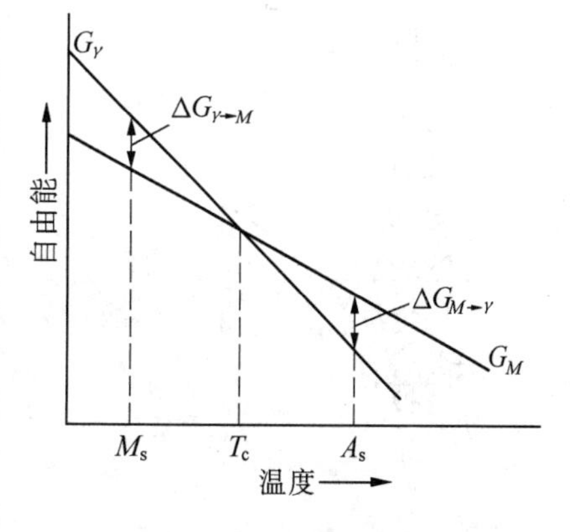

图5.1 马氏体与母相的平衡温度

母相受力生成马氏体并发生形变,或先淬火得到马氏体,然后使马氏体发生塑性变形,变形后的合金受热(温度高于 A_s)时,马氏体发生逆转变,回复母相原始状态;温度升高至 A_f 时,马氏体消失,合金完全回复到原来的形状。但是具有热弹性马氏体相变的材料并不都具有形状记忆效应,这一点可以从热力学上给予证明,在此不详细讨论。

5.1.2 形状记忆原理

一些学者曾根据早期的形状记忆材料的特征，提出产生形状记忆效应的条件是：①马氏体相变是热弹性的；②马氏体点阵的不变切变是孪生，即亚结构为孪晶；③母相和马氏体均为有序结构。

但随着对形状记忆材料研究的不断深入，发现不完全具备上述三个条件的合金（如Fe-Mn-Si合金，其马氏体相变是半热弹性的，且母相无序）也可以显示形状记忆效应。后来又发现不仅某些合金，陶瓷材料、高分子材料中也存在形状记忆效应，其机理亦与金属材料不同。所以许多学者强调，根据马氏体相变的定义，在相变过程中，只要形成单变体马氏体并排除其他阻力，材料经过马氏体相变及其逆相变，就会表现出形状记忆效应。

我们知道，马氏体相变是一种非扩散型转变，母相向马氏体转变，可理解为原子排列面的切应变。由于剪切形变方向不同，而产生结构相同，位向不同的马氏体——马氏体变体。以Cu-Zn合金为例，合金相变时围绕母相的一个特定位向常形成四种自适应的马氏体变体，其惯习面以母相的该方向对称排列。四种变体合称为一个马氏体片群，如图5.2所示。通常的形状记忆合金根据马氏体与母相的晶体学关系，共有六个这样的片群，形成24种马氏体变体。每个马氏体片群中的各个变体的位向不同，有各自不同的应变方向。每个马氏体形成时，在周围基体中造成了一定方向的应力场，使沿这个方向上变体长大越来越困难，如果有另一个马氏体变体在此应力场中形成，它当然取阻力小、能量低的方向，以降低总应变能。由四种变体组成的片群总应变几乎为零，这就是马氏体相变的自适应现象。如图5.3所示，记忆合金的24个变体组成六个片群及其晶体学关系，惯习面绕6个{110}分布，形成6个片群。

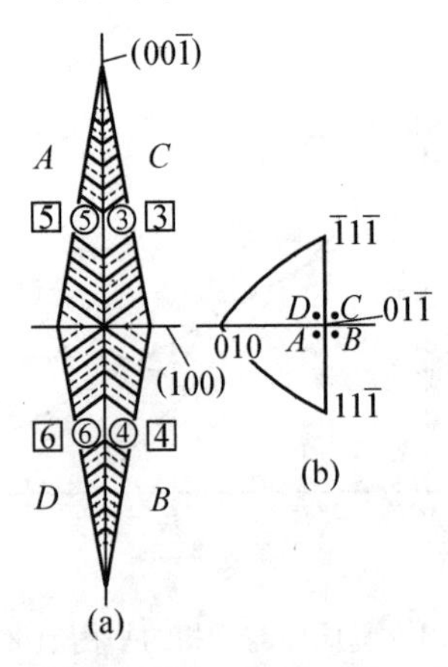

图5.2 一个马氏体片群

(a)实线：孪晶界及变体之间的界面，虚线：基准面；

(b)在(0 1 $\bar{1}$)标准投影图中，四个变体的惯习面法线的位置

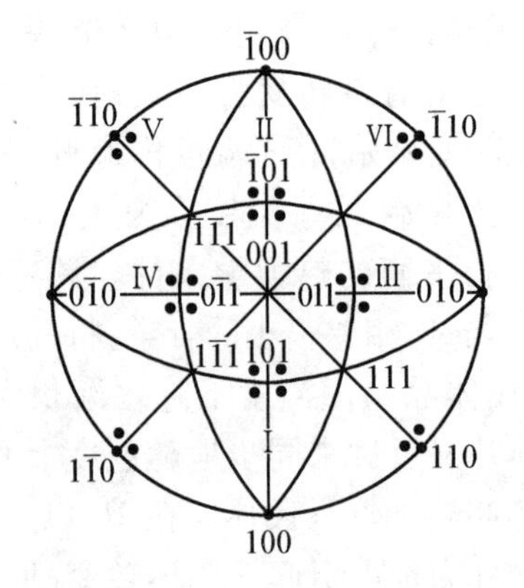

图5.3 24个自适应马氏体变体

每片马氏体形成时都伴有形状的变化。这种合金在单向外力作用下，其中马氏体顺应力方向发生再取向，即造成马氏体的择优取向。当大部分或全部的马氏体都采取一个

取向时，整个材料在宏观上表现为形变。对于应力诱发马氏体，生成的马氏体沿外力方向择优取向，在相变同时，材料发生明显变形，上述的 24 个马氏体变体可以变成同一取向的单晶马氏体。将变形马氏体加热到 A_s 点以上，马氏体发生逆转变，因为马氏体晶体的对称性低，转变为母相时只形成几个位向，甚至只有一个位向——母相原来的位向。尤其当母相为长程有序时，更是如此。当自适应马氏体片群中不同变体存在强的力学偶时，形成单一位向的母相倾向更大，逆转变完成后，便完全回复了原来母相的晶体，宏观变形也完全恢复。

Ni-Ti 基合金，Cu 基合金，如 Cu-Al-Ni，Cu-Al-Ni-X（X = Ti，Mn），Cu-Zn，Cu-Zn-X（X = Si，Sn，Au），Cu-Zn-Al，Cu-Zn-Al-X（X = Mn，Ni）等，其马氏体相变为热弹性，形状记忆机制如上所述。而铁基合金，如 Fe-Mn-Si，Fe-Mn-Si-Cr-Ni，Fe-Mn-Si-Cr-Ni-Co，Fe-Ni-C 等呈现半热弹性马氏体相变，其形状记忆机理与热弹性马氏体相变合金有所不同。铁基形状记忆合金（以 Fe-Mn-Si 合金为例）的形状记忆效应是通过应力诱发马氏体相变（$\gamma \to \varepsilon$）及其逆转变实现的。母相（γ）奥氏体为面心立方结构，ε 马氏体为密排六方结构。由于合金的层错能较低，奥氏体中存在大量层错（层错可以看作由两个 Shockley 不全位错夹着一个原子错排面组成），ε 马氏体依靠层错形核。如图 5.4，母相点阵中每隔一层（111）晶面上 $a/6\langle 121 \rangle$ Shockley 不全位错移动，层错发生扩展，形成 ε 马氏体。每个（111）面上有三个可能的切变方向，且三个切变系等效。在应力作用下，应力诱发 ε 马氏体形成时，往往由于 Shockley 不全位错的选择性移动（与应力作用方向有关）而产生单变体马氏体。发生 $\gamma \to \varepsilon$ 相变时，随预变形量的增加，ε 马氏体的量增加，$\gamma \to \varepsilon$ 相变继续进行。加热时，Shockley 不全位错逆向移动，层错沿原来的方向收缩，发生 $\gamma \to \varepsilon$ 相变的逆转变，材料恢复母相原来的形状。可见，Shockley 不全位错的可逆移动是形状恢复的关键。

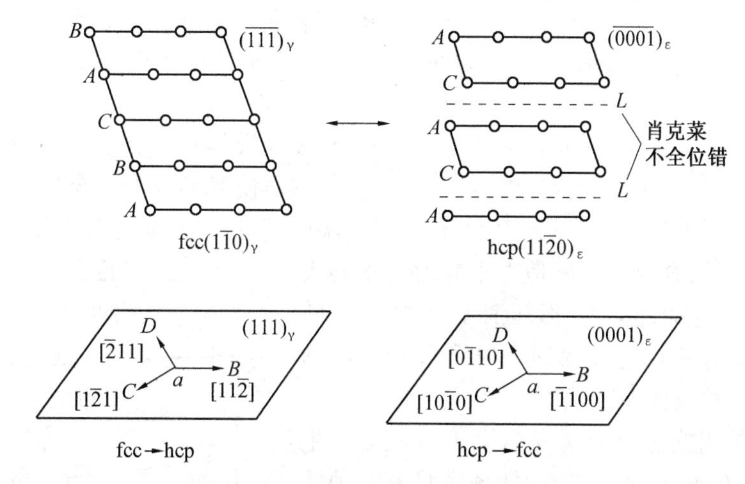

图 5.4　奥氏体中每隔一层{111}面上由于 Shockley 不全位错的操作产生 $\gamma \rightleftharpoons \varepsilon$ 相变的示意图

5.1.3　形状记忆效应与伪弹性

形状记忆效应有三种形式。

第一种称为单向形状记忆效应，即将母相冷却或加应力，使之发生马氏体相变，然后使马氏体发生塑性变形，改变其形状，再重新加热到 A_s 以上，马氏体发生逆转变，温度升

至 A_f 点，马氏体完全消失，材料完全恢复母相形状。一般没有特殊说明，形状记忆效应都是指这种单向形状记忆效应，如图 5.5(a)所示。

有些形状记忆合金在加热发生马氏体逆转变时，对母相有记忆效应；当从母相再次冷却为马氏体时，还回复原马氏体的形状，这种现象称为双向形状记忆效应，又称可逆形状记忆效应。如图 5.5(b)所示。

第三种情况是在 Ti-Ni 合金系中发现的，在冷热循环过程中，形状回复到与母相完全相反的形状，称为全方位形状记忆效应，如图 5.5(c)所示。

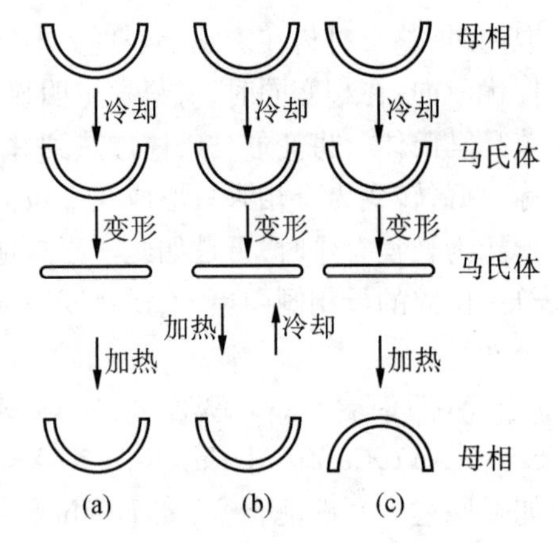

图 5.5　形状记忆效应的三种形式
(a)单向；(b)可逆；(c)全方位

应力弹性马氏体形成时会使合金产生附加应变，去除应力后，马氏体消失，应变也随之回复，这种现象称为伪弹性或超弹性。

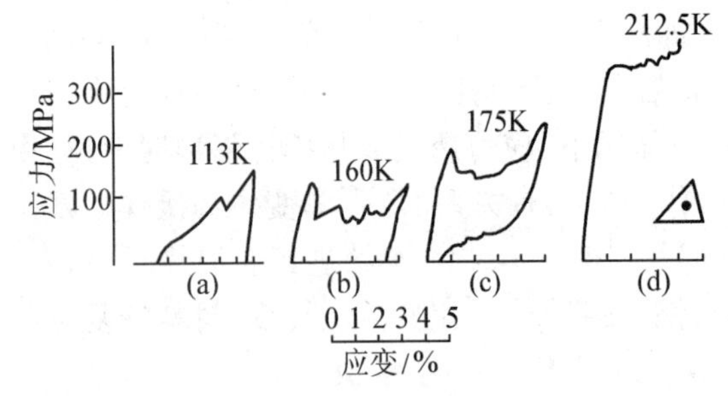

图 5.6　Cu-14.5% Al-4.4% Ni(质量分数)合金单晶体在不同温度拉伸时的应力-应变曲线
(a)在 M_f 温度以下的拉伸；(b)在 $M_s \sim A_s$ 之间的拉伸；(c)(d)在 A_f 以上温度的拉伸

形状记忆效应和伪弹性的出现与温度和应力有直接关系。如图 5.6，Cu-14.5% Al-4.4% Ni 合金单晶体在各种温度下拉伸时的应力-应变曲线。图中(a)表示合金在 M_f 温度以下的拉伸。在 M_f 以下，马氏体相在热力学上是稳定的，应力除去后，有一部分应变残留下来。这时如果在 A_s 以上温度加热，变形会消失，即出现形状记忆效应。图中(b)表示合金在 M_s 和 A_s 之间的温度范围拉伸，由于应力诱发马氏体相变，使合金产生附加应变，加热可使变形消失。与(a)相同，属于形状记忆效应。图中(c)、(d)表示合金在 A_f 以上温度进行拉伸，此时马氏体只有在应力作用下才是稳定的，合金的变形是由于应力诱发马氏体相变引起的，应力卸除，变形即消失，马氏体逆转变为母相。这种不通过加热即恢复到母相形状的现象称为超弹性或伪弹性。

不仅对母相施加应力诱发马氏体相变会产生伪弹性，而且在 M_f 温度下，应力能诱发具有其他结构的马氏体。这种应力诱发马氏体在热力学上是不稳定的，仅能在应力下存在，应力除去后，逆转变为原始结构马氏体而出现伪弹性。如图 5.7，给出了 Cu-Al-Ni 合金单晶体的内部组织变化及相变点温度、应力的关系。由图可见，随着应力的增加，合

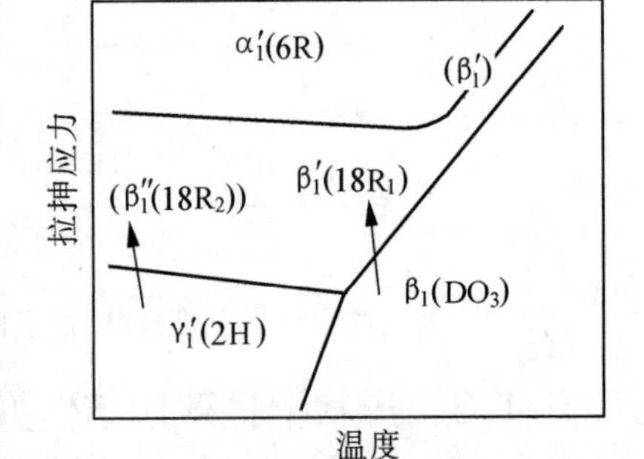

图 5.7　$(Cu,Ni)_3Al$ 合金单晶的温度-应力状态图

金的 Ms 点向高温移动。当合金急冷至 M_s 点以下时，首先生成 γ'(2H) 马氏体，β''_1 ($18R_2$)是由 γ'_1 应力诱发产生的，β'_1 是由 β_1 应力诱发产生的。进一步加载，β''_1 和 β'_1 均转变为 α'_1。即应力改变了热力学条件，诱发一种结构的马氏体向另一种结构的马氏体转变，从而使合金呈现伪弹性。伴随母相–马氏体之间的应力诱发相变产生伪弹性的材料有 Cu–Zn，Cu–Zn–X（X 为 Ga，Si，Ni，Al 等元素），Au–Cd，Ag–Cd，Ti–Ni，In–TI 等；伴随马氏体–马氏体之间的应力诱发产生伪弹性的合金有 Cn–Zn，Cu–Zn–X，Au–Cd 等。见表 5.1。

表 5.1　具有伪弹性的合金及马氏体结构

合　金	母相及马氏体结构	合　金	母相及马氏体结构
Cu–Zn	β_2(bcc)→β'_2(正交,3R)	Fe_3Be	fcc→正方(有序体心立方)
Cu–Zn–X	β_2(bcc)→β'_2(正交,3R)	Fe_3Pt	fcc→bct
Cu–Zn–Sn	β_2(bcc)→β'_2(正交)	In-Ti	fcc→bct
Cu–Al–Ni	β_1(bcc)→γ'_1(正交,2H)	Ni-Ti	bcc→bct } B_{19}(畸变的)或单斜
Cu–Al–Mn	β_1(bcc)→γ'_1(正交,2H)	Ti-Ni	bcc→bct } B_{19}(畸变的)或单斜
Ag–Cd	β_2(bcc)→γ'_1(正交,2H)	Au–Cu	β_2(bcc)→β''_2(2H+18R)
Au–Cd	β_2(bcc)→γ'_1(正交,2H)	Cu–Sn	β_1(bcc)→γ'_1(正交,2H)
Cu–Au–Zn	β_3(bcc)→β'_3(正交,3R)		

从逆转变引起形状恢复这个角度来看，形状记忆合金都会表现出超弹性（在原理上）。二者本质是相同的，区别只是变形温度与最初状态（马氏体还是母相）不同。图 5.8 为形状记忆效应与伪弹性产生条件的示意图。如果合金塑性变形的临界应力较低，如图 5.8 中(B)线，在应力较小时，就出现滑移，发生塑性变形，则合金不会出现伪弹性。反之，当临界应力较高，图 5.8 中(A)线时，应力未达到塑性变形的临界应力（未发生塑性变形）就出现了超弹性。

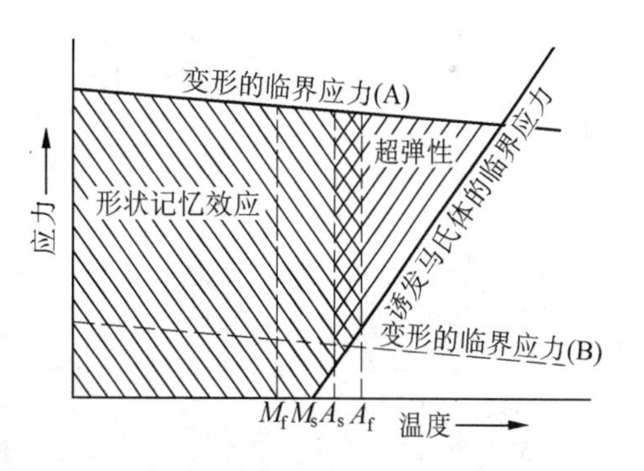

图 5.8　形状记忆效应与超弹性出现条件的模式图

图中从 M_s 点引出的直线表示温度高于 M_s 时，应力诱发马氏体相变所需要的临界应力。直线的斜率为

$$d\sigma/dT=-\Delta H/T\Delta\varepsilon$$

式中，σ 为临界应力；T 为温度；ΔH 为相变热；$\Delta\varepsilon$ 为相变应变。

从图中可以看出，在 M_s 点以下温度对合金变形只产生形状记忆效应，不出现伪弹性；在 A_f 以下温度对材料施加应力，只出现伪弹性。

5.2　形状记忆合金材料

已发现的形状记忆合金种类很多,可以分为镍-钛系、铜系、铁系合金三大类。另外,近年发现一些聚合物和陶瓷材料也具有形状记忆功能,其形状记忆原理与合金不同,还有待于进一步研究。

Ti-Ni 合金和铜系形状记忆合金是已经产生化的形状记忆材料之一。表 5.2 为 Ti-Ni,铜系,Fe-Mn-Si 合金有关性能参数。

表 5.2　部分形状记忆合金性能比较

项　目	量　纲	Ni-Ti	Cu-Zn-Al	Cu-Al-Ni	Fe-Mn-Si
熔点	℃	1240 ~ 1310	950 ~ 1020	1000 ~ 1050	1320
密度	kg/m^3	6400 ~ 6500	7800 ~ 8000	7100 ~ 7200	7200
比电阻	$10^{-6}\Omega \cdot m$	0.5 ~ 1.10	0.07 ~ 0.12	0.1 ~ 0.14	1.1 ~ 1.2
导热率	W/m℃	10 ~ 18	120(20℃)	75	-
热膨胀系数	$10^{-6} \cdot ℃^{-1}$	10(奥氏体)	-	-	-
		6.6(马氏体)	16 ~ 18(马氏体)	16 ~ 18(马氏体)	15 ~ 16.5
比热容	$J(kg℃)^{-1}$	470 ~ 620	390	400 ~ 480	540
热电势	$10^{-6}V/℃$	9 ~ 13(马氏体)	-	-	-
		5 ~ 8(奥氏体)	-	-	-
相变热	J/kg	3200	7000 ~ 9000	7000 ~ 9000	-
E-模数	GPa	98	70 ~ 100	80 ~ 100	-
屈服强度	MPa	150 ~ 300(马氏体)	150 ~ 300	150 ~ 300	35($\sigma_{0.2}$)
		200 ~ 800(奥氏体)	-	-	-
抗拉强度(马氏体)	MPa	800 ~ 1100	700 ~ 800	1000 ~ 1200	700
延伸率(马氏体)	%应变	40 ~ 50	10 ~ 15	8 ~ 10	25
疲劳极限	MPa	350	270	350	-
晶粒大小	μm	1 ~ 10	50 ~ 100	25 ~ 60	-
转变温度	℃	-50 ~ +100	-200 ~ +170	-200 ~ +170	-20 ~ +230
滞后大小(A_s-A_f)	℃	30	10 ~ 20	20 ~ 30	80 ~ 100
最大单向形状记忆	%应变	8	5	6	5
最大双向形状记忆	%应变				
$N=10^2$		6	1	1.2	-
$N=10^5$		2	0.8	0.8	-
$N=10^7$		0.5	0.5	0.5	-
上限加热温度(1h)	℃	400	160 ~ 200	300	-
阻尼比	SDC-%	15	30	10	-
最大伪弹性应变(单晶)	%应变	10	10	10	-
最大伪弹性应变(多晶)	%应变	4	2	2	-
回复应力	MPa	400	200	-	190

5.2.1　Ti-Ni 系形状记忆合金

表 5.3 为 Ti-Ni 合金有关性能指标。

表 5.3　Ti-Ni 合金有关性能指标

	单向形状记忆合金	全方位形状记忆合金
材料性能	MAT-10	MAT-100
相变特性		
相变温度 M_s/℃	-80 ~ 80	-40 ~ 0
相变温度 A_s/℃	-70 ~ 90	-10 ~ 40
滞后/℃	20 ~ 30	约 70(全方位)
形变回复量/%	反复使用次数少:8% 以下 多次反复使用:3% 以下	2% 以下(全方位)
形变回复力/MPa	400 以下	400 以下(升温) 130 以下(降温)
物理特性		
熔点/℃	1 300	1 300
密度/($g \cdot cm^{-3}$)	6.5	6.5
热膨胀系数(10^{-6}/℃)		
奥氏体	11	11
马氏体	6.6	6.6
电特性		
电阻率/$\mu\Omega \cdot cm$		
奥氏体	70 ~ 90	70 ~ 90
马氏体	50 ~ 80	50 ~ 80
力学特性		
硬度 HV		
奥氏体	200 ~ 350	200 ~ 350
马氏体	180 ~ 200	180 ~ 200
断裂应力/MPa	700 ~ 900	700 ~ 900
屈服应力/MPa	100 ~ 150	100
延伸率/%	50 ~ 70	50 ~ 70

Ti-Ni 合金中有三种金属化合物:Ti_2Ni,TiNi 和 $TiNi_3$,如图 5.9 所示。TiNi 的高温相是 CsCl 结构的体心立方晶体(B2),低温相是一种复杂的长周期堆垛结构(B19),属单斜晶系。高温相(母相)与马氏体之间的转变温度(M_s)随合金成分及其热处理状态而改变。Ni 成分变化 0.1%,M_s 变化 10 K。为了得到良好的记忆效应,通常在 1 000 ℃左右固溶后,在 400 ℃时效,再淬火得到马氏体。时效处理一方面能提高滑移变形的临界应力,另一方面能引起 R 相变。R 相是 B2 点阵受到沿〈111〉方向的菱形畸变的结果。通过时效处理,反复进行相变和逆转变及加入其他元素,当母相转变为 R 相时,相变应变小于 1%,逆转变的温度滞后小于 1.5 K。

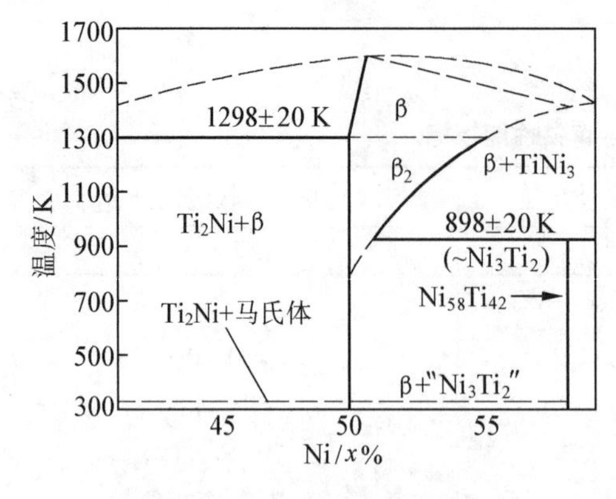

图 5.9　Ti-Ni 二元合金状态图

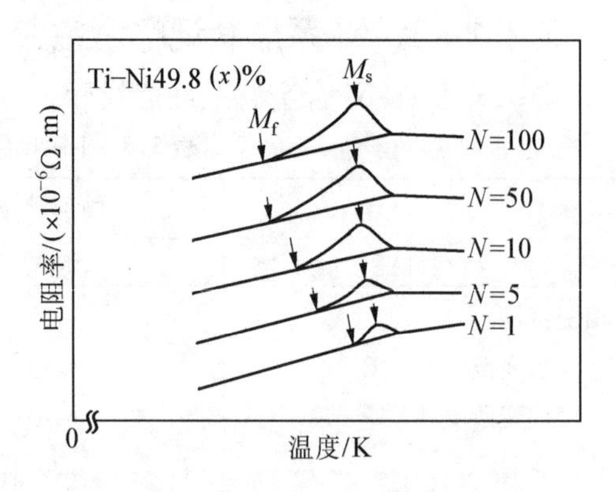

图 5.10　热循环对 NiTi 合金电阻-温度曲线的影响（1 273 K/3.6 ks 固溶处理）

由于形状记忆合金在许多应用中，都是在热和应变循环过程中工作的，因此材料可以反复使用到什么程度是设计者关心的、也是形状记忆合金实用化最突出的问题。如合金在加热-冷却循环中，伴随着相变温度的变动；反复形变过程中，相变温度和形变动作的变化也影响材料的疲劳寿命。因为相变温度的变动和形变动作的变化可使元件动作温度失常，形变动作的变化可以使调节器的作用力不稳定，而材料的疲劳寿命则决定着元件的使用限度。NiTi 合金从高温母相冷却到通常的马氏体相变之前，要发生菱形结构的 R 相变，使电阻率陡峭增高。在马氏体相变发生后，电阻率又急剧降低，形成一个独特的电阻峰，在反复进行马氏体相变的热循环之后，合金相变温度将可能发生变化。图 5.10 中 N 为热循环数，箭头所指为相变点位置。由图可见，热循环使 M_s-M_f 相变温度区增大了。如果对该状态的材料进行应变量大于 20% 的深度加工，产生高密度位错提高 σ_s，可消除上述影响。采取时效处理使合金形成稳定析出物，也可以阻止滑移形变的进行，达到稳定相变温区的目的，如图 5.11 所示。除了热循环的影响外，反复变形（形变循环）下工作的材料同样存在伪弹性的稳定性问题。形变循环对伪弹性的影响除应力大小外，与形变方式也有很强的依存关系。如果对时效处理材料进行冷加工的综合处理或“训练”，可以维持更稳定的伪弹性动作，如图 5.12 所示。冷加工与时效的复合处理也可以改善 TiNi 合金的疲劳寿命。

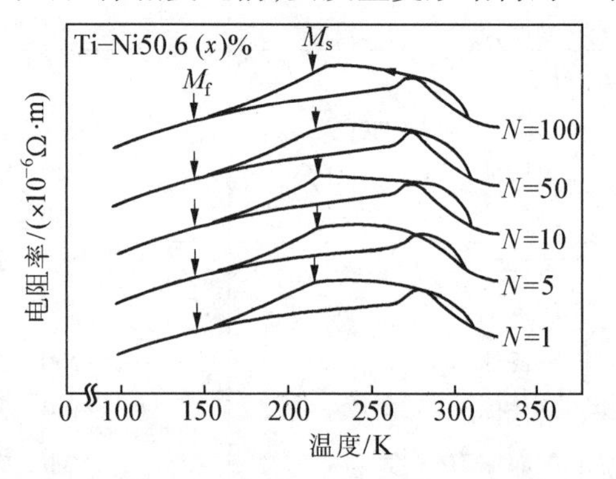

图 5.11　Ti-Ni50.6(x)% 合金时效处理后的相变热循环（1 273 K/3.6 ks 固溶，673 K/3.6 ks 时效）

近年来在 Ti-Ni 合金基础上，加入 Nb，Cu，Fe，Al，Si，Mo，V，Cr，Mn，Co，Zr，Pb 等元素，开发了 Ti-Ni-Cu，Ti-Ni-Nb，Ti-Ni-Pb，Ti-Ni-Fe，Ti-Ni-Cr 等新型 Ti-Ni 合金。上述合金元素对 Ti-Ni 合金的 M_s 点有明显影响，也使 A_s 温度降低，即使伪弹性向低温发展。Ti-Ni系合金是最有实用前景的形状记忆材料，性能优良，可靠性好，并且与人体有生物相容性；但成本高，加工困难。

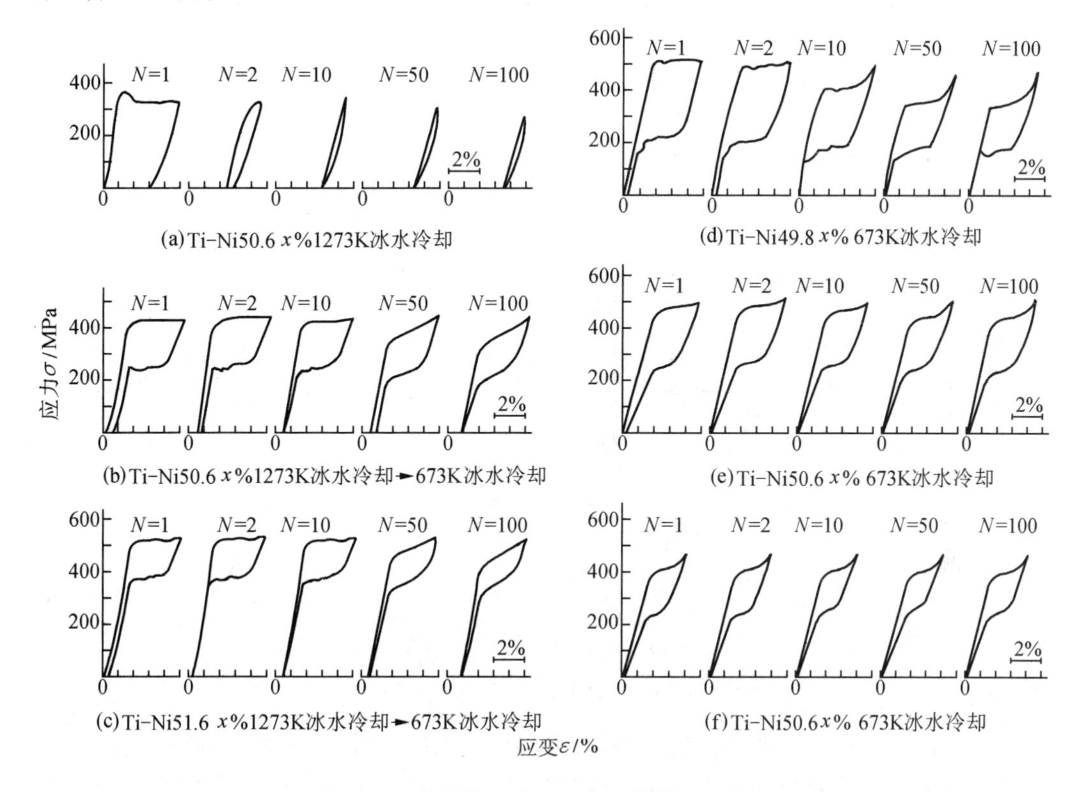

图 5.12　形变循环对 TiNi 合金伪弹性的影响

(a)固溶处理；(b),(c)时效处理；(d)冷加工；(e)时效与冷加工复合处理；(f)进行过训练

5.2.2　铜系形状记忆合金

与 Ti-Ni 合金相比，Cu-Zn-Al 制造加工容易，价格便宜，并有良好的记忆性能，相变点可在一定温度范围内调节，见表 5.4，不同成分的 Cu-Zn-Al 合金相变温度不同。同时，处理工艺对其相变点也有影响。且随热循环次数的增加，Cu-Zn-Al 合金的 M_s 和 A_f 点一起升高，如图 5.13 所示。与此不同，Cu-Al-Ni 合金的 M_s 和 A_f 点却随热循环次数的增加而缓慢降低，这些影响因素可以用热循环过程中位错的增殖来说明。在 Cu-Zn-Al 合金中，位错成为马氏体的形核点，而在 Cu-Al-Ni 合金中，位错使 DO_3 型结构的母相的有序度下降。前者由于生成残留马氏体，在约 10^3 次热循环后，已能看到形状记忆效应衰退，而后者由于不生成残留马氏体，可以期望得到更稳定的性能。考虑到特性变化的原因在于位错的导入，故为改善热循环特性，可采用细化晶粒的办法提高滑移形变抗力 σ_s，如加入 Ti，Mn，V，B 及稀土元素。

一般铜基合金在 A_f 点以上经过最初几个应力循环后即出现应变残留，在 Cu-Zn 三元系合金中，对相变不利的〈111〉方向晶粒滑移形变特别显著，残留有相当的应变。对于 Cu-Al-Ni合金，如图 5.7，由于母相强度高，滑移变形难以进行，单晶中，在 $\beta_1 \rightleftharpoons \beta'_1$ 相变伪弹性循环时尽管应力很高，回线的形状却几乎不变。但在多晶中，由于难以引起滑移形变，残留应变小则应力集中未能缓和，因此变得非常脆。

表 5.4　部分 Cu-Zn-Al 合金的转变温度范围

Cu	Al	Zn/%	M_s	M_f	A_s	A_f/℃
78.41	7.95	其余	148	132	138	159
77.21	8.38	其余	46	41	56	65
80.63	8.99	其余	84	63	81	100
68.60	4.06	其余	-59	-94	-74	-53

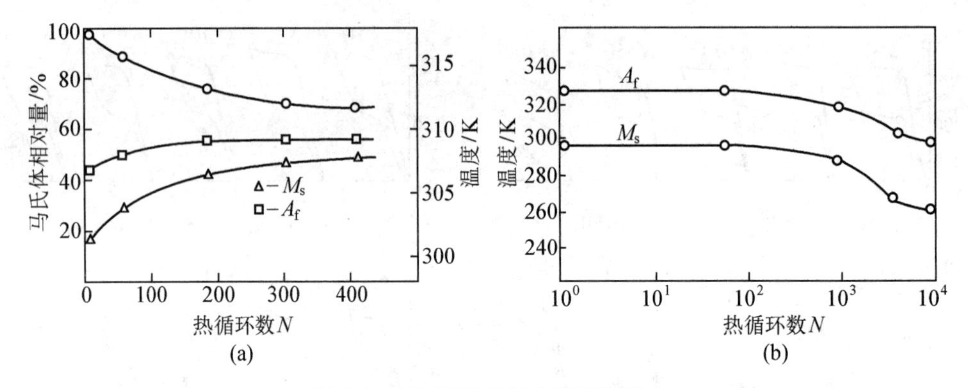

图 5.13　热循环对相变温度的影响
（a）Cu-Zn-Al 合金；（b）Cu-Al-Ni 合金

Cu-Al-Ni 合金由于调整应变不协调,滑移形变难以进行,故无论在哪一种形变方式下,多晶的疲劳寿命都比单晶低。可以通过晶粒细化和加工-时效处理来改善疲劳特性。研究表明,Cu-Zn-Al 合金通过粉末压制的方法,可以使疲劳寿命大幅度改善。

总之,铜系形状记忆合金由于热稳定性差,晶界易断裂,及多晶合金疲劳特性差等弱点,大大限制了其实用化。不过铜基合金的优势也不容忽视。

5.2.3　铁系形状记忆合金

20 世纪 70 年代在铁基合金中发现了形状记忆效应,与 Ni-Ti 基及 Cu 基合金相比,铁基合金价格低、加工性好、机械强度高、使用方便,在应用方面具有明显的竞争优势。表 5.5 为已发现的铁基形状记忆合金的成分、结构和性能,其中应用前景最好的合金是 FeMnSiCrNi 系和 FeNiCoTi 系。

铁基形状记忆合金具有良好记忆效应的前提条件是:①合金母相为单一奥氏体,并存在一定数量的层错;②尽可能低的层错能,使 Shockley 不全位错容易扩展及收缩,以减少应力诱发马氏体相变时的阻力;③相当的母相强度,以抑制应力诱发相变时产生永久位移;④较低的铁磁-反铁磁转变温度(TN)以消除奥氏体稳定化对应力诱发$\gamma \to \varepsilon$相变的阻碍。

由表 5.5 可以看出,记忆性能较好的铁基形状记忆合金是 FeNiCoTi 系和 FeMnSi 系。由于 FeNiCoTi 系合金中含有价格昂贵的 Co 而导致其成本提高;另外,该合金在预应变超过 2% 后记忆效应下降到 40% 以下,严重影响实用。目前的研究主要集中在 FeMnSi 系合金上,对于合金元素、预变形、热-机械训练对其记忆效应的影响均有较深入的研究。一般来说，Mn，Si，Ni，Mo，Al，Cu，Cr，Re 等合金元素在适当的成分范围内对记忆效应或其他性能有利，$Fe_{14}Mn_6Si_9Cr_5Ni$ 成分的合金记忆性能最好，形状恢复率达 5%，有很强的实用价值。随着预变形量的增加，合金形状记忆效应降低。因为小变形时母相中层错沿最易开动的滑移系扩展，易形成单变体 ε 马氏体；预变形量增加，母相中多个位向层错扩展，会形成 ε 马氏体的重叠和交叉；更大的预变形量会使材料发生永久变形，记忆效应降低。合金经热-机械训练(重复形变热处理)可明显改进记忆性能。试验结果表明，对 FeMnSi 合金在室温时使之变形，再加热至 600 ℃，循环数次；或在室温变形后加热至 500 ℃，再降至室温后强制恢复到变形前的形状，记忆效应明显提高。热-机械训练提高记忆效应的原因主要是训练使母相中形成层错，减少诱发 ε 马氏体相变所需的临界切应力，增加 ε 马氏体的形核部位，增加 ε 马氏体的转变量；训练也使形成单变体马氏体的几率增加。

铁基形状记忆合金是一类很有实用价值的材料。除了记忆功能，耐蚀性也非常出色。FeMnSi 合金中加入 Cu，Ni，Cr，N，Co 等合金元素，耐腐蚀性能大大提高，FeMnSiCrNi 在碱性介质中耐蚀性是奥氏体不锈钢的 4～5 倍，抗晶间腐蚀性也优于不锈钢。此外，FeMnSi-CrNi 合金还具有良好的抗蠕变和应力松弛性能。

表 5.5　铁基形状记忆合金的质量分数、结构及性能

合金	质量分数/%	马氏体晶体结构	相变特征	M_s 范围/K	记忆效应/%
FePt	25Pt	bct(α)	热弹性	280	40～60
FePd	30Pd	fat	热弹性	180～300	40～80
FeNiCoTi	23Ni-10Co-10Ti	bct(α)	热弹性	150	40～100
	33Ni-10Co-4Ti	bct(α)	热弹性	150	40～100
	29Ni-15Co-4Ti	bct(α)	热弹性	180～270	40～100
	32Ni-12Co-4Ti	bct(α)	热弹性	70～270	40～100
FeNiC	31Ni-0.4C	bct(α)	非热弹性	77～150	50～85
FeCrNi	19Cr-10Ni	bct(α) bct(ε)	非热弹性		25
FeMn	18.5Mn	hcp(ε)	非热弹性	300	20
FeMnSi	30Mn-1Si	hcp(ε)	应力诱发	200～390	30～100
	28～33Mn-5Si-6Cr	hcp(ε)	应力诱发	200～390	30～100
FeMnSiCr	8Mn-6Si-5Cr	hcp(ε)	应力诱发	300	30～100
FeMnSiCrNi	14Mn-6Si-9Cr-5Ni	hcp(ε)	应力诱发	260	30～100
	20Mn-5Si-8Cr-5Ni	hcp(ε)	应力诱发	250	30～100

5.3　形状记忆材料的应用

5.3.1　工程应用

形状记忆材料在工程上的应用很多，最早的应用就是作各种结构件，如紧固件、连接件、密封垫等。另外,也可以用于一些控制元件,如一些与温度有关的传感及自动控制。

20世纪60年代初Ti-Ni合金首次被用于海军飞机液压系统的接头,并取得了成功。普通的管接头由于热涨冷缩,容易引起泄漏,造成飞行事故。据统计,全部飞行事故中有1/3是由于液压系统接头泄漏而引起的。用形状记忆合金加工成内径比欲连接管的外径小4%的套管,然后在低温(M_f以下温度)将套管扩径约8%,装配后,当温度升到室温,套管恢复原来的内径,形成紧密的压合。美国已在喷气式战斗机的液压系统中使用了10多万个这类接头,至今未有漏油或破损、脱落等事故。这类管接头还可用于舰船管道、海底输油管道的修补,代替在海底难以进行的焊接工艺。据报导,最近研制的宽滞后Ti-Ni合金(向Ti-Ni合金中加入Nb,或通过变形使A_s温度高于室温),上述管接头扩径、贮存和运输已不必在液氮冷却的条件下进行,可以室温操作,这无疑使形状记忆合金的应用领域更加广阔。

形状记忆合金作紧固件、连接件较其他材料有许多优势:①夹紧力大,接触密封可靠,避免了由于焊接而产生的冶金缺陷;②适于不易焊接的接头;③金属与塑料等不同材料可以通过这种连接件连成一体;④安装时不需要熟练的技术。

把形状记忆合金制成的弹簧与普通弹簧安装在一起,可以制成自控元件。图5.14为在高温(A_f以上温度)和低温时,形状记忆合金弹簧由于发生相变,母相与马氏体强度不同,使元件向左右不同方向运动。这种构件可以作为暖气阀门,温室门窗自动开启的控制,描笔式记录器的驱动,温度的检测、驱动。形状记忆合金对温度比双金属片敏感得多,可代替双金属片用于控制和报警装置中。

1973年,美国试制成第一台Ti-Ni热机,利用形状记忆合金在高温与低温时发生相变,产生形状的改变,并伴随极大的应力,实现机械能⇌热能之间的相互转换。图5.15的装置为一个水平放置的轮子,轮辐是偏心结构,每根轮辐上挂有用Ti-Ni合金制成的U形环,轮子下的水槽制成两个半圆,分别装入冷热水。当U型环进入热水槽时,就突然伸直,产生弹力。这种弹力有一部分沿轮子的切线作用,推动轮子旋转。当轮辐转入冷水槽内时,伸直的合金丝又恢复弯曲形状。尽管这种热机只产生了0.5 W的功率(至1983年功率已达20 W),但发展前景十分诱人,利用这种装置可以实现利用海水温差发电的梦想。

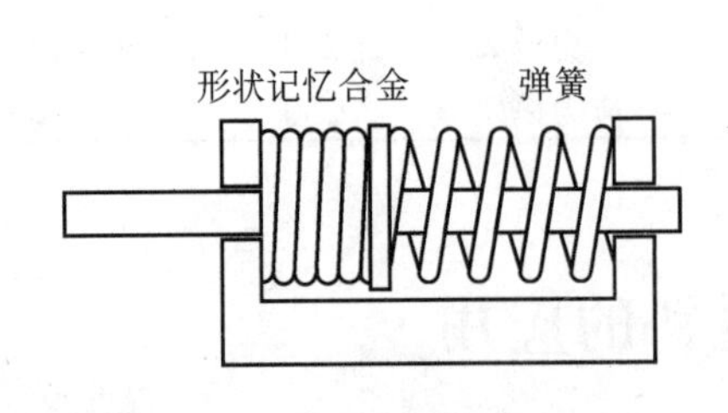

图5.14　自控元件原理

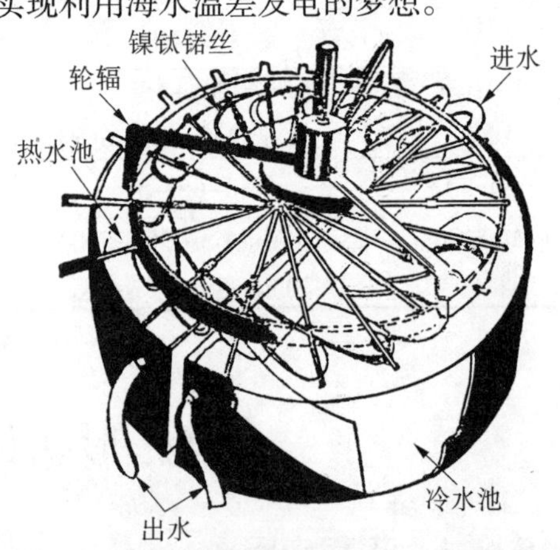

图5.15　镍钛诺尔热机的结构

5.3.2　医学应用

医学上使用的形状记忆合金主要是 Ti-Ni 合金，这种材料对生物体有较好的相容性，可以埋入人体作为移植材料。在生物体内部作固定折断骨架的销，进行内固定接骨的接骨板。由于体内温度使 Ti-Ni 合金发生相变，形状改变，不但能将两段骨固定住，而且能在相变过程中产生压力，迫使断骨很快愈合。另外，假肢的连接、矫正脊柱弯曲的矫正板，都是利用形状记忆合金治疗的实例。

在内科方面，可将细的 Ti-Ni 丝插入血管，由于体温使其恢复到母相的网状，阻止 95% 的凝血块不流向心脏。用记忆合金制成的肌纤维与弹性体薄膜心室相配合，可以模仿心室收缩运动，制造人工心脏。

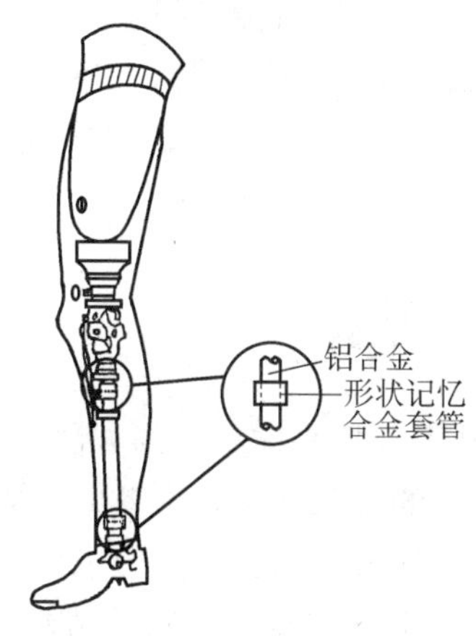

图 5.16　形状记忆合金套管连接的铝合金假肢

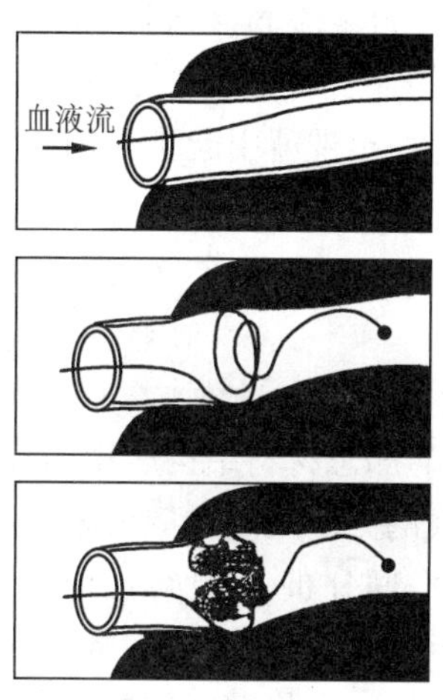

图 5.17　形状记忆合金制成的血凝过滤器

5.3.3　智能应用

形状记忆合金是一种集感知和驱动双重功能为一体的新型材料，因而可广泛应用于各种自调节和控制装置，如各种智能、仿生机械。形状记忆薄膜和细丝可能成为未来机械手和机器人的理想材料，它们除温度外不受任何其他环境条件的影响，可望在核反应堆、加速器、太空实验室等高技术领城大显身手。

利用形状记忆合金伪弹性的应用实例还不多，在医疗方面最典型的应用是牙齿矫正线，依靠固定在牙齿托架上金属线（Ti-Ni 合金线）的弹力来矫正排列不整齐的牙齿，这种方法已大量应用于临床。眼镜片固定丝也是伪弹性应用的一个例子，当固定丝装入眼镜片凹槽内时并不紧，利用其伪弹性逐渐绷紧，可使镜片冬季不易脱落。

日本研制出一种形状记忆塑料——苯乙烯和丁二烯聚合物，当加热至 60 ℃时，丁二烯部分开始软化，而苯乙烯仍保持坚硬，以此来保持形状记忆功能。形状记忆塑料制成的连接器加热变软，连接两段管子，冷却后变硬恢复原有直径，这种连接器可产生很高的结合强度，可以在家庭内使用。日本几家汽车公司甚至设想把形状记忆塑料制成汽车的保险杠和易撞伤部位，一旦汽车撞瘪，只要稍微加热（如用电吹风），就会恢复原形。总之，聚合物形状记忆材料具有广阔的应用前景。

第6章 非晶态合金

非晶态合金俗称“金属玻璃”，以极高速度使熔融状态的合金冷却，凝固后的合金结构呈玻璃态。非晶态合金与金属相比，成分基本相同，但结构不同，引起二者在性能上的差异。1960年，美国加州理工学院的P·杜威兹教授在研究Au-Si二元合金时，以极快的冷却速度使合金凝固，得到了非晶态的Au-Si合金。这一发现对传统的金属结构理论是一个不小的冲击。由于非晶态合金具有许多优良的性能，如高强度，良好的软磁性及耐腐蚀等，使它一出现就引起了人们极大的兴趣。随着快速淬火技术的发展，非晶态合金的制备方法不断完善。

6.1 非晶态合金的结构

研究非晶态材料结构所用的实验技术目前主要沿用分析晶体结构的方法，其中最直接、最有效的方法是通过散射来研究非晶态材料中原子的排列状况。由散射实验测得散射强度的空间分布，再计算出原子的径向分布函数，然后，由径向分布函数求出最近邻原子数及最近原子间距离等参数，依照这些参数，描述原子排列情况及材料的结构。根据辐射粒子的种类，可将散射实验分类，见表6.1。分析非晶态结构最普遍的方法是X射线衍射及电子衍射，中子衍射方法也开始受到重视。近年来还采用扩展X射线吸收精细结构(EXAFS)的方法研究非晶态材料的结构，这种方法是根据X射线在某种元素原子的吸收限附近吸收系数的精细变化，来分析非晶态材料中原子的近程排列情况。EXAFS和X射线衍射法相结合，对于非晶态结构的分析更为有利。

表6-1 各种散射实验比较

辐射粒子	波段	波长	能量	实验方法
光子	微波	1 ~ 100 cm	10^{-4} ~ 10^{-6} eV	NMR,ESR
	红外	>770 nm	<1.6 eV	红外光谱,拉曼光谱
	可见	380 ~ 770 nm	1.6 ~ 3.3 eV	可见光谱,拉曼光谱
	紫外	<397 nm	>3.1 eV	紫外光谱,拉曼光谱
	X射线	0.001 ~ 10 nm	1 240 keV ~ 124 eV	衍射,XPS,EXAFS
	γ射线	<0.1 nm	>12.4 keV	穆斯堡效应,康普敦效应
电子		0.1 ~ 0.0037 nm	150 eV ~ 100 keV	衍射
中子	冷中子	>0.4 nm	<5 meV	SAS,INS,衍射
	热中子	0.05 ~ 0.4 nm	5 ~ 330 meV	衍射,INS
	超热中子	<0.05 nm	<330 meV	衍射,INS

注:NMR—核磁共振;ESR—电子自旋共振;XPS—X射线光电子谱;EXAFS—扩展X射线吸收精细结构;SAS—小角度散射;INS—滞弹性中子散射

利用衍射方法测定结构，最主要的信息是采用分布函数，用其描述材料中的原子分布。双体分布函数 $g(r)$ 相当于取某一原子为原点 $(r=0)$ 时，在距原点为 r 处找到另一原子的几率，由此描述原子排列情况。

图 6.1 为气体、固体、液体的原子分布函数。径向分布函数为

$$J(r)=\frac{N}{V}\cdot g(r)\cdot 4\pi r^2 \tag{6-1}$$

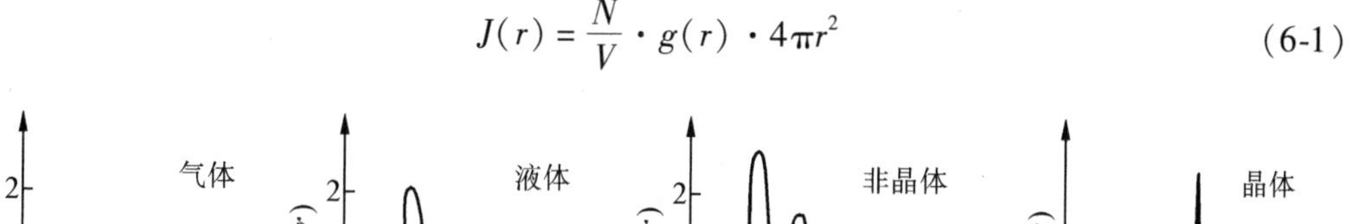
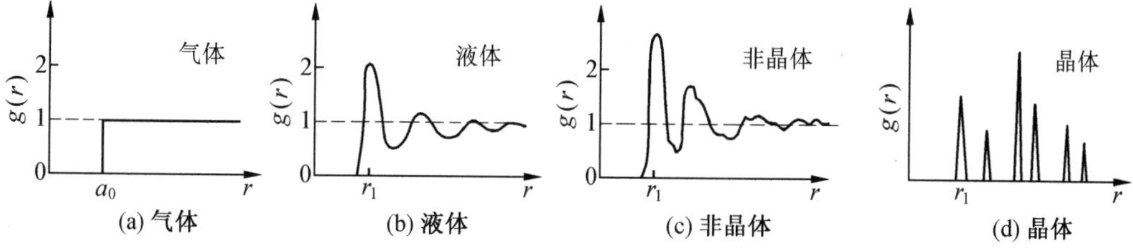

图 6.1　气体、固体、液体的原子分布函数

其中 N/V 为原子的密度。根据 $g(r)-r$ 曲线，可求出两个重要参数：配位数和原子间距。从图中可以看出，非晶态的图形与液态很相似但略有不同，而和完全无序的气态及有序的晶态有明显的区别。这说明非晶态在结构上与液体相似，原子排列是短程有序的；从总体结构上看是长程无序的，宏观上可将其看作均匀、各向同性的。非晶态结构的另一个基本特征是热力学的不稳定性，存在向晶态转化的趋势，即原子趋于规则排列。

为了进一步了解非晶态的结构，通常在理论上把非晶态材料中原子的排列情况模型化。其模型归纳起来可分两大类，一类是不连续模型，如微晶模型，聚集团模型；另一类是连续模型，如连续无规网络模型，硬球无规密堆模型等。

1. 微晶模型

该模型认为非晶态材料是由“晶粒”非常细小的微晶粒组成。从这个角度出发，非晶态结构和多晶体结构相似，只是“晶粒”尺寸只有几埃到几十埃。微晶模型认为微晶内的短程有序结构和晶态相同，但各个微晶的取向是杂乱分布的，形成长程无序结构。从微晶模型计算得出的分布函数和衍射实验结果定性相符，但细节上（定量上）符合得并不理想。假设微晶内原子按 hcp，fcc 等不同方式排列时，非晶 Ni 的双体分布函数 $g(r)$ 的计算结果与实验结果比较，如图 6.2 所示。另外，微晶模型用于描述非晶态结构中原子排列情况还存在许多问题，使人们逐渐对其持否定态度。

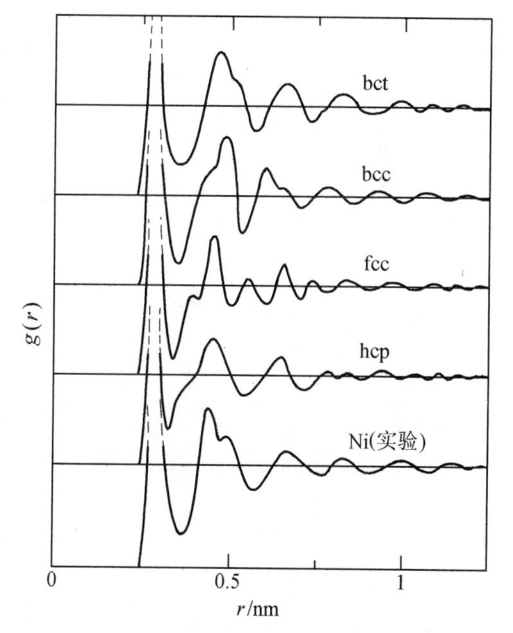

图 6.2　微晶模型得出的径向分布函数与非晶态 Ni 实验结果的比较

2. 拓扑无序模型

该模型认为非晶态结构的主要特征是原子排列的混乱和随机性，强调结构的无序性，而把短程有序看作是无规堆积时附带产生的结果。在这一前提下，拓扑无序模型有多种形式，主要有无序密堆硬球模型和随机网络模型。前者是由贝尔纳提出，用于研究液态金属的结构。贝尔纳发现无序密堆结构仅由五种不同的多面体组成，如图6.3，称为贝尔纳多面体。在该模型中，这些多面体作不规则的但又是连续的堆积。无序密堆硬球模型所得出的双体分布函数与实验结果定性相符，但细节上也存在误差。后者的基本出发点是保持最近原子的键长、键角关系基本恒定，以满足化学键的要求。该模型的径向分布函数与实验结果符合得很好。

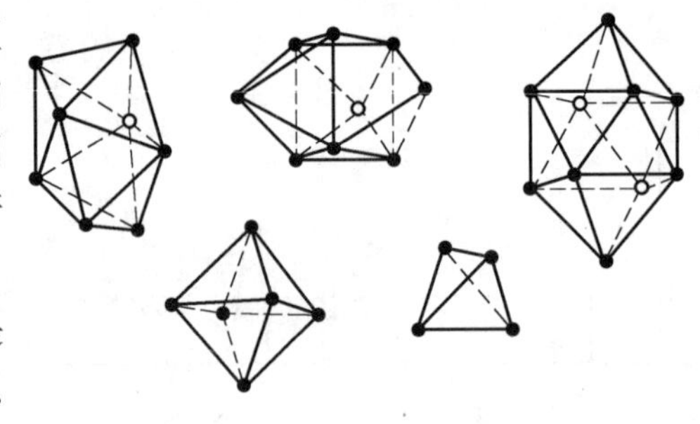
图6.3 贝尔纳多面体

上述模型对于描述非晶态材料的真实结构还远远不够准确。但目前用其解释非晶态材料的某些特性如弹性，磁性等，还是取得了一定的成功。

6.2 非晶态材料的制备

6.2.1 非晶态形成条件

原则上，所有的金属熔体都可以通过急冷制成非晶体。也就是说，只要冷却速度足够快，使熔体中原子来不及作规则排列就完成凝固过程，即可形成非晶态金属。但实际上，要使一种材料非晶化，还得考虑材料本身的内在因素，主要是材料的成分及各组元的化学本质。如大多数纯金属即使在10^6K/s的冷速下也无法非晶化，而在目前的冷却条件下，已制成了许多非晶态合金。

对于一种材料，需要多大的冷却速度才能获得非晶态，或者说，根据什么可以判断一种材料在某一冷却速度下能否形成非晶态，这是制备非晶态材料的一个关键问题。目前的判据主要有 结构判据和动力学判据。结构判据是根据原子的几何排列，原子间的键合状态及原子尺寸等参数来预测玻璃态是否易于形成；动力学判据考虑冷却速度和结晶动力学之间的关系，即需要多高的冷却速度才能阻止形核及核长大。根据动力学的处理方法，把非晶态的形成看成是由于形核率和生长速率很小，或者看成是在一定过冷度下形成的体结晶分数非常小（小于10^{-6}）的结果。这样，可以用经典的结晶理论来讨论非晶态的形成，并定量确定非晶态形成的动力学条件。如图6.4所示，做

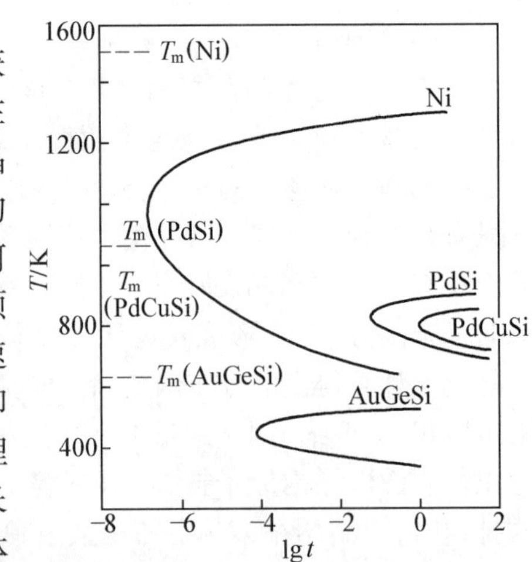

图6.4 纯 Ni，$Au_{77.8}Ge_{13.8}Si_{8.4}$，$Pd_{82}Si_{18}$，$Pd_{77.5}Cu_6Si_{16.5}$的C曲线

出金属及合金的TTT图(C曲线),C曲线的左侧为非晶态区,当纯金属或合金从熔化状态快速冷却时,只要能避开C曲线的鼻尖便可以形成非晶态。不同成分的合金,形成非晶态的临界冷却速度是不同的。临界冷却速度从TTT图可以估算出来,即

$$R_c = (T_m - T_n)/t_n \tag{6.2}$$

式中 T_m 为熔点;T_n,t_n 分别为C曲线鼻尖所对应的温度和时间。若考虑实际冷却过程,就要作出合金的连续冷却转变图(CCT图),图6.5示出了临界冷却速度。

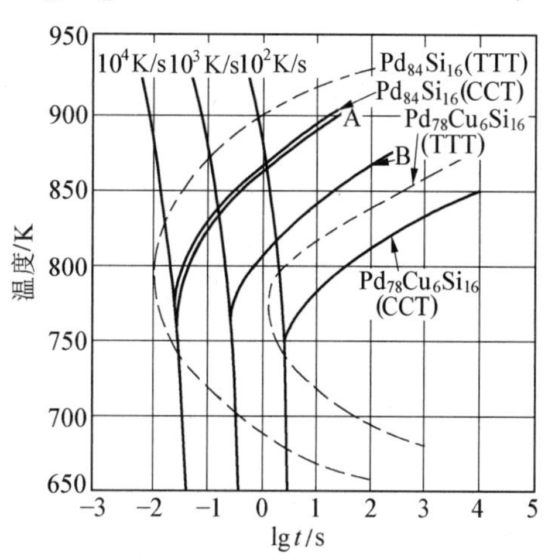

图6.5　几种非晶态合金的CCT图及TTT图

研究表明,合金中组元间电负性及原子尺寸大小与非晶态的形成有很大关系。组元间电负性及原子尺寸相差越大(10% ~ 20%),越容易形成非晶态。在相图上,成分位于共晶点附近的合金,其 T_m 一般较低,即液相可以保持到较低温度,而同时其玻璃化温度 T_g 随溶质原子浓度的增加而增加,令 $\Delta T = T_m - T_g$,ΔT 随溶质原子的增加而减小,有利于非晶态的形成。有人选用化学键参数,引用"图象识别"技术,总结了二元非晶

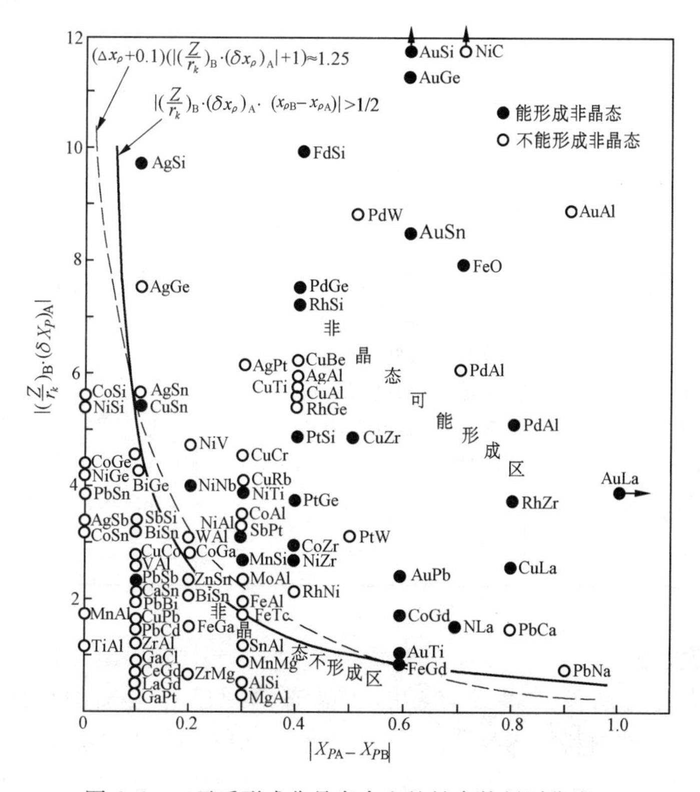

图6.6　二元系形成非晶态合金的健参数判别曲线

态合金形成条件的规律。图 6.6 中横坐标 $|Xp_A - Xp_B|$ 是 A,B 两组元电负性差的绝对值,纵坐标中 Z 是化合价数,r_k 是原子半经,$(\delta X_p)_A$ 是 A 组元的电负性偏离线性关系的值,即纵坐标代表 A,B 原子因极化作用而引起的效应。

总的来看,由一种过渡金属或贵金属和类金属元素(B,C,N,P,Si)组成的合金易形成非晶态。

6.2.2　非晶态合金带材、线材的制备方法

要获得非晶态,最根本的条件是要有足够快的冷却速度。为了达到一定的冷却速度,已经发展了许多技术,不同的技术,其非晶态形成过程又有较大区别。制备非晶态材料的方法可归纳为三大类:①由气相直接凝聚成非晶态固体,如真空蒸发、溅射、化学气相沉积等。利用这种方法,非晶态材料的生长速率相当低,一般只用来制备薄膜;②由液态快速淬火获得非晶态固体,是目前应用最广泛的非晶态合金的制备方法;③由结晶材料通过辐照、离子注入、冲击波等方法制得非晶态材料;用激光或电子束辐照金属表面,可使表面局部熔化,再以 $4\times10^4 \sim 5\times10^6$ K/s 的速度冷却,可在金属表面产生 400 μm 厚的非晶层。离子注入技术在材料改性及半导体工艺中应用很普遍。

表 6.2 列出了各种制备方法所得的非晶态材料的形状及应用实例。下面简单介绍几种常用的制备方法。

表 6.2　非晶态材料制备方法

方法		产品形状	应用实例
气相凝聚法	真空蒸发 离子镀膜 溅射 化学气相淀积	极薄膜(1 ~ 10 nm) 薄膜(10 ~ 10^2 nm) 薄膜(10 ~ 10^2 nm) 薄膜(10^2 nm ~ 数 mm)	Fe,Ni,Mo,W,Si,Ge 等 稀土-金属系合金 金属-金属系合金 金属-半金属系合金 Si,Ge 等 SiC,SiB,SiN,Si,Ge 等
液体急冷法	气枪法 活塞法 离心法 单辊法 双辊法 液态拉丝法 喷射法	薄片　数百 mg 薄片　数百 mg 薄带　(宽度≅5mm) 薄带　(宽度≅100mm) 薄带　(宽度≅10mm) 细丝 粉末	适用于各种非晶态金属及合金

1. 真空蒸发法

用真空蒸发法制备元素或合金的非晶态薄膜已有很长的历史了。在真空中($\sim 1.33\times10^{-4}$ Pa)将材料加热蒸发,所产生的蒸气沉积在冷却的基板衬底上形成非晶态薄膜。其中衬底可选用玻璃、金属、石英等,并根据材料的不同,选择不同的冷却温度。如对于制备非晶态半导体(Si,Ge),衬底一般保持在室温或高于室温的温度;对于过渡金属

Fe,Co,Ni 等,衬底则要保持在液氦温度。制备合金膜时,采用各组元同时蒸发的方法。

真空蒸发法的优点是操作简单方便,尤其适合制备非晶态纯金属或半导体。缺点是合金品种受到限制,成分难以控制,而且蒸发过程中不可避免地夹带杂质,使薄膜的质量受到影响。

2. 溅射法

溅射法是在真空中通过在电场中加速的氩离子轰击阴极(合金材料制成),使被激发的物质脱离母材而沉积在用液氮冷却的基板表面上形成非晶态薄膜。这种方法的优点是制得的薄膜较蒸发膜致密,与基板的粘附性也较好。缺点是由于真空度较低(1.33 ~ 0.133 Pa),因此容易混入气体杂质,而且基体温度在溅射过程中可能升高,适于制备晶化温度较高的非晶态材料。

溅射法在非晶态半导体、非晶态磁性材料的制备中应用较多,近年发展的等离子溅射及磁控溅射,沉积速率大大提高,可制备厚膜。

3. 化学气相沉积法(CVD)

这种方法较多用于制备非晶态 Si,Ge,Si_3N_4,SiC,SiB 等薄膜,适用于晶化温度较高的材料,不适于制备非晶态金属。

4. 液体急冷法

将液体金属或合金急冷获得非晶态的方法统称为液体急冷法。可用来制备非晶态合金的薄片、薄带、细丝或粉末,适于大批量生产,是实用的非晶态合金制备方法。

用液体急冷法制备非晶态薄片,只处于研究阶段,根据所使用的设备不同分为喷枪法,如图 6.7(a),活塞法如图 6.7(b)和抛射法如图 6.7(c)。在工业上实现批量生产的是用液体急冷法制非晶态带材。主要方法有离心法、单辊法、双辊法。如图 6.8 所示,这种方法的主要生产过程是:将材料(纯金属或合金)用电炉或高频炉熔化,用惰性气体加压使熔料从坩锅的喷嘴中喷到旋转的冷却体上,在接触表面凝固成非晶态薄带。

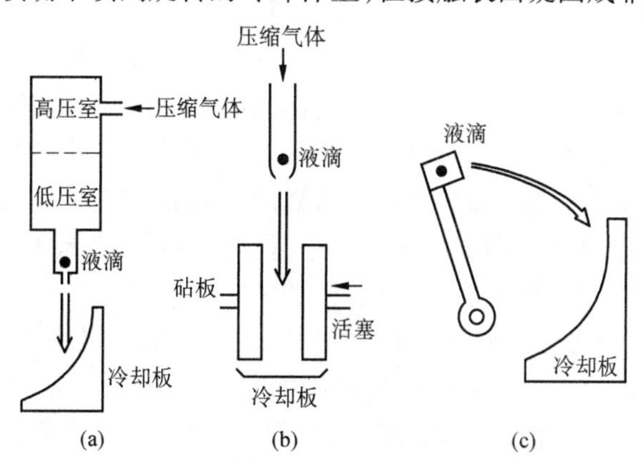

图 6.7　液体急冷法制备非晶态合金薄片

(a)喷枪法;　(b)活塞法;　(c)抛射法

图中所示的三种方法各有优缺点,离心法和单辊法中,液体和旋转体都是单面接触冷却,尺寸精度和表面光洁度不理想;双辊法是两面接触,尺寸精度好,但调节比较困难,只能制做宽度在 10 mm 以下的薄带。目前较实用的是单辊法,产品宽度在 100 mm 以上,长度可达 100 m 以上。图 6.9 是非晶态合金生产线示意图。

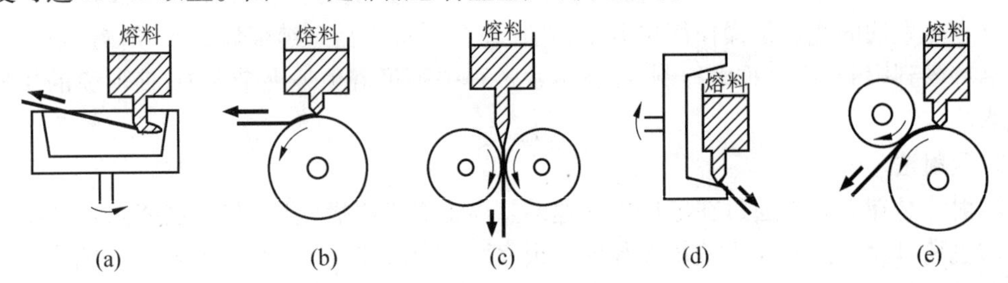

图 6.8　液体淬火法制备非晶态合金薄带
(a)离心法(立式)　(b)单辊法　(c)双辊法　(d)离心法(卧式)　(c)行星式

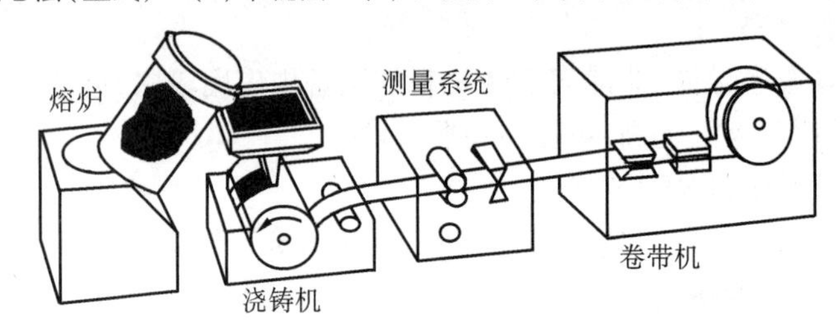

图 6.9　非晶态合金生产线示意图

6.2.3　非晶态合金块材制备方法

传统的非晶态合金通常是在极高的冷速下获得的薄带或细丝,这大大限制了非晶态材料的工业应用。虽然可以将非晶态粉末经过一定工艺(爆炸成型、模锻、温锻等)压制成非晶态块材,但由于成型技术的限制,整体性能远低于非晶颗粒本身,而且性能较带材、线材有所下降。所以人们一直在寻求直接从液相获得大块非晶的方法。

显然,要直接从液相获取大块非晶,要求合金熔体具有很强的非晶形成能力,即低的临界冷却速度(R_c)和宽的过冷液相区。具备上述条件的合金系有以下三个共同特征:①合金系由三个以上组元组成。②主要组元的原子要有 12% 以上的原子尺寸差。③各组元间要有大的负混合热。满足这三个特征的合金在冷却时非均匀形核受到抑制;易于形成致密的无序堆积结构,提高了液、固两相界面能,从而抑制了晶态相的形核和长大。可见,大块非晶合金主要是依靠调整成分而获得强的非晶形成能力,与传统的急冷法制备非晶合金的原理不同。自 1988 年以来,开发了一系列合金,见表 6.3。表中给出了一些具有代表性的大块非晶合金,大致可分为铁磁性和非铁磁性两大类。

大块非晶合金由于成分上的特殊性,采用常规的凝固工艺方法(水淬、金属模铸造等)即可获得大块非晶。为了控制冷却过程中的非均匀形核,在制备时一方面要提高合金纯度,减少杂质;另一方面采用高纯惰性气体保护,尽量减少含氧量。主要制备方法有以下几种:

1. 熔体水淬法

将合金铸锭装入石英管再次融化,然后直接水淬,得到大直径的柱状大块非晶。

表6.3　大块非晶合金系

	合金系	最大厚度（t/mm）	临界冷速（R_c/(K·s^{-1})）	发现年代
非铁磁性	Mg-Ln-M(Ln-镧系金属,M-Cu,Ni,Zn)	≈10	≈200	1988
	Ln-Al-TM(TM-Ⅵ~Ⅷ过渡族金属)	≈10	≈200	1989
	Ln-Ga-TM			1989
	Zr-Al-TM	≈30	1~10	1990
	Zr-Ti-Al-TM			1990
	Ti-Zr-TM			1993
	Zr-Ti-TM-Be	≈30	1~5	1993
	Zr-(Nb,Pd)-Al-TM			1995
	Pd-Cu-Ni-P	≈75	0.13	1996
	Pd-Ni-Fe-P			1996
	Pd-Cu-B-Si			1997
	Ti-Ni-Cu-Sn			1998
铁磁性	Fe-(Al,Ga)-(P,C,B,Si,Ge)	≈3	≈400	1995
	Fe-(Nb,Mo)-(Al,Ga)-(P,B,Si)			1995
	Co-(Al,Ga)-(P,B,Si)			1996
	Fe-(Zr,Hf,Nb)-B	≈6		1996
	Co-Fe-(Zr,Hf,Nb)-B			1996
	Ni-(Zr,Hf,Nb)-(Cr,Mo)-B			1996
	Fe-Co-Ln-B			1998
	Fe-(Nb,Cr,Mo)-(P,C,B)			1999
	Ni-(Nb,Cr,Mo)-(P,B)			1999

2. 金属模铸造法

将高纯度的组元元素在氩气保护下熔化,均匀混合后浇注到铜模中,可的到各种形状的具有光滑表面核金属光泽的大块非晶。根据具体操作工艺,金属模铸造法又可分为射流成型、高压铸造、吸铸等。

射流成型是将合金置于底部有小孔的石英管中,待合金熔化后,在石英管上方导入氩气,使液态合金从小孔喷出,注入下方的铜模内,快速冷却形成非晶态。

高压铸造是利用活塞,以50~200 MPa的压力将熔化的合金快速压入上方的铜模内,使其强制冷却,形成非晶态合金。

吸铸是在铜模中心加一活塞,通过活塞快速运动产生的气压差将液态金属吸入铜模内。

采用上述方法制备的大块非晶尺寸已达 ϕ100 mm 以上;某些合金的临界冷却速度已降至 1 K/s,见表 6.3。这意味着自然冷却即可得到非晶,使非晶态合金的应用前景更加广阔。

6.3 非晶态合金材料

迄今为止,非晶态合金的种类已达数百种,以下介绍几类具有实用意义的非晶态合金。

1. 过渡族金属与类金属元素形成的合金

这类合金主要包括ⅦB,Ⅷ族及 IB 族元素与类金属元素形成的合金,如 $Pd_{80}Si_{20}$,$Au_{75}Si_{25}$,$Fe_{80}B_{20}$,$Pt_{75}P_{25}$等,合金中类金属元素的质量分数一般为 13% ~25%。但近年也发现了一些类金属元素质量分数可在一定范围内变化的非晶态合金,如 $NiB_{31\sim41}$,$CoB_{17\sim41}$,$PtSb_{34\sim36.5}$等。在这类合金基础上可加入一种或多种元素形成三元甚至多元合金,如在 $Pd_{84}Si_{16}$ 中加入 Cu 置换部分 Pd,形成 $Pd_{78}Cu_{6}Si_{16}$;在 $Pd_{80}P_{20}$ 中加入 Ni,形成 $Pd_{40}Ni_{40}P_{20}$;在 $Ni_{92}Si_{8}$ 中加入 B,形成 Ni_{92}-xSi_{8}Bx 等。研究表明,这种三元合金形成非晶态要比对应的二元合金容易得多。

此外,ⅣB 和ⅥB 族金属与类金属也可以形成非晶态合金,其中类金属元素的质量分数一般为 15% ~30%,如 $TiSi_{15\sim20}$,$(W,Mo)_{70}Si_{20}B_{10}$,$Ti_{50}Nb_{35}Si_{15}$,$Re_{65}Si_{35}$,$W_{60}Ir_{20}B_{20}$等。

2. 过渡族金属元素之间形成的合金

这类合金在很宽的温度范围内熔点都比较低,形成非晶态的成分范围较宽,如 Cu-$Ti_{33\sim70}$,Cu-$Zr_{27.5\sim75}$,Ni-$Zr_{27.5\sim75}$,Ni-$Zr_{33\sim42}$,Ni-$Zr_{60\sim80}$,Nb-$Ni_{40\sim66}$,Ta-$Ni_{40\sim70}$。

3. 含ⅡA 族(碱金属)元素的二元或多元合金

这类合金如 Ca-$Al_{12.5\sim47.5}$,Ca-$Cu_{12.6\sim62.5}$,Ca-Pd,Mg-$Zn_{25\sim32}$,Be-$Zr_{50\sim70}$,$Sr_{70}Mg_{30}$等。这类合金的缺点是化学性质较活泼,必须在惰性气体中淬火,最终制得的非晶态材料容易氧化。

除以上三类非晶态合金外,还有以锕系金属为基的非晶态合金,如 U-$Co_{24\sim40}$,Np-$Ca_{30\sim40}$,Pu-$Ni_{12\sim30}$等。

总之,相对容易获得非晶态的合金,其共同特点是组元之间有强的相互作用;成分范围处于共晶成分附近;液态的混合热均为负值。具备上述条件的合金能否成为实用的非晶态材料,还与许多工艺因素有关。

6.4 非晶态合金的性能及应用

非晶态合金自 20 世纪 60 年代出现以来,由于其性能上的特点,引起人们极大的研究兴趣。非晶态合金已进入应用领域,尤其是作为软磁材料,有着相当广泛的应用前景。下面结合非晶态材料的性能特点,介绍其主要应用。

6.4.1　力学性能

表6.4 列出了几种非晶态材料的机械性能指标。由表中可以看出,非晶态材料具有极高的强度和硬度,其强度远超过晶态的高强度钢。表中 σ_f/E 的值是衡量一种材料达到理论强度的程度,一般金属晶体材料 $\sigma_f/E\approx1/500$,而非晶态合金约为 1/50,材料的强度利用率大大高于晶态金属;此外,非晶态材料的疲劳强度亦很高,钴基非晶态合金可达 1 200 MPa;非晶态合金的延伸率一般较低,见表 6.5。但其韧性很好,压缩变形时压缩率可达40%,轧制率可达 50% 以上而不产生裂纹;弯曲时可以弯至很小曲率半径而不折断。非晶态合金变形和断裂的主要特征是不均匀变形,变形集中在局部的滑移带内,使得在拉伸时由于局部变形量过大而断裂,所以延伸率很低,但同时其他区域几乎没有发生变形。在改变应力状态的情况下,可以达到高的变形率(如压缩)。

表 6.4　非晶态合金的机械性能

	合　金	硬度 HV/(N·mm^{-2})	断裂强度 σ_f/(N·mm^{-2})	延伸率 δ/%	弹性模量 E/(N·mm^{-2})	E/σ_f	撕裂能/(MJ·cm^{-2})
非晶态	$Pd_{73}Fe_7Si_{20}$	4018	1860	0.1	66640	50	–
	$Cu_{57}Zr_{43}$	5292	1960	0.1	74480	38	0.6×10^7
	$Co_{75}Si_{15}B_{10}$	8918	3000	0.2	53900	18	–
	$Ni_{75}Si_8B_{17}$	8408	2650	0.14	78400	30	–
	$Fe_{80}P_{13}C_7$	7448	3040	0.03	121520	40	1.1×10^7
	$Fe_{72}Ni_8P_{13}C_7$	6660	2650	0.1	–	–	–
	$Fe_{60}Ni_{20}P_{13}C_7$	6470	2450	0.1	–	–	–
	$Fe_{72}Cr_8P_{13}C_7$	8330	3770	0.05	–	–	–
	$Pd_{77.5}Cu_6Si_{16.5}$	7450	1570	40(压缩率)	93100	60	–
晶态	18Ni-9Co-5Mo	–	1810~2130	10~12	–	–	–
	X-200	–	–	–	–	–	1.7×10^6

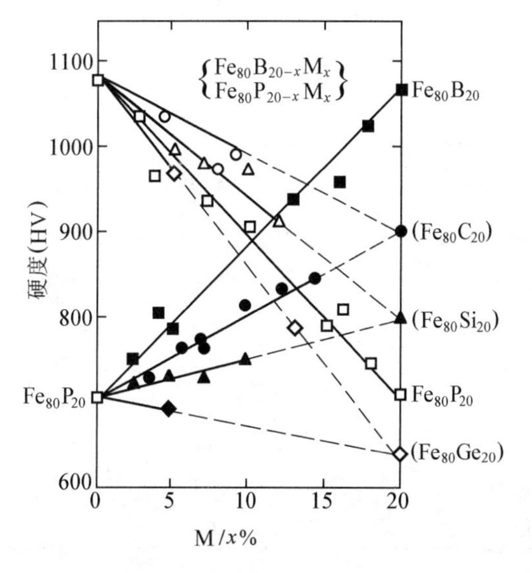

图 6.10　铁基非晶态合金的硬度与类金属(M)的关系

非晶态合金的机械性能与其成分有很大关系,尤其是其中类金属与过渡族金属元素的种类及含量。如图 6.10,图 6.11 所示。此外,制备时的冷却速度和相关的热处理工艺对非晶合金的延性与韧性有重要影响。

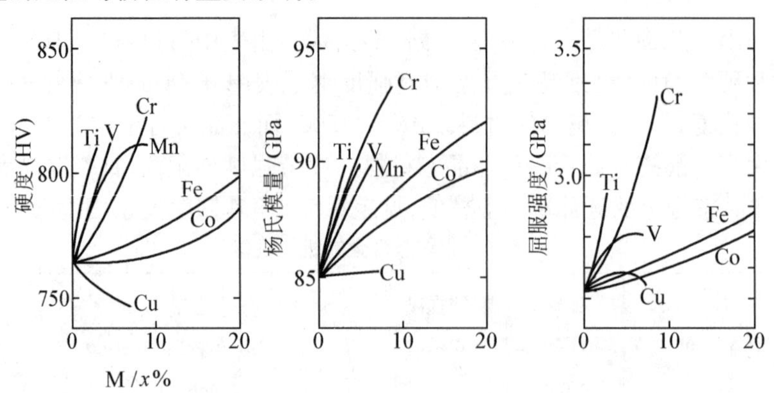

图6.11　$(Ni-M)_{75}Si_8B_{17}$ 合金的硬度、杨氏模量和屈服强度与过渡金属(M)含量的关系

表6.5　非晶态合金的强度和硬度

合　金	硬度(HV)	抗拉强度 σ_f/($N\cdot mm^{-2}$)	杨氏模量 E/($N\cdot mm^{-2}$)	σ_f/E	HV/σ_f
$Fe_{80}P_{20}$	700	-	-	-	-
$Fe_{80}B_{20}$	1080	3400	1.7×10^5	0.020	0.32
$Fe_{90}Zr_{10}$	640	2160	-	-	0.30
$Fe_{80}P_{13}C_7$	760	3040	1.2×10^5	0.025	0.25
$Fe_{78}B_{10}Si_{12}$	910	3300	1.2×10^5	0.028	0.28
$Fe_{62}Mo_{20}C_{18}$	970	3800	-	-	0.26
$Fe_{62}Cr_{12}Mo_3C_{18}$	900	3200	-	-	0.28
$Fe_{46}Cr_{16}Mo_{20}C_{18}$	1130	3900	-	-	0.29
$Co_{90}Zr_{10}$	600	1860	-	-	0.32
$Co_{73}Si_{15}B_{12}$	910	3000	0.9×10^5	0.034	0.30
$Co_{56}Cr_{26}C_{18}$	890	3230	-	-	0.28
$Co_{44}Mo_{36}C_{20}$	1190	3800	-	-	0.31
$Co_{34}Cr_{28}Mo_{20}C_{18}$	1400	4020	-	-	0.35
$Ni_{90}Zr_{10}$	550	1760	-	-	0.31
$Ni_{78}Si_{10}B_{12}$	860	2450	0.8×10^5	0.031	0.35
$Ni_{34}Cr_{24}Mo_{28}C_{16}$	1060	3430	-	-	0.31
$Pd_{80}Si_{20}$	325	1330	0.7×10^5	0.020	0.24
$Cu_{80}Zr_{20}$	410	1860	-	-	0.22
$Nb_{50}Ni_{50}$	893	-	1.3×10^5	-	-
$Ti_{50}Cu_{50}$	610	-	1.0×10^5	-	-

非晶态合金的高强度、高硬度和高韧性可以被利用制做轮胎、传送带、水泥制品及高压管道的增强纤维;用非晶态合金制成的刀具,如保安刀片,已投入市场。另一方面,利用

非晶态合金的机械性能随电学量或磁学量的变化,可制做各种元器件,如用铁基或镍基非晶态合金可制做压力传感器的敏感元件。

从总体上看,非晶态合金制备简单,由液相一次成型,避免了普通金属材料生产过程中的铸、锻、压、拉等复杂工序,且原材料本身并不昂贵,生产过程中的边角废料也可全部收回,所以生产成本可大大降低。但非晶态合金的比强度及弹性模量与其他材料比还不够理想,就目前生产情况看,产品形状的局限性也较大,这些都限制了它的应用。

6.4.2 软磁特性

非晶态合金由于其结构上的特点——无序结构,不存在磁晶各向异性,因而易于磁化;而且没有位错、晶界等晶体缺陷,故磁导率、饱和磁感应强度高;矫顽力低、损耗小,是理想的软磁材料。比较成熟的非晶态软磁合金主要有铁基,铁-镍基和钴基三大类,表6.6列出其成分及性能,同时,可与晶态软磁合金的相关性能数据作比较。

金属玻璃在磁性材料方面的应用主要是作为变压器材料、磁头材料、磁屏敝材料、磁致伸缩材料及磁泡材料等。

6.4.3 耐蚀性能

晶态金属材料中,耐蚀性较好的是不锈钢。但不锈钢在含有侵蚀性离子(如卤素离子)的溶液中,一般要发生点腐蚀和晶间腐蚀。非晶态合金在中性盐溶液和酸性溶液中的耐蚀性要比不锈钢好得多。见表6.7,在 $FeCl_3$ 溶液中非晶态合金的耐蚀性明显好于不锈钢。

表6.6 非晶态合金的软磁特性

合金		饱和磁感 /T	矫顽力/ $(A \cdot m^{-1})$	磁致伸缩 $(\times 10^{-6})$	电阻率/ $(\mu\Omega \cdot cm)$	居里温度 /℃	铁损(60Hz·1.4T) $/(W \cdot kg^{-1})$
非晶态	$Fe_{81}Br_{13.5}Si_{3.5}C_2$	1.61	3.2	30	130	370	0.3
	$Fe_{78}B_{13}Si_9$	1.56	2.4	27	130	415	0.23
	$Fe_{67}Co_{18}B_{14}Si_1$	1.80	4.0	35	130	415	0.55
	$Fe_{70}B_{16}Si_5$	1.58	8.0	27	135	405	1.2
	$Fe_{40}Ni_{33}Mo_4B_{18}$	0.88	1.2	12	160	353	–
	$Co_{67}Ni_8Fe_4Mo_2B_{12}Si_{12}$	0.72	0.4	0.5	135	340	–
晶态	硅钢	1.97	24	9	50	730	0.93
	$Ni_{50}-Fe_{50}$	1.60	8.0	25	45	480	0.70
	$Ni_{80}-Fe_{20}$	0.82	0.4	–	60	400	–
	Ni-Zn 铁氧体	0.48	16	–	10^{12}	210	–

表 6.7　非晶态合金和晶态不锈钢在 10% $FeCl_3 \cdot 10H_2O$ 溶液中的腐蚀速率

试　样	腐蚀速率/($mm \cdot a^{-1}$)	
	40 ℃	60 ℃
晶态不锈钢		
18Cr-8Ni	17.75	120.0
17Cr-14Ni-2.5Mo	–	29.24
非晶态合金		
$Fe_{72}Cr_8P_{13}C_7$	–	0.0000
$Fe_{70}Cr_{10}P_{13}C_7$	0.0000	0.0000
$Fe_{65}Cr_{10}Ni_5P_{13}C_7$	0.0000	0.0000

非晶态合金的耐蚀性主要是由于生产过程中的快冷,导致扩散来不及进行,所以不存在第二相,组织均匀;其无序结构中不存在晶界,位错等缺陷;非晶态合金本身活性很高,能够在表面迅速形成均匀的钝化膜,阻止内部进一步腐蚀。目前对耐蚀性能研究较多的是铁基、镍基、钴基非晶态合金,其中大都含有铬,如 $Fe_{70}Cr_{10}P_{13}C_7$,Ni-Cr-$P_{13}B_7$ 等。利用非晶态合金的耐蚀性,用其制造耐腐蚀管道、电池的电极、海底电缆屏蔽、磁分离介质及化工用的催化剂、污水处理系统中的零件等都已达到实用阶段。

6.4.4　其他性能及应用

非晶态材料在室温电阻率较高,比一般晶态合金高 2 ~ 3 倍,而且电阻率与温度之间的关系也与晶态合金不同,变化比较复杂,多数非晶态合金具有负的电阻温度系数,如图 6.12 所示。

非晶态合金还具有良好的催化特性,如用 $Fe_{20}Ni_{60}B_{20}$ 作为 CO 氢化反应的催化剂。

从 20 世纪 50 年代开始,人们就发现非晶态金属及合金具有超导电性。1975 年以后,用液体急冷法制备了多种具有超导电性的非晶态合金,为超导材料的研究开辟了新的领域。从发展上看,非晶态超导材料良好的韧性及加工性能应引起人们足够的重视。表 6.8 给出部分非晶态超导合金的性质。

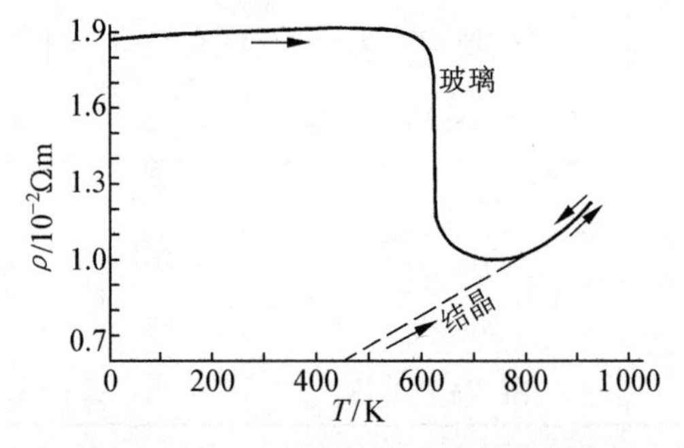

图 6.12　非晶态合金、晶态合金的电阻率与温度关系

表6.8　液体急冷法制备的非晶态合金的超导电性

合　金	T_c/K	H_{C_2}(4.2K)/(kA·m^{-1})	电阻率/(μΩ·cm)	韧　性	样品形状	制备方法
$La_{80}Au_{20}$	3.5		200		a	c
$La_{80}Al_{20}$	4.43	480	163		a	c
$La_{70}Cu_{30}$	3.5				a	c
$La_{78}Ni_{22}$	3.0				a	c
$Zr_{75}Rh_{25}$	4.55	800	220		a	c
$Zr_{70}Pd_{30}$	2.4				a	c
$Zr_{70}Be_{30}$	2.8		2.90	良	b	s
$Zr_{55}Be_{35}Nb_{10}$	3.18		234	良	b	s
$Nb_{60}Ni_{40}$	1.5			良	a	c
$Nb_{58}Rh_{42}$	4.7				a	c
$Nb_{55}Ir_{45}$	4.88	1000	161		a	c
$Ta_{55}Rh_{45}$	3.37		199		a	c
$Ta_{55}Ir_{45}$	3.39		218		a	c
$Nb_{58}Rh_{26}Ni_{16}$	3.4				a	c
$La_{80}Ga_{20}$	3.8		170		a	c
$La_{80}Ge_{20}$	4.8				a	c
$Mo_{64}Ru_{16}P_{20}$	7.31	6400	300	差	a	c
$Mo_{48}Ru_{32}P_{20}$	6.18	3800	300	差	a	c
$Mo_{32}Ru_{43}P_{20}$	4.68	1200	330	差	a	c
$Mo_{54}Ru_{36}B_{10}$	7.10	6400	130	差	a	c
$W_{40}Ru_{40}P_{20}$	4.57		210	差	a	c
$Mo_{80}P_{10}B_{10}$	9.0	8800		差	a	c
$Mo_{64}Re_{16}P_{10}B_{10}$	8.71	6800		差	a	c
$Nb_{82}Si_{18}$	4.4			差	b	s
$Nb_{55}Mo_{25}Si_{20}$	5.3	2300		良	b	s
$Nb_{50}Mo_{30}Si_{20}$	5.5			良	b	s
$Nb_{80}Si_{16}B_4$	4.7			差	b	s
$Nb_{80}Si_{12}B_8$	4.8	1300		良	b	s
$Nb_{80}Si_{16}Ge_4$	4.7	640		良	b	s
$Nb_{80}Si_{16}C_4$	4.5	480		良	b	s
$Nb_{60}Zr_{20}Si_{16}C_4$	4.7			良	b	s
$Nb_{40}Mo_{40}Si_{16}B_4$	5.3	2600		差	b	s
$Ti_{55}Nb_{30}Si_{15}$	4.9	2700	160	良	b	s
$Ti_{45}Nb_{40}Si_{15}$	5.1	3000	170	良	b	s
$Ti_{45}Nb_{40}Si_{12}B_3$	5.4	4100	170	良	b	s
$Ti_{55}Nb_{30}Si_{10}B_5$	5.1		180	良	b	s
$Mo_{70}Si_{20}B_{10}$	6.8	3470	245	差	b	s
$Mo_{77.5}Si_{10}B_{12.5}$	7.03	4040	180	差	b	s
$W_{70}Si_{20}B_{10}$	4.5	640	340	差	b	s
$Zr_{87}Si_{13}$	2.95		270	良	b	s
$Zr_{85}Si_{15}$	2.65		270	良	b	s
$Zr_{65}Nb_{20}Si_{15}$	3.09		210	良	b	s
$Zr_{25}Nb_{60}Si_{15}$	3.78		220	良	b	s
$Zr_{15}Nb_{70}Si_{15}$	3.82		250	良	b	s

a—圆片;b—薄带;c—活塞法;s—单辊法

除上述内容，非晶态材料还有一些其他特性及应用，因篇幅所限，不能一一详述，请参考表6.9。

表6.9　非晶态合金的主要特性及应用

主 要 特 性	实 际 应 用 材 料
高强度、高韧性	结构加强材料
高电阻率、低温度系数	高电阻材料、精密电阻合金材料
高导磁率、低矫顽力	磁分离、磁屏蔽、磁头、磁芯材料
高磁感、低损耗	功率变压器、磁芯材料
高耐蚀性	刀具材料、电极材料、表面保持材料
恒体积、恒弹性	不胀钢材料、恒弹性合金材料
超导电性	超导材料
高磁致伸缩	应变仪、延迟线、磁致伸缩振子材料
高磁能积	永磁薄膜材料
低居里点	磁温敏感、磁热贮存、复写材料
低熔点、柔软性	钎焊材料
大的霍尔效应	霍尔元件
垂直各向异性	泡畴器件材料

总之，非晶态材料是一种大有前途的新材料，但也有不如人意之处。其缺点主要表现在两方面，一是由于采用急冷法制备材料，使其厚度受到限制；二是热力学上不稳定，受热有晶化倾向，解决的办法主要是采取表面非晶化及微晶化。

第7章　磁性材料

磁性材料具有悠久的历史，且种类繁多，可从不同的角度将磁性材料分为许多类。从应用方面考虑，磁性材料可分为软磁材料、硬磁材料、磁记录材料及一些特殊用途的磁性材料，等等。近年来，磁性材料又有了突飞猛进的发展，一些新型的磁性材料受到了重视，并得到实际应用。如稀土永磁材料，室温磁致冷材料，新型的多层膜磁记录材料，有机铁磁材料，准晶和非晶材料；还有铁氧体材料、铁电反铁磁材料等成为近年来磁性功能材料领域研究的热点。

7.1　软磁材料

软磁材料的磁滞回线细长，磁导率高，矫顽力低，铁芯损耗低，容易磁化，也容易去磁；在通讯技术与电力技术中应用广泛，可用来制造电感元件，如变压器、继电器、电磁铁、电机的铁心等。

软磁材料的种类很多，大致可分为金属软磁材料及软磁铁氧体。金属软磁（合金）材料是磁性材料中用途最广，用量最大的一类材料，包括纯铁，电工钢，合金及非晶态合金。不同的工作条件，对材料的性能要求亦有不同。在强磁场下工作的磁性部件，如电力工业中大量使用的电动机、发电机、大功率变压器、电磁铁等，要求所用的磁性材料应具有高的饱和磁感应强度，价格便宜，生产工艺简单，便于大批生产；在通信技术中常用的变压器、换能器的铁芯，磁屏蔽材料及有关磁性元件，基本上是在弱磁场下工作，要求相应的材料具有高的磁导率。图7.1为一些软磁材料的饱和磁感应强度及最大磁导率数值。

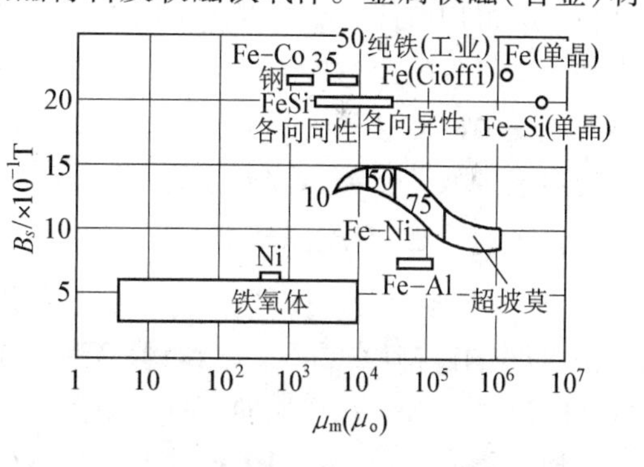

图7.1　软磁材料的 B_s 和 μ_m

下面分别叙述几类常用的金属软磁材料。

7.1.1　电工用纯铁

电工用纯铁碳质量分数极低，其纯度在99.95%以上，退火态起始磁导率 μ_i 为300～500μ_o，最大磁导率 μ_m 为6 000～12 000μ_o，矫顽力 H_C 为39.8～95.5 A/m。电工用纯铁主要用于制造电磁铁的铁芯和磁极，继电器的磁路和各种零件，感应式和电磁式测量仪表的各种零件，扬声器的磁路，电话中的振动膜，磁屏蔽，电机中用以导引直流磁通的磁极及冶金原料等。

我国生产的电工用纯铁的机械性能为:抗拉强度 $\sigma_b = 27\ kg/mm^2$;延伸率 $\delta_5 = 25\%$;断面收缩率 $\psi = 60\%$;布氏硬度 HB = 131。

表 7.1 为几种电工用纯铁的磁性能。

表 7.1　几种电工用纯铁的磁性能

名　　称	$\mu_i(\mu_o)$	$\mu_m(\mu_0)$	$H_c/(A \cdot m^{-1})$	B_s/T
电　　铁	1 000	26 000	7.2	2.15
羰基铁	3 000	20 000	6.4	2.2
真空熔炼		207 500	2.2	
真空熔炼和氢氧退火		88 400	3.2	2.16
真空退火	14 000	280 000		
单　　晶		680 000		
单晶(经磁场热处理)		1 430 000	12	

影响纯铁磁性能的因素有多种,包括晶粒的结晶轴对磁化方向的取向关系,纯铁中的杂质,晶粒大小,金属的塑性变形,加工过程中的内应力等。为了改善纯铁的磁性能,除严格控制冶炼与轧制过程,还可以采用高温长时间氢气退火,消除晶格畸变和内应力,粗化晶粒。电工用纯铁只能在直流磁场下工作,如在交变磁场下工作,则涡流损耗大。在纯铁中加入少量硅(0.38% ~0.45%)形成固溶体,可以提高合金电阻率,减少材料涡流损耗。随着纯铁中硅质量分数的增加,磁滞损耗降低,而在弱磁场和中等磁场下,磁导率增加。但硅质量分数高于 4%,材料变脆。

7.1.2　电工用硅钢片

电工用硅钢片按材料生产方法,结晶织构和磁性能可分为以下四类:①热轧非织构(无取向)的硅钢片;②冷轧非织构(无取向)的硅钢片;③冷轧高斯织构(单取向)的硅钢片;④冷轧立方织构(双取向)的硅钢片。

电工用硅钢片主要用于各种形式的电机、发电机和变压器中,在扼流圈、电磁机构、继电器、测量仪表中也大量使用。不同的工作环境,对硅钢片的性能提出了不同的要求,一般将实用的硅钢片按强磁场、中等磁场(5 ~1 000 A/m)、弱磁场(0.2 ~0.8 A/m)下工作来分类。硅钢片的机械性能与硅质量分数、晶粒大小、结晶结构、有害杂质(碳,氧,氢)质量分数状况以及钢板厚度有关;在很大程度上取决于有害杂质质量分数、冶炼方法、轧制的压下制度、退火温度和介质以及钢板表面状况等。硅钢片的磁性能同样与硅含量、冶炼过程、热处理工艺、晶粒大小有关。一般认为,硅质量分数为 6% ~6.5% 的钢具有高的磁导率(μ_i,μ_m),硅也使铁的磁各向异性和磁致伸缩降低。考虑到硅钢的机械性能及加工工艺性能,其中硅的质量分数不宜超过 4%。另外,碳、氢、硫、锰等元素均对合金的磁性能有不利影响;增大晶粒可以改善硅钢的磁性能,但使磁滞损耗增加。

为了进一步提高电工钢的磁性能,高斯研制了具有取向结晶结构的硅钢片——高斯织构硅钢片(冷轧取向硅钢片)。这种结构中,α 铁晶格的易磁化方向[100]轴与轧制方向吻合,难磁化方向[111]轴与轧制方向成 55°角,中等磁化轴[110]与轧制方向成 90°角,如图 7.2 所示。这种织构以符号(110)和[100]表示,(110)面与轧制面吻合,而[100]方向与轧制方向吻合。由于结构上的特点,冷轧取向硅钢片具有磁各向异性,在强磁场内,单位铁损的各向异性最大,在弱磁场中,磁感应强度和磁导率的各向异性最大。因此,用这种硅钢片制铁芯时常采用转绕方式。

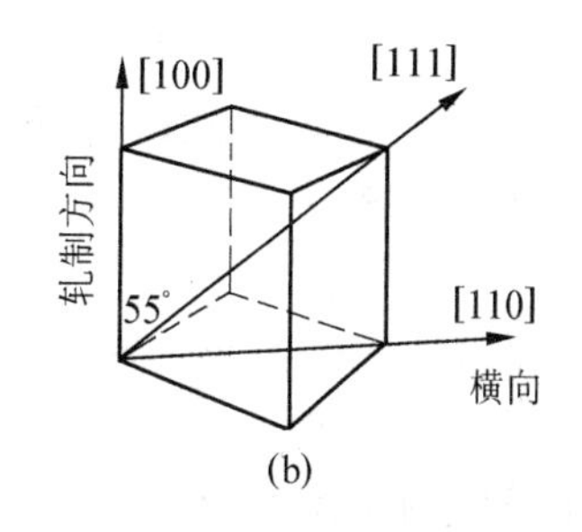

图 7.2　Fe-3.8% Si 合金单晶体磁化方向示意图

立方织构硅钢片指晶粒按立方体取向,即立方体的(100)面与轧制面相吻合,立方体的棱[100]轴沿轧制方向取向。立方体的棱即易磁化方向是沿着和横着轧制方向取向的,中等难磁化轴[110]则与轧制方向成 45°角,而最难磁化轴[111]则偏离磁化平面。立方织构硅钢在性能上优于上述高斯织构硅钢,如果两种织构合金的含硅量相同,立方织构极薄带钢的磁导率比高斯织构带钢高;沿轧制和垂直于轧制方向切取的立方织构试样,无论在弱磁场或强磁场内,都具有同样高的磁导率。表 7.2 为两种织构硅钢片性能比较。虽然立方织构硅钢片显示了诸多优势,但限于其制造工艺不过关,故只用于制造个别试验用变压器,电动机和发电机,难以批量生产。

表 7.2　高斯织构和立方织构硅钢片性能比较

	高斯织构		立方织构	
	轧制方向	垂直轧制方向	轧制方向	垂直轧制方向
$\mu_m(\mu_0)$	55 000	8 000	116 000	65 000
$H_c/(\times 79.6\text{A}\cdot\text{m}^{-1})$	0.08	0.27	0.07	0.08
$B_r/(\times 10^{-4}\text{T})$	9 500	1 750	12 200	11 500
$B_m/(\times 10^{-4}\text{T})$	16 300	11 000	16 600	16 000
(在 160A/m 时)$W_{1.5}/\text{W}\cdot\text{kg}^{-1}$	0.88	2.24	0.85	1.0

工业上使用的硅钢片一般都在交变磁场下工作,为减小铁芯的涡流损耗,硅钢片表面都施以绝缘涂层,如有机漆和有机涂料、陶瓷质涂层等。

7.1.3　铁镍合金与铁铝合金

铁镍软磁合金的主要成分是铁、镍、铬、钼、铜等元素。在弱磁场及中等磁场下具有高的磁导率,低的饱和磁感应强度,很低的矫顽力,低的损耗。该合金加工性能良好,可轧成 3 mm厚的薄带,可在 500 kHz 的高频下应用。铁镍软磁合金与电工钢相比性能优越,被广泛地应用于电信工业,仪表,电子计算机,控制系统等领域,只是价格昂贵。此外,工艺参数变动对其磁性能影响很大,因此产品性能不够稳定。

图7.3是铁镍合金相图与不同成分合金的性能。常用的铁镍软磁合金中含镍的质量分数为40%～90%，此成分范围的合金均为单相固溶体。超结构相 Ni_3Fe 的有序-无序转变温度为506 ℃，其居里温度为611 ℃，有序相对居里温度有影响。原子有序化对电阻率有影响，同时强烈影响合金磁晶各向异性常数 K_1 和磁致伸缩系数 λ；磁导率和矫顽力亦对组织结构较敏感。图7.4为经过不同热处理合金磁导率的变化。由图可以看出镍质量分数为76%～80%的合金具有较高的磁导率，这是因为此范围正在超结构相 Ni_3Fe 成分附近，所以冷却过程中发生了明显的有序化转变，使 K 值及 λ 值发生了变化。为使 K 值及 λ 值均趋于零，需得到适量的有序度，因此，铁镍二元合金热处理时必须急冷，否则影响其磁性能。为了改善铁镍合金的磁性能，往往向其中加入钼、铬、铜等元素，使合金有序化速度减慢，降低合金的有序化温度，简化了热处理工艺。

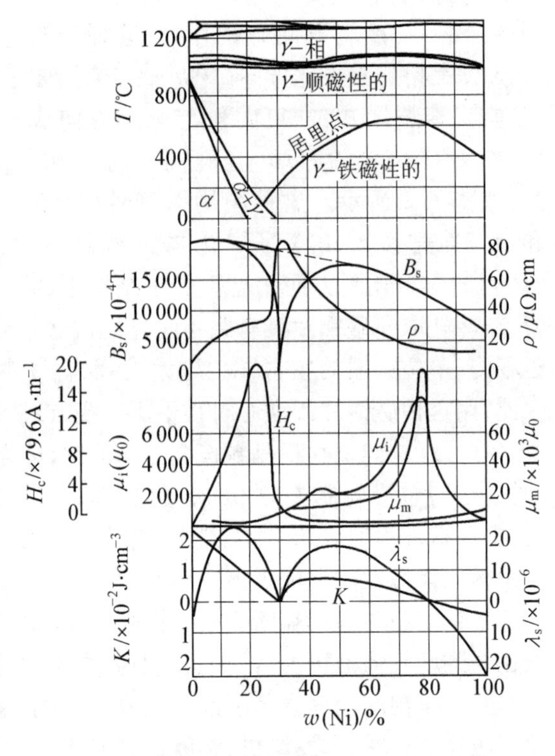

图7.3　铁镍系合金的相图和基本物理性能

根据特性和用途不同，铁镍软磁合金大致可分为五类。每一类又有若干不同的牌号。其中1J50类合金镍质量分数为36%～50%，具有较低的磁导率和较高的饱和磁感应强度及矫顽力。主要用于中等强度磁场中小功率电力变压器、微电机、继电器、扼流圈、电磁离合器的铁芯、屏蔽罩、话筒振动片等。在热处理过程中适当提高加热温度，延长保温时间，可降低矫顽力提高磁导率。1J51类合金镍质量分数为34%～50%，结构上具有晶体织构与磁畴织构，沿易磁化方向磁化，有矩形磁滞回线。中等磁场下，有较高的磁导率及饱和磁感应强度。经过纵向磁场热处理（沿材料实际实用的磁路方向加一外磁场的磁场热处理）可使材料磁路方向的最大磁导率 μ_m 及矩形比 B_r/B_m 增加，矫顽力降低。这类合金主要用于中小功率高灵敏度的磁放大器和磁调制器，中小功率的脉冲变压器及计算机中的元件等。1J65类合金镍质量分数为65%左右，主要用于中等功率的磁放大器及扼流圈、继电器等。这类合金与1J51类合金一样，经过纵向磁场热处理可以改善磁性能。1J79类合金为79% Ni，4% Mo及少量Mn，其余成分为Fe。该类合金在弱磁场下具有极高的最大磁导率，低的

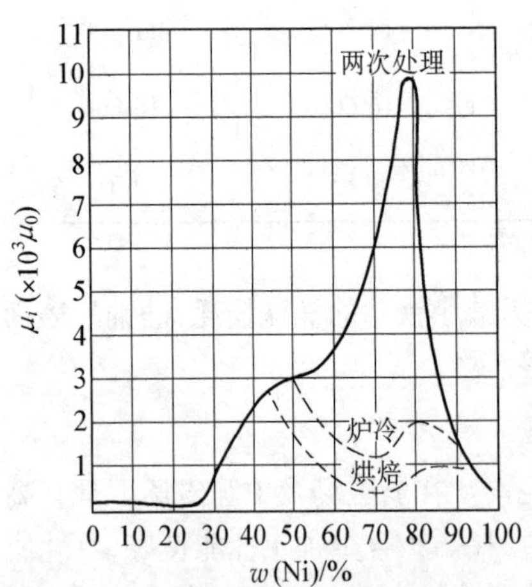

图7.4　不同的热处理工艺对铁镍合金的起始磁导率的影响

饱和磁感应强度,主要用于弱磁场下工作的高灵敏度和小型的功率变压器、小功率磁放大器、继电器、磁头及磁屏蔽等。1J85 类合金在软磁合金中具有最高的初始磁导率,相当高的最大磁导率,极低的矫顽力。由于其性能特点,这类合金对微弱信号反应极灵敏,适于作扼流圈、音频变压器、高精度电桥变压器、互感器、录音机磁头铁芯等。

铁铝合金成本低,应用范围很广。铝的质量分数为 16% 以下时,便可以热轧成板材或带材;铝的质量分数为 5% ~6% 时,合金冷轧较困难。

铁铝合金同其他金属软磁合金相比,具有如下特点:①电阻率高;②高的硬度和耐磨性;③比重小,可减轻铁芯自重;④对应力不敏感,从环境对软磁合金影响的角度来看,软磁合金对应力最为敏感,铁铝合金是例外;⑤时效,材料在使用时,随时间及环境温度的变化,磁性能发生变化;⑥温度稳定性,可采用低温退火后淬火处理,也可以在50 ~150 ℃下保温 10 ~20 h,用人工时效来改善其温度稳定性。

7.1.4　非晶态合金

前已述及,由于非晶态合金结构上的无序性,决定了其具有优良的软磁性能,非晶态软磁合金亦成为非常热门的磁性材料。20 世纪 70 年代非晶态软磁薄带的研制成功,使它的实用化成为可能。

1. 铁基非晶态软磁合金

铁基合金的特点是饱和磁感应强度高,一般为 1.6 ~1.8 T;损耗低,只有硅钢的 1/4 ~1/5。缺点是磁致伸缩系数大。其性能见表 7.3。

表 7.3　铁基非晶态合金某些特性

合金成分	B_s/($\times10^{-4}$T)	H_c/($\times$79.6A·m^{-1})	ρ/(μΩ·cm)	T_c/℃	T_x/℃	HV	密度/(g·cm^{-2})	λ_s/($\times10^{-6}$)
$Fe_{80}P_{16}C_3B_1$	14900	0.05	168	292	327	730	7.3	29
$Fe_{81}B_{13.5}Si_{3.5}C_2$	16100	0.04	125	370	480	1030	7.32	30
$Fe_{78}B_{13}Si_9$	15600	0.03	130	415	550	900	7.18	27
$Fe_{79}Si_5B_{16}$	15800	1	125	405	515	900	7.28	27
$Fe_{81}B_{13}Si_4C_2$	16100	0.008	125	400				40

2. 钴基非晶态软磁合金

钴基合金的饱和磁感应强度较低,磁导率高,矫顽力低,损耗小;磁致伸缩系数趋近于零,性能见表 7.4。

表 7.4　钴基非晶态软磁合金的特性

牌　号	成　　分	B_s/($\times10^{-4}$T)	H_c/($\times$79.6A·m^{-1})	$\mu_i(\mu_0)$	$\mu_m(\mu_0)$	$\mu_e(\mu_0)$	B_r/B_m	ρ/(μΩ·cm)	T_c/℃	T_x/℃
AmometB	$Fe_5Co_{70}Si_{15}B_{10}$	8 400	0.002		120 000			180	250	500
AmometC	Fe-Ni-Co-Si-B	6 000	0.001		100 000			175	150	560
Amomet	$Fe_5Co_{66}Cr_9Si_5B_{15}$	6 300	0.001			200 000 (f=1kHz,H=0.24A/m)		160	210	
Amomet	$Fe_{4.5}Co_{70.5}Si_{10}B_{15}$	8 500	0.02			10000 (f=1kHz,H=0.24A/m)		150	420	
Toshiba	$Fe_{4.5}Co_{66.8}Ni_{1.5}Nb_{2.2}Si_{10}B_{15}$	7100	0.05			20 000 (f=1kHz,H=0.24A/m)			420	

续表 7.4

牌　号	成　　分	B_s/(×10^{-4}T)	H_c/(×79.6A·m^{-1})	$\mu_i(\mu_0)$	$\mu_m(\mu_0)$	$\mu_e(\mu_0)$	B_r/B_m	ρ/(μΩ·cm)	T_c/℃	T_x/℃
2705X	$FeCo_{72}MoBSi$	10000	0.018			12000 (f=1 kHz,B=0.1 T)		115	530	
Vitrovac 6025F	$Co_{66}Fe_4(MoSiB)_{30}$	5500	0.004	250000	300000		0.05～0.3	135	250	500
Vitrovac 6025X	$Co_{66}Fe_4(MoSiB)_{30}$	5500	0.010～0.019	10000	100000			135	250	500
Vitrovac 6025Z	$Co_{66}Fe_4(MoSiB)_{30}$	5500	0.004	700000	1000000		≥0.8	135	250	500
FJ-101	$Fe_4Co_{66}V_2Si_8B_{30}$	7000	0.004	120000	550000	70000 (f=20 kHz,B=0.5 T)	～0.5	126	315	533
FJ-102	$Fe_{7.6}Co_{38}Ni_{30.4}B_{7.8}Si_6$	6200	0.006		490000	235870 (f=20 kHz,B=0.5 T)	0.96	120	319	443
FJ-103	$Fe_{3.8}Co_{64.2}V_2B_{22}Si_8$	6900	0.003		1650000		0.95	120	315	540
FJ-105	$Fe_{4.2}Co_{69}Ta_{1.8}B_{17}Si_8$	7500	0.006	11000			0.013	126	390	553
FJH-2		7800	0.002	10000			0.012	126	390	

注:F—扁平回线;X—未经热处理;Z—矩形回线。

3. 铁镍基非晶态软磁合金

与上述两类合金相比,铁镍基合金的性能基本上介于两者之间。饱和磁感应强度为 0.7～1.0 T;磁致伸缩系数较铁基合金低,其性能见表 7.5。

表 7.5　铁镍基非晶态软磁合金特性

序号	合金成分	B_s/(×10^{-4}T)	B_r/B_m	H_c/(×79.6A·m^{-1})	$\mu_m(\mu_0)$	ρ/(μΩ·cm)	T_c/℃	T_x/℃	HV	密度/(g·cm^{-2})	λ_s/(×10^{-6})
1	$Fe_{40}Ni_{40}P_{14}B_6$	7800	0.83	0.006	880000	200	250	412	640	7.51	11
2	$Fe_{40}Ni_{38}Mo_4B_{18}$	8800	0.68	0.007	500000	160	353	410	1070	8.02	9
3	$Fe_{29}Ni_{49}P_{14}B_6S_{12}$	4880	≤0.10	0.015	790000	173	135		792	7.65	5
4	$Fe_{40}Ni_{40}(MoSiB)_{20}$	8000	0.2～0.5	0.019	200000	135	270	450	1000	7.6	8
5	$Fe_{40}Ni_{40}P_{12}B_8$	8000～10000	0.85～0.90	0.02～0.06	300000～800000						

非晶态合金与常用的其他晶态软磁材料(如硅钢片)相比,磁导率高,电阻大,损耗小,图 7.5 为 $Fe_{81}B_{13.5}Si_{3.5}C_2$ 与硅钢片磁滞回线的比较。从长远来看,用非晶态合金代替硅钢片制作变压器铁芯前景十分可观;但就目前的情况看,仍存在许多问题,比如非晶态合金带的厚度要比硅钢片小得多,这将大大影响其使用性能。

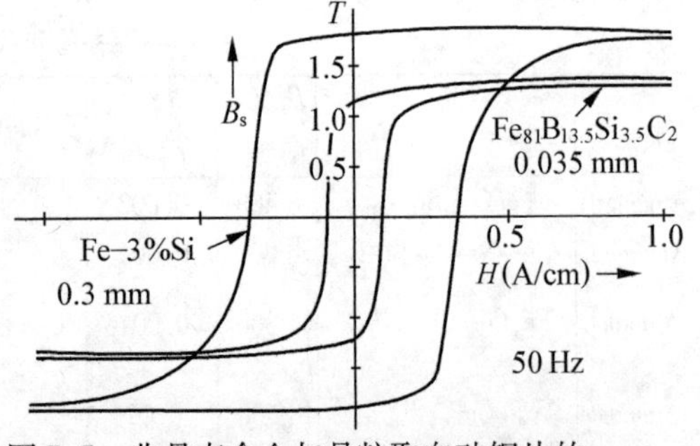

图 7.5　非晶态合金与晶粒取向硅钢片的磁滞回线

据报导,日本每年由于电器设备中的铁芯发热损失电量 80 亿度,若用非晶态合金代替硅钢片,可节电 3/4。此外,非晶态合金的生产工艺简单,生产过程中的能耗比生产等量的硅钢片少 80% 左右。由于非晶态合金电阻率较晶态材料高,所以适合在高频下使用。研究表明,比较适作变压器的非晶态合金是铁基合金,如 Fe-B 系及在此基础上形成的 Fe-B-Si 系和 Fe-B-Si-C 系。美国和日本在这方面做了许多研究工作。表 7.6 为美国试制的 15 kV 变压器性能与硅钢片变压器比较。用非晶态合金制做电机可使铁芯损耗降低 90% 左右。利用某些非晶态材料磁致伸缩系数大的特性,可以制造一些电子器件,如用 $Fe_{78}Si_{10}B_{12}$ 作为超声振子材料,用 Fe-B 系或 Co-Si-B 系非晶态合金制成传感器元件、开关晶体管组合成的应力传感器、漏电保护装置等。

表 7.6　15kV 配电变压器的性能

	激磁电流	芯　损	铜　损	总　损	节　能	工作温度
硅　钢	2.5 A	112 W	210 W	322 W	0	100 ℃
金属玻璃	0.12 A	14 W	166 W	180 W	1250 度/年	70 ℃

钴基非晶态合金不仅初始导磁率高,电阻率高,而且磁致伸缩极小,接近于零,是理想的磁头材料,在日本、美国已商品化。这部分内容将在磁记录材料中详述。此外,这类合金还适合作磁屏蔽材料,与通常作为磁屏蔽材料的坡莫合金相比,非晶态合金价格便宜;可织成布,容易弯曲、裁制、冲孔等,且不需要退火;从效果上看也比坡莫合金好。作磁屏蔽材料的非晶态合金主要是 $Co_{66}Fe_4(Mo,Si,B)_{30}$。

在单相钴基非晶软磁金属丝和薄带中,发现了交流磁阻抗随外加场增加而极其灵敏变化的现象,非晶丝灵敏度达 12% ~120%/Oe,溅射非晶薄膜的灵敏度达 10% ~20%,有人将此现象称为巨磁阻抗(GMI)效应。在室温下大的磁阻抗效应和低外磁场下的高灵敏度,使其在传感技术和磁记录头技术中具有巨大的应用潜能,这方面的研究在国内外都受到重视。此外,非晶态软磁合金制成细丝可作为磁分离介质。有人曾用 $Fe_{75}Cr_5P_{13}C_7$ 非晶态合金细丝净化高岭土;还可以净化污水及医院废水中的细菌。

总之,非晶态合金作为软磁材料有很广阔的应用前景,但也不应忽视存在的问题:①温度对磁的不稳定性影响比较大,尤其当开始出现结晶时,矫顽力增加,铁损及磁导率也随之变化;②非晶态软磁合金的高磁导率性能只停留在铁镍合金水平上;③非晶软磁合金作为电力设备铁芯使用时,不能制出很宽的薄板,批量生产成本高,饱和磁感应强度比硅钢低。

7.2　硬磁材料

硬磁料也称为永磁材料,是指材料被外磁场磁化以后,去掉外磁场仍然保持着较强剩磁的材料。它也是人类最早发现和应用的磁性材料。

对于永磁材料,人们希望它的剩余磁感应强度 B_r 和矫顽力 H_c 越大越好,但仅有 B_r 和 H_c 还不能衡量永磁材料性能好坏。评价永磁材料性能好坏的几个重要指标是:剩余磁感应强度 B_r、矫顽力 H_c、最大磁能积 $(BH)_{max}$ 以及凸起系数 η。永磁材料饱和磁滞回线的

第二象限部分称退磁曲线，上述几个参数都反映在这条曲线上。同磁滞回线一样，退磁曲线也可做成 B–H曲线和 M–H 曲线，其相应的矫顽力分别以 H_{CB} 和 H_{CM}表示，如图 7.6 所示。退磁曲线上每点都对应一定的磁能积 BH 值。图 7.6 中 P 点称为最大磁能积点，它所对应的磁能积为最大磁能积$(BH)_{max}$。由图 7.6 可以看出，退磁曲线的最大磁能积$(BH)_{max}$不仅随 B_r 和 H_c 值的增高而增大，而且与退磁曲线的形状有关。在 B_r 和 H_c 值不变的情况下，退磁曲线越接近于直线，则$(BH)_{max}$值越低；相反，退磁曲线越凸起，$(BH)_{max}$值就越大。退磁曲线的这种特性可以用凸起系数 η 表示，即

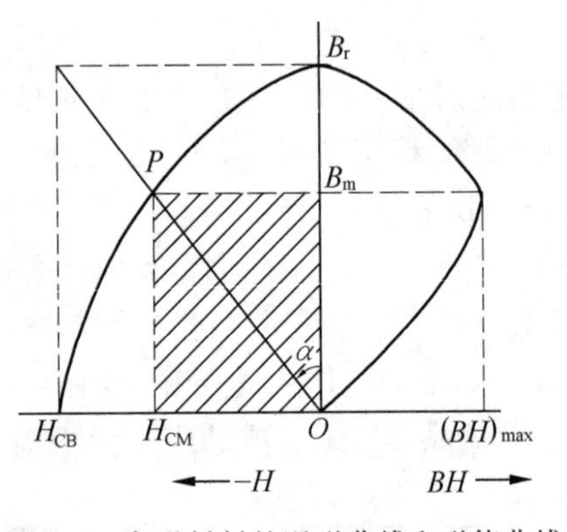

图 7.6　永磁材料的退磁曲线和磁能曲线

$$\eta=(BH)_{max}/B_rH_c$$

永磁材料的种类很多，可以按不同的分类方法对其进行分类。产量较大，应用较为普遍的永磁材料主要有这几个系列，即铝镍钴系永磁合金，永磁铁氧体材料，稀土永磁材料，可加工的永磁合金，复合（黏结）永磁材料，单畴微粉永磁合金及塑料永磁材料。下面分别介绍几类金属永磁材料。

7.2.1　铝镍钴系永磁合金

铝镍钴系永磁合金具有高的磁能积及高的剩余磁感应强度，适中的矫顽力。$(BH)_{max}=40\sim70\ kg/m^3$，$B_r=0.7\sim1.35\ T$，$H_c=40\sim60\ kA/m$。这类合金沉淀硬化型磁体，高温下呈单相状态（α 相），冷却时从 α 相中析出磁性相使矫顽力增加。AlNiCo 系合金硬而脆，难于加工，成型方法主要有铸造法和粉末烧结法两种。

铝镍钴系永磁合金以 Fe，Ni，Al 为主要成分，通过加入 Cu，Co，Ti 等元素进一步提高合金性能。从成分角度可以将该系合金划分为铝镍型，铝镍钴型，铝镍钴钛型三种。其中铝镍钴型合金具有高的剩余磁感应强度；铝镍钴钛型则以高矫顽力为主要特征。见表 7.7，这类合金的性能除与成分有关外，还与其内部结构有密切关系。铸造铝镍钴系合金从织构角度可划分为各向同性合金，磁场取向合金和定向结晶合金三种。

AlNiCo5 型合金价格适中，性能良好，故成为这一系列中使用最广泛的合金。由于采用高温铸型定向浇注和区域熔炼法，使其磁性能获得很大提高。

由于 20 世纪六七十年代永磁铁氧体和稀土永磁合金的迅速发展，铝镍钴合金开始被取代，其产量自 70 年代以来明显下降。但在对永磁体稳定性具有高要求的许多应用中，铝镍钴系永磁合金往往是最佳的选择。铝镍钴合金被广泛用于电机器件上，如发电机，电动机，继电器和磁电机；电子行业中的扬声器，行波管，电话耳机和受话器等。

表 7.7　铝镍钴系列化学成分及磁性能

序号	工艺方法	牌　号	质量分数/%					磁　性　能			备　注
			w_{Al}	w_{Ni}	w_{Co}	w_{Cu}	w_{Ti}	B_r/(×10^{-4}T)	H_c/(×79.6A·m^{-1})	$(BH)_{max}$/(×7.96kJ·m^{-3})	
1	铸造	Alnico 2	9～10	19～20	15～16	4		6800	600	1.6	各向同性
2	铸造	Alnico 3	9	20	15	4		7500	600	1.6	各向同性
3	铸造	Alnico 4	8	14	24	3	0.3	12000	550	4.0	各向异性
4	铸造	Alnico 5	8	14	24	3	0.3	12500	600	5.0	各向异性
5	铸造	Alnico 6	8	14	24	3	0.3	13000	700	6.5	柱状晶
6	铸造	Alnico 8	7	15	34	4	5	8000	1250	4.0	各向同性
7	铸造	Alnico 8 Ⅰ	7	15	34	4	5	9500	1300	7.0	柱状晶
8	铸造	Alnico 8 Ⅱ	7	15	34	4	5	10500	1400	9.0	柱状晶
9	铸造	Alnico 9	7.5	14	38	3	8	7400	1800	4.0	各向异性
10	烧结	Alni95	11～13	22～24		2.5～3.5		5600	350	0.9	各向同性
11	烧结	Alni120	12～14	26～28		3～4		5000	450	1.0	各向同性
12	烧结	Alnico100	11～13	19～21	5～7	5～6		6200	430	1.25	各向同性
13	烧结	Alnico200	8～10	19～21	14～16	3.5～4.5		6500	550	1.35	各向同性
14	烧结	Alnico400	8.5～9.5	13～24	24～26	2.5～3.5		10000	550	3.5	各向异性
15	烧结	Alnico500	8.5～9.5	13～14	24～26	2.5～3.5		10600	600	3.7	各向异性

7.2.2　稀土永磁材料

稀土永磁材料是稀土元素(用 R 表示)与过渡族金属 Fe,Co,Cu,Zr 等或非金属元素 B,C,N 等组成的金属间化合物。自 20 世纪 60 年代开始至今,稀土永磁材料的研究与开发经历了四个阶段:第一代是 60 年代开发的 RCo_5 型合金(1:5)型。其中起主要作用的金属间化合物的组成是按 1:5 的比例。这种类型的合金分单相和多相两种,单相是指从磁学原理上为单一化合物的 RCo_5 永磁体,如 $SmCo_5$,(SmPr)Co_5 烧结永磁体;多相是指以 1:5 相为基体,有少量 2∶17 型沉淀相的 1∶5 型永磁体。第一代稀土永磁合金于 70 年初投入生产。第二代稀土永磁合金为 R_2TM_{17} 型(2:17 型,TM 代表过渡族金属)。其中起主要作用的金属间化合物的组成比例是 2:17(R/TM 原子数比),亦有单相,多相之分,如图 7.7 所示。第二代产品大约 1978 年投入生产。第三代为 Nd-Fe-B 合金。于 1983 年研制成功,第二年投入生产。目前国内外正在进行第四代稀土永磁材料的研究与开发,主要是 R-Fe-C系与 R-Fe-N 系。

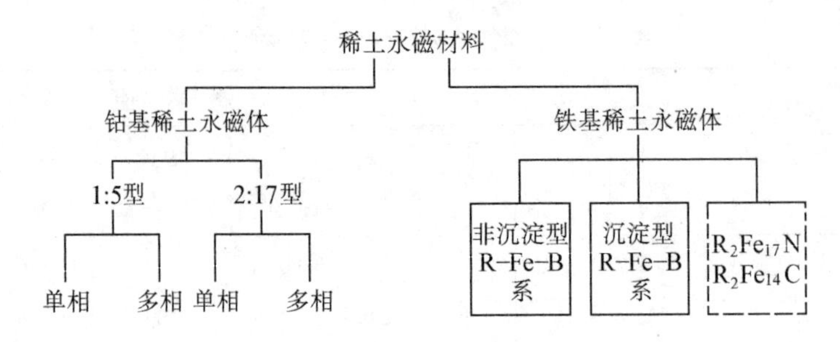

图 7.7　稀土永磁材料分类图

1. 稀土钴永磁材料

最初的 RCo_5 型合金为 $SmCo_5$，后来发现用 Pr 全部或部分地取代 Sm，制成 $PrCo_5$ 或 $(SmPr)Co_5$ 合金，可以获得更高的磁性能。$SmCo_5$ 金属间化合物具有 $CaCu_5$ 型六方结构，矫顽力来源于畴的成核和晶界处畴壁钉扎。其饱和磁化强度适中（$M_s=0.97$ T）；磁晶各向异性极高（$K_1=17.2$ MJ/m^3）。采用高场取向和等静压技术，可使 $SmCo_5$ 磁性能达到 $B_r=1.0\sim1.07$ T，$H_{c_B}=0.78\sim0.85\times10^6$ A/m，$H_{c_J}=1.27\sim1.59\times10^6$ A/m，$(BH)_{max}=1.99\sim2.23\times10^5$ J/m^3。由于 Sm，Pr 价格昂贵，为降低成本，发展了一系列以廉价的混合稀土元素全部或部分取代 Sm，Pr；用 Fe，Cr，Mn，Cu 等元素部分取代 Co 的 RCo_5 型合金。国内外已直接采用稀土氧化物被 CaH_2 还原，再使稀土金属向钴粉中扩散而形成稀土钴金属间化合物。此外，发展粘接的稀土钴永磁材料可不经烧结，加工费用低。

金属间化合物 Sm_2Co_{17} 也是六方晶体结构，饱和磁化强度较高（$M_s=1.20$ T），磁晶各向异性较低（$K_1=3.3$ MJ/m^3）。以 Sm_2Co_{17} 为基的磁体是多相沉淀硬化型磁体，矫顽力来源于沉淀粒子在畴壁的钉扎。R_2Co_{17} 型合金较 RCo_5 型矫顽力低，但剩余磁感应强度及饱和磁化强度均高于后者。在 R_2Co_{17} 的基础上又研制了 R_2TM_{17} 型永磁合金，其成分为 $Sm_2(Co,Cu,Fe,Zr)_{17}$，其磁性能优于 RCo_5 型合金，并部分地取代了 RCo_5 型合金。

2. Nd–Fe–B 系合金

Nd–Fe–B 永磁材料最大磁能积的理论计算值高达 512 kJ/m^3，是磁能积最高的永磁体。传统的 Nd–Fe–B 永磁材料包括烧结永磁材料和粘接永磁材料。前者磁性能高，但工艺复杂，成本较高，典型化学成分比为 $Nd_{15}Fe_{77}B_8$；后者尺寸精度高，形态自由度大，且可与块状永磁材料做成复合永磁体，缺点是磁性能低。烧结永磁体主要有以下几相组成：①硬磁强化相 $Nd_2Fe_{14}B$，四方结构，如图 7.8 所示。具有很强的单轴磁各向异性，饱和磁化强度可达很高的数值。其在合金中的体积比影响 B_r 值；②富钕相，面心立方结构，主要分布于主磁相周围；③富硼相 $Nd_{1.1}Fe_4B$，四方结构，主要存在于主磁相晶界处；④钕的氧化物相（Nd_2O_3）及合金凝固时由于包晶反应不完全而保留下来的软磁相 α-Fe 等。

由于 Nd 较 Sm 便宜，所以 Nd–Fe–B 系永磁材料较第一、第二代稀土永磁材料价格便宜，而且不像稀土钴合金那样容易破碎，加工性能好；合金密度较稀土钴低 13%，更有利于实现磁性器件的轻量化、薄型化。Nd–Fe–B 合金的主要缺点是耐蚀性差、居里温度低（583 K）、使用温度受限（上限仅为 400 K）、磁感应强度温度系数大等。Nd–Fe–B 磁体磁性能是由主磁相的性能及磁体的组织结构决定的。其矫顽力除取决于主磁相的各向异性场外，还与晶粒尺寸、取向及其分布、晶粒界面缺陷及耦合状况有很大关系。Nd–Fe–B 磁

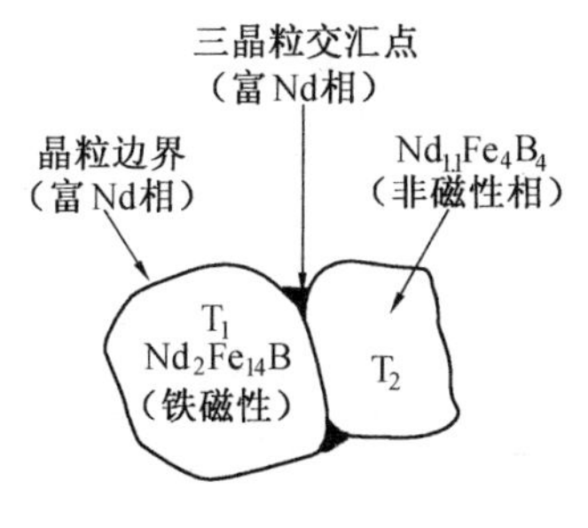

(a) $Nd_{15}Fe_{77}B_8$烧结磁体的金相组织示意

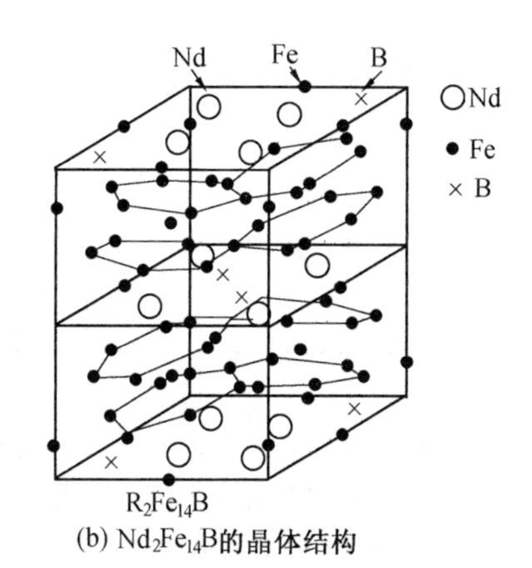

(b) $Nd_2Fe_{14}B$的晶体结构

图 7.8　Nd-Fe-B 系永磁体的金相组织和 $Nd_2Fe_{14}B$ 的晶体结构

体的矫顽力(1.2 ~ 1.3 T),远低于 $Nd_2Fe_{14}B$ 硬磁相各向异性场的理论值(仅为各向异性场的 20% ~ 30%);磁体的剩磁 Br 值则与饱和磁化强度、主磁相体积分数、磁体密度和定向度成正比;弱磁相及非磁相隔离或减弱主磁相磁性耦合作用,可提高矫顽力,但降低饱和磁化强度和剩磁值。为了进一步改善 Nd-Fe-B 合金的性能,国内外学者做了许多工作,主要从调整合金的成分和制备工艺两方面考虑。如在烧结 Nd-Fe-B 永磁材料中添加合金元素,形成(Nd,R)-(Fe,M1,M2)-B 系列永磁合金。添加的元素可分为两类:取代元素和掺杂元素。取代元素如 Dy,Tb(取代 Nd),Co,Ni,Cr(取代 Fe),主要作用是提高主磁化相的内禀特性,如居里温度、各向异性场,热稳定性等,但同时生成的软磁相又导致矫顽力和剩磁下降。根据掺杂元素对磁体微结构的影响可将其分为两类:M1,M2,其中 M1(Cu,Al,Ga,Sn,Ge,Zn)在主磁性相中又有一定溶解度,形成非磁性相 Nd-M1 或 Nd-Fe-M1;M2(Nb,Mo,V,W,Cr,Zr,Ti)在主磁化相中溶解度极低,以非磁性硼化物相形式析出(如 TiB_2,ZrB_2)或形成非磁性硼化物的晶界相 M_2-Fe-B(NbFeB,WFeB,V_2FeB_2,Mo_2FeB_2)。掺杂元素以不同方式提高磁体矫顽力,也可以改善耐蚀性,但同时亦有一定负面影响。各种添加元素的作用见表 7.8。

表 7.8　各种添加元素所起的作用及原因

添加元素	正效果	原　因	负效果	原　因
Co 代换 Fe	T_c↑,α_{B_r}↓;抗蚀性↑	Co 的 T_c 比 Fe 的高;新的 Nd_3Co 晶界相代替了原来易蚀的富 Nd 相	B_r↓ H_{cJ}↓	Co 的 M_s 比 Fe 的低;新的晶界相 Nd_3Co 或 $Nd(Fe,Co)_2$ 是软磁性的,不起磁去耦作用
Dy,Tb 代换 Nd	H_{cJ}↑	Dy 起主相晶粒细化作用;$Dy_2Fe_{14}B$ 的 H_a 比 $Nd_2Fe_{14}B$的高	B_r↓,$(BH)_{max}$↓	Dy 的原子磁矩比 Fe 的高,但与 Fe 呈亚铁磁性耦合,使主相 M_s 下降
晶界改进元素 M1(Cu,Al,Ga,Sn,Ge,Zn)	H_{cJ}↑;抗蚀性↑	形成非磁性晶界相,使主相磁去耦,同时还抑制主相晶粒长大;而且代替原来易蚀的富 Nd 相	B_r↓ $(BH)_{max}$↓	非磁性元素 M1 局部溶于主相代替 Fe,使主相 M_s 下降

续表 7.8

添加元素	正效果	原　因	负效果	原　因
难熔元素 M2 (Nb, Mo, V, W, Cr, Zr, Ti)	H_{cJ}↑；抗蚀性↑	抑制软磁性 α-Fe、$Nd(Fe,Co)_2$ 相生成，从而增强磁去耦，同时抑制主相晶粒长大；新的硼化物晶界相代替原来易蚀的富 Nd 相	B_r↓，$(BH)_{max}$↓	在晶界或晶粒内生成非磁性硼化物相，使主相体积分数下降

通过改进烧结 Nd-Fe-B 永磁体的制备工艺，控制磁粉晶粒粒度、含氧量，提高定向度，均可以提高 Nd-Fe-B 永磁材料的磁性能。各类永磁材料性能比较见表 7.9。实验室烧结的 Nd-Fe-B 永磁合金的最大磁能积可以达到 444 kJ/m^3，大量烧结的Nd-Fe-B永磁材料的最大磁能积可以达到 400 kJ/m^3（日本）。Nd-Fe-B 永磁合金具有良好的永磁性能、成熟的制备技术及不断降低的成本，尤其是很高的最大磁能积，使其在电子技术、通信工程、核磁共振仪、汽车及电机制造等方面有相当广泛的应用前景。

表 7.9　各类型稀土永磁材料性能比较

性　　能		第一代稀土永磁材料 1 : 5 型（RCo_5）		第二代稀土永磁材料 2 : 17 型（R_2TM_{17}）		第三代稀土永磁材料 Nd-Fe-B 型
		A	B	A	B	
剩磁 B_r/T		0.74～0.78	0.88～0.92	0.92～0.98	1.08～1.12	1.18～1.25
矫顽力	$H_{cB}/kA \cdot m^{-1}$	520～576	680～720	560～720	480～544	760～920
	$H_{cJ}/kA \cdot m^{-1}$	600～760	960～1280	>800	496～560	800～1040
最大磁能积 $(BH)_m/kJ \cdot m^{-3}$		104～120	152～168	160～192	232～248	264～288
磁感应强度可逆温度系数 $\alpha_{(B)}/(\% \cdot ℃^{-1})$		-0.06	-0.05	-0.03	-0.03	-0.126
回复磁导率 μ_{rec}		1.05～1.10	1.05～1.10	1.00～1.05	1.00～1.05	1.05
密度 $d/kg \cdot m^{-3}$		8050～8150	8100～8300	8300～8500	8300～8500	7300～7500
硬度 HV		450～500	450～500	500～600	500～600	600
电阻率 $\rho/\Omega \cdot m$		6×10^{-3}	5×10^{-3}	9×10^{-3}	9×10^{-3}	14.4×10^{-3}
抗弯强度/$\times10^4$Pa		0.98～1.47	0.98～1.47	0.98～1.47	0.98～1.47	2.45

3. R-Fe-N 系永磁合金

R-Fe-N 系永磁合金是目前国内外正在研究开发的第四代稀土永磁材料。其中 R 通常为 Sm 或 Nd，Er，Y。$Sm_2Fe_{17}N_x$ 的居里温度为 746 K，大大高于 Nd-Fe-B 的 583 K。N 以间隙原子形式溶入 Sm_2Fe_{17} 晶格，产生晶格畸变，磁化方向改变，具有单轴磁各向异性；磁晶各向异性场约为 $Nd_2Fe_{14}B$ 的两倍，理论磁能积与 $Nd_2Fe_{14}B$ 相近。$Sm_2Fe_{17}N_x$ 是亚稳态化合物，在 600 ℃以上不可逆分解为 SmN_x 和 Fe，所以不可能将其制成烧结磁体，只能制成黏结磁体，磁性能的损失是不可避免的。黏结磁体的磁性能在很大程度上依赖于制备工艺,用成分为 $Sm_2Fe_{17}N_3$ 的磁粉制成的黏结磁体,最大磁能积可达 104 ~ 152 kJ/m³。由于制备技术上的问题,使 R-Fe-N 系永磁合金至今未能实现工业化生产。但优异的磁性能使其成为很有希望的新一代永磁材料。

7.2.3　可加工的永磁合金

这类磁性合金在淬火态具有可塑性,可以进行各种机械加工。合金的矫顽力是通过淬火塑性变形和时效(回火)硬化后得到的。属于时效硬化型的磁性合金主要有以下几个系列。

1. α-铁基合金

主要有 Co-Mo,Fe-Co-Mo,Fe-W-Co 合金。磁能积大约在 8 kJ/m³ 左右,一般用在电话接收机上。

2. Fe-Mn-Ti 及 Fe-Co-V 合金

Fe-Mn-Ti 合金经冷轧和回火后可进行切削、弯曲和冲压等加工,而且由于其不含钴,所以价格较低廉,性能与低钴钢相当。该类合金一般用来制造指南针,仪表零件等。

Fe-Co-V 合金是可加工永磁合金中性能较高的一种,成分为 10% V,52% Co,38% Fe,其中若用 Cr 代替部分 V,$(BH)_{max}$可达 6 kJ/m³。为提高磁性能,回火前必须经冷变形,且冷变形度越大,含 V 量越高,磁性能越好。表 7.10 为部分 Fe-Co-V 永磁合金的性能。由于该合金延性很好,可以压制成极薄的片,故可用于防盗标记;这类合金还广泛应用于微型电机和录音机磁性零件的制备。

3. 铜基合金

包括 Cu-Ni-Fe 合金和 Cu-Ni-Co 合金两种,磁能积在 6 ~ 15 kJ/m,可用于转速表指示器磁滞圆盘。Cu-Ni-Fe 合金锭不能热加工,且直径限制在 3 cm 以下。

表 7.10　Fe-Co-V 永磁合金的性能

牌号	丝材			带材		
	H_c/ (×79.6A · m^{-1})	B_r/ ×10^{-4}T	$(BH)_{max}$/ (×7.9kJ · m^{-3})	H_c/ (×79.6A · m^{-1})	B_r/ 10^{-4}T	$(BH)_{max}$/ (×7.9kJ · m^{-3})
2J13	400	7000	3.0	350	6000	2.3
2J12	350	8500	3.0	300	7500	2.4
2J11	300	10000	3.0	220	10000	2.4

4. Fe-Cr-Co 永磁合金

Fe-Cr-Co 永磁合金可以进行冷热塑性变形,制成片材、棒材、丝材和管材,可以进行冷冲、弯曲、钻孔和各种切削加工,适于制成细小和形状复杂的永磁体。磁性能已达到 AlNiCo5的水平,而原材料成本比 AlNiCo5 低 20% -30% 。目前几乎可以取代所有AlNiCo 永磁合金及其他延性永磁合金。主要用于电话器、转速表、扬声器、空间滤波器、陀螺仪等方面。表 7.11 为 Fe-Cr-Co 合金的成分及性能。

Fe-Cr-Co 合金 1970 年问世,最初对这种合金的研究主要集中在高 Co 区,Co 含量可高达 30%,典型代表为 23% Co-28% Cr-1% Si-Fe 合金。后来发现低钴合金的磁性能更好,因而自 70 年代以来 Fe-Cr-Co 合金的发展重点已转向低钴合金方面。目前,低钴的 Fe-Cr-Co 合金 Co 的含量为 5% ~10%。

Fe-Cr-Co 合金不但可以通过磁场热处理来提高材料的磁性能,而且也可以通过塑性变形及适当的热处理获得与磁场热处理相同的效果。但这种合金的生产工艺,特别是处理工艺复杂而严格,因而在价格上并不比 AlNiCo 合金低。

表 7.11　Fe-Cr-Co 合金的磁性能

质量分数/%					B_r/ $\times10^{-1}$T	H_c/ ($\times$79.6A·m^{-1})	$(BH)_{max}$/ ($\times$7.96kJ·m^{-3})	工艺特点
Cr	Co	Mo	Ti	Cu				
22	15		0.8		15.3	0.648	7.25	柱晶,磁场热处理,回火
22	15	2	1		14.8	0.70	7.35	同　上
28	8				14.5	0.595	6.86	同　上
22	15		1.5		15.6	0.64	8.3	等轴晶,磁场热处理,回火
24	15	3	1.0		15.4	0.84	9.5	柱晶,磁场热处理,回火
26	10		1.5		14.4	0.59	6.9	等轴晶,磁场热处理,回火
30	4		1.5		12.5	0.57	5.0	同　上
33	23			2	13.0	1.08	9.8	形变时效
33	16			2	12.9	0.88	8.1	同　上
33	11.5			2	11.5	0.76	6.3	同　上
27	9				13.0	0.58	6.2	磁场热处理,回火
30	5				13.4	0.53	5.3	同　上
25	12				14.0	0.55	5.2	烧结法

金属永磁材料除上述介绍的几大类外,随单畴理论的发展研制成的单畴微粉 20 世纪 80 年代已成为商品,主要有铁粉,Fe-Co 粉,Mn-Bi 粉。在磁记录材料中将介绍这部分内容。另外,黏结永磁材料近年来的发展速度也很快。它是由永磁材料的粉末及作为黏结剂的塑性物质制成的永磁材料,由于材料内部含有一定比例的黏结剂,所以其磁性能较相应的非黏结永磁材料显著降低。但黏结永磁材料也有优越于其他非黏结永磁材料的方面:①尺寸精度高,成型后不需要再进行外形加工;②机械性能好;③磁体各部分性能均匀性好,各磁体间的性能一致性好;④成型性好,能制成形状复杂的,薄的和细的磁体,且容易与其他部件一体成型;⑤易于进行磁体的径向取向和多极充磁。黏结稀土永磁材料在各种黏结永磁材料中具有最高的磁性能。可用于音响器件、仪表、磁疗器械、门锁等许多方面。

7.3　磁记录材料

随着科学技术的发展,信息的记录、处理、存贮传递越来越受到人们的重视。磁记录发展至今,已有百年的历史,它广泛应用于录音、录像技术,计算机中的数据存贮、处理,科学研究的各个领域,军事及日常生活中。新的磁记录技术,磁记录材料正在转化为商品。

7.3.1　磁记录原理简介

目前磁记录的模式可分为水平(纵向)磁记录,垂直磁记录及杂化磁记录三种。不管哪种模式,磁记录系统包括以下几个基本单元:换能器、存贮介质、传送介质装置以及相匹配的电子线路。

磁头是电磁转换器件,即上面所说的换能器。其基本功能是与磁记录介质构成磁性回路,对信息进行加工,包括记录、重放和消磁。信号的磁记录是以铁磁物质的磁滞现象为基础,电信号使磁头的缝隙产生磁场,磁记录介质(如磁带)以恒定的速度相对磁头运动,磁头的缝隙对着介质,如图 7.9 所示。记录信号时,磁头线圈中通入信号电流,就会在缝隙产生磁场溢出,如果磁带与磁头的相对速度保特不变,则剩磁沿着介质长度方向上的变化规律完全反应信号的变化规律。换句话说,磁头缝隙的磁场使磁记录介质不同的位置产生不同方向和大小的剩余磁化强度,记录了被记录的电信号。如果已记录信号的磁带重新接近一重放磁头,通过拾波线圈感生出磁通,则磁通大小与磁带中磁化强度成比例。

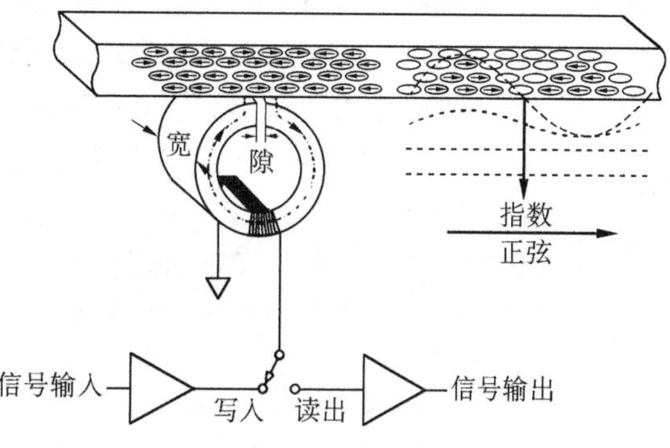

图 7.9　纵向记录示意图

利用磁记录方式可记录不同类型的信号,如音频信号,如图 7.10(a);数字信号,如图 7.10(b);调频信号,如图 7.10(c)。这三种是最基本的磁记录信号。磁记录方式可分为摸拟和数字记录两大类。录音,录像等可采用摸拟磁记录方式,它不仅要求有足够大的信噪比,而且要求记录的信号和输入信号的线性关系好,即要求记录后磁介质的剩余磁化强度和输入信号成正

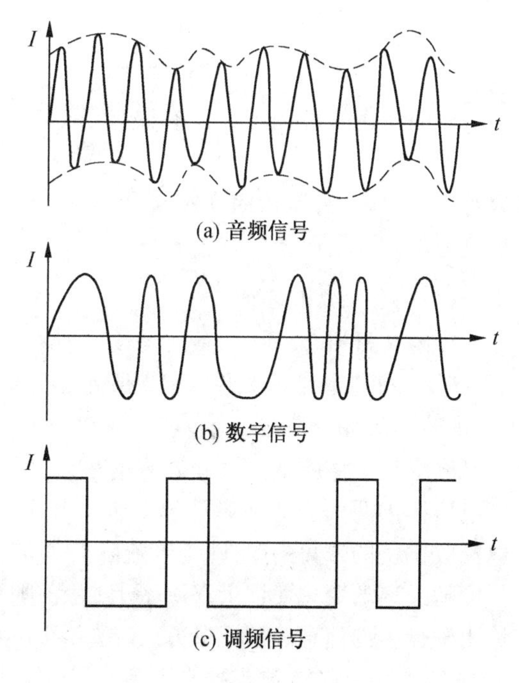

图 7.10　三种最基本的磁记录信号

比。为此,在输入信号的同时加一个交流偏磁场,以便使磁记录介质工作在线性区。其频率约等于被记录信号最高频率 5 ~ 10 倍,但其振幅是恒定的,比信号电流的振幅大 5 ~ 10 倍。磁盘,磁鼓等用于数字磁记录方式,它首先将信号转换成二进制的"0"或"1",记录后,磁记录介质只有 $+M_r$ 或 $-M_r$ 两种剩余磁化状态,剩磁和输入信号之间的线性关系对数字记录来说并不重要。从原理上讲,所有的记录都可采用数字记录方式。目前数字录音已广泛使用,数字录像正在加紧发展和标准化。

水平磁记录方式记录后介质的剩余磁化强度方向与磁层的平面平行,如图 7.11,记录信号为矩形波。图中 λ 表示磁记录波长,δ 是磁介质的厚度。从图中可以看出,对水平记录,δ 一定时,$\lambda \to 0$,则 $H_d \to 4\pi M_r$,H_d 为铁磁体被磁化后,磁体内部产生的磁场,与磁化强度方向相反,称为退磁场。即记录波长越短(记录密度越高),自退磁效应越大。所以这种方式不适合高密度磁记录。由于对高密度磁记录的需要,近年来垂直磁记录方式有了很大发展,其特点是记录后介质的剩余磁化强度的方向与磁层的平面垂直,如图 7.11(b)所示。当 $\lambda \to 0$ 时,$H_d \to 0$,即记录波长越短,自退磁的效应越小,因而可以提高记录密度。

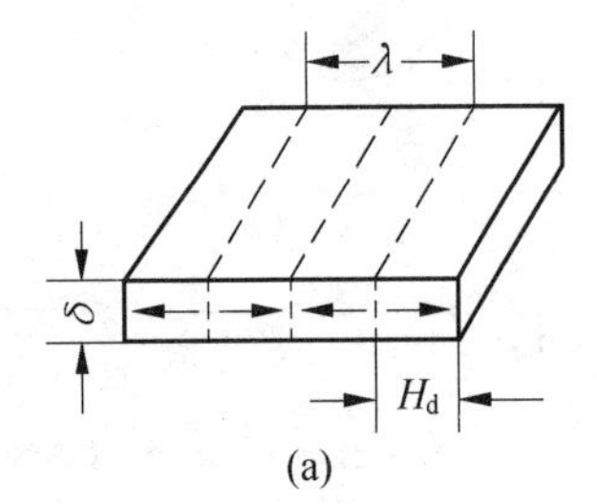

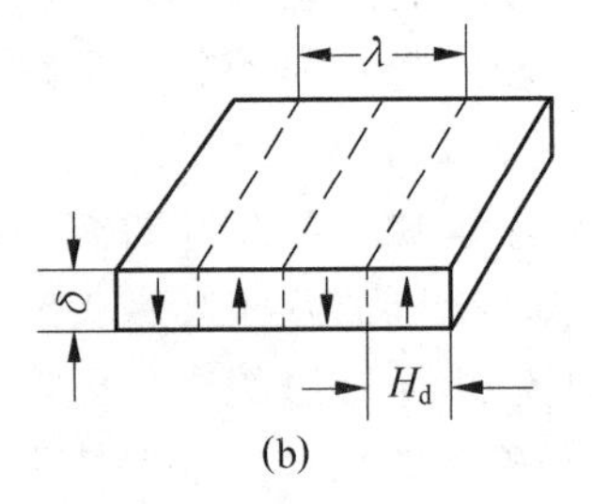

图 7.11　水平和垂直记录的磁化方式

(a) 水平记录方式;(b) 垂直记录方式

目前使用的磁记录介质有磁带、磁盘、磁鼓、磁卡片等。从结构上看又可分为磁粉涂布型介质和连续薄膜型介质两大类。一般来说,磁粉涂布型介质有利于水平记录模式,而垂直记录宜采用薄膜介质。

7.3.2　磁记录材料

1. 磁头材料

磁头的基本结构如图 7.12 所示,由带缝隙的铁芯、线圈、屏蔽壳等部分组成。

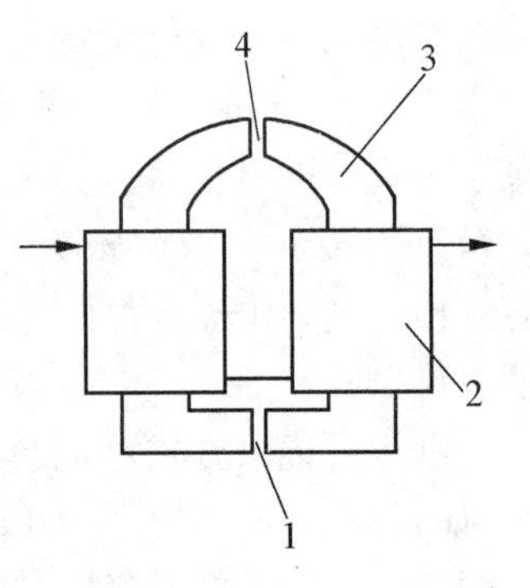

图 7.12　磁头基本结构

1—后隙;2—线圈;3—铁芯;4—前隙

磁头从工作原理上可分为磁场写入,感应读出和磁阻效应电压读出两大类。前者能够在介质中感生与馈入结构的电流成比例的磁化强度,即把电流随时间的变化转化为磁化强度随距离的变化而记录在磁带上;后者则利用电阻的变化读出磁带上的信息。按记录方式,磁头可分为纵向磁化模式的环形磁头及垂直磁化模式的垂直磁头。总之,磁头种类繁多,可按不同的分类方法将其分成不同的种类。显然,磁头性能的好坏与铁芯材料的选择有极大的关系。必须注意的是,材料的选择要与使用的

记录介质及记录模式相匹配。随着记录密度的不断提高,薄膜磁头日益受到人们的重视。对磁头材料的基本性能要求如下:

高的磁导率　希望铁芯材料有较大的起始磁导率 μ_i 和最大磁导率 μ_m,以便提高写入和读出信号的质量。

高的饱和磁感应强度 B_s　为了提高记录密度,减少录音失真,要求材料具有高的 B_s。

低的 B_r 和 H_c　磁记录过程中,B_r 高会使记录的可靠性降低。

高的电阻率和耐磨性　提高材料的电阻可以减小磁头损耗,改善铁芯频率响应特性。高的耐磨性可以增加磁头的寿命和工作的稳定性。

磁头铁芯材料主要有合金、铁氧体、非晶态合金、薄膜材料等几类,下面分别介绍。

合金材料　1J79 是一种常用的磁头材料,其成分为 4% Mo-79% Ni-17% Fe。为了进一步提高该合金性能,在上述成分的基础上可加入 Nb,Al,Ti 等元素。加入 Nb 可提高磁性能,得到高硬度,Nb 的含量一般为 3% ~8%;Al 的加入除提高合金磁性能和硬度外,还可增加合金的电阻率,Al 含量以不超过 5% 为宜。常用作磁头材料的磁性合金还有 Fe-Si-Al合金及 Fe-Al 合金。Fe-Si-Al 合金磁晶各向异性常数 K_1 和磁致伸缩系数 λ 都趋近于零,具有良好的直流特性;合金电阻率高,在高频下仍保持较好的磁性和较低的损耗;高的硬度。Fe-Si-Al 合金最大的缺点是难以加工。Fe-Al 合金硬度介于前两种磁性合金之间,磁导率在三种合金中最低,见表 7.12。研究表明,可通过各种溅射方法制备 FeSiAl 合金薄膜,并通过调整溅射条件和制做多层膜使性能进一步改善。

非晶态合金　非晶态合金作为磁头材料,其频率特性,硬度和 B_s 都比晶态的磁性合金及铁氧体材料好,更符合高密度磁记录的要求。主要缺点是温度稳定性差,加工过程中要严格控制温度,防止晶化。铁基和钴基非晶态合金都适合作磁头材料。

薄膜磁头材料　薄膜磁头音频响宽,分辩率高,存取速度快,能够满足高记录密度的要求。薄膜磁头几乎都是 Ni-Fe 合金制成的,成分为 80% Ni-20% Fe。$Ni_{81}Fe_{19}$的性能最好。

表 7.12　磁头用合金的磁性能

材　　料	μ/ (1kHz)	H_c/ $A \cdot m^{-1}$(Oe)	B/ T(kG)	ρ/ ($\mu\Omega \cdot cm$)	维氏硬度
4% Mo 坡莫合金	11 000	2.0(0.025)	0.8(8)	100	120
铝铁合金	4 000	3.0(0.038)	0.8(8)	150	290
铝硅铁合金	8 000	20(0.25)	0.8(10)	85	480

2. 磁记录介质材料

磁记录介质材料的发展是磁记录技术发展的要求。随着记录密度迅速提高,对记录介质的要求也越来越高。对制做记录介质的磁性材料(磁粉及磁性薄膜)提出以下要求:

①剩余磁感应强度 B_r 高；②矫顽力 H_c 适当的高；③磁滞回线接近矩形，H_c 附近的磁导率尽量高；④磁层均匀，厚度适当，记录密度越高，磁层愈薄；⑤磁性粒子的尺寸均匀，呈单畴状态；⑥磁致伸缩小，不产生明显的加压退磁效应；⑦基本磁特性的温度系数小，不产生明显的加热退磁效应；⑧磁粉粒子易分散，在磁场作用下容易取向排列，不形成磁路闭合的粒子集团。

(1)颗粒(磁粉)涂布型介质。

这类磁记录介质是将磁粉与非磁性粘合剂等含少量添加剂形成的磁浆涂布于聚脂薄膜(涤纶)基体上制成，磁粉主要有 $\gamma-Fe_2O_3$ 磁粉、包钴的$\gamma-Fe_2O_3$磁粉、CrO_2 磁粉、钡铁氧体磁粉、金属磁粉等几类。

纯铁的饱和磁化强度大约为氧化铁的四倍，Fe 和 FeCo 等合金既具有很高的饱和磁化强度值，又有很高的矫顽力，从理论上说是理想的磁记录材料。磁感应强度高可以在较薄的磁层内得到较大的读出信号；矫顽力高能使磁记录介质录承受较大的退磁作用，这是实现高密度记录的必要条件。

金属磁粉的缺点是稳定性差，易氧化。通常采用合金化或有机膜保护的方法控制表面氧化，但这种方法会使磁粉的磁化强度降低。制备金属磁粉的方法很多，通用的方法是还原法和蒸发法。还原法是将金属氧化物或盐类在还原气氛中还原，如将 $\gamma-Fe_2O_3$ 在氢气中还原，制备微铁粉。蒸发法是将块状金属蒸发成蒸气后凝结成金属粉末。表 7.13 为两种金属磁粉的性能。

表 7.13　主要金属磁粉的磁特性

磁特性 \ 磁粉种类	本征磁特性				非本征磁特性				结　构
	σ_s/ $(emu\cdot g^{-1})$	T_c /℃	K_1/ $(J\cdot m^{-3})$	λ_s 1×10^{-6}	ρ/ $(g\cdot cm^{-3})$	H_c/ $(10^3/4\pi)$ $(A\cdot cm^{-1})$	σ_r/ $(emu\cdot g^{-1})$	形状	
Fe	178	770	$+44\times10^4$	+4	7.9	1030	89	针状	体心立方 a=0.286 nm
70Fe-30Co	80.5	875	$+1\times10^4$	+4	8.0	1250	40	针状	体心立方 a=0.286 nm

注：σ_s—比磁化强度；ρ—密度；σ_r—比剩余磁感应强度。

(2)连续薄膜型磁记录介质。

研究表明，为提高记录密度，要求磁记录介质减小磁层厚度，增大矫顽力，同时保持适当的 B_r；提高磁特性和其他性能的均匀性及稳定性。连续磁性薄膜无须采用粘合剂等非磁性物质，所以剩余磁感应强度度及矫顽力比颗粒涂布型介质高得多，是磁记录介质发展的重要方向。

制备连续薄膜型磁记录介质的方法有两种：湿法(或称化学法，如电镀及化学镀)和干法(或称物理法，如溅射法、真空蒸镀法及离子喷镀法等)。表 7.14 总结了目前制备的各种磁性薄膜的主要性能和制备条件。为了使磁记录薄膜提高使用寿命，往往需加保护膜，如 SiO_2，CrRh 等。

采用射频二极管溅射技术研究可供超高密度磁记录应用的三种多层薄膜材料：

① CoCrPt(10 nm)/Cr(5 nm)/CoCrPt(10 nm)材料，加入中间的 Cr 层是使两层 CoCrPt 磁膜间产生磁退耦合作用和精化微结构，矫顽力 H_c 高达 $1/4\pi\times3700$ kA/m，晶粒非常小(6～10 nm)。

② CoCrPt(12.5 nm，$V_b=-175$ V)/CoCrPt(5 nm，$V_b=0$)/CoCrPt(12.5 nm，$V_b=-175$ V)材料，V_b 为沉积时的基片偏置电压，这样可得到高偏压层的高矫顽力 H_c($1/4\pi\times 2\,740$ kA/m)和高矩形比(0.90)。

③ CoCrPt(20 nm)/CoCrTa(5 nm)材料，矫顽力 H_c 为 $1/4\pi\times3\,720$ kA/m，矩形比为 0.88。另外，采用垂直磁记录取代常规的纵向磁记录也是实现超高记录密度的途径。实验结果表明，利用这一方法制得的 Pd/Co 多层膜具有比一般 CoCr 合金的垂直记录更为优越的特性，许多性能可以用调节多层膜的沉积条件、化学成分和各层厚度来改变。

表 7.14　磁性薄膜记录介质的典型特性

材　料	淀积过程	取向状况	晶体结构	M_s/ kA·m^{-1}	H_c/ kA·m^{-1}	S,S^*	K_{11}/ ($\times10^5$J·m^{-3})
Co	OIE	IPA	hcp	1 100～1 400	60～120	…	4(块材)
	NIE,SP	IPI	hcp	1 100～1 400	30～60		
Fe	OIE	IPA	bcc	1 600	60～90	…	0.3～3.0
	SP	IPI	bcc	1 600	10		
Ni	OIE	IPA	fcc	400	20～28		
	SP	IPI	fcc	400			
Co-Ni	OIE	IPA	hcp-fcc	800～1 200	30～70		
Co-Fe	OIE	IPA	bcc	1 400～1 600	60～120	0.9,0.9	
Co-Sm	NIE(e)	IPA	非晶态	500～1 000	33～55	1.1	
Co-P	EL,EP	IPI	hcp	800～1 100	36～96	0.9,0.9	
Co-Re	SP	IPI	hcp-fcc	500～750	18～58	0.9,0.9	
Co-Pt	SP	IPI	hcp-fcc	800～1 400	60～140		
Co-Ni-P	EL,EP	IPI	hcp-fcc	600～1 000	40～120	0.8,0.8	
Co-30% Ni : N_2	SP	IPI	hcp-fcc	650	80	0.95	
Co-Ni : O_2	OIE	IPA	hcp-fcc	300～400	80	0.7～0.8	
Co-Ni-Pt	SP	IPI	hcp-fcc	800～900	60～70	0.9,0.97	
Co-Ni-W	SP	IPI	hcp-fcc	450	30～50	0.8,0.8	
Fe_3O_4	NIE,SP	IPI	I. S.	400	17～32		
γ-Fe_2O_3 : Co	SP	IPI	I. S.	220～250	40～100	0.8,0.8	
γ-Fe_2O_3 : Co	SP	IPI	I. S.	240	160	0.8,0.8	
Co-18% Cr	SP	⊥	hcp	300～550	80～100(⊥)	…	-1.0
Co-20% Cr	SP	⊥	hcp	400	65～95(⊥)	…	0.15
Co-22% Cr	SP	⊥	hcp	300～340	80～105(⊥)	…	0.4

注：OIE—斜入射蒸镀；NIE—垂直蒸镀；SP—溅射；EL—化学镀；EP—电镀；IPA—平面各向异性；IPI—平面各向同性；⊥—垂直膜面各向异性；hcp—密排六方结构；fcc—面心立方结构；bcc—体心立方结构；IS—反尖晶石结构。

7.4 其他磁性材料

7.4.1 超磁致伸缩材料

铁磁性材料在磁场中被磁化时,沿外磁场方向其尺寸会发生微小变化,这种现象叫做磁致伸缩。衡量磁致伸缩程度大小的参数(λ)称为磁致伸缩系数,$\lambda = \Delta L/L$,$\Delta L/L$ 为相对伸缩量。λ 随外磁场的变化而变化,当材料达到饱和磁化状态时,λ 达到最大,称为饱和磁致伸缩系数(λ_s)。磁致伸缩效应可实现电能(磁能)与机械能之间的转换,利用 Ni、坡莫合金、FeCo 合金、铁氧体等铁磁性材料的磁致伸缩效应制作的超声波发生器早已实用。但是这些材料的磁致伸缩量太小,λ_s 约为 $30 \sim 60 \times 10^{-6}$ 左右,远低于 PZT,PLZT 等压电陶瓷(λ_s 约为 8.0×10^{-4}),使其作为能量转换器件的应用范围受到限制。

在发现 Tb,Dy 等重稀土有大的磁致伸缩效应的基础上,1972 年研究开发了室温下具有超大磁致伸缩效应的 $TbFe_2$ 金属间化合物,其磁致伸缩系数高达$(1 \sim 2) \times 10^{-3}$,这种巨大的磁致伸缩现象被命名为超磁致伸缩效应。由于 $TbFe_2$ 的超磁致伸缩效应必须以很高的外加磁场为条件,因此很难实用,为使其在低磁场下工作,需降低磁各向异性,即软磁化。1973 年发明的将 $TbFe_2$ 和 $DyFe_2$ 做成混晶的 $TbxDy_{1-x}Fe_{2-y}$($0<x<1$,$0<y<2$)合金,克服了上述缺点,成为实用的超磁致伸缩材料。表 7.15 为该类合金与压电陶瓷的性能比较。

表 7.15 超磁致伸缩材料和压电陶瓷的性能比较

材 料	超磁致伸缩材料 $Db_{0.3}Dy_{0.7}Fe_{1.9}$	压电陶瓷
$\Delta l/l(\times 10^{-6})$	1500 ~ 2000	400
居里温度/℃	380	300
机电耦合系数 k_{33}	0.72	0.68
能量密度/$J \cdot m^{-3}$	14000 ~ 25000	960
电阻率/$\Omega \cdot cm$	6×10^{-5}	10^{-8}
密度/$kg \cdot m^{-3}$	9.25×10^{3}	7.5×10^{3}
抗拉强度/Pa	28×10^{6}	76×10^{6}
抗压强度/Pa	700×10^{6}	
原材料费/(日元·g^{-1})	150	5

由表 7.15 可见,超磁致伸缩材料的磁致伸缩系数比压电陶瓷高近 5 倍,居里温度也高于压电陶瓷,而且能量密度大。这些性能特点使其作为能量转化器件具有比压电陶瓷更大的优势。超磁致伸缩材料的缺点是脆性大,耐冲击性差;电阻低,工作频率高时涡流损耗大;易腐蚀,且价格偏高。对材料本身来说,韧化和复合化是研究的方向。

超磁致伸缩材料有广泛的应用前景,而且在许多领域已实用化,下面简单介绍几种典型的应用。

1. 磁致伸缩振子

超磁致伸缩材料已成功用于声纳中的电声换能器。在外加交变磁场的作用下，磁致伸缩材料发生变形而振动，由此产生声波；当磁致伸缩材料在声波的压力下产生形变时，材料内部的磁感应强度将发生变化，使线圈中产生感生电流。压电陶瓷也可以完成上述发射、接受声波的任务，但使用超磁致伸缩材料，可以获得输出功率更大、传播距离更远的声波。

2. 伺服机构

伺服机构是将电能或磁能转换为机械能的装置，即致动器。如智能结构中的驱动部件、电子电动部件、各种自动控制阀门等。图7.13是利用超磁致伸缩效应控制喷嘴流量的实例，超磁致伸缩材料加工成顶端为圆锥状的控制棒，其上绕有线圈。工作时，线圈中通以电流而产生磁场，磁场使控 制棒伸缩，伸缩量的大小决定控制棒与喷嘴间的间隙大小，即喷嘴的流量。由于超磁致伸缩材料在磁场中长度变化快、幅度大，所以这种装置可以迅速、精确地控制流量。

3. 滤波器

超磁致伸缩材料可作为智能型滤波器的重要元件。如在垂直于磁致伸缩膜膜面的方向加一外磁场，外磁场随时间变化，导致磁致伸缩随时间变化，发生磁致伸缩波，并在材料中传输。即滤波器的滤波频率与外磁场有关，通过调节外加磁场可以改变滤波频率，而压电陶瓷作为滤波元件，滤波频率是固定的。

7.4.2　巨磁电阻材料

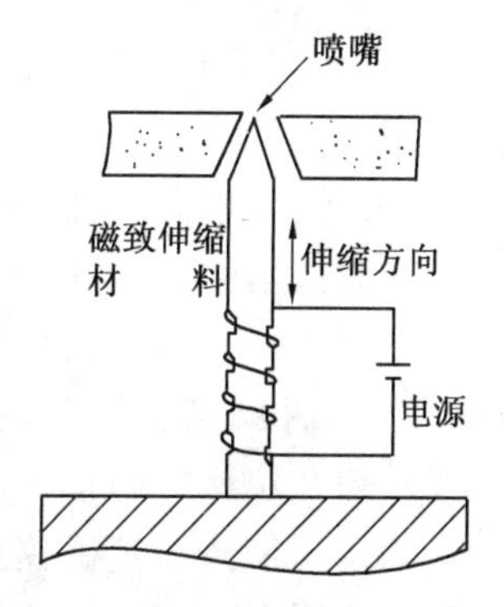

图7.13　控制喷嘴流量示意图

由磁场引起材料电阻发生变化的现象称为磁电阻（MR）效应。表征磁电阻效应大小的物理量是磁电阻系数 η，$\eta=[\rho(H)-\rho(0)]/\rho(0)$，其中 $\rho(H)$ 为磁场为 H 时的电阻率，$\rho(0)$ 为无外磁场（磁场为零）时的电阻率。MR效应在许多金属中都有发现，只不过电阻的变化率很小，一般不超过2%～3%。而有些材料的 η 值很大，超过50%，即材料的电阻率在有无外磁场作用时存在显著变化，这种现象称为巨磁电阻（GMR）效应。GMR效应1988年首先在Fe，Cr交替沉积的多层膜中发现。1994年，在类钙钛矿结构的稀土锰氧化物中发现了 η 值达 $10^3\sim10^6$ 的超巨磁电阻（CMR）效应。已发现具有GMR效应的材料主要有多层膜、自旋阀、颗粒膜、非连续多层膜、氧化物超巨磁电阻薄膜等五大类。

对多层膜的研究起步早，研究的范围也广。多层膜即铁磁性过渡族金属（或其合金）和非磁性的Cu，Ag，Au等导体（及Cr）构成的超晶格材料。其突出的特点是电阻变化的磁灵敏度低，也就是说计较大的电阻变化率必须以较高的外磁场（160～400 kA/m）为条件；通过调整膜的厚度和结构，可以削弱磁性层之间的耦合作用，降低所需的外磁场，提高磁场灵敏度，但同时也降低 η 值（GMR）。总之，上述缺点大大限制了多层膜材料的实用化。性能较好的自旋阀磁头材料——NiFe/Co/MnFe多层膜，磁场灵敏度达1.5%/Oe，饱和外磁场240A/m，磁电阻系数（MR）只有3%。颗粒膜有较大的GMR效应，但所需的外磁场很高(数十万 A/m),相应的磁场灵敏度仍不高。非连续多层膜综合了上述两种材料的优点,在较低的外磁场下有比较高的灵敏度,同时 GMR 较高。比如 NiFe/Ag 非连续膜 GMR 可达 5%,磁场灵敏度可达(0.8~1.2)%/Oe。

巨磁电阻效应及相应的材料和元器件的研究是以磁电子学这门新兴学科的发展为基础的。磁电子学是研究和应用磁性材料中电子自旋(磁矩)与电子电荷运动(电流)之间相互作用与相互影响的科学。利用巨磁电阻效应可以制造多种磁传感器,灵敏度高、体积小、使用功率低;自旋阀型磁随机存储器,具有开关速度快(已达到纳秒级)、电源断电时不会丢失信息、抗辐射、可以在恶劣环境下工作的优点,缺点是存储量低;另外,GMR 磁头是实现超高密度磁记录的重要元件。

7.4.3 巨磁化强度材料

巨磁化强度材料也称为高磁化强度材料,是指饱和磁化强度高于传统的 Fe 和 Fe-Co 软磁合金的材料。随着磁记录技术的发展,记录密度的日益提高,对具有高磁化强度的记录介质和磁头材料的需求十分迫切。自 1972 年开始,发现 Fe-N 系化合物 $Fe_{16}-N_2$($\alpha-Fe_{16}-N_2$ 相)的饱和磁化强度的理论值可达 2.83T。80 年代末利用分子束外延法成功地制备了 $Fe_{16}-N_2$ 单晶薄膜,并测得饱和磁化强度为 2.9T,与早期的估算大致相符。$Fe_{16}-N_2$的巨饱和磁化强度特性使其受到许多研究者的重视,对其晶体结构和制备方法作了深入研究。$\alpha-Fe_{16}-N_2$ 相为体心正方结构,氮原子有序地进入八面体间隙位置,每个铁原子的磁矩为 3.0 μB。$Fe_{16}-N_2$ 的制备方法目前主要有以下几种:

①将铁粉末在 700~750 ℃下进行氮化反应,得到奥氏体(γ 相),快冷得到马氏体(Fex-N 相),再在 120 ℃下回火,得到含有 $Fe_{16}-N_2$ 相的多相组织。显然,$Fe_{16}-N_2$ 相是非平衡相。

②物理气相沉积法(PVD 法)。

③对薄膜(如 Fe 膜)进行氮离子注入,生成 $Fe_{16}-N_2$ 相。$Fe_{16}-N_2$ 的制备有一定难度,主要原因是 $Fe_{16}-N_2$ 相是亚稳定相,温度超过 400 ℃就要发生分解,分解为 $\gamma-Fe_4-N$ 相和 $\alpha-Fe$,所以很难获得单相的 $Fe_{16}-N_2$。

一般在块材中 $Fe_{16}-N_2$ 含量不超过 50%,粉体和薄膜中更低。

利用反应式直流磁控溅射法在玻璃或单晶硅(110)基片上淀积的 FeTiN 薄膜,是用 FeTi 合金做靶材,在氮气气氛中制备的。实验结果表明:N 质量分数为 5% 的 FeTiN 合金薄膜的饱和磁化强度最高(2 T),矫顽力低(约为 $1/4\pi\times3$ kA/m)。

磁记录技术、微电子技术、室温磁致冷技术的发展,需要软磁性能良好的巨磁化强度材料,对 $Fe_{16}-N_2$ 的磁性机理及制备技术的研究,是使其走向实用的关键。

第8章　半导体材料

半导体材料的发展与器件紧密相关。可以说，电子工业的发展和半导体器件对材料的需求是促进半导体材料研究和开拓的强大动力；而材料质量的提高和新型半导体材料的出现，又优化了半导体器件的性能，产生新的器件，两者相互影响，相互促进。

1941 年用多晶硅材料制成检波器，是半导体材料应用的开始。1948 ~ 1950 年用切克劳斯基法成功地拉出了锗单晶，并用它制成了世界第一个具有放大性能的锗晶体三极管（点接触三极管）。1951 年用四氯化硅锌还原法制出了多晶硅；第二年用直拉法成功地拉出世界上第一根硅单晶；同年制出了硅结型晶体管，从而大大推进了半导体材料的广泛应用和半导体器件的飞速发展。

20 世纪 60 年代初，出现了硅单晶薄层外延技术，特别是硅平面工艺和平面晶体管的出现，以及相继出现的硅集成电路，对半导体材料质量提出了更高的要求，促使硅材料在提纯、拉晶、区熔等单晶制备方法方面进一步改进和提高，开始向高纯度、高完整性、高均匀性和大直径方向发展。

与锗、硅材料发展并行，化合物半导体材料的研制也早在 20 世纪 50 年代初就开始了。1952 年人们发现ⅢA－ⅤA 族化合物是一种与锗、硅性质类似的半导体材料，其中砷化镓（GaAs）具有许多优良的半导体性质。其他化合物半导体材料如ⅡA－ⅥA 族化合物、三元和多元化合物等也先后制备成功。

70 年代以来，电子技术以前所未有的速度突飞猛进，尤其是微电子技术的兴起，使人类从工业社会进入信息社会。微电子技术是电子器件与设备微型化的技术，一般是指半导体技术和集成电路技术。它集中反映出现代电子技术的发展特点，从而出现了大规模集成电路和超大规模集成电路。这样就促使对半导体材料提出了愈来愈高的要求，使半导体材料的主攻目标更明显地朝着高纯度、高均匀性、高完整性、大尺寸方向发展。

此外，利用多种化学气相沉积技术，可制造一系列薄膜晶体，其中分子束外延技术可以人为地改变晶体结构，异质结、超晶格、量子阱的出现，改变了人们设计电子器件的思想，半导体材料的发展，有着光明的前景。

8.1　半导体材料分类

8.1.1　元素半导体

元素半导体大约有十几种处于ⅢA 族－ⅦA 族的金属与非金属的交界处，如 Ge，Si，Se，Te 等。

8.1.2　化合物半导体

1. 二元化合物半导体

(1)ⅢA族和ⅤA族元素组成的ⅢA-ⅤA族化合物半导体,即Al,Ga,In和P,As,Sb组成的9种ⅢA-ⅤA族化合物半导体,如AlP,AlAs,AlSb,GaP,GaAs,GaSb,InP,InAs,InSb等。

(2)ⅡB族和ⅥA族元素组成的ⅡB-ⅥA族化合物半导体,即Zn,Cd,Hg与S,Se,Te组成的12种ⅡB-ⅥA族化合物半导体,如CdS,CdTe,CdSe等。

(3)ⅣA族元素之间组成的ⅣA-ⅣA族化合物半导体,如SiC等。

(4)ⅣA和ⅥA族元素组成的ⅣA-ⅥA族化合物半导体,如GeS,GeSe,SnTe,PbS,PbTe等共9种。

(5)ⅤA族和ⅥA族元素组成的ⅤA-ⅥA族化合物半导体,如$AsSe_3$,$AsTe_3$,AsS_3,SbS_3等。

2. 多元化合物半导体

(1)ⅠB-ⅢA-$(ⅥA)_2$组成的多元化合物半导体,如$AgGeTe_2$等。

(2)ⅠB-ⅤA-(ⅥA)组成的多元化合物半导体,如$AgAsSe_2$等。

(3)$(ⅠB)_2$-ⅡB-ⅣA-$(ⅥA)_4$组成的多元化合物半导体,如$Cu_2CdSnTe_4$等。

8.1.3　固溶体半导体

固溶体是由二个或多个晶格结构类似的元素化合物相互溶合而成,又有二元系和三元系之分,如ⅣA-ⅣA组成的Ge-Si固溶体;VA-VA组成的Bi-Sb固溶体。

由三种组元互溶的固溶体有:(ⅢA-ⅤA)-(ⅢA-ⅤA)组成的三元化合物固溶体,如GaAs-GaP组成的镓砷磷($GaAs_{1-x}P_x$)固溶体和(ⅡB-ⅥA)-(ⅡB-ⅥA)组成的,如HgTe-CdTe两个二元化合物组成的连续固溶体碲镉汞($Hg_{1-x}Cd_xTe$)等。

8.1.4　非晶态半导体

原子排列短程有序、长程无序的半导体称为非晶态半导体,主要有非晶Si、非晶Ge、非晶Te、非晶Se等元素半导体及GeTe, As_2Te_3,Se_2As_3等非晶化合物半导体。

8.1.5　有机半导体

有机半导体分为有机分子晶体、有机分子络合物和高分子聚合物,一般指具有半导体性质的碳-碳双键有机化合物,电导率为$10^{-10}\sim10^{2}\,\Omega\cdot cm$。一些有机半导体具有良好的性能,如聚乙烯咔唑衍生物有良好的光电导特性,光照后电导率可改变两个数量级。C_{60}也属有机半导体。

8.2　硅和锗半导体材料

8.2.1　硅和锗的性质

硅和锗都是具有灰色金属光泽的固体,硬而脆。两者相比,锗的金属性更显著。锗的室温本征电阻率约为50 Ω·cm,而硅的约为2.3×10^{5} Ω·cm,硅在切割时易碎裂。

硅和锗在常温下化学性质是稳定的,但升高温度时,很容易同氧、氯等多种物质发生化学反应,所以在自然界没有游离状态的硅和锗存在。

锗不溶于盐酸或稀硫酸,但能溶于热的浓硫酸、浓硝酸、王水及 HF-HNO_3 混合酸中。

硅不溶于盐酸、硫酸、硝酸及王水,易被 HF-HNO_3 混合酸所溶解,因而半导体工业中常用此混合酸作为硅的腐蚀液。硅比锗易与碱起反应。硅与金属作用能生成多种硅化物,这些硅化物具有导电性良好、耐高温、抗电迁移等特性,可以用于制备大规模和超大规模集成电路内部的引线、电阻等。

锗和硅都具有金刚石结构,化学键为共价键。锗和硅的导带底和价带顶在 k 空间处于不同的 k 值,为间接带隙半导体,如图 8.1 所示。锗的禁带宽度为 0.66 eV,硅的禁带宽度为 1.12 eV。锗的室温电子迁移率为 3 800 $cm^2/V \cdot s$,硅为 1 800 $cm^2/V \cdot s$。

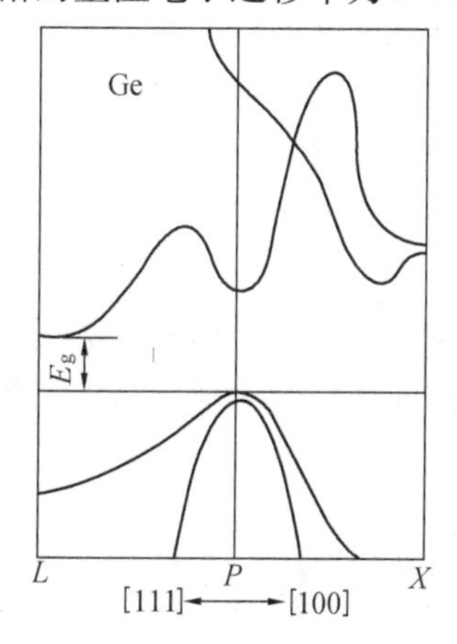

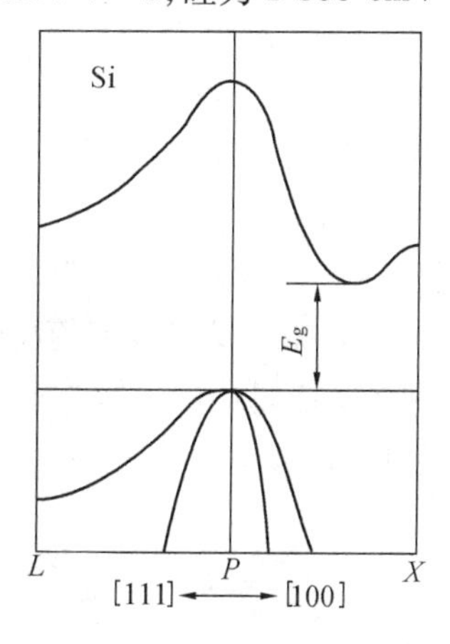

图 8.1　锗硅的能带结构

杂质对锗、硅电学性质的影响与杂质能级在禁带中的位置密切相关。在锗、硅中的杂质可分为两类,一类是ⅢA 族或 VA 族元素,它们在锗、硅中只有一个能级,且电离能小,一个杂质原子只起一个受主或施主作用,ⅢA 族杂质起受主作用使材料呈 p 型导电,VA 族杂质起施主作用,使材料呈 n 型导电。另一类是除ⅢA,VA 族以外的杂质。

8.2.2　硅和锗晶体的制备

生长锗、硅单晶的方法很多,目前锗主要用直拉法,硅除了直拉法之外还用悬浮区熔法。直拉法又称(Czochralski)法,简称 CZ 法。它是生长元素和ⅢA-ⅤA 族化合物半导体单晶的主要方法。该法是在盛有熔硅或锗的坩埚内,引入籽晶作为非均匀晶核,然后控制温度场,将籽晶旋转并缓慢向上提拉,晶体便在籽晶下按籽晶的方向长大。

由直拉法生长的单晶,由于坩埚与材料反应和电阻加热炉气氛的污染,杂质含量较大,生长高阻单晶困难。工业上将区域提纯与晶体生长结合起来,可制取高纯单晶,这就是区熔法。在高纯石墨舟前端放上籽晶,后面放上原料锭。建立熔区,将原料锭与籽晶一端熔合后,移动熔区,单晶便在舟内生长。

8.2.3　硅和锗的应用

已经发现的半导体材料种类很多,并且正在不断开拓它们的应用领域,但电子工业中使用的半导体材料主要还是硅,它是制造大规模集成电路最关键的材料。

小容量整流器取代真空管和硒整流器,用于收音机、电视机、通信设备及各种电子仪表的直流供电装置。可控硅是大容量整流器,具有工作效率高、工作温度高、反向电压高等优点。

晶体二极管既能检波又能整流。晶体三极管具有对信号起放大和开关作用,在各种无线电装置中作为放大器和振荡器。晶体管较真空管具有体积小、质量轻、寿命长、坚固耐振、耐冲击、启动快、效率高、可靠性好等优点。

将成千上万个分立的晶体管、电阻、电容等元件,采用掩蔽、光刻、扩散等工艺,把它们“雕刻”在一个或几个尺寸很小的晶片上集结成完整的电路,为各种测试仪器、通信遥控、遥测等设备的可靠性、稳定性和超小型化开辟了广阔前景。集成电路的出现是半导体技术发展中的一个飞跃。

利用超纯硅对 1 ~7 μm 红外光透过率高达 90% ~95% 的这一特性,制作红外聚焦透镜,用以对红外辐射目标进行夜视跟踪、照相等。

由于锗的载流子迁移率比硅高,在相同条件下,锗具有较高的工作频率、较低的饱和压降、较高的开关速度和较好的低温特性,主要用于制作雪崩二极管、开关二极管、混频二极管、变容二极管、高频小功率三极管等。

锗单晶具有高折射率和低吸收率等特性,适于制造红外透镜、光学仪器窗口和滤光片等红外光学仪器部件,主要用于热成像仪。锗可用作光纤的掺杂剂,提高光纤纤芯的折射率,减少色散和传输损耗。

8.3　化合物半导体材料

由两种或两种以上元素以确定的原子配比形成的化合物,并具有确定的禁带宽度和能带结构等半导体性质的化合物称为化合物半导体材料。

8.3.1　砷化镓

砷化镓的晶体结构是闪锌矿型,每个原子和周围最近邻的四个其他原子发生键合。砷化镓的化学键和能带结构与锗和硅的不同,为直接带隙结构,如图 8.2 所示。禁带宽度比锗和硅的都大,为 1.43 eV。砷化镓具有双能谷导带,在外电场下电子在能谷中跃迁,迁移率变化,电子转移后电流随电场增大而减小,产生“负阻效应”。砷化镓的介电常数和电子有效质量均小,电子迁移率高,是一种特性比较全面兼有多方面优点的材料。

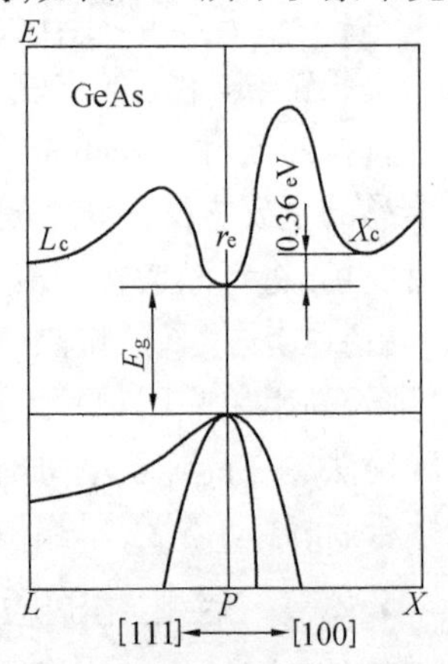

图 8.2　砷化镓的能带结构

砷化镓材料的制备主要有从熔体中生长体单晶和外延生长薄层单晶等方法。

砷化镓单晶的制备主要采用两种方法。一种是在石英管密封系统中装有砷源,通过调节砷源温度来控制系统中的砷压。这种方法包括水平舟区熔法、定向结晶法、温度梯度法、磁拉法和浮区熔炼法等。另一种是将熔体用某种液体覆盖,并在压力大于砷化镓离解压的气氛中合成拉晶,称为液体封闭直拉法。在工业生产中主要采用水平区熔法和液封直拉法制备砷化镓体单晶。

砷化镓膜材料主要通过外延技术制备。主要外延方法有气相外延、液相外延和气束外延。其中,砷化镓外延工艺具有生长温度低、原料能得到有效提纯、杂质污染少、可控掺杂等特点,可以得到任意厚度、完整性好和均匀性好的外延片。

由砷化镓制备的发光二极管具有发光效率高、低电压、小电流、低功耗、高速响应和高亮度等特性,易与晶体管和集成电路相匹配,用作固体显示器、信号显示、文字数字显示等器件。

砷化镓隧道二极管具有高迁移率和短寿命等特性,用于计算机开关时,速度快、时间短。砷化镓是制备场效应晶体管最合适的材料,振荡频率目前已达数百千兆赫以上,主要用于微波及毫米波放大、振荡、调制和高速逻辑电路等方面。

8.3.2　磷化铟

磷化铟(InP)晶体呈银灰色,质地软脆。磷化铟具有载流子速度高、工作区长、热导率大等特点,可以制作低噪声和大功率器件。

磷化铟材料主要用于制作光电器件、光电集成电路和高频高速电子器件。在光电器件的应用方面,主要制作长波长(1.3~1.6 μm)激光器、激光二极管、光电集成电路等,用于长距离通信。它的抗辐射性能优于砷化镓,作为空间应用太阳能电池的材料更理想,其转换效率可达20%。在高频高速电子器件应用方面,工作在毫米波范围内显示出它的优势。InP HBT(f_T)已超过160 GHz,InP的HEMT最高f_T已达到320 GHz,W波段振荡功率达到10 mW,这些器件可用于毫米波雷达、卫星通信。

8.3.3　磷化镓

非掺杂GaP晶体在室温下呈红色,在普通照明光源照射下透明。在GaP中掺入铬、铁、氧等杂质元素,成为半绝缘材料。目前还未得到非掺杂半绝缘材料。

GaP是间接带隙材料,它的禁带宽度为2.25 eV,带间跃迁可发射550 nm的绿光,掺入适当的施主、受主杂质,使之跃迁能量变化减小,可发出黄、红光,但发光效率低。若在GaP中掺入杂质元素,将间接跃迁转化为直接跃迁,可提高发光效率。在GaP中掺N可提高绿光发光效率,掺ZnO络合物可提高红光发光效率。

GaP单晶是化合物半导体材料中生产量仅次于GaAs单晶的材料,它主要用于制作能发出红色、纯绿色、黄绿色、黄色光的发光二极管,广泛用于交通、广告等数字和图象显示。

8.3.4　碳化硅

SiC是一种重要的宽禁带半导体材料。纯净的SiC无色透明,晶体结构复杂,有近百种。常见的典型结构有3C(也称β-SiC),4H,6H,15R-SiC。后三种统称为α-SiC,其中6H-SiC是稳定的结构,制备工艺成熟。C代表立方晶格(闪锌矿)结构;H代表六方晶格(纤锌矿结构);R代表菱型结构;β-SiC代表所有具有立方结构的SiC多型体。

SiC的硬度高,莫氏硬度为9,低于金刚石为10,而高于刚玉为8。由于SiC单晶具有较大的热导率、宽禁带、高电子饱和速度和高击穿电压等特性,是制作高功率、高频率、高温“三高”器件的优良衬底材料,并可用于制作发蓝光的发光二极管。

8.3.5　锗硅合金

锗硅合金是由硅和锗形成的溶解度无限的替位固溶体，Ge_xSi_{1-x}合金的晶格常数遵从以下规律

$$a = a_{Si} + x(a_{Ge} - a_{Si}) \tag{8.1}$$

式中 a_{Si} 和 a_{Ge} 分别是 Si 与 Ge 的晶格常数。在室温下，a_{Si} = 0.543 nm，a_{Ge} = 0.565 nm，晶格失配约为4.17%。合金的 a 要比 a_{Si} 大，所以 Ge_xSi_{1-x} 合金的禁带宽度比 Si 的小。

在通常压力下，锗硅合金为立方晶系的金刚石结构。锗硅合金有无定形、结晶形和超晶格三种。无定形主要有 α-SiGe:H，结晶形分单晶和多晶两种；超晶格主要有应变和组分超晶格材料。

结晶形锗硅合金的制备方法有直拉法、水平法、热分解法和热压法。超晶格 SiGe 采用分子束外延、金属有机化学气相沉积等方法制备，交替外延 1 ~ 100 原子层厚度的 Ge_xSi_{1-x}/Si 周期结构材料。

锗硅材料具有载流子迁移率高、能带可调、禁带宽度易于通过改变组分进行精确调节等特点，使其具有许多独特的物理性质和重要的应用价值。在器件的制造工艺方面，如隔离、光刻、扩散、离子注入等，可以采用非常成熟的硅工艺，SiGe 工艺与 Si 工艺相兼容，可采用大尺寸硅衬底制造集成电路，从而提高材料的利用率，降低集成电路成本，是一种很有发展前途材料，引起微电子产业重视，被称为“第二代微电子技术”。

硅器件在微电子技术发展中至今保持着统治地位，其集成度越来越高，在高频、高速领域也提供了优越的性能。但要进一步提高硅器件和集成电路的工作频率和速率是困难的，而且晶体管的频率和速率的提高与放大系数的提高是矛盾的。GaAs 的电子迁移率高，漂移速度快，适于制作高速和高频器件。但 GaAs 单晶片制备工艺比硅复杂，且成本高，单晶尺寸不如硅单晶大，机械强度不高，易破碎，热导率低，散热不好且与硅的平面制造工艺不兼容。

SiGe 材料兼具有 Si 和 GaAs 两种材料的优点：高的载流子迁移率，在高速领域可与 GaAs 相媲美，在制造工艺上又与硅平面工艺相兼容，其各种应用前景甚好。

SiGe 材料主要用作太阳能电池，转换效率达到 14.4%，它是一种优良的温差电材料，热端温度达到 1 000 ~ 1 100 ℃，具有效率高、强度大、热稳定性好、抗辐射、质量轻等优点，用于航天系统的温差发电器。

8.3.6　氮化镓

硅和锗被称为第一代电子材料，Ⅲ－Ⅴ族化合物半导体包括 GaAs，GaP，InP 及其合金，被称为第二代电子材料，SiC，c-BN，GaN，AlN，ZnSe 和金刚石等宽禁带半导体材料被称为第三代电子材料。这些材料制作的器件在大功率、高温、高频和短波长应用方面的工作特性远远优于 Si 和 GaAs 制作的器件。表 8.1 为各种半导体材料的物理特性。

正如 As 基和 P 基化合物半导体成功地应用于红外、红光和绿光波长一样，Ⅲ－Ⅴ族氮化物长期以来一直被认为是在蓝光和紫外波长半导体器件应用方面有希望的材料系。

蓝光和紫外波长是电磁频谱中的一个重要领域。目前，半导体光学器件通常应用于从红外到绿光波长，如果这一范围可以扩展到蓝光波长，半导体器件就可以发射和检测可

见光谱的三种主要颜色，蓝光激光器可用于新一代光学数据储存系统，将对成像和图象应用产生巨大影响。

GaN 是一种坚硬稳定的高熔点材料，GaN 的晶体结构主要为纤锌矿结构，其晶格常数随生长条件、杂质浓度和化学配比的变化而变化。由 GaN 与 InP，AlN 组成的混晶，形成三元化合物 AlGaN，GaInN，AlInN。InN 的禁带宽度为 2 eV，GaN 的禁带宽度为 3.4 eV，AlN 的禁带宽度为 6.3 eV。三者构成的化合物半导体材料的禁带宽度可在 2 ~ 6.3 eV 之间变化，从而覆盖了红、黄、绿、紫及紫外的光谱范围。

表 8.1　各种半导体材料的物理特性

材料	带隙类型	带隙宽度/eV	熔点/℃	热导率/ $(W \cdot cm^{-1} \cdot K^{-1})$	晶格常数/nm
Si	间接	1.12	1412	1.5	0.543
GaAs	直接	1.42	1238	0.46	0.568
金刚石	间接	5.5	4000	20	0.357
SiC	间接	2.9 ~ 3.3	2800	5	0.436
c-BN	间接	6.0 ~ 6.4	2704	0.25 ~ 0.13	0.362
ZnSe	直接	2.67	1520	1.4	0.566
c-GaN	直接	3.4	1500	1.4	0.410
AlN	直接	6.28	2300	1.7 ~ 2	0.311

GaN 晶体生长困难，目前主要制备薄膜材料。通过金属有机气相沉积、分子束外延、氢化物气相外延制备 GaN 及其异质结构外延材料。

制备 GaN 薄膜的衬底种类和质量对其影响很大，在选择衬底时要考虑下列因素，尽量采用同一系统的材料作为衬底，失配度越小越好，材料的热膨胀系数相近。表 8.2 是 GaN 各种衬底材料的性质。

表 8.2　GaN 各种衬底材料的性质

材料	晶体结构	晶格常数/nm		失配度	熔点	热膨胀系数
		a	c	$\Delta a/a$	/℃	$/(10^{-6} \cdot K^{-1})$
Al_2O_3	六方	4.758	12.990	0.140	2030	7.50
MgO	立方	4.216		0.130	2800	12.80
$MgAl_2O_4$	立方	8.083		0.090	2130	7.45
ZnO	六方	3.252	5.313	0.022	1975	2.90
SiC	六方	3.080	15.120	0.035	2700	10.30
$LiAlO_2$	四方	5.170	6.260	0.014	1700	
$LiGaO_2$	四方			0.002	1600	
GaN	六方	3.180	5.106	0.000	1050	5.59

8.3.7 碲镉汞

碲镉汞材料是目前最重要的红外探测器材料，它具有可调节的能带结构，探测器可覆盖 1 ~ 25 μm 的红外波段，且光吸收系数大。

碲镉汞是由碲、镉和汞三元素构成的一种化合物材料，它们分属于ⅡB 族和ⅥA 族元素。该材料的物理性质随组分 x 的变化可连续地从金属性变到半导体，即随着 x 的增大，其禁带宽度从 HgTe 的负值过渡到 CdTe 的正值。由此可见 $Hg_{1-x}Cd_xTe$ 晶体材料通过 HgTe 和 CdTe 所含的克分子比，可随意改变材料的能隙宽度。例如，可从 $x=0.17$ 时的零电子伏特变到 $x=1$ 时的 1.60 eV。$Hg_{1-x}Cd_xTe$ 是一种直接跃迁型半导体，其本征载流子浓度低，电子有效质量小，电子迁移率高，电子与空穴迁移率比大，导电类型可以由本身组分的偏离来调节，也可以用掺杂办法来控制，它便于制成光导或光伏型的探测器件；HgCdTe 作为本征半导体，一般吸收系数大于 $10^3 cm^{-1}$，这样，在工作波段内，就可以全部吸收几个微米到几十微米以内的光。$Hg_{1-x}Cd_xTe$ 的静电介电常数为 14 ~ 17，高频介电常数为 10 ~ 12.5，且随组分不同而有所差别，因此可制成高速响应器件，满足高频调制、外差探测和光通迅要求。另外，$Hg_{1-x}Cd_xTe$ 的固有氧化表面态密度低于 10^9，适于制作金属－绝缘体－半导体(MIS)或金属－氧化物－半导体(MOS)结构型的器件。从上述优越的光电特性看出，HgCdTe 是继硅、砷化镓等材料之后的第三代应用最广泛的电子材料。

$Hg_{1-x}Cd_xTe$ 块晶生长方法主要有：布里奇曼法、淬火退火法，碲溶剂法和移动加热器法。

焦平面器件对 HgCdTe 材料提出大尺寸、均匀性好、低位错密度和信息处理电路集成等要求，体晶生长法制备的材料是达不到的，而薄膜材料可以满足这些要求。采用液相外延、气相外延等方法可以制备 HgCdTe 薄膜材料，衬底的选取、晶向及表面清洁过程对 HgCdTe 外延膜的成核与生长起关键作用。

化合物半导体材料经过几十年的研究，已成为信息领域中的一个重要方面，在微波、超高速器件、光电器件等方面有广泛的应用。化合物半导体单晶材料的发展趋势是高纯度、大尺寸、高均匀性。

8.4 半导体微结构材料

半导体异质结、超晶格和量子阱材料统称为半导体微结构材料。由两种不同半导体材料所组成的结，称为异质结。两种或两种以上不同材料的薄层周期性地交替生长，构成超晶格。当两个同样的异质结背对背接起来，构成一个量子阱。

在过去的十几年中，半导体微结构材料的研制领域里呈现出一派热火朝天的景象。材料科学家借助于分子束外延(MBE)、金属有机化学气相沉积(MOCVD)及其他工艺，在 GaAs，InP 及 Si 衬底上制备出形形色色的天然晶体中不存在的半导体微结构材料。固体物理学家在对超晶格的超周期性和量子限制效应的研究中，发现了不同寻常的输运性质及光学性质；应用物理学家改变了电子器件的设计思想，使半导体器件设计由“掺杂工程”走向“能带工程”，进而制造了许多新型器件，从而将微电子和光电子领域推向一个引人入胜的境界。

1963 年,为了改进当时 GaAs 结型激光器的高阈值电流问题,Kroemer 建议把一个窄带隙半导体夹在两个宽带隙之间,从而提高注入效率和增加载流子限制,首次明确提出异质结概念。1968 年,约飞技术物理所和贝尔实验室相继研制出异质结构激光器。1970 年,使 AlGaAs/GaAs　DH 激光器实现室温受激发射,从而拉开由均匀材料向半导体微结构材料变革的序幕。

1969 年,江崎和朱兆祥提出由两种不同带隙的超薄层构成的一维周期性结构,即人工半导体超晶格,并设想了两种不同类型的结构:掺杂超晶格和组分超晶格。半导体超晶格概念促进了刚刚出现的 MBE 和 MOCVD 薄膜生长新技术的不断改进和提高,这也是自 p-n 结、晶体管发明以来,半导体科学的一次重大突破。由半导体微结构制成的电子器件,对光通讯、光计算机、智能计算机有着极其重要的作用。

8.4.1　异质薄层材料

p-n 结是在一块半导体单晶中用掺杂的办法做成两个导电类型不同的部分。一般p-n 结的两边是用同一种材料做成(如 Si,Ge,GaAs)称为同质结。在一种半导体材料上生长另一种半导体材料(或金属),两种材料的交界面形成异质结。

两种材料禁带宽度的不同以及其他特性的差异,使异质结具有一系列同质结所没有的特性,在器件设计上将得到某些同质结不能实现的功能,如在异质晶体管中用宽带一侧做发射极会得到很高的注入比,获得较高的放大倍数。

异质外延生长是指不相同材料相互之间的外延生长,$Al_xGa_{1-x}As/GaAs$ 表示外延薄膜/衬底;x,$(1-x)$ 分别代表 Al,Ga 的相对含量。

超晶格结构就是这些外延层在生长方向上的周期排列,如在 GaAs 衬底上有一个由 100 nm 的 $Al_{0.5}Ga_{0.5}As$ 层和 10 nm 的 GaAs 层组成的重复结构,用符号表示就是 $Al_{0.5}Ga_{0.5}As$(100 nm)/GaAs(10 nm)/…/$Al_{0.5}Ga_{0.5}As$(100 nm)/GaAs(10 nm)/GaAs,因 AlGaAs 组成在生长方向具有周期性,所以该结构称为超晶格结构。

超晶格的晶格周期并不是取决于材料的晶格常数($a \doteq 0.5$ nm),而是取决于交替子层的重复周期,如上述例子中的 100 nm,10 nm。与电子平均自由程相关的超晶格周期对于能否产生量子效应是一个重要参量。

8.4.2　超晶格种类

从超晶格诞生以来,随着理论和制备技术的发展,到目前已提出和制备了很多种超晶格。

1. 组分超晶格

在超晶格结构中,如果超晶格的重复单元是由不同半导体材料的薄膜堆垛而成,则称为组分超晶格,如图 8.3 所示。

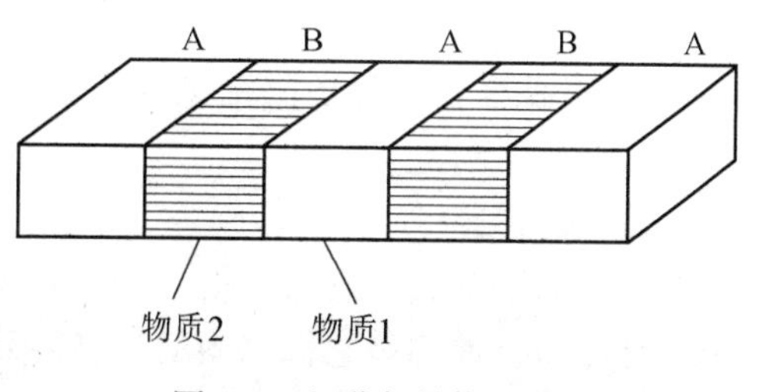

图 8.3　组分超晶格示意图

在组分超晶格中,由于构成超晶格的材料具有不同的禁带宽度,在异质界面处将发生能带的不连续。

2. 掺杂超晶格

掺杂超晶格是在同一种半导体中,用交替地改变掺杂类型的方法做成的新型人造周期性半导体结构的材料,如图 8.4 所示。

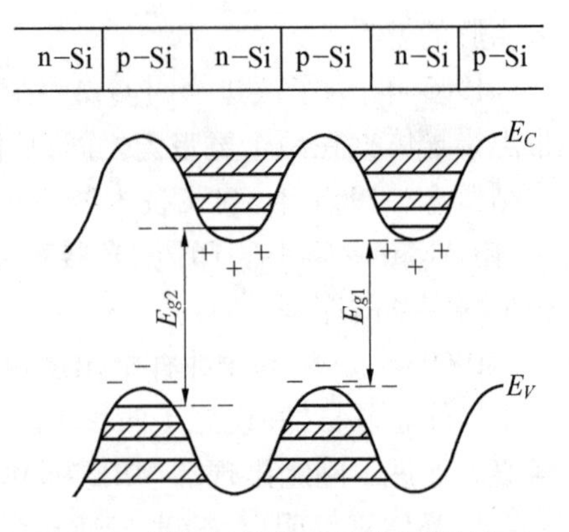

图 8.4　掺杂超晶格半导体能带结构

在 n 型掺杂层,施主原子提供电子,在 p 型掺杂层,受主原子束缚电子,这种电子电荷分布的结果,产生系列的抛物线形势阱。

掺杂超晶格的一个优点是,任何一种半导体材料只要很好控制掺杂类型都可以做成超晶格。第二个优点是,多层结构的完整性非常好,由于掺杂量一般较小($10^7 \sim 10^{19}/cm^3$),所以杂质引起的晶格畸变也较小。因此,掺杂超晶格中没有像组分超晶格那样明显的异质界面。第三个优点,掺杂超晶格的有效能量隙可以具有从零到未调制的基体材料能量隙之间的任何值,取决于对各分层厚度和掺杂浓度的选择。

3. 多维超晶格

一维超晶格与体单晶比较具有许多不同的性质,这些特点来源于它把电子和空穴限制在二维平面内而产生量子力学效应,进一步发展这种思想,把载流子再限制在低维空间中,可能会出现更多的新的光电特性,图 8.5 为低维超晶格。

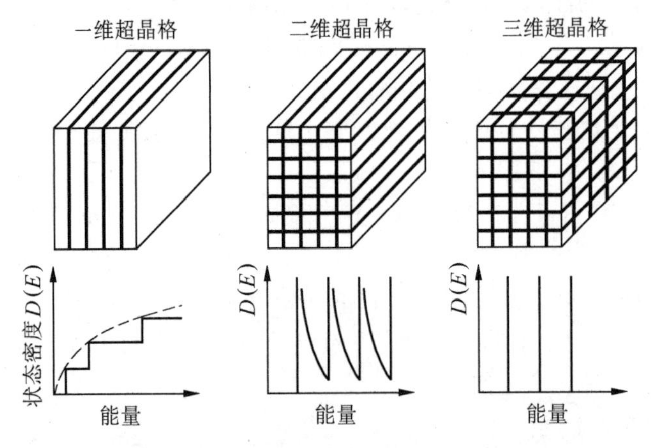

图 8.5　一维、二维、三维超晶格及状态密度

用 MBE 法生长多量子阱结构或单量子阱结构,通过光刻技术和化学腐蚀制成量子线、量子点。

4. 应变超晶格

初期研究超晶格材料时,除了 AlGaAs/GaAs 体系以外,对其他物质形成的超晶格的研究工作不多。原因是它们之间的晶格常数相差很大,会引起薄膜之间产生失配位错而得不到良好质量的超晶格材料。但如果多层薄膜的厚度十分薄时,在晶体生长时反而不容易产生位错。也就是在弹性形变限度之内的超薄膜中,晶格本身发生应变而阻止缺陷的产生。因此,巧妙地利用这种性质,制备出晶格常数相差较大的两种材料所形成的应变超晶格。

SiGe/Si 是典型ⅣA 族元素半导体应变超晶格材料，随着能带结构的变化，载流子的有效质量可能变小，可提高载流子的迁移率，可做出比一般 Si 器件更高速工作的电子器件。

8.4.3　超晶格中的电子状态

图 8.6 为半导体 GaAs 的能带结构，其中 ϕ 为电子亲和势，E_g 为禁带宽度，E_V 为价带顶，E_C 为导带底，E_0 为真空能级，$\boldsymbol{k}$ 为波失。$E(\boldsymbol{k})$为电子能量。

在组分超晶格中，由于构成超晶格的材料具有不同的禁带宽度，在异质界面处将发生能带的不连续，能带结构变化如图 8.7 所示。

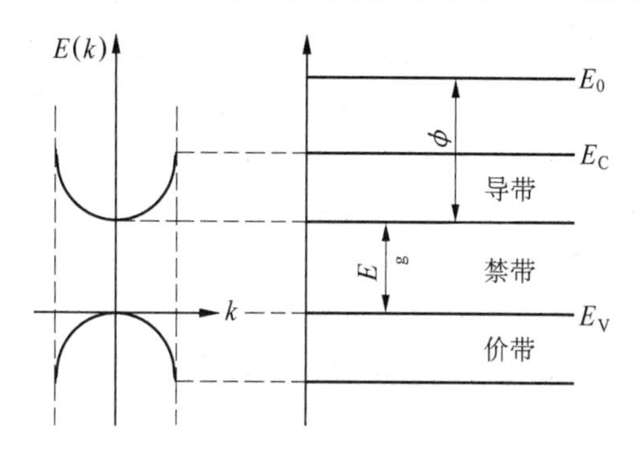

图 8.6　CaAs 的能带结构

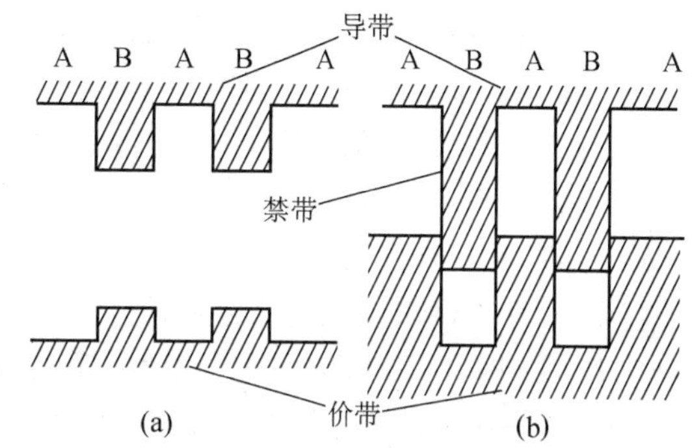

图 8.7　组分超晶格能带结构
(a)第Ⅰ类组分超晶格；(b)第Ⅱ类组分超晶格

GaAs 导带底能量较低(价带顶能量较高)，成为势阱，AlGaAs 导带底能量较高，价带顶能量较低，变成势垒。势阱宽 L_W，势垒宽 L_B。

当 L_B 无限大，为单一势阱。如势垒很高，电子被限制在势阱中，这种势阱为量子阱，可以利用量子力学讨论电子状态能级 E_n 和波函数 φ。

当 AlGaAs 层厚度 L_B 逐渐变薄时，由于隧道效应，在它两侧的 GaAs 中的电子波函数将重叠而原来的能级变成能带，这种能带成为子能带，如图 8.8 所示。

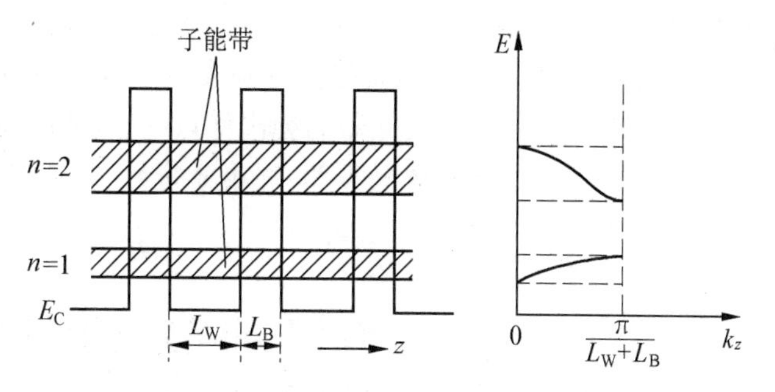

图 8.8　子能带图

从能带角度可以区分量子阱和超晶格。当势垒足够厚，足够高时，相邻阱中的电子波函数不发生交叠，这种结构材料中的电子行为如同单个阱中电子行为的简单总和，这种材料称为多量子阱材料。

如势垒比较薄，高度比较低时，由于隧道共振效应，使阱中的电子隧道穿越势垒，势阱中的分立电子能级形成具有一定宽度的子能带，这种材料称为超晶格。

人们可以通过控制两种材料的成分来达到所希望的阱深，通过控制阱材料(GaAs)的厚度来调整阱宽,由此根据量子力学计算可得出电子能级和波函数,并计算出样品的相应电学和光学性质,与实验测量值相比,结果相当令人满意。

8.4.4 典型的半导体微结构材料

1. Ge_xSi_{1-x}/Si 异质结

Ge_xSi_{1-x}/Si 异质结材料与硅相比具有可缩小器件尺寸、提高器件工作速度和在同一衬底上集成电子器件和光电子器件等优点,又因为 Ge_xSi_{1-x}/Si 异质结器件的制作可以利用成熟的硅集成电路工艺技术,所以这种异质结构的应用领域非常广泛,有着诱人的应用前景,并正日益受到重视。

Ge_xSi_{1-x}/Si 异质结的制备是把 Ge_xSi_{1-x} 合金膜生长在 Si 衬底上,可以采用分子束外延和化学气相沉积等技术实现。GeSi 合金膜的厚度,对器件设计来说,是一个重要的结构参数。在合金膜中,随着 Ge 的含量增加,GeSi 合金与 Si 衬底的晶格失配也随之增大,所以在 Ge 含量较大时,临界厚度也将变得较小。

利用 Ge_xSi_{1-x}/Si 异质结可以制备调制掺杂场效应晶体管(MODFET)、异质结双极晶体管(HBT)和红外探测器。Ge_xSi_{1-x}/Si 异质结用于 HBT 有两方面好处:可以用成熟的 Si 工艺制作 HBT,GeSi 基区可方便地通过改变 Ge 含量来调节禁带宽度和设置加速场。当 $x=0.1\sim0.4$时,GeSi/Si 内光电子发射(HIP)探测器的 $\lambda_c=5\sim22$ μm,覆盖了一个较宽的红外范围,是一种较理想的长波红外探测器。

2. GaAs/AlGaAs 量子阱

用分子束外延生长的 GaAs/AlGaAs 体系是一种比较理想的量子阱和超晶格材料,也是发展最早、研究最多、生长工艺最成熟的材料体系,可以制成各种光通讯元件和半导体激光器,广泛用于电通信等各个领域。

分子束外延是指组成化合物的各元素通过加热方式,以原子束或分子束形式喷射在加热的衬底表面经表面扩散和物理化学反应,形成化合物晶体薄膜的过程。

GaAs 和 $Al_xGa_{1-x}As$($x=0.3$)都属于立方晶系的闪锌矿结构晶体,晶格常数分别为 $a_{GaAs}=0.5654$ nm 和 $a_{AlGaAs}=0.5656$ nm($x=0.3$)。由于 GaAs 和 AlGaAs 之间晶格失配非常小(0.04%),在其异质界面不产生位错等晶格缺陷,只有微小的弹性变形。因此,这也是深入研究 GaAs/AlGaAs 异质结构并制成半导体器件的理由之一。

GaAs/AlGaAs 量子阱激光器的突出优点是:阈值电流密度低(大约 200 A/cm^2),易光集成化并制成大功率半导体激光器;光束质量好,有利于提高通信质量。量子阱激光器已成为半导体激光器的发展方向。

8.5 非晶态半导体

晶体的特征是晶格具有周期对称性,即长程有序。不具有长程有序的物质(包括液体)称为非晶体。对非晶半导体的研究始于 1950 年,先后在硫系玻璃,Ge,Si 等元素非晶半导体应用研究取得进展,并对非晶半导体电子理论也进行了深入研究。

研究最多的是以下两类非晶半导体:

（1）四面体结构非晶半导体。

这类非晶半导体主要有ⅣA 族元素非晶半导体，如非晶硅（α-Si）和非晶锗（α-Ge），以及ⅢA-ⅤA 族化合物非晶半导体，如 α-GaAs，α-GaP，α-InP 及 α-GaSb 等。这类非晶半导体的特点是它们的最近邻原子配位数为 4，即每个原子周围有 4 个最近邻原子。

（2）硫系非晶半导体。

这类非晶半导体中含有很大比例的硫系元素如 S，Se，Te 等，它们往往是以玻璃态形式出现。例如 S，Se，Te，As_2S_3，As_2Te_3，As_2Se_3，Sb_2S_3，Sb_2Te_3，Sb_2Se_3 及三元系 As_2Se_3-As_2Te_3 和四元系 Tl_2Se_3-As_2Te_3 等都属于此类。另外还有氧化物非晶半导体 GeO_2，BaO，SiO_2，TiO_2，SnO_2 及 Ta_2O_5 等，ⅢA 族元素和ⅤA 族元素非晶半导体如 α-B 和 α-As 等。

8.5.1　非晶态半导体的能带模型

能带理论是目前研究晶体中电子运动的主要理论，它认为各电子的运动基本上可看成是相互独立的，每个电子是在具有晶格周期性的势场中运动，这个周期性势场包括原子实以及其他电子的平均势场。能带理论虽然是一个近似理论，它对晶态半导体是比较好的近似。由于非晶态半导体不存在周期性，因而电子的运动呈现一些新的特点。主要有以下几个方面：

（1）电子在周期性势场中运动的本征波函数是布洛赫波，即

$$\psi(\boldsymbol{k},\boldsymbol{r}) = e^{i\boldsymbol{k}\cdot\boldsymbol{r}} \cdot u(\boldsymbol{k},\boldsymbol{r}) \tag{8.2}$$

波函数是布洛赫波，这意味着电子在晶体各个原胞中出现的几率是相同的，即电子可以在整个晶体内运动，称为共有化运动。非晶态半导体由于不具有周期性，波函数不再是布洛赫波的形式。非晶态半导体中的电子态分为两类：一类称为扩展态，它与晶态中的共有化运动状态相类似，波函数延伸在整个晶体之中；另一类称为定域态，波函数局限在一些中心附近，随着与中心点的距离增大而指数衰减。

（2）晶体中电子态的能量本征值分成一系列能带，对晶态半导体最重要的是导带和价带，导带和价带之间存在着禁带。在能带中电子能级是非常密集的，形成准连续分布。为了概括这种情况下的能级分布情况，常引入能态密度函数 $\rho(E)$，在 $E \sim E+dE$ 间隔内的状态数为 $\rho(E)dE$。晶态半导体导带底和价带顶附近的能态密度，如图 8.9 所示。

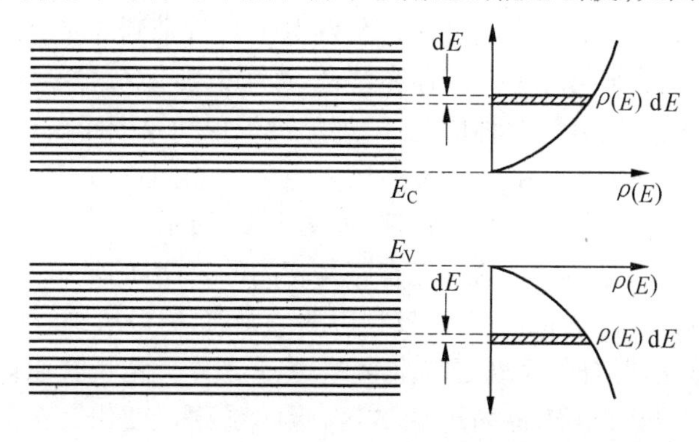

图 8.9　晶态半导体导带底、价带顶附近的态密度函数

在非晶态半导体中，也存在一系列能带，能带的存在不依赖于晶体的周期性。研究表

明,能带的基本情况主要取决于近程的性质。差别在于非晶态半导体的能态密度存在着尾部,如图 8.10(a)。在导带中,$E>E_C$ 是扩展态,$E_A<E<E_C$ 为定域态;在价带中,$E<E_V$ 是扩展态,$E_V<E<E_B$ 为定域态。E_C 和 E_V 分别表示导带和价带中扩展态和定域态的分界。当电子处在定域态时,电子只能通过与晶格振动相互作用来交换能量,才能从一个定域态跳到另一个定域态,进行跳跃式导电,因而当 $T\to0$ K 时,定域态中电子迁移率为 0,而在扩展态的迁移率为有限值,因而 Mott 等人把扩展态和定域态的分界称为迁移率边缘。

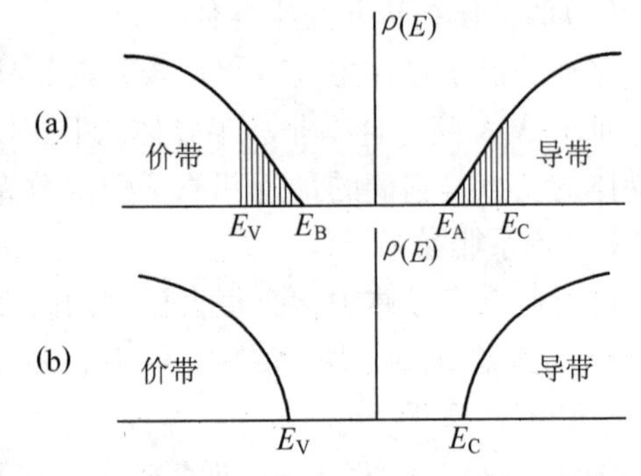

图 8.10　非晶态(a)和晶态(b)态密度函数的比较

(3)晶态半导体中的缺陷,如杂质、空位、位错等,往往在禁带中引入缺陷能级,它们表示电子的束缚态。在非晶态半导体中也是一样,由于非晶态半导体中缺陷密度大,在禁带中引入大量的缺陷定域态,这些定域态的能级形成窄的能带。

8.5.2　非晶态半导体的电学和光学性质

1. 直流电导

晶态半导体的导电主要是靠导带中的电子或价带中的空穴,而在非晶态半导体中存在有扩展态、尾部定域态、禁带中的缺陷定域态等,这些状态中的电子(或空穴)都可对电导有贡献。电导率与温度的关系为

$$\sigma = \sigma_0 e^{-E/kT} + \sigma_1 e^{-E_1/kT} + \sigma_2 e^{-E_2/kT} \tag{8.3}$$

第一项表示扩展态电导;第二项表示尾部定域电导,第三项表示禁带中缺陷定域态的电导,其中 $E=E_C-E_F$,$E_1=E_A-E_F+W_1$,W_1 为电子跳跃的激活能,E_2 为两个定域态间跳跃过程所需的平均能量。

上述三种导电的区域不一定在一个材料中都同时表现出来,以及在室温附近究竟是哪种导电机构在起作用,这取决于不同导电机构中参量之间的关系。

2. 光吸收

晶态半导体中最主要的光吸收过程是激发电子自价带到导带之间的跃近,称为半导体的本征吸收。由于价带与导带之间存在禁带,光子的能量 $h\nu$ 需符合下述条件:$h\nu\geqslant E_g$。晶态半导体的本征吸收边分为两种情况:一类是价带顶和导带底在 $\boldsymbol{k}$ 空间中的相同点,称为竖直跃迁;另一类是价带顶和导带底不在 $\boldsymbol{k}$ 空间的相同点,跃迁的过程必须有声子参加,给电子提供 $\boldsymbol{k}$ 的变化,称为非竖直跃迁,如图 8.11 所示。

非晶态半导体与晶态半导体的近程有序是相同的,二者的基本能带结构相似,因而本征吸收谱没有大的变化,差别在于本征吸收边的位置有些移动,同时由于非晶态中不存在长程的周期性,因而不再有竖直跃迁与非竖直跃迁之分。光吸收曲线可分为三个区域:A,高吸收区,吸收系数 $\alpha>10^4\,\mathrm{cm}^{-1}$;B,指数区,吸收系数 α 变化为 4 至 5 个数量级;C,弱吸收区,α 变化为 $10^{-1}\sim10^{-2}$。

3. 光电导

光电导效应是非晶态半导体的一个基本性质,特别是非晶硅。它的光电效应密切依

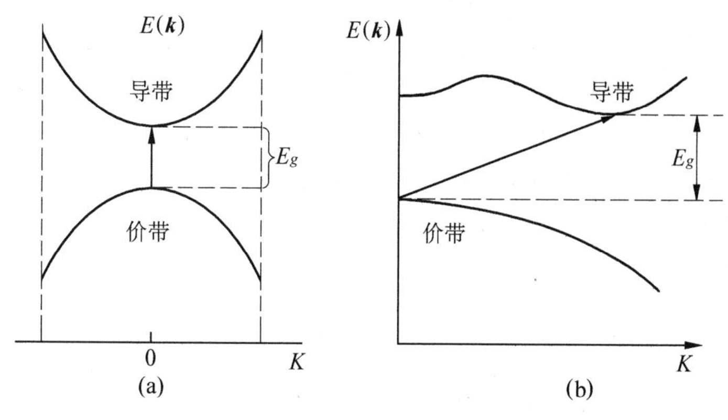

图 8.11　晶态半导体电子跃迁

(a)竖直跃迁；(b)非竖直跃迁

赖于制备的工艺方法和工艺条件,其光电导效应是衡量非晶硅材料性质的基本参数。

光照可以产生非平衡载流子,其浓度用 Δn 表示,它们引起电导率的改变为 $\Delta\sigma=\Delta nq\mu$,这个现象称为光电导,光电导的大小与光照强度有关。

非晶态半导体是高阻材料,存在着大量的缺陷定域态,具有显著的陷阱效应,即在光照产生非平衡载流子的同时,缺陷态上的电子浓度也要发生变化。

8.5.3　非晶硅 α-Si：H

非晶半导体的掺杂效应和 p-n 结制备首先是在 α-Si：H 中实现的。α-Si：H 薄膜不仅成功地用于制造太阳能电池,而且在多方面展现了新的应用前景。

制备非晶硅的方法有多种,常用的如等离子辉光放电法、溅射法、真空蒸发法、化学气相淀积法等。用辉光放电法制备的 α-Si：H 比用其他方法制备的性能要好得多,它具有很低的隙态密度和很大光电导性等。利用辉光放电法制备的 α-Si：H 首先实现了非晶半导体的掺杂效应,并制造出了太阳能电池等电子器件。

辉光放电制备 α-Si：H 的方法是将硅烷(SiH_4)气体通入真空反应室,用等离子辉光放电使之分解成 Si,SiH,SiH_2 等原子或原子团。这些原子或原子团沉积在玻璃、金属等衬底上形成 α-Si：H 非晶硅薄膜。

若在放电的气体 SiH_4 中加入 PH_5 和 B_2H_6,则可使非晶硅薄膜变成 p 型或 n 型的半导体材料。若在 SiH_4 中加入适量的甲烷(CH_4)、氨(NH_3)或锗烷(GeH_4)等还可得到非晶碳化硅(α-SiC)、非晶氮化硅(α-SiN)和非晶锗硅合金(α-SiGe)等,它们具有一些独特的性质,在非晶硅器件制作中具有特殊应用。

非晶硅的特性:①在可见光谱区域内具有高的光吸收系数和光电导特性;②非晶硅薄膜的沉积生长温度低(180 ~ 250 ℃),能耗低,成本少;③非晶硅可形成禁带宽度各不相同的多种非晶合金,而且每种非晶合金的禁带宽度还可用调节成分的方法,在一定范围内进行调节,以满足各种器件的需要;④非晶硅及其合金可用掺杂的方法使之成为 n 型或 p 型,有利于器件的制造。

非晶硅除具有上述优点外,也有缺点。首先是它的内部构造的混乱导致电子和空穴等载流子的寿命短,扩散长度小,往往使器件特性下降。其次在长期的强光照射下,会产生光疲劳效应，使光电导和其他特性下降。

非晶态硅薄膜的主要用途是作太阳能电池，即直接将太阳能转换为电能的器件。以往的太阳能电池主要用 Si，CdTe 和 GaAs 单晶材料，由于单晶工艺复杂，材料损耗大，价格昂贵，因此使用受限。非晶态硅薄膜可以大面积沉积，成本低，为广泛利用太阳能创造了条件。另外非晶态硅薄膜还可以制成场效应晶体管、场效应集成电路、图象传感器、电荷耦合器件、光信息贮存器等。

8.5.4 硒

元素硒(Se)是一种黑色玻璃态半金属，元素周期表中ⅥA 族元素，原子序数 34，原子量 78.96。硒的变体有两种类型:无定形和结晶型态。因处理方式、条件和聚集状态不同而形成红色、深红色、褐色、黑色和玻璃态硒。

无定形硒是棕色固体，接近绝缘体性质，结晶型硒具有金属光泽，对光很敏感，是一种光电半导体材料。硒主要用于复印行业，几乎硒产量的一半用于复印机光电转换元件，硒鼓。

8.6 半导体光电子材料

光电子材料是应用于光电子技术的材料总称，是指具有光子和电子的产生、转换和传输功能的材料。光电子材料是光电子技术的先导和基础，光电子材料的研制与发展，对光电子技术起推动与促进作用。半导体光电器件促成了光纤通信技术的普遍应用，使通信的容量得以迅速增长，光纤通信技术的进一步发展是推动研究各种新型半导体光电器件的动力。将光电器件与电子器件有机地结合，进行各种光-电、电-光转换以及光、电和光电混合信号处理交换是系统必须的。许多有源导波光学器件，如激光器、调制器及探测器，需要电驱动才能工作，在同一衬底上将光电器件与驱动电路集成，可以提高系统的性能。

各种分立的光电器件(激光器、探测器、调制器等)和电子器件(低噪声晶体管、功率晶体管等)已达到很高水平。但将这两类不同类型、封装于各自管壳中的器件组合起来却受到限制。光电器件和电子器件集成构成光电子集成电路(Optoelectronic Integrated Circuit, OEIC)，单片集成所遇到的最基本问题是两类器件的兼容性。硅集成电路性能优良，但硅是间接带隙材料，发光效率低。在光通信波段(1.3 ~ 1.6 μm)是透明的，无法进行光探测。在单片 OEIC，Ⅲ-Ⅴ族材料是优选材料，其中 GaAs 最成熟，但其波长不适合光通信波段。InP 系材料是目前光通信波段的光电器件常用的材料体系。

在 OEIC 中，光电器件的数量少(几只或几十只)，而电子器件的数目很大(几十至上万)。在电子器件方面充分利用现有的技术(如 Si 和 GaAs 技术)可以带来方便。光电器件所用材料主要是 InP 系材料(包括 InGaAs，InGaAsP 等)，在 Si 或 GaAs 衬底上外延生长 InP 系材料可实现单片光电集成。

在 OEIC 中可采用芯片倒装技术将光电器件与电子器件组装到一起，即在 Si 或 GaAs 材料上先制作出全部电子电路，预留出安装光电器件的位置并制作好键合光电器件所需的电极，再将光电器件芯片倒装此位置。光电集成的另一种方法是衬底键合工艺，即在

InP 衬底上生长出光电器件的全部结构，将此外延片与 Si 或 GaAs 等适合制作电子电路的材料进行键合，用选择腐蚀的方法除去 InP 衬底，在 Si 或 GaAs 材料上只留下制作光电器件所需的外延层，可进行 OEIC 的单片集成。

采用微电子、微机械、光电集成等技术将光学零件微型化，并与半导体光电子器件结合，单片集成到同一块半导体衬底上，构成光子集成电路（Photo Integrated Circuit，PIC）。光子集成电路中不仅需要光电器件，也包含电子器件。在光子集成方面，根据器件工作波长选取合适的材料是基本要求。构成光子器件的材料必须具有合适的折射率和光传输特性，同时解决材料与器件工艺兼容性问题。

8.7　半导体陶瓷

半导体陶瓷是指导电性能介于导电陶瓷和绝缘介质陶瓷之间的一类材料，其电阻率介于 $10^{-4} \sim 10^{-7}$之间。一般是由一种或数种金属氧化物，采用陶瓷制备工艺制成的多晶半导体材料。这种半导体的特性与通常单晶（如硅、锗）半导体相比有很大差别，因而研究方法及理论也不尽相同。主要有以下几点：

（1）半导体陶瓷的化学性质比较复杂，易产生化学计量比的偏移，在晶格中形成固有点缺陷，这种点缺陷浓度不仅与温度及环境氧分压有关，而且与外来杂质浓度紧密相连。

（2）构成半导体陶瓷的氧化物分子多数是离子键，这类材料中载流子的迁移机理较锗 、硅等半导体更为复杂。

（3）半导体陶瓷材料是多晶材料，存在晶界是其重要特征。由于晶界的化学、物理特性十分复杂，许多物理效应都是晶粒界引起。

半导体陶瓷的种类很多，可以制成各种敏感器件。

8.7.1　PTC 半导体陶瓷

PTC 热敏半导体陶瓷，是指一类具有正温度系数的半导体陶瓷材料。典型的 PTC 半导体陶瓷材料系列有 $BaTiO_3$ 或以 $BaTiO_3$ 为基的（Ba，Sr，Pb）TiO_3 固溶半导体陶瓷材料，氧化钒等材料及以氧化镍为基的多元半导体陶瓷材料等。其中以 $BaTiO_3$ 半导体陶瓷最具代表性，也是当前研究得最成熟，实用范围最宽的 PTC 热敏半导体陶瓷材料。

$BaTiO_3$ 陶瓷是一种典型的铁电材料，常温电阻率大于 10^{12} Ω · cm，相对介电系数高于 10^4。1955 年，海曼等人发现在纯净的 $BaTaO_3$ 陶瓷中引入微量的稀土元素，其常温电阻率可下降到 $10^{-2} \sim 10^4$ Ω · cm。与此同时，若温度超过材料的居里温度，则电阻率在几十度的温度范围内能增大 3 ~ 10 个数量级，即产生 PTC 效应，PTC 是 Positive Temperature Coefficient 的缩写。图 8.12 为 PTC 陶瓷的电阻率随温度的变化关系，若温度继续升高，电阻率又逐渐降低。

$BaTiO_3$ 晶格为典型的 ABO_3 型钙钛矿结构，钡离子处在 A 位，钛离子处在 B 位。在纯净的$BaTiO_3$材料中引入微量稀土元素作为施主杂质可使材料半导化。施主杂质取代方式大致有三种，一是 A 位取代，即与 Ba^{2+}半径相近，化合价高于 2 价的元素取代 Ba^{2+}；二是 B 位取代，即与 Ti^{4+}半径相当，化合价高于 4 价的元素取代 Ti^{4+}；三是双位取代，即加入多种离子，同时取代 Ba^{2+} 和 Ti^{4+}。无论采用哪种取代方式，杂质的总引入量一般都应控制在0.5% mol内。

不掺杂 $BaTiO_3$ 陶瓷在还原气氛中烧结，也可获得常温电阻率很低的半导体陶瓷材料，但这种半导体陶瓷不具有 PTC 效应。而且，即使施主掺杂 $BaTiO_3$ 半导体陶瓷，其 PTC 效应也与烧成气氛有明显的依赖关系，即只有在氧化气氛中烧结或在高于 900 ℃的氧化气氛中热处理，样品才呈现 PTC 效应，在还原气氛中烧成，则没有 PTC 效应。

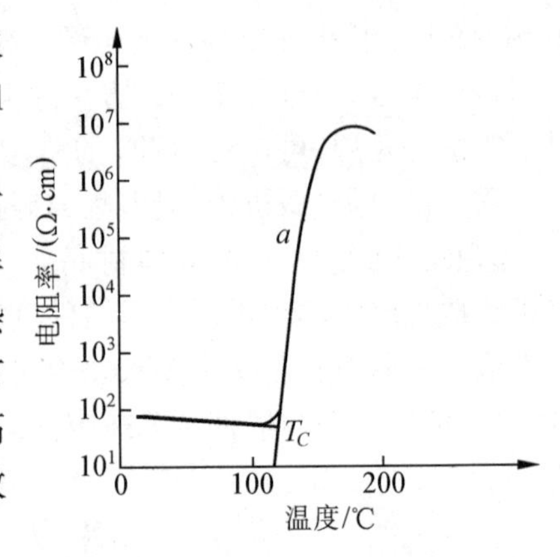

图 8.12　PTC 陶瓷的电阻率随温度的变化关系

实验表明，PTC 效应主要在降温过程中形成。高温烧成的样品，直接淬火至室温，不呈现 PTC 效应；降温速率越慢，PTC 效应越大。

$BaTiO_3$ 单晶半导体不呈现 PTC 效应，而把 $BaTiO_3$ 单晶半导体粉碎后烧成陶瓷，则呈现明显的 PTC 效应，因而证明 PTC 效应来源于多晶半导体晶界。

$BaTiO_3$ 半导体陶瓷材料中引入微量 Mn，Cr，Fe 等元素作受主杂质，可明显提高 PTC 效应；但引入 Na，Cu，Al 等元素作受主杂质，却只能提高室温电阻率，而不能提高 PTC 效应。

$BaTiO_3$ 半导体陶瓷存在 PTC 效应是材料的铁电性和陶瓷的多晶特性共同作用所产生的物理现象。其机理是 $BaTiO_3$ 在室温下是铁电体，存在着自发极化，对晶界层势垒起屏蔽作用，势垒高度降低，PTC 材料的室温电阻率主要由晶粒的电阻率所决定，为低阻的 n 型半导体。当温度达到居里温度附近时，自发极化迅速减小，并在材料由铁电体转变为顺电体时完全消失，晶界势垒阻碍晶粒中电子的流通，材料的电阻率由晶界电阻率所决定，呈现高电阻特性。所以在材料的温度由室温向高温连续变化过程中，将在居里温度附近出现低电阻到高电阻的突变即 PTC 效应。

PTC 材料所具有的独特电阻率随温度的变化关系，使其应用十分广泛，主要用于温度自控，过电流和过热保护、彩电消磁、马达启动、液面深度探测等方面。

8.7.2　NTC 半导体陶瓷

负温度系数（Negative Temperature Coefficiemt，NTC）热敏半导体陶瓷是研究最早、生产最成熟、应用最广泛的半导体陶瓷之一。这类热敏半导体陶瓷材料大都是用锰、钴、镍、铁等过渡金属氧化物按一定比例混合，采用陶瓷工艺制备而成，温度系数通常在-1% ~ -6%左右。按使用温区可分为低温（-60 ~ 300 ℃）、中温（300 ~ 600 ℃）及高温（大于 600 ℃）三种类型。

NTC 半导体陶瓷一般为尖晶石结构，其通式为 AB_2O_4，式中 A 一般为二价正离子，B 为三价正离子，O 为氧离子。实际上尖晶石结构的单位晶胞中共有 8 个 A 离子，16 个 B 离子和 32 个氧离子。由于氧离子的半径较大，故由氧离子密堆积而成，金属离子则位于氧离子的间隙中。氧离子间隙有两种：一是正四面体间隙，A 离子处于此间隙中；另一个是正八面体间隙,由 B 离子占据,这种正常结构状态称为正尖晶石结构,即 $A^{2+}B_2^{3+}O_4^{2-}$。

当全部 A 位被 B 离子占据,而 B 位则由 A,B 离子各半占据时,称为反尖晶石结构,结构式可表示为:$B^{3+}(A^{2+}B^{3+})O^{2-}$。当只有部分 A 位被 B 离子占据时,称为半反尖晶石结构。只有全反尖晶石结构及半反尖晶石结构的氧化物才是半导体。

NTC 热敏半导体陶瓷材料通常都以 MnO 为主材料,同时引入 CoO,NiO,CuO,FeO 等氧化物,使其在高温下形成半反或全反尖晶石结构的半导体材料。

常温热敏半导瓷材料主要有含锰二元系氧化物半导体陶瓷 $MnO-CoO-O_2$ 系、$MnO-NiO-O_2$ 系、$MnO-FeO-O_2$ 系及 $Mn-CuO-O_2$ 系等。含锰三元系热敏半导体陶瓷材料主要有 Mn-Co-Ni 系、Mn-Fe-Ni 系和 Mn-Co-Cu 系等。

高温热敏材料主要有 Mn-Co-Ni-Al-Cr-O 系、Zr-Y-O 系、Al-Mg-Fe-O 系、Ni-Ti-O 系等。

高温热敏材料与常温热敏材料不同,由于其工作温度很高,材料本身有可能发生不可逆的化学变化引起老化。高温热敏材料宜选择接近化学计量比,离解能大的氧化物制备。

NTC 半导体陶瓷已广泛用于电路的温度补偿、控温和测温传感器的制作,在汽车发动机排气和工业上高温设备的温度检测及家用电器、防止公害污染的温度检测等方面应用。

8.7.3　CTR 半导体陶瓷

负温度系数临界电阻(Critical Temperature Resister,CTR)是利用材料从半导体相转变到金属状态时电阻的急剧变化而制成,故称为急变温度热敏电阻。主要是以 V_2O_5 为基础半导体陶瓷材料。这类材料常掺杂 MgO,CaO,SrO,BaO,Ba_2O,P_2O_5,SiO_2,GeO_2,NiO,WO_3,MoO_3 等稀土氧化物来改善其性能。V_2O_5 陶瓷材料先在一定程度的还原气氛下,于 800 ~900 ℃温度热处理,然后再粉碎、形成小颗粒,最后在 1 000 ℃左右的温度下,在适当还原气氛中进行烧结,冷却时采用急冷工艺制成具有四价 V^{4+} 离子的 VO_2 陶瓷。所制成的 VO_2 陶瓷材料在 63 ~67 ℃之间存在着急变临界温度,该急变温度的变化精度在±1 ℃,温度系数变化在 $-30\sim-100\times10^2$ ℃$^{-1}$之间,响应速度为 10 s,室温下的电阻值在 1 ~100 kΩ之间。这种热敏电阻的特性是其电流-电阻特性与温度有一定依赖关系,在急变温度附近,电压峰值有很大的变化,因而具有温度开关特性。用 CTR 半导体陶瓷材料制成的传感器在火灾报警、温度报警方面有很大用途,在固定温度控制和测温方面也有许多优点,其可靠性高,反应时间快。

8.7.4　压敏半导体陶瓷

压敏半导体陶瓷是指材料所具有的电阻值,在一定电流范围内具有非线性可变特性的陶瓷,用这类陶瓷制成的元器件又称非线性电阻器,它在某一临界电压下电阻值非常高,几乎无电流流过,当超过临界电压时,电阻急剧变低,随着电压的少许增加,电流会迅速增大,其特性曲线如图 8.13 所示。具有这种特殊非线性特性的材料包括硅、锗等单晶半导体及 SiC,TiO_2,$BaTiO_3$,$SrTiO_3$,ZnO 等半导体陶瓷,其中以 ZnO 半导体陶瓷的特性最佳。

ZnO 是一种由天然的红锌矿原料制出的六方晶系纤锌结构的氧化物,其化学键型处于离子键与共价键的中间键型状态。这种结构的基础是氧离子以六角密堆的方式排列，而锌离子（Zn^{2+}）填入于半数由 O^{2-} 紧密排列所形成的四面体空隙中，而 O^{2-} 密堆所形成的八面体空隙则是全空的，正负离子的配位数均为 4。

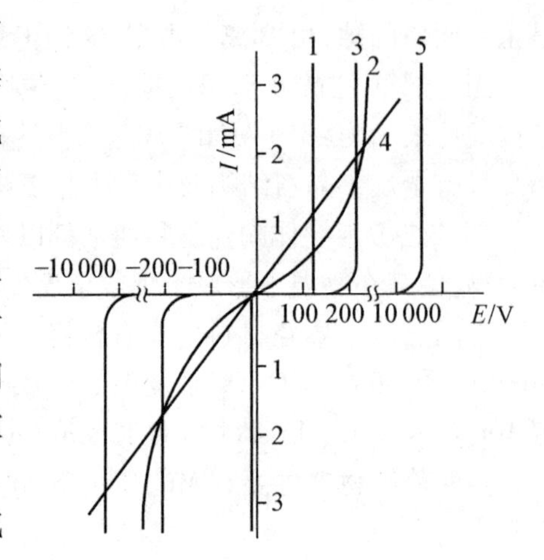

图 8.13　压敏电阻的电流−电压特性曲线

1—齐纳二级管；2—SiC 压敏电阻；3—ZnO 压敏电阻；4—线性电阻；5—ZnO 压敏电阻

ZnO 的许多性质，包括电性质，尤其是电导率主要来源于晶体的缺陷结构。ZnO 的纤锌矿晶体结构中存在大量易于容纳填隙锌离子的相当大尺寸的空隙，并且锌在 ZnO 晶体中的扩散系数比氧在 ZnO 中的扩散系数高。

ZnO 半导体陶瓷中存在晶粒和粒界层形成双肖特基势垒。在低电压区，*I-V* 特性受粒界的热激发射电流效应控制，表现出电流饱和的高电阻性。当外加电压增加，反偏势垒的场强超过某一临界值后，粒界界面态中所俘获的电子以隧穿势垒的机制传输电子电流，使 *I-V* 特性曲线进入击穿区。

ZnO 压敏电阻器的应用很广，在过电压保护方面是十分重要的。ZnO 避雷器可以用于由雷电引起的过电压和电路工作状态突变造成电压过高，使正常运行状态的过电压线路得到保护和稳压，防止设备遭受损坏。

第9章　微电子器件材料

9.1　集成电路概述

集成电路(Integrated Circuit,IC)是将电路中的有源元件(二极管、晶体管等)、无源元件(电阻、电容等)以及它们之间的互连引线等一起制作在半导体衬底上,形成一块独立的不可分的整体电路,集成电路的各个引出端(管脚)是该电路的输入、输出、电源和地等的接线端。

集成电路制造包括集成电路设计、工艺加工、测试、封装等工序。集成电路设计是根据电路所要完成的功能、指标等首先设计出在集成电路工艺中可行的电路图,然后根据有关设计规则将电路图转换为制造集成电路所需的版图,进而制成光刻掩膜版。完成设计后,可利用光刻版按一定的工艺流程进行加工、测试,制造出符合原电路设计指标的集成电路。

特征尺寸是集成电路中半导体器件的最小尺度,是衡量集成电路加工和设计水平的重要参数。特征尺寸越小,加工精度越高,集成度越大,性能越好。

芯片(chip)和硅片(wafer)是集成电路领域的两个术语,芯片指没有封装的单个集成电路,硅片是包含成千上百个芯片的大圆硅片。

微电子产业已经成为国民经济中最重要的支柱产业,缩小器件的特征尺寸、提高芯片的集成度和增加硅片面积,是微电子技术发展的主要途径之一。自20世纪70年代后期至今,集成电路芯片的集成度大约每一年半增加一倍,器件特征尺寸大约每三年缩小$\sqrt{2}$倍,单个芯片上可集成十亿个晶体管。

微电子技术涉及的材料是非常广泛的,材料技术是微电子技术发展的基础。没有材料技术的飞速发展就不可能有现在的微电子产业的巨大成就,不可能有今天的信息社会。同样,微电子技术今后的发展也离不开各种半导体材料、结构材料以及工艺辅助材料技术方面的重大突破。半导体材料是各种集成电路的原始材料,是微电子技术的核心材料。

9.2　衬底材料

微电子材料主要包括芯片材料、基板材料、封装材料、光刻材料和多种电子化学材料。半导体衬底材料是发展微电子产业的基础,其中最重要的是作为集成电路衬底材料的硅单晶。如果没有半导体硅片材料的飞速发展,集成电路是不可能有现在的发展速度和成就的。反过来,由于集成电路集成度的提高和特征尺寸的缩小,又对半导体材料提出更高、更苛刻的要求,即①晶片直径大;②缺陷密度小;③表面平整度高。集成电路与硅单晶的发展见表 9.1。

表 9.1　集成电路与硅单晶的发展

年份	1958	1965	1973	1978	1987	1995	1998	2001	2007
集成度	SSI $10^1\sim10^2$	MSI $10^2\sim10^3$	LSI $10^3\sim10^5$	VLSI $10^5\sim10^6$	ULSI $>10^6$	$10^9\sim10^{10}$			
存储器 /Mbit						64	256	1G	16G
特征尺寸 /μm		10	7	2~3	0.8~1	0.35	0.25	0.18	0.10
硅单晶直径 /英寸 /mm	1 (25)	2 (50)	4 (100)	5 (127)	7 (178)	8 (200)	12 (300)	>12	18 (457)

主要的半导体衬底材料有 Si，SOI 和Ⅲ-Ⅴ氮化物半导体材料。硅是一种重要和常用的衬底材料，具有力学强度高、结晶性好、单晶直径大、自然资源丰富、成本低等特点。随着集成度的提高，硅片尺寸由 3 寸发展到 12 寸，可以生产 1G DRAM。

SOI（Silicon On Insulator 绝缘衬底上的硅）材料是一种非常有发展前途的材料，由于它特有的结构可以实现集成电路中元器件的介质隔离，具有集成密度高、速度快、工艺简单、短沟道效应小等优点，将会成为 0.1 μm 左右低压、低功耗集成电路的主流技术。由于Ⅲ-Ⅴ氮化物半导体如 GaN，AlN，InN 和 SiC 等材料具有带隙宽、热稳定性好及较高的热导率等特点，可以制作高温器件的衬底。

9.3　互连材料

互连材料包括金属导电材料和相配套的绝缘介质材料，互连线技术由金属化过程完成。基板金属化是为了把芯片安装在基板上并使芯片与其他元器件互连。为此要求金属层具有低电阻率，与下面的介质层粘附力强，与外引线的键合性好，在正常工作条件下没有腐蚀或电迁移现象。

金属化的方法有以灯丝加热蒸发法、电子束蒸发法、溅射法和电镀法为主的薄膜法及由丝网印刷法、涂布法组成的厚膜法。传统的导电材料是铝和铝合金，绝缘介质材料是二氧化硅。铝连线具有电阻率低、易淀积、易刻蚀、工艺成熟等优点，基本满足大规模集成电路性能的要求。其缺点是铝的抗电迁移能力差、易浅结穿透，在温度循环中引起多层互连线的极间短路。在铝合金中掺入合金元素后，可以减少铝在晶粒间界的扩散，避免铝膜产生空洞和小丘，防止多层金属化的层间短路。典型的 Al 合金有 Al-Cu，Al-Si，Al-Cu-Si 等，它们在金属压焊能力、可光刻性、对 SiO_2 粘附性等方面均优于 Al。Al-Cu 合金的抗电迁移电流密度为纯 Al 的 10 倍，Al-Cu-Si 合金在上述性能方面优于 Al-Cu，Al-Si 合金。此外，Au，Ag，Pt，TiW，WSi，MoSi，Ti-Au，Ti-Pt-Au，Ti-Cu-Ni-Au 也是重要的薄膜导电材料，PtSi 则是最重要的欧姆接触和肖特基接触材料。

随着电路规模的增加，互连线长度和所占面积迅速增加，将引起连线电阻增加，使电路的互连时间延迟、信号衰减及串扰增加;互连线宽的减少会导致电流密度增加,引起电迁移和应力迁移效应加剧,从而严重影响电路的可靠性。同时,当器件尺寸缩小到深亚微米以下时,铝金属互连的可靠性成为严重问题。

解决上述问题的途径:①优化互连布线系统设计;②采用新的互连材料。铜具有低电阻率、抗电迁移和应力迁移特性好等优点,是一种比较理想的互连材料。采用化学机械抛光技术,成功地解决了铜引线的布线问题,IBM 和 Motorola 已发明了六层铜互连工艺,并投入生产。利用铜金属互连替代铝金属互连已成为集成电路技术发展趋势。

9.4　光刻掩膜版材料

光刻是集成电路中十分重要的一种加工工艺技术,它类似于洗印照片的原理,通过曝光和选择腐蚀等工序将掩膜版上设计好的图形转移到硅片上的过程。

光刻的三要素是:光刻胶、掩膜版和光刻机。光刻时将光刻胶利用高速旋转的方法涂敷在硅片上,然后前烘,使其成为牢固地附在硅片上的一层固态薄膜。利用光刻机曝光之后再采用特定的溶剂进行显影,使部分区域的光刻胶被溶解掉(对于负胶,没有曝光的区域被溶解掉;对于正胶,曝光的区域将溶解掉),这样掩膜版上的图形转移到光刻胶上,再经过坚膜(后膜)以及后面的刻蚀、离子注入等工序,将光刻胶的图形转移到硅片上,最后去胶完成整个光刻过程。

光刻胶又称为光致抗蚀剂,它由光敏化合物、基体树脂和有机溶剂等混合而成的胶状液体。当光刻胶受到特定波长光线的作用后,光刻胶会发生化学反应,导致其化学结构发生变化,使光刻胶在某种特定溶液中的溶解特性改变。如果光刻胶在曝光前可溶于某种溶液而曝光后变为不可溶的,这种光刻胶为负胶;反之,光刻胶曝光前不溶而曝光后变为可溶的,称这种胶为正胶。在一套集成电路工艺中,一般需要多次光刻,每次光刻的图形不是互相独立的,它们之间具有密切的空间关系。

正型光刻胶主要有:聚甲基丙烯酸甲酯、聚 n 丁基丙烯酸甲酯、聚六氟丁基丙烯酸甲酯、聚甲基丙烯酸甲酯丙烯睛异分子聚合物、聚四氟丙基丙烯酸甲酯、聚甲基丙烯酰胺、聚苯乙烯磺等。负型光刻胶主要有:环氧化 1,4 聚丁二烯、聚甘氨基丙烯酸甲酯、聚甘氨基丙烯酸甲酯异分子聚合物、乙烯醚马来酸无水物异分子聚合衍生物、氯甲基化聚苯乙烯等。

光刻得到的光刻胶图形不是器件的最终组成部分,光刻得到的只是由光刻胶组成的临时图形,为了得到集成电路真正需要的图形,还必须将这些光刻胶图形转换为硅片上的图形。完成这种图形转换的方法之一是将未被光刻胶掩蔽的部分有选择性地通过腐蚀去掉。

光刻和刻蚀技术是半导体微细加工技术的基础,随着集成电路技术的发展,微细加工技术对材料也提出了新的要求。在近紫外光刻系统中,掩膜版通常以石英玻璃为衬底的透光材料,以金属铬为吸收层材料。但随着光刻曝光工具的发展,曝光光源波长进入到深紫外光范围。由于深紫外光对金属铬有损伤作用,为保护掩膜版的铬层不受深紫外光的损伤,避免光刻掩膜版受到损坏,需要增加一层既能透深紫外光又可抗深紫外辐射损伤的保护层薄膜。

9.5　基板材料

以集成电路为代表的微电子技术的发展趋势是高密度、多功能、快速化和大功率，随之而来的问题是器件工作时产生的热量也越来越大，基板作为电路的支撑体、绝缘体和散热通道，必须具有良好的机电性能，即高导热率、低介电常数、与芯片有良好的热匹配，低膨胀系数、优良的机械加工性能、化学活性小、低成本、无毒及与电极的相容等性能。因此，采用热导率高的绝缘陶瓷材料制作集成电路基板以解决高密度大功率集成电路器件的散热问题就显得极为重要。

基板材料有陶瓷、玻璃、玻璃陶瓷、树脂等，由于陶瓷材料绝缘性能好、化学性质稳定、热导率高、高频特性好及其他优良的性能而具有特殊的地位。主要的高导热陶瓷材料特性比较见表 9.2。

表 9.2　高导热陶瓷材料特性比较

性能 \ 种类	AlN	SiC	Al_2O_3	BeO	BN
导热率（室温）/$(W \cdot m^{-1} \cdot K^{-1})$	100 ~ 270	270	20	250	20 ~ 60
电阻率（室温）/$(\Omega \cdot m)$	$>10^{12}$	10^{11}	$>10^{12}$	$>10^{12}$	$>10^{13}$
抗电强度（室温）/$(10^5\ V \cdot m^{-1})$	140 ~ 170	0.7	100	100 ~ 400	300 ~ 400
介电强度（室温 1 MHz）	8.8	4.5	9.8	6.7	4.0
介电损耗角正切 $\tan\delta$ $(10^{-4}$ MHz)	5 ~ 10	500	3	4 ~ 7.27	2 ~ 6
热膨胀系数（室温 ~ 673 K）/$(10^{-6}K^{-1})$	4.5	3.7	7.3	7.2	0.0

Al_2O_3 陶瓷是常用的基板陶瓷，具有良好的绝缘性能和化学稳定性，但由于它的热导率较低，热膨胀系数与硅相差较大，不能胜任高密度大功率集成电路的散热要求。BeO 的热导率较高，是 Al_2O_3 的 7 倍，但它的价格高且毒性大。

从工艺性能及制作成本等方面考虑，AlN 陶瓷综合优势强，具有高的热导率，与硅的热膨胀系数相匹配，适用于大功率半导体基板，如厚膜和薄膜电路基板、金属化基板、直接覆铜基板和多层共烧基板。实用价值大，是最有发展前景的高导热集成电路基片材料。

采用三维立体布线的多层基板可以实现高密度系统集成，包括多层陶瓷基板（MLC）、多层印刷板（PWB）、多层厚膜基板（MTF）和多层 Si 基板。多层基板按微组装需要可以从数层到数百层。

陶瓷基板常用的主体材料是90%～95%氧化铝陶瓷，采用流涎工艺、多层共烧技术。为了采用Ag，Cu等高导电率材料取代W，Mo等作为内互连材料，发展了低温烧结陶瓷技术，玻璃陶瓷基板可在较低温度下实现多层共烧。

9.6　封装材料

随着微电子技术迅速发展，微加工工艺的特征线宽越来越细，集成电路的集成度不断提高，集成电路上的热流急剧增加，热效应已成为集成电路进一步发展的严重障碍，对电子封装技术和封装材料提出了严峻挑战。封装对系统的工作有直接影响，被列为20世纪末人类发展的十大关键技术。

半导体集成电路封装是为半导体芯片提供一种必须的电气互连、机械支撑、环境保护和散热的一种结构，其主要功能为：电功能-传递芯片的电信号；散热功能-散发芯片内产生的热量；机械和化学保护功能-保护芯片和导电丝。封装涉及材料、机械、热学和电学等多种学科。但长期以来，半导体集成电路和封装互连技术及组装技术没有协调发展，集成电路发展迅速，封装技术滞后，制约了电子产品的小型化和多元化。90年代以来，微电子封装进入突破性发展时期。微电子封装的发展趋势：①多芯片封装；②超薄型；③三维封装乃至光互连。

集成电路采用塑料封装和陶瓷封装，便于组装到印刷电路板上。塑料封装的结构如图9.1所示，主要由芯片上各个焊接区到封装外壳各引线端子间的导电丝、引线框架及封装体组成。一般采用可塑性好、直径为20～30 μm的金丝作为导电丝，用超声热压焊法将芯片上的焊接区和内引线连接起来。芯片上的焊接区的材料与芯片内的布线为同一材料-铝薄膜层，其与金丝焊接后形成金铝的共晶合金（Au_5Al_2）。

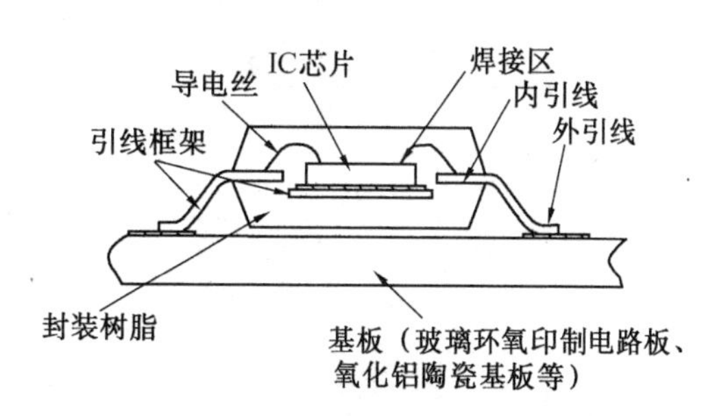

图9.1　塑料封装结构图

陶瓷封装和塑料封装相比，具有导热性和密封性好等优点，用于散热和防湿性能要求高的场合。图9.2表示陶瓷封装结构图，将芯片装在带有引线框架的叠层陶瓷外壳中，然后盖上盖板将其密封。陶瓷封装工艺包括芯片黏结、导电丝焊接、盖板密封等工序。

电功能方面必须考虑流过引线的电流大小，封装具有的寄生电容和寄生电感对高频特性的影响等因素。电流小于1 A时，可用直径25 μm的金丝，当电流大于1 A时，采用多根金丝或直径较粗的铝线。表9.3为塑料封装用材料及电性能。

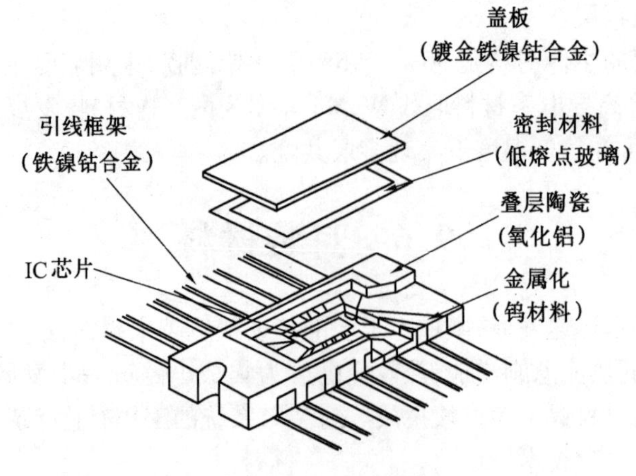

图 9.2　陶瓷封装结构图

表 9.3　塑料封装用材料及电性能

部位	材料及尺寸
导电丝材料	Au(纯度 99.9%)
导电丝直径	25 ~ 30 μm
引线框架材料	Fe-Ni 或 Cu 合金
引线框架厚度	0.2 mm
封装材料	环氧树脂
封装厚度	0.8 mm
引线间距	0.5 mm
引线电容	0.2pF
引线电感	5 nH

在散热方面,有两个散热途径,即经过导电丝和引线框架将热量传向印刷电路板或经过塑料密封材料将热量散发到空中。由于散热不充分,引起芯片温度的升高,从而影响集成电路的电性能。

封装包括以下几部分:

1. 封装体材料

封装体材料成形工艺温度为 150 ~ 180 ℃,进行数分钟的初次固化,脱膜后再加热数小时进行二次固化,使封装体完全固化。封装体材料具有成形后易脱膜、固化后与芯片、引线密封良好、热膨胀系数小、耐热性及耐冲击性好等特性。

2. 引线材料

引线材料应具有良好的拉伸强度和良好的传热特性,主要的引线材料有铁-镍合金和铜合金。

3. 黏结剂

黏结剂应具有良好的黏结能力和导电能力。为了保持良好的导电性能,通常使用含有大量银微粒的环氧树脂作为黏结剂。

4. 导电丝材料

导电丝材料应具有良好的延展性和化学稳定性。塑料封装采用直径 20 ~ 30 μm 的金丝作为导线,如果电流达到安培数量级时,采用直径 300 ~ 500 μm 的铝线。

9.7　多芯片组件材料

多芯片组件(Multi-Chip Module,MCM)是 20 世纪 90 年代发展起来的新技术,是微组件技术的更高阶段,在计算机、通信、汽车等领域有着广泛应用。主要优点是:组装密度高、延迟时间短、耗电小。MCM 的基本结构分为芯片、多层基板和密封外壳三部分。MCM 是把几个到几十个大规模裸芯片,直接安装在一块多层高密度互连的 Al_2O_3,AlN 或 Si 基板上,并封装在同一个管壳中。MCM 的发展为基板材料、封装材料等提供了广阔的需求市场。

MCM 基板材料要满足下列要求:①与半导体 IC 芯片的热膨胀系数尽量接近,与介质、导体、各种元件及最后的密封材料相兼容;②热导率高、热稳定性好;③介电常数小、介质损耗角正切值低;④机械性能和化学性能稳定,易于加工。

MCM 基板材料可分为 MCM-L(压层板),MCM-C(陶瓷)、MCM-D(淀积);按工艺来分,可分为厚膜 MCM、薄膜 MCM 和厚薄膜混合型 MCM。MCM-L 成本较低,可靠性不高,广泛用于民用产品。MCM-C 耐高温、抗震、可靠性高,MCM-D 密度高、性能好、体积小,后两种基板材料主要用于国防、航天等领域。

MCM-L 主要采用多层聚合树脂基板,系由先进的印制电路板工艺、铜导体及多层聚合树脂介质制作而成。

传统的高温共烧 Al_2O_3/W-Mo 金属化多层基板,因 Al_2O_3 本身的介电常数较高(9 ~ 10),传输延迟严重;W/Mo 的电阻率较大,损耗较大,这两个因素对电路性能产生不良影响。MCM-C 采用低温共烧玻璃瓷、Ag-Pd,Au-Pd 和 Cu 等低电阻率材料做导线布线,具有传输速度快、组装密度高等优点,使电路性能提高。MCM-C 组装芯片数达 100 块以上,布线层数大于 90 层,I/O 数 100 ~ 2500 个,功耗 6 ~ 1800 W。

MCM-D 采用集成电路(IC)工艺,甩涂聚酰亚胺或苯丙环丁烯介质层,并用电镀或溅射 Al 或 Cu 金属化,然后再光刻电路图形,进行多层布线,线条宽度只有 10 μm,大大提高电路密度。其 3 层介质和 4 层金属化相当于 35 层多层陶瓷布线,其体积只有 MCM-C 的 1/6。MCM-D 所采用的薄膜基板材料主要有:Si,SiC,AlN,Al_2O_3,BeO,玻璃及蓝宝石等。

芯片的黏结是 MCM 工艺的关键步骤之一。理想的芯片黏结特性包括抗剪切、抗拉强度、相匹配的热膨胀系数,低杨氏模量、适当的硬度和较低的老化失效。芯片与基板要有良好的黏结强度,黏结材料要有较低的固化温度、较低的吸水性及良好的热导率,满足去气要求。目前选用导热环氧树脂作为黏结芯片的基本材料。

总之,MCM 比起单芯片封装允许芯片与芯片之间更靠近,互连线变短,影响信号传输速度的传输延迟大大降低,同时也解决了串扰噪声、电感、电容耦合以及电磁辐射等问题。MCM 与等效的单芯片封装相比,体积减少了 4/5 至 9/10,芯片到芯片的传输延迟减小了 3/4,工业界期待着 MCM 降低成本,用于民用领域。

第10章　光学材料

光学材料主要是光介质材料，是传输光线的材料，这些材料以折射、反射和透射的方式，改变光线的方向、强度和位相，使光线按照预定的要求传输，也可以吸收或透过一定波长范围的光线而改变光线的光谱成分。近代光学的发展，特别是激光的出现，使另一类光学材料，即光功能材料得到了发展。这种材料在外场（力、声、热、电、磁和光）的作用下，其光学性质会发生变化，因此可作为探测和能量转换的材料，成为光学材料中一个新的大家族。

10.1　激光材料

1960年，世界上第一台以红宝石（$Al_2O_3:Cr^{3+}$）为工作物质的固体激光器研制成功，这在光学发展史上翻开了崭新的一页。

光只不过是从无线电波经过可见光延伸到宇宙射线的电磁波谱中很窄的一段，如图10.1所示。激光与一般的光不同的是纯单色，具有相干性，因而具有强大的能量密度。激光（LASER）是经受激辐射引起光频放大的，是英文 Light Amplification by Stimulated Emission of Radiation 的缩写。

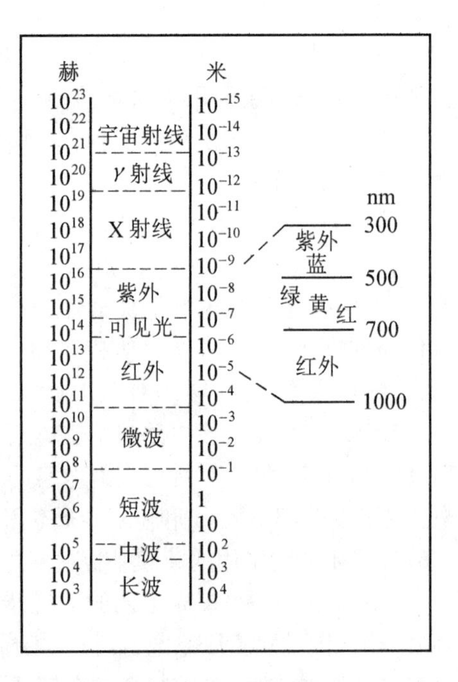

图10.1　电磁波谱

10.1.1　激光的产生

光的产生总是和原子中电子的跃迁有关。假如原子处于高能态 E_2，然后跃迁到低能态 E_1，则它以辐射形式发出能量，其辐射频率为

$$\nu = \frac{E_2 - E_1}{h} \tag{10.1}$$

能量发射可以有两种途径：一是原子无规则地转变到低能态，称为自发发射；二是一个具有能量等于两能级间能量差的光子与处于高能态的原子作用，使原子转变到低能态同时产生第二个光子，这一过程称为受激发射，如图10.2所示。受激发射产生的光就是激光。

当光入射到由大量粒子所组成的系统时，光的吸收、自发辐射和受激辐射三个基本过程是同时存在的。在热平衡状态，粒子在各能级上的分布服从玻耳兹曼分布律

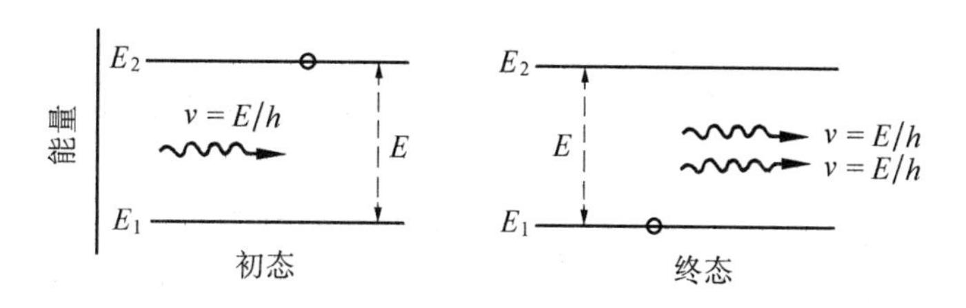

图 10.2　受激发射

$$N_i = N_e e^{-E_i/kT}$$

式中，N_i 为处在能级 E_i 的粒子数；N_e 为总粒子数；k 为玻耳兹曼常数；T 为体系的绝对温度。因为 $E_2 > E_1$，所以高能级上的粒子数 N_2 总是小于低能级上的粒子数 N_1，产生激光作用的必要条件是使原子或分子系统的两个能级之间实现粒子数反转。

10.1.2　固体激光器材料

激光材料应具有良好的物理化学性能，即要求热膨胀系数小、弹性模量大、热导率高、光照稳定性和化学稳定性要好。

1. 激活离子

晶体激光工作物质要在基质晶体中掺入适量的激活离子。激活离子的作用在于在固体中提供亚稳态能级，由光泵作用激发振荡出一定波长的激光。对激活离子的要求总是希望是四能级的，即被光泵激发到高能级上的粒子，由感应激发跃迁到低能级发生激光振荡时，不直接降到基态，而是降到中间的能级，这比直接降到基态的三能级工作的激活离子效率高，振荡的阈值也低。目前激活离子来自三价和二价的铁系、镧系和锕系元素。激光的波长是由激活离子的种类决定的。

2. 基质晶体

基质晶体须有良好的机械强度、良好的导热性和较小的光弹性。为降低热损耗和输入，基质对产生激光的吸收应接近零。用作基质的晶体应能制成较大尺寸，且光学性能均匀。基质晶体基本上有三类：

（1）氟化物晶体。

这类晶体熔点较低，易于生长单晶，是早期研究的激光晶体材料，如 CaF_2，BaF_2，SrF_2，LaF_3，MgF_2 等。但是，它们大多要在低温下才能工作，所以现在较少应用。

（2）含氧金属酸化物晶体。

这类材料是较早研究的激光晶体材料之一，均以三价稀土离子为激活离子，掺杂时需要电荷补偿，是一种四能级机构的工作物质，如 $CaWO_4$，$CaMnO_4$，$LiNbO_4$，$Ca(PO_4)_3F$ 等。

（3）金属氧化物晶体。

这类晶体如 Al_2O_3，$Y_3Al_5O_{12}$，Er_2O_3，Y_2O_3 等，掺入三价过渡族金属离子或三价稀土离子构成激光晶体，应用较广，研制最多。掺杂时不需电荷补尝，但它们的熔点均高，制取优质单晶都较困难。

3. 红宝石激光晶体（Al_2O_3：Cr^{3+}）

红宝石是世界上第一台固体激光器的工作物质，它是由刚玉单晶（$\alpha-Al_2O_3$）为基质，掺入 Cr^{3+} 激活离子所组成的。$\alpha-Al_2O_3$ 为六方晶系，铬原子的外层电子为 $3d^54s^1$。将铬

原子掺杂至 $\alpha-Al_2O_3$ 晶格中去后，铬原子失去 $3d^24s^1$ 三个电子，只剩下 $3d^3$ 三个外层电子，成为 Cr^{3+}。从激光器对工作物质的物化性能和光谱性能要求来看，红宝石激光器堪称一种较为理想的材料。

红宝石晶体的主要优点是：晶体的物化性能很好，材料坚硬、稳定、导热性好、抗破坏能力高，对泵浦光的吸收特性好，可在室温条件下获得 0.694 3 μm 的可见激光振荡。主要缺点是属三能级结构，产生激光的阈值较高。

红宝石的激光发射波长为可见光～红光的波长，这一波长的光，不但为人眼可见，而且对于绝大多数的各种光敏材料和光电探测元件来说，都是易于进行探测和定量测量的。因此红宝石激光器在激光器基础研究、强光（非线性）光学研究、激光光谱学研究、激光照相和全息技术、激光雷达与测距技术等方面都有广泛的应用。

4. 钕钇铝石榴石激光晶体（$YAG:Nd^{3+}$）

激光工作物质是 $Y_3Al_5O_{12}$ 作为基质，Nd^{3+} 作为激光离子。钇铝石榴石（YAG）属立方晶系，$YAG:Nd^{3+}$ 激光跃迁能级属于四能级系统，具有良好的力学、热学和光学性能。

与红宝石相比，$YAG:Nd^{3+}$ 晶体的荧光寿命较短，荧光谱线较窄，工作粒子在激光跃迁高能级上不易得到大量积累，激光储能较低，以脉冲方式运转时，输出激光脉冲的能量和峰值功率都受到限制，鉴于上述原因，$YAG:Nd^{3+}$ 器件一般不用来作单次脉冲运转。但由于其阈值比红宝石低，增益系数比红宝石大，适合于作重复脉冲输出运转。重复率可高达每秒几百次，每次输出功率达百兆瓦以上。

军用激光测距仪和制导用激光照明器都采用钕钇铝石榴石激光器。这种激光器也是唯一能在常温下连续工作，且有较大功率的固体激光器。

5. 半导体激光材料

半导体激光器是固体激光器中重要的一类。这类激光器的特点是体积小、效率高、运行简单、便宜。

半导体激光器的基本结构极为简单，如图 10.3 所示。从图中可知，半导体激光器是半导体器件 p-n 结二极管，在电流正向流动时会引起激光振荡。

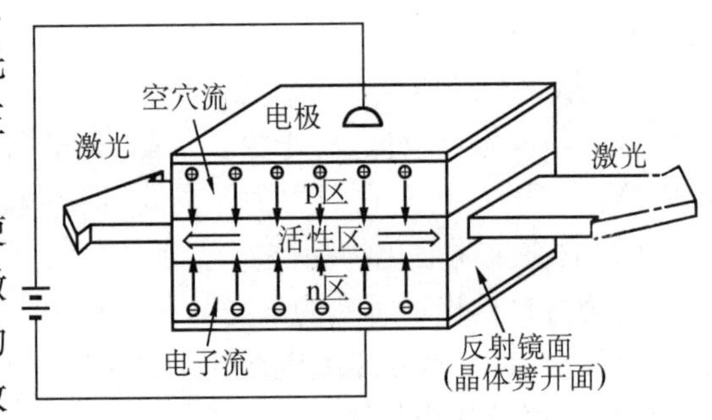

图 10.3　半导体激光器的基本结构

但是，在普通电路用的二极管中，即使有电流流动也不会产生激光振荡。引起激光振荡的第一个条件是，利用电流注入的少数载流子复合时放出的能量必须以高效率变换为光。因此，在进行复合的区域（在 p-n 结附近，称此区域为活性区），一般必须是具有直接迁移型能带结构的材料。在这一方面，最常用的半导体材料 Si 与 Ge 已失去作为激光材料的资格。以 GaAs 为代表的许多ⅢA～ⅤA 族化合物由于具有直接迁移型能带结构，可作为激光材料，大部分ⅡA～ⅥA 族半导体也有可能作为激光材料。

半导体激光器的第二个条件是,在引起反转分布时要注入足够浓度的载流子。某阈值以下的电流,在普通的发光二极管中会引起注入发光,但不会发生激光。

第三个条件是有谐振器(空腔)。激光器的谐振器一般是由二片反射镜组成的法布里-珀罗结构构成。半导体激光器由于增益极高,不一定要求具有高反射率的反射镜,可利用垂直于结面而且平行的二极管两个侧面作为反射镜。

大部分半导体激光器具有双异质结结构,该结构可减小阈值电流密度,可在室温下连续工作。双异质结激光器的p-n结是用带隙和折射率不同的两种材料在适当的基片上外延生长形成的。不同种类的材料所形成的结(异质结),由于晶格常数不同而易于产生晶格缺陷。结面的晶格缺陷作为注入载流子的非发光中心而使发光效率下降,器件寿命缩短。因此,作为双异质结激光器材料,要求采用晶格常数大致相同的两种材料来组合。在室温下GaAs和AlAs的晶格常数分别为0.565 3 nm和0.566 1 nm,两者仅差0.14%。

制作半导体激光器的材料很多,有短波也有长波,它的激发方式可以是电注入式,也有电子束激励及光激励等方式。

表10.1为各种半导体激光器材料和它的发光波长。

表10.1 各种半导体激光器材料和发光波长

半导体材料	发光波长/μm	激励方法	半导体材料	发光波长/μm	激励方法
ZnS	0.33	OE	$InAs_{0.51}P_{0.49}$	1.6	I
ZnO	0.37	E	GaSb	1.55	EI
$Zn_{1-x}Cd_xS$	0.49~0.32	O	$In_{1-x}Ga_xAs$	0.85~3.1	I
ZnSe	0.46	E	InGaAsP	1.1~1.7	OEI
CdS	0.49	OE	$In_{0.65}Ga_{0.35}As$	1.77	I
ZnTe	0.53	E	$In_{0.75}Ga_{0.25}As$	2.07	I
GaSe	0.59	E	Cd_3P_2	2.1	O
$CdSe_{1-x}S_x$	0.49~0.68	OE	InAs	3.1	OEI
$CdSe_{0.95}S_{0.05}$	0.675	E	$InAs_{1-x}Sb_x$	3.1~5.4	I
CdSe	0.675	OE	$InAs_{0.98}Sb_{0.02}$	3.19	I
$Al_xGa_{1-x}As$	0.63~0.90	I	$Cd_{1-x}Hg_xTe$	3~15	OE
$GaAs_{1-x}P_x$	0.61~0.90	EI	$Cd_{0.32}Hg_{0.68}Te$	3.8	O
$Ga_{1-x}In_xP$	0.695	O	Te	3.72	E
CdTe	0.785	E	PbS	4.3	E
GaAs	0.83~0.91	OEIA	InSb	5.2	OEIA
InP	0.91	IA	PbTe	6.5	EI
$GaAs_{1-x}Sb_x$	0.9~1.5	I	$PbS_{1-x}Se_x$	3.9~8.5	EI
$CdSnP_2$	1.01	E	PbSe	8.5	EI
$InAs_{1-x}P_x$	0.9~3.2	I	$Pb_{1-x}Sn_xTe$	6~28	I
$InAs_{0.94}P_{0.06}$	0.942	I	$Pb_{1-x}Sn_xSe$	8~31.2	I

注:A为引起雪崩的激励方法;E为电子束激励方法;O为光激励法;I为电注入法。

10.2　光纤材料

20 世纪 60 年代发现了激光,这是人们期待已久的信号载体。要实现光通讯,还必须有光元件、组件及信号加工技术和光信号的传输介质。1958 年,英国科学家提出了利用光纤的设想,1966 年,在英国标准电讯研究所工作的英籍华人工程师高琨,论证了把光纤的光学损耗降低到 20 dB/km 以下的可能性(当时光纤的传输损耗约为 1 000 dB/km),并指出其对未来光通信的作用后,作为光通信媒质用的光纤引起了世界工业发达国家的科学界、实业界人士以及政府部门的普遍重视。许多大学、研究所、公司以及工厂开始探索这一工作,对多组分玻璃系和高二氧化硅玻璃系光纤进行开发研究。随着理论研究和制造技术的提高,降低光纤传输损耗的工作进展很快。1970 年,美国康宁玻璃公司拉制出世界第一根低损耗光纤,这是一根高二氧化硅玻璃光纤,长数百米,损耗低于 20 dB/km(降低为 1966 年光纤损耗的 1/50)。十多年后,高二氧化硅玻璃光纤的损耗又降低了两个数量级,约为 0.2 dB/km,几乎达到了材料的本征光学损耗。然而,多组分玻璃光纤因其材料难以提纯,以及此类玻璃的均匀性差,而使光纤的最低损耗仍相当大,约为 4 dB/km。近 20 年,各种各样的光纤层出不穷,除了通信用多模、单模光纤外,近年来又出现各种结构不同高双折射偏振保持光纤、单偏振光纤,以及各种光纤传感器用的功能光纤、塑料光纤等。光纤的最初应用是制作医用内窥镜,但其大量地应用仍在通信方面。许多国家建造了光纤通信系统,横跨大西洋、太平洋的海底光缆已投入使用,使全世界进入信息时代。

10.2.1　光纤的结构及分类

光纤是用高透明电介质材料制成的非常细(外径约为 125 ~ 200 μm)的低损耗导光纤维,它不仅具有束缚和传输从红外到可见光区域内的光的功能,而且也具有传感功能。一般通信用光纤的横截面的结构,如图 10.4 所示。光纤本身由纤芯和包层构成,如图 10.4(a)所示。纤芯是由高透明固体材料(如高二氧化硅玻璃,多组分玻璃、塑料等)制成,纤芯的外面是包层,用折射率较低(相对于纤芯材料而言)的有损耗(每公里几百分贝)的石英玻璃、多组分玻璃或塑料制成。这样就构成了能导光的玻璃纤维——光纤,光纤的导光能力取决于纤芯和包层的性质。

上述光纤是很脆的,还不能付诸实际应用。要使它具有实用性,还必须使它具有一定的强度和柔性,采用图 10.4(b)所示的三层芯线结构。在光纤的外面是一次被覆层,主要目的是防止玻璃光纤的玻璃表面受损伤,并保持光纤的强度。因此,在选用材料和制造技术上,必须防止光纤产生微弯或受损伤。通常采用连续挤压法把热可塑硅树脂被覆在光纤外而制成,此层的厚度约为 100 ~ 150 μm,在一次被覆层之外是缓冲层,外径为400 μm,目的在于防止光纤因一次被覆层不均匀或受侧压力作用而产生微弯,带来额外损耗。因此,必须用缓冲效果良好的低杨氏系数材料作缓冲层,为了保护一次被覆层和缓冲层,在缓冲层之外加上二次被覆层。二次被覆层材料的杨氏系数应比一次被覆层的大,而且要求具有小的温度系数,常采用尼龙,这一层外径常为 0.9 mm。

按光纤芯折射率分布不同可分为:阶跃型光纤和梯度型光纤两大类,如图 10.5 所示。

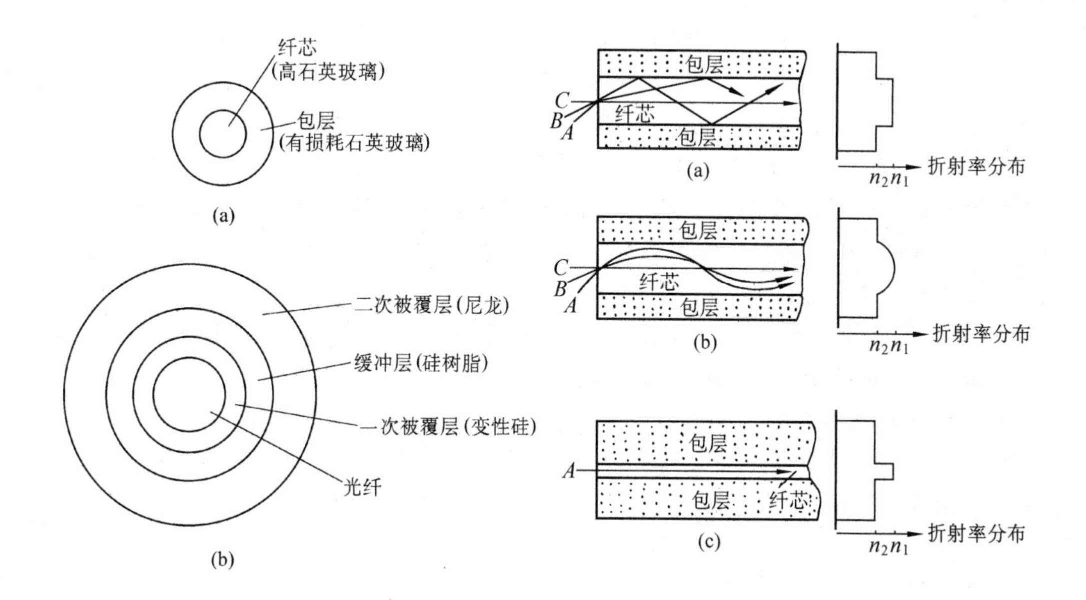

图 10.4　光纤横截面结构示意图
(a)光纤；(b)三层结构芯线

图 10.5　光纤的种类和光的传播
(a)阶跃型多模光纤(SI 光杆)；(b)梯度型多模光纤(GI 光纤)；(c)单模光纤(SM 光纤)

阶跃型多模光纤和单模光纤的折射率分布都是突变的,纤芯折射率均匀分布,而且具有恒定值 n_1,而包层折射率则为稍小于 n_1 的常数 n_2,$n(r)$ 可表示为

$$n(r) = \begin{cases} n_1 & (r \leqslant a) \\ n_2 & (r \geqslant a) \end{cases} \tag{10.2}$$

式中,r 为离纤芯纵轴的径向坐标;a 为纤芯半径。

阶跃型多模光纤和单模光纤的区别仅在于,后者的芯径和折射率差都比前者小。设计时,适当地选取这两个参数,以使得光纤中只能传播最低模式的光,这就构成了单模光纤。

在梯度光纤中,纤芯折射率的分布是径向坐标的递减函数,而包层折射率分布则是均匀的,可用下式表示

$$n(r) = \begin{cases} n_1 & (r = 0) \\ n_1\left[1 - 2(r/a)^g\left(\dfrac{n_1^2 - n_2^2}{2n_1^2}\right)\right]^{\frac{1}{2}} & (r < a) \\ n_2 & (r \geqslant a) \end{cases} \tag{10.3}$$

式中 g 为幂指数,一般取 2。

按材料组分不同,光纤可分为:高二氧化硅(石英)玻璃光纤、多组分玻璃光纤和塑料光纤等。目前,通信用光纤都是高二氧化硅玻璃光纤。

按光纤传播光波的模数来分,则有多模光纤、单模光纤两大类。从传感的角度来分,可以分为传输光纤和功能光纤。

10.2.2　光在光纤中传输的基本原理

如果有一束光投射到折射率分别为 n_1 和 n_2 的两种媒质界面上时,(设 $n_1 > n_2$),入射

光将分为反射光和折射光。入射角 θ_1 与折射角 θ_2 之间服从光的折射定律

$$\frac{\sin\theta_1}{\sin\theta_2}=\frac{n_2}{n_1} \tag{10.4}$$

由上式可知，当入射角 θ_1 逐渐增大时，折射角 θ_2 也相应增大。当 $\theta_1=\sin^{-1}n_2/n_1$ 时，折射角 $\theta=\pi/2$，这时入射光线全部返回到原来的介质中去，这种现象叫光的全反射。此时的入射角 $\theta_1=\sin^{-1}n_2/n_1$ 叫做临界角。在光纤中，光的传送就是利用光的全反射原理，当入射进光纤芯子中的光与光纤轴线的交角小于一定值时，光线在界面上发生全反射。这时，光将在光纤的芯子中沿锯齿状路径曲折前进，但不会穿出包层，这样就完全避免了光在传输过程中的折射损耗，如图 10.6 所示。

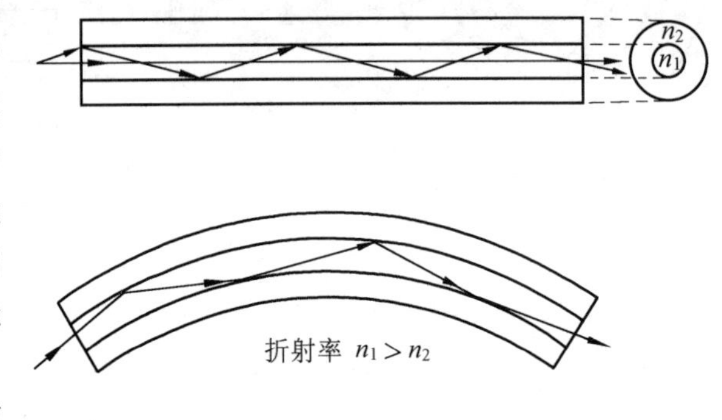

图 10.6　光在光学纤维中的传输路径

传输模式是光学纤维最基本的传输特性之一。若一种光纤只允许传输一个模式的光波，则称它为单模光纤。如果一种光纤允许同时传输多个模式的光波，这种光纤为多模光纤。光学上把具有一定频率，一定的偏振状态和传播方向的光波叫做光波的一种模式，或称光的一种波型。

多模光纤直径为几十至上百微米，与光波长相比大得多，因此，许多模式的光波进入光纤后都能满足全反射条件，在光纤中得到正常的传输。在光纤的输出端可以看到光强度分布的不同花样，即在输出端出现多个亮斑，一个亮斑代表多模光纤所传输的一种模式的光波。

单模光纤的直径非常细，只有 3 ~ 10 μm，同光波的波长相近。在这样细的光纤中，只有沿着光纤轴线方向传播的一种模式的光波满足全反射条件，在光纤中得到正常的传输。其余模式的光波由于不满足全反射条件，在光纤中传送一段距离后很快就被淘汰。

多模光纤的传输频率主要受到模式色散的限制，所以传输的信息量不可能很高。单模光纤不存在模式色散，所以传输频带比多模光纤宽，传输的信息容量大。在大容量、长距离光纤通信中单模光纤具有美好的应用前景。但单模光纤直径太细，制造工艺要求高，所以目前使用还不普遍。多模光纤由于直径较粗，制造工艺比单模光纤简单些，在使用中光纤的连接与耦合也比单模光纤容易得多。目前光通信所使用的光纤，大多是多模光纤。

10.2.3　保偏光纤

在光纤通信中，光纤的传输损耗及色散特性是影响光脉冲的幅度和展宽的两个重要因素。随着光纤技术的发展和应用领域的扩大，振幅调制已远远不能满足容量、精度、灵敏度及功能扩展的需要。因而人们开始研究和应用保偏光纤，通过光纤内传播光束偏振状态的控制，扩大光纤的应用功能。

普通单模光纤中可以有两个偏振态相互垂直的本征模传输。在理想状态下，两个偏振模是简并的，应有相同的传播速度、相同的偏振状态。但实际的单模光纤中，由于光纤几何形状不标准、结构不对称、制作时的残余应力等因素，使偏振模的简并退化，成为两个

正交的偏振模。外界温度、应力、弯曲的影响,普通单模光纤中产生线性双折射和圆双折射,使两个偏振模发生耦合,因而光纤内部传输光束的偏振状态在时间和空间上是随机变化的。光纤输出偏振状态的不正确性,影响了它在干涉型光纤传感器中的应用。

单模保偏光纤具有在传输过程中保持入射偏振状态不变的作用。人为增加光纤内部双折射使其超过外部扰动感生的各种双折射,使被激励的一个偏振本征模的功率很难耦合到另一个正交模中去,从而保持了入射偏振状态的稳定。根据这个原理制作出一种新型保偏光纤,即高双折射保偏光纤。一般通过应力双折射和形状双折射效应,人为使光纤双折射大于 10^{-4},即可得到良好的保偏作用。几种典型的高双折射型保偏光纤的结构,如图 10.7 所示,其中(a)为椭芯光纤,属于形状双折射型;(b),(c),(d)分别为椭圆包层光纤、蝶结型和熊猫型保偏光纤,它们利用了应力双折射效应。

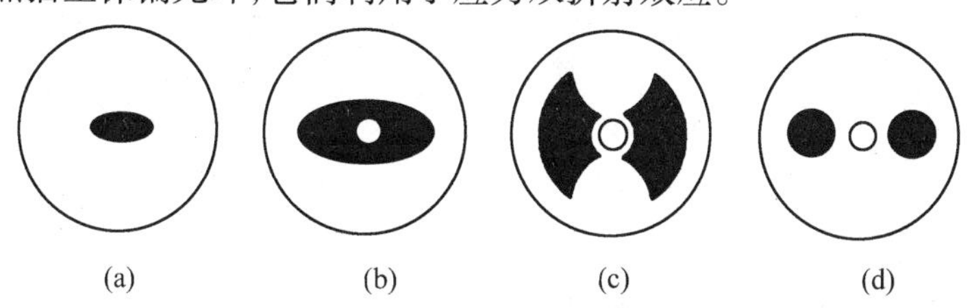

图 10.7　几种典型结构的保偏光纤

(a) 椭圆光纤; (b) 椭圆包层光纤; (c) 蝶结型光纤; (d) 熊猫型光纤

10.2.4　光纤材料及制造

1. 石英玻璃光纤

国内外所制造的光纤绝大部分都是高二氧化硅玻璃光纤。为降低石英光纤的内部损耗,现都采用化学气相反应淀积法制取高纯度的石英预制棒,再拉丝,制成低损耗石英光纤。CVD 法是根据半导体气相生长法发展起来的,这种方法是用超纯氧气作载气,把超纯原料气体四氯化硅($SiCl_4$)和掺杂剂四氯化锗($GeCl_4$)、三溴化硼(BBr_3)、三氯氧磷($POCl_3$)等气体输送到以氢氧焰作热源的加热区。混合气体在加热区发生气相反应,生成粉末状二氧化硅及添加氧化物。继续升温加热,使混合粉料熔融成玻璃态,制成超纯玻璃预制棒。然后,把预制棒从一端开始加热至 1 600 ℃左右(加热方式可采用高频感应加热、电阻加热、氢氧焰加热等)使料棒熔化,同时进行拉丝。纤维的外径由牵引机自动调节控制,折射率可通过添加氧化物的浓度加以调节。

2. 多组分玻璃光纤

多组分玻璃光纤的成分除石英(SiO_2)外,还含有氧化钠(Na_2O)、氧化钾(K_2O)、氧化钙(CaO)、三氧化二硼(B_2O_3)等其他氧化物。

多组分光纤采用双坩埚法制造。坩埚是尾部带漏管的内外两层铂坩埚同轴套在一起所组成。多组分玻璃料经过仔细提纯,芯料玻璃放在内层坩埚里,包层玻璃放在外层坩埚里。玻璃料经加热熔化后从漏管中流出。在坩埚下方有一个高速旋转的鼓轮,将熔融状态的玻璃拉成一定直径的细丝。漏孔的直径大小和漏管的长度,决定着芯子的直径与包层厚度的比值。如果把漏管加长,使芯子与包层材料在高温下接触,通过离子交换,形成折射率成梯度分布的结构。通过调节加热炉炉温及拉丝速度,可控制纤维的总直径。

3. 晶体光纤

晶体光纤可分为单晶与多晶两类。单晶光纤的制造方法主要有导模法和浮区熔融法。

导模法是把一支毛细管插入盛有较多熔体的坩埚中，在毛细管里的液体因表面张力作用而上升，将定向籽晶引入毛细管上端的熔体层中，并向上提拉籽晶，使附着的熔体缓慢地通过一个温度梯度区域，单晶纤维便在毛细管的上端不断生长，如图 10.8 所示。

浮区熔融法是先将高纯原料做成预制棒，然后使用激光束在预制的一端加热，待其局部熔融后把籽晶引入熔体并按一定速率向上提拉便得到一根单晶纤维，如图 10.9 所示。

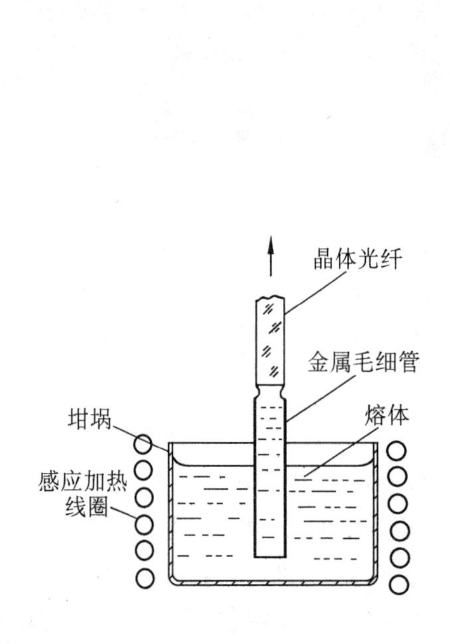

图 10.8　导模法生长晶体光纤示意图

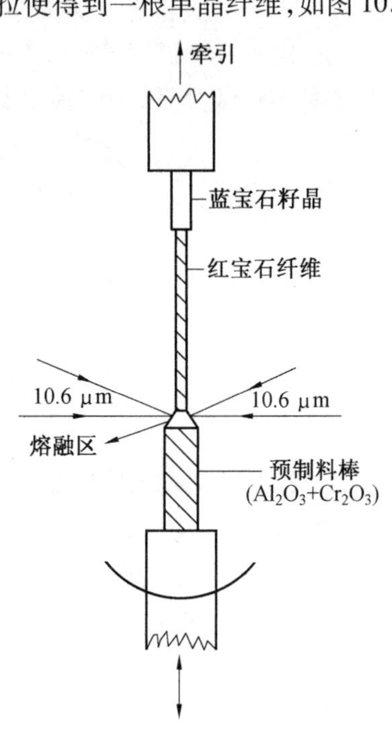

图 10.9　激光区熔融法生长红宝石单晶示意图

4. 红外光纤

近年来，随着高功率激光器的出现，需要与之相配的红外光纤。目前正在研究的有重金属氧化物玻璃、卤化物玻璃、硫系玻璃和卤化物晶体等。

重金属氧化物玻璃主要指比重较石英玻璃大的氧化物玻璃如 GeO_2，GeO_2-SbO_3，$CaO-Al_2O_3$等。

卤化物玻璃主要有 BeF_2，$BaF_2-CaF_2-YF_3-AlF_3$，$GdF_3-BaF_2-ZrF_4$ 等。

硫系玻璃主要指以 S，Se，Te 等元素为主体的单元或多元玻璃化合物。

10.3　红外材料

10.3.1　红外线的基本性质

英国著名科学家牛顿在 1666 年用玻璃棱镜进行太阳光的分光实验，把看上去是白色的太阳光分解成由红、橙、黄、绿、青、蓝、紫等各种颜色所组成的光谱,称"太阳光谱"。在太阳光谱发现以后的相当长一段时间里,没有人注意到在太阳光中除了各种颜色可见光外,还存在不可见光。直到 1800 年,英国物理学家赫舍尔发现太阳光经棱镜分光后所得到光谱中还包含一种不可见光。它通过棱镜后的偏折程度比红光还小,位于红光谱带的外侧,所以叫红外线。

红外线同可见光一样在本质上都是电磁波,其波长范围很宽,从 0.7 μm 到 1 000 μm。红外线按波长可分为三个光谱区:近红外(0.7 ~ 15 μm),中红外(15 ~ 50 μm)和远红外(50 ~ 1 000 μm)。红外线与可见光一样,具有波的性质和粒子的性质,遵守光的反射和折射定律,在一定条件下产生干涉和衍射效应。

红外线与可见光不同之处:①红外线对人的肉眼是不可见的;②在大气层中,对红外波段存在着一系列吸收很低的"透明窗"。如 1 ~ 1.1 μm,1.6 ~ 1.75 μm,2.1 ~ 2.4 μm,3.4 ~ 4.2 μm 等波段,大气层的透过率在 80% 以上。8 ~ 12 μm 波段,透过率为 60% ~ 70%。这些特点导致了红外线在军事、工程技术和生物医学上的许多实际应用。

10.3.2　红外材料

在红外线应用技术中,要使用能够透过红外线的材料,这些材料应具有对不同波长红外线的透过率、折射率及色散,一定的机械强度及物理、化学稳定性。

在红外技术中作为光学材料使用的晶体主要有碱卤化合物晶体、碱土-卤族化合物晶体、氧化物晶体、无机盐晶体及半导体晶体。

碱卤化合物晶体是一类离子晶体,如氟化锂(LiF)、氟化钠(NaF)、氯化钠(NaCl)、氯化钾(KCl)、溴化钾(KBr)等。这类晶体熔点不高,易生成大单晶,具有较高的透过率和较宽的透过波段。但碱卤化合物晶体易受潮解、硬度低、机械强度差、应用范围受限。

碱土-卤族化合物晶体是另一类重要的离子晶体,如氟化钙(CaF_2)、氟化钡(BaF_2)、氟化锶(SrF_2)、氟化镁(MgF_2)。这类晶体具有较高的机械强度和硬度,几乎不溶于水,适于窗口、滤光片、基板等方面的应用。

氧化物晶体中的蓝宝石(Al_2O_3)、石英(SiO_2)、氧化镁(MgO)和金红石(TiO_2)具有优良的物理和化学性质。它们的熔点高、硬度大、化学稳定性好,作为优良的红外材料在火箭、导弹、人造卫星、通讯、遥测等方面使用的红外装置中被广泛地用作窗口和整流罩等。

在无机盐化合物单晶体中,可作为红外透射光学材料使用的主要有 $SrTiO_2$,$Ba_5Ta_4O_{15}$,$Bi_4Ti_3O_2$ 等。$SrTiO_2$ 单晶在红外装置中主要做浸没透镜使用,$Ba_5Ta_4O_{15}$ 单晶是一种耐高温的近红外透光材料。

金属铊的卤化合物晶体,如溴化铊(TlBr)、氯化铊(TlCl)、溴化铊-碘化铊(KRS-5)和溴化铊-氯化铊(KRS-6)等也是一类常用的红外光学材料。这类晶体具有很宽的透过波段且只微溶于水,所以是一种适于在较低温度下使用的良好的红外窗口与透镜材料。

在半导体材料中,有些晶体也具有良好的红外透过特性,如硫化铅(PbS)、硒化铅(PbSe)、硒化镉(CdSe)、碲化镉(CdTe)、锢化碲(InSb)、硅化铂(PtSi)、碲镉汞(HgCdTe)等。其中 HgCdTe 材料是目前最重要的红外探测器材料,探测器可覆盖 1 ~ 25 μm 的红外波段,是目前国外制备光伏列阵器件、焦平面器件的主要材料。

10.4　发光材料

发光是一种物体把吸收的能量,不经过热的阶段,直接转换为特征辐射的现象。

发光现象广泛存在于各种材料中,在半导体、绝缘体、有机物和生物中都有不同形式的发光。发光材料的种类也很多。它们可以提供作为新型和有特殊性能的光源,可以提供作为显示、显像、探测辐射场及其他技术手段。

10.4.1　发光的特征

发光的第一个特征是颜色,发光材料的发光颜色彼此不同,都有它们各自的特征。已有发光材料的种类很多,它们发光的颜色也足可覆盖整个可见光的范围。材料的发光光谱(发射光谱)可分为下列三种类型:

宽带:半宽度——100 nm,如 $CaWO_4$

窄带:半宽度——50 nm,如 $Sr(PO_4)_3Cl : Eu^{3+}$

线谱:半宽度——0.1 nm,如 $GdVO_4 : Eu^{3+}$

一个材料的发光光谱属于哪一类,既与基质有关,又与杂质有关。随着基质的改变,发光的颜色也可改变。

发光的第二个特征是强度。由于发光强度是随激发强度而变的,通常用发光效率来表征材料的发光本领,发光效率也同激光强度有关。在激光出现前,电子束的能量较高,强度也较大,所以一般不发光或发光很弱的材料,在阴极射线激发下则可发出可觉察的光或较强的光。激光出现后,因激光的强度可$\geq 10^7$ W/cm^2,在它激发下除了容易引起发光外,还容易出现非线性效应,包括双光子或多光子效应,易引起转换,如将红外光转换为可见光。发光效率有三种表示方法:量子效率、能量效率及光度效率。量子效率指发光的量子数与激发源输入的量子数的比值;能量效率是指发光的能量与激发源输入的能量的比值;光度效率指发光的光度与激发源输入的能量的比值。

发光的第三个特征是发光持续时间。最初发光分为荧光及磷光两种。荧光是指在激发时发出的光,磷光是指在激发停止后发出的光。发光时间小于 10^{-8} s 为荧光,大于 10^{-8} s为磷光。当时对发光持续时间很短的发光无法测量,才有这种说法。现在瞬态光谱技术已经把测量的范围缩小到 1 ps(10^{-12} s)以下,最快的脉冲光输出可短到 8 fs(1 fs=10^{-15} s)。所以,荧光、磷光的时间界限已不清楚。但发光总是延迟于激发的。

10.4.2　电子束激发发光

1879 年 W. Crooks 确定了发光特性决定于被电子束轰击的物质。1929 年出现黑白电视接收机,1953 年彩色电视问世,1964 年成功地发明了以稀土元素的化合物为基质和以稀土离子掺杂的发光粉,从而成功地提高了发红光材料的亮度,这使它能够和三基色的蓝及绿色发光的亮度匹配,使彩色电视得到迅速推广。

1. 阴极射线发光的基本规律

阴极射线发光是在真空中从阴极出来的电子经加速后轰击荧光屏所发出的光。所以发光区域只局限于电子所轰击的区域附近。又由于电子的能量在几千电子伏以上,所以除发光以外,还产生 X 射线。X 射线对人体有害,因而在显示屏的玻璃中常添加一些重金属(如 Pb),以吸收在电子轰击下荧光屏所产生的 X 射线。

在可以连续激发的条件下,改变加速电压时,发光亮度也有相应的变化。由多种材料试验得到经验规律

$$J = J_0 I(V - V_0)^n \tag{10.5}$$

式中,J 为发光亮度;J_0 为常数;I 为电流;V 为加速电压;V_0 为起辉电压,加速电压要超过这个最小值才能引起发光。图 10.10 为发光亮度随加速电压的变化曲线。

但是,在高速电子的轰击下,发光屏的温度将要上升,而当温度上升到一定值后发光的亮度将下降,这种现象称为温度猝灭。它和发光中心的结构密切相关。

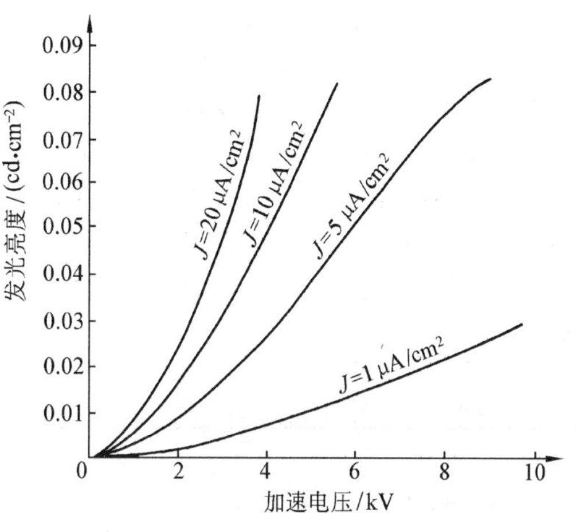

图 10.10　发光亮度随加速电压的变化曲线

在晶体中发光中心的电子态和它周围离子的数目、价态、方位及距离都有关系。但是由于晶格的振动,周围离子的方位及距离都在变化。随着晶格的振动,发光中心的电子态也将发生相应的变化。

使用阴极射线发光材料时,除了考虑它的亮度及影响亮度的几种因素外,还必须选择另外两个重要的特性,即发光颜色及衰减。对于必须保证特定颜色的彩色电子束管来说,则要牺牲一定的亮度。因为在能合成这一特定颜色的三基色中,第三种颜色要和其他两种颜色匹配,如果它发光不亮,其他两种颜色的发光亮度也就要压低使用。在显示合成色时,如果它们的饱和特性和老化特性不同,也容易出现颜色漂移。在飞点扫描管中要求发光余辉特别短,雷达屏中则要求发光余辉特别长,这时可用的发光体的种类就很有限。在雷达管中常用双层屏在电子束轰击下,第一层发出短余辉的蓝光,它再激发长余辉的第二层材料,发射黄光。

2. 发光材料的类别

高能电子轰击发光体时产生高能电子及空穴,它们经过碰撞,又产生能量较低的电子及空穴。这个过程一直继续下去,直到电子的能量降到和发光体的禁带相匹配时为止,这些低能量的电子及空穴激发发光中心。国内生产的阴极射线发光材料的性能见表 10.2。

选定材料后,要把它粘附在玻壳上。这一步工序对材料的发光特性可以产生很大影响,以至发光粉与荧光屏的特性有明显的差别。投入使用前的特性称为一次特性,制成器件后的特性称为二次特性。二次特性包括:涂敷性能及色再现性。涂敷性能是指粉浆的流动性,颗粒的分散性、粘着力、感光性、三色荧光粉的相互污染及粉浆的稳定性;色再现性是指经过制管及各种条件实验后,屏的亮度、色度、余辉及电流特性。所以,在涂屏时要选择合适的工艺,以保证材料有尽可能好的二次特性。

表 10.2　国产阴极射线发光材料

化学组成	发光颜色	相对亮度	光谱峰值 /nm	10%余辉 /ms	用　途
Zn_2SiO_4 : Mn	绿	>95%	525	<30	示波器
ZnS : Ag	紫蓝	>95%	445	>0.5	双层屏示波器
β-ZnS : Ag	紫蓝	>95%	435	>0.5	双层屏示波器
ZnO : Zn	青白	>95%	503	<0.01	飞点扫描管
(Zn,Cd)S : Ag	黄	>95%	560	<1	黑白显像管
ZnS : Ag	蓝	>95%	452	<1	黑白显像管
ZnS : Ag,Ni	蓝	>95%	450	<0.05	照相记录,示波管
Zn(S,Se) : Cu	黄绿	>95%	550	<1	红外变像管
ZnS : Cu	黄绿	>95%	530	<2	示波管
$KMgF_3$: Mn	橙	>95%	595	>250	雷达指示管
ZnS : Ag	蓝	>95%	448	<1	彩色显像管
ZnS : Ag,Cu	黄绿	>95%	450	<2	示波管
(Zn, Cd)S : Ag	黄绿	>95%	560	<1	储能管
Y_2O_3 : Eu	红	>95%	611	<1	彩色显像管
Y_2O_2S : Eu	红	>95%	627	<5	彩色显像管
ZnS : Cu,Ag	黄绿	>95%	530	<1	彩色显像管

10.4.3　场致发光

1. 场致发光的机理

半导体材料在外电场作用下,出现发光现象,称为场致发光。

场致发光材料是禁带宽度比较大的半导体。在这些半导体内场致发光的微观过程主要是碰撞激发或离化杂质中心。它在与金属电极相接的界面上将形成一个势垒。电子从金属电极一侧隧穿到半导体的几率明显增大。当电压提高时,几率进一步增大。电子进入半导体后随即被半导体内的电场加速,动能增加,在沿电场方向的整个自由程内,能量愈积愈高。当它与发光中心或基质的某个原子发生碰撞,它就会将一部分能量交给中心或基质的电子,使它们被激发或被离化。前者,由于电子没有离开中心,当它从激发态跃迁到基态时,就发射出光来。后者,由于电子离开了中心,进入导带而为整个晶格所有,电子与离化中心复合时,就发出光束。

在使用场致发光材料时,最主要的依据是发光亮度随电压的变化规律

$$J = J_0 \exp(-b/\sqrt{V}) \tag{10.6}$$

式中,J 为发光亮度;J_0,b 为常数;V 为外加电压。

实验结果如图 10.11 所示。从图可以看出,当 $V < V_0$ 时,该屏几乎不发光,当 $V > V_0$ 时,发光随电压超线性地增长。

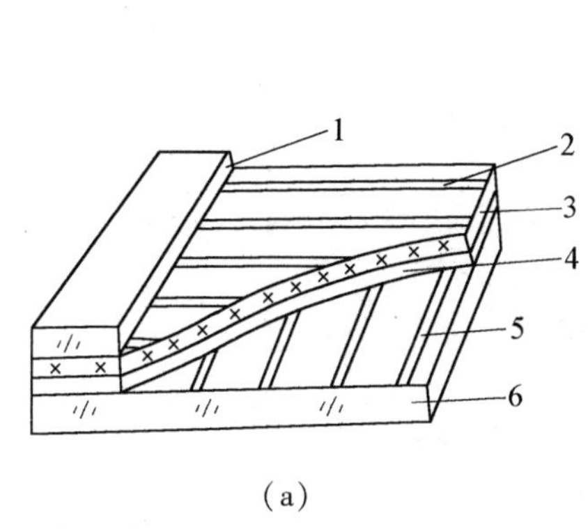

(a)

1—密封玻璃;2—X 向电极;3—非线性层;
4—发光层;5—Y 向电极;6—玻璃衬底

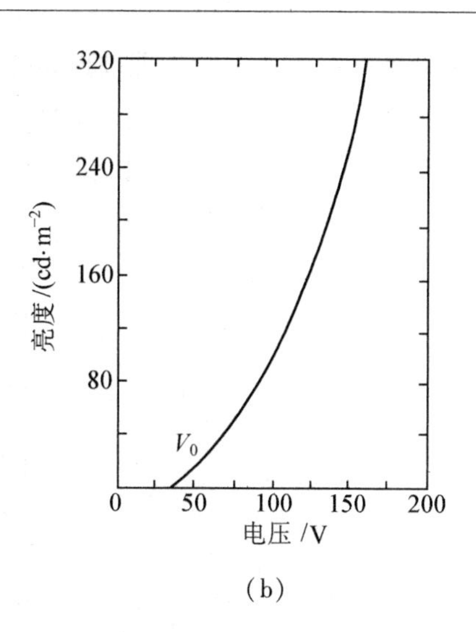

(b)

图 10.11　场致发光的实验结果

(a)场致发光矩阵屏的结构;　(b)场致发光的 $J-V$ 曲线

2. 场致发光材料

最常用的直流场致发光粉末材料有ZnS∶Mn,Cu 可发黄光,ZnS∶Ag 可发蓝光,(ZnCd)S∶Ag 可发绿光,换配比(ZnCd)S∶Ag 可发红光,它们都是在约 100 V 电压下激发。

交流场致发光的效率较高,因此研究、应用的较多。常用的交流电压激发发光材料见表 10.3。

表 10.3　交流粉末场致发光材料

发光材料	发光颜色	发光光谱峰值/nm
ZnS∶Cu	浅蓝	455
ZnS∶Cu,Al	绿	510
ZnS∶Cu,Mn	黄	580
(Zn,Cd)(S,Se)∶Cu	橙红	650
ZnS∶Cu	蓝	455

10.4.4　发光二极管

这是一种在低电压下发光的器件,使用单晶或单晶薄膜材料,可以制成指示器,数字显示器、计算机及仪表。

低压驱动是指在 p-n 结加上正向偏压时引起的发光。常用的是同质结,也就是在 p 型及 n 型材料接触面两侧是同一种基质。通过结的电流主要是少数载流子的注入。p-n 突变结的厚度只有 $10^{-4}\sim10^{-6}$ cm,其静电动势约 1 V。所以,尽管外加电压可以很低,在结区内的局部电场还是很高的,可以达到 $10^4\sim10^6$ V/cm,少数载流子注入到此区后,和空穴的复合或者几率小,或者无辐射,因此这一区域的发光可不考虑。此区中,通过扩散复合是器件发光的主要来源。

在同质 p-n 结上发生的物理过程如图 10.12 所示。

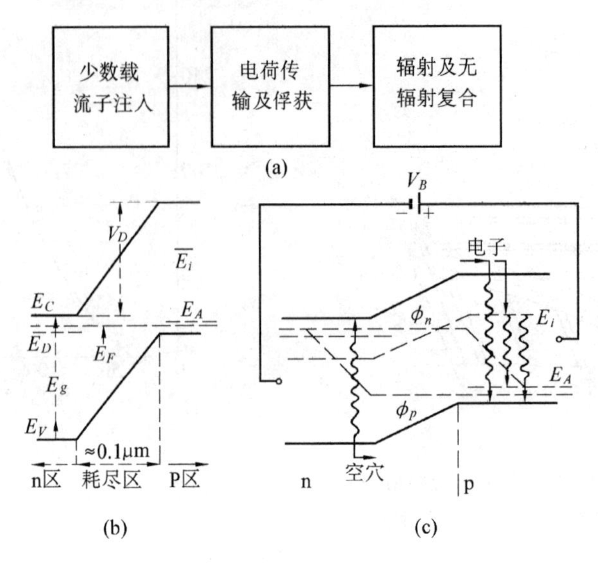

图 10.12　同质 p-n 结区发生的基本过程

(a)发光的三个阶段；(b)未加偏压；(c)外加正向偏压

在复合过程中,既要求在跃迁前后的能量守恒,还要求动量守恒。所以直接带材料容易产生符合这一选择定则的光学跃迁,而间接带材料则必须有声子参加跃迁,几率就大为减少。可是,在容易做出两种导电性能的ⅢA-ⅤA族材料中,GaAs 虽是直接带隙材料,其禁宽度却只有 1.43 eV,达不到可见光的波段。而 GaP 的禁带宽度是 2.24 eV,却是间接带隙材料,复合发光的跃迁几率小。所以,人们想出了混合两种材料的办法,以求得到禁带宽度尽量大,又是直接带隙的材料。

发光二极管所用材料应具下述特性:

①发光在可见区,$E_g \geqslant 1.8$ eV,$\lambda \leqslant 700$ nm;

②材料必须容易作成 n 型及 p 型;

③有效率高的发光中心或复合发光。

发光二极管用的主要半导体材料见表 10.4。

作为点和数字等的小型显示器件现已被大量采用,其色调也从初期的红色发展到绿色、橙色、黄色等,由于所用材料的成分和添加杂质的种类不同,波长范围为 560 ~ 700 nm,而且容易产生多种颜色。一般采用材料 GaP(绿色、黄色及红色),$GaAs_{1-x}P_x$(红色、橙色),$Ga_{1-x}Al_xAs$(红色)。

GaP 红色发光二极管,能带结构为间接迁移型,发光机理为激子的复合,对于发光波长来说,E_g 较大,透射性较好,可采用气相外延生长法或液相外延生长法。若在 p 型层中掺入 Zn 和 O,并分别置换 Ga 和 P 的阵点,则在这些施主、受主中,占据最邻近阵点的施主与受主对便作为激子中心而起作用,利用这些复合可得到峰值波长 700 nm,频谱半值宽度约 100 nm 的红色发光。n 型层的掺杂剂一般为 Te。

表 10.4　发光二极管用主要半导体材料

材　料	E_g/eV	能带结构	晶格常数/nm
GaP AlAs	2.26 2.16	间接迁移型	0.545 0.566
GaAs InP InAs	1.44 1.35 0.35	直接迁移型	0.565 0.587 0.606
$GaAs_{1-x}P_x$ $Ga_{1-x}Al_xAs$	(1.5～2.0) (1.5～1.9)	直接迁移型	0.557 x=0.4 0.565 x=0.3
GaN	3.4	直接迁移型	0.451
AlN	6.28	直接迁移型	0.311

GaP 绿色发光二极管采用液封直拉晶体作为基片，并在其上以液相外延生长法形成有源层时，在气氛 H_2 中混入 NH_3 进行掺杂 N，作为施主采用 S，在 p-n 结形成中，要向 n 型层中扩散 Zn。N 在晶体中起着等电子陷阱的作用，可利用它所捕获的激子复合发光。

$GaAs_{1-x}P_x$ 红色发光二极管是采用舟皿生长的 GaAs 单晶作为基片，在其上以气相外延生长法生长掺有 Te 的 n 型 $GaAs_{1-x}P_x$ 层，并向其一部分内扩散 Zn 而制成 p-n 结。

$Ga_{1-x}Al_x$ 红色发光二极管是在 GaAs 基片上，利用掺有少量 Al 的 Ga-GaAs 溶液，用液相外延生长法进行生长。x 值取 0.35 左右可得到峰值波长 660 nm 左右的红色发光。

GaN 和ⅢA 族氮化物材料是近年来光电子材料研究的热门课题。这些材料具有宽的直接带隙、高热导率、强的抗辐照能力，可以发出绿光、蓝绿光、蓝光和蓝紫光，可以作为高温半导体器件的换代材料。蓝光发射特性在高亮度全彩色发光二极管（LEO）和具有高密度记录的数字视盘（DVD）等发光器件中有着潜在重要作用。

10.4.5　X 射线激发发光

X 射线发光材料在发光材料中使用较早，而且应用量很大。发光材料在 X 射线照射下可以发生康普顿效应，也可以吸收 X 射线，它们都可产生高速的光电子。光电子又经过非弹性碰撞，产生第二代、第三代电子。当这些电子的能量接近发光跃迁所需的能量时，即可激发发光中心，或者离化发光中心，随后发出光来。一个 X 射线的光子可以引起很多个发光光子。

X 射线发光屏是利用发光材料使 X 光转换为可见光，并显示成像的屏幕。目前已研制出一系列 X 射线发光材料，这些材料的发光或起源于原子团，或起源于掺杂离子的能级间的电子跃迁。常用 X 射线发光材料见表 10.5。

最早应用于 X 射线探测的钨酸钙现在仍然被广泛地应用。这主要由于它有几个优点：吸收效率高，发光光谱和胶片灵敏波段相适应；物理化学性质稳定；而且在制备中对原料纯度的要求不是很高。

表 10.5 X 射线发光材料

发光材料	发光波峰/nm	100 keV 吸收系数/cm^{-1}
$CaWO_4$	420	17.5
ZnS : Ag	450	1.5
ZnS · CdS : Ag	538	3.5
CsI : Na	410	9
CsI : Tl	545	–
$BaSO_4$: Pb	350	–
$BaSO_4$: Eu	–	–
$SrBaSO_4$: Eu	380	–
$Ba_3(PO_4)_2$: Eu	375	–
Y_2O_2S : Tb	380,410,420,550,590	2
La_2O_2S : Tb	490,544,588,620	10.5
Cd_2O_2S : Tb	420,435,490,545,625	18.3
LaOBr : Tb	380,415,495	–
BaFCl : Eu	390	–

硫化物的发光效率较高,像 ZnS,CdS 这样的材料,通用性较强。它既可用于透视屏又可用于增感屏,还可用于像加强器。

碘化铯的发光效率和硫化物相同,都比较高,但它们对 X 射线的吸收效率却比硫化物高,在 X 射线激发下,总的效率较高,是很好的材料,常用在像加强器中。像加强器是一种电真空器件,它也用于显示。

稀土材料的发光光谱和钨酸钙的相近,在医用 X 射线(30 ~ 100 keV)的激发下,它的发光效率比钨酸钙的效率还高。

10.4.6 有机发光材料

有机发光器件(OLED)又称有机电致发光器件(OELD),是一种采用有机薄膜作为发光层的发光亮度高、驱动电压低、宽视角、全固化的主动发光型显示器件。OLED 具有可实现全彩色大面积显示,可与集成电路驱动电压相匹配以及制备工艺简单等特点,在平板显示领域具有巨大的应用前景,有希望成为下一代显示器的主导。

1963 年 Pope 首次在有机芳香族蒽单晶上实现电致发光,但驱动电压大于 100 V 才能观察到明显的发光现象,量子效率很低。由于受当时各种条件的制约,未能很好地解决成膜质量差和电荷注入效率低等问题,使有机电致发光的发展一直处于停滞不前的状态。直到 1987 年,美国柯达公司 Tang 等人采用 8-羟基喹啉铝络合物作为发光层,分别用 ITO 电极和 Mg-Ag 电极作为阳极和阴极,实现了高亮度、高效率的绿光有机电致发光。1990 年,剑桥大学 Cavendish 实验室 Braun 等人用聚合物的衍生物实现了量子效率为 1% 的绿色和橙色光的输出，驱动电压仅为3 V。这些成果极大地推进了有机薄膜电致发光器件的发展，使有机电致发光的研究在世界范围内广泛地开展起来。

1. 有机电致发光机理

有机电致发光器件是一种双注入型发光器件，其基本结构是发光材料夹在两个电极之间，如图10.13所示。发光原理是在正向电压驱动下，从阴极注入的电子和从阳极注入的空穴分别从电子传输层和空穴传输层向发光层迁移，在发光层中相遇形成激子（激子是指处在激发态能级上的电子与价带中的空穴通过静电作用束缚在一起而形成的一种中性准粒子），激子复合发生辐射跃迁，其辐射的能量传递给发光分子，并激发发光分子中的电子从基态跃迁到激发态。当受激的电子从激发态回到基态时，其激发态能量通过辐射产生光子，从而形成有机材料的电致发光现象。

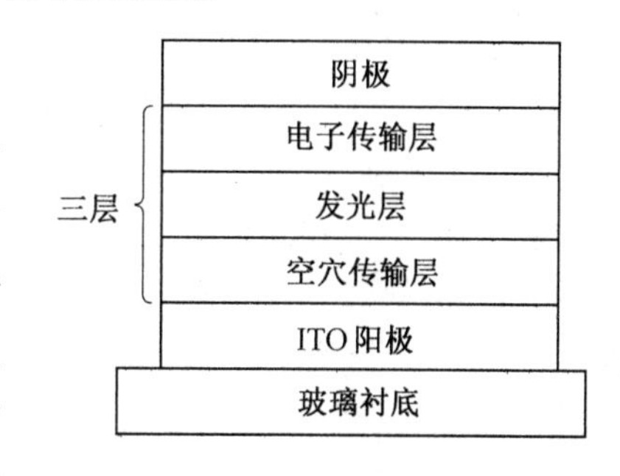

图10.13　典型的三层有机电致发光器件结构

有机电致发光过程由以下五个步骤完成：

①载流子的注入，电子和空穴分别从阴极和阳极注入夹在电极间的有机功能薄膜层；

②载流子的迁移，载流子分别从电子传输层和空穴传输层向发光层迁移；

③载流子复合，空穴和电子在发光层中相遇、结合并产生激发子；

④激子迁移，激子将能量传递给发光分子，激发电子从基态跃迁到激发态；

⑤电致发光，激发态能量通过辐射失活，产生光子，释放出光能。

2. 有机小分子发光材料

小分子发光材料容易发生“浓度淬灭”现象，所以单纯的主体小分子发光材料很少，多是作为掺杂染料发光。根据分子结构的不同，小分子分为纯有机化合物和金属配合物两种。前者结构中多带有共轭杂环及各种生色团，结构易于调整，通过引入烯键、苯环等不饱和基团及各种生色团来改变其共轭度，从而使化合物光电性质发生变化；后者介于有机物与无机物之间，同时具有有机物的高荧光量子效率和无机物的高稳定性等优点，被业界寄予厚望。

（1）小分子主体有机金属配合物发光材料。

有机金属配合物是一种非常重要的小分子主体发光材料，其中8-羟基喹啉铝（Alq3）络合物是有机电致发光领域应用最广、最成功的材料之一，同时也是很好的电子传输材料和掺杂主体材料。Alq3发光波长位于绿光区（发射谱峰值在530 nm左右），具有良好的成膜性和热稳定性。Alq3与其他金属离子（Ga^{3+}，Be^{2+}，Zn^{2+}）的配合物也具有较好的发光性能，其中8-羟基喹啉镓（Gaq3）的发光谱峰在553 nm左右，是较好的绿色主发光体；苯并喹啉的金属配合物也可以用作有机电致发光材料，其中10-羟基苯并喹啉铍（Bebq2）的发光性能优异，它的颜色与A1q3类似，发射谱峰值在516 nm，而在发光亮度上甚至超过了（Alq3）。

（2）小分子掺杂体发光材料。

红、绿、蓝是实现全彩色显视的三基色，所以要求掺杂体的发光颜色最好是在三基色范围内,并且具有良好的色纯度。

蓝光材料,如 DPVBi,DPVPA,ADV 以及 TBP 等既可以作为掺杂体使用,也可以作为独立的发光层材料。此外,一些空穴传输材料 NPB,CBP 等也可以作为蓝光材料。然而,二硝酰胺铵(AND)在高温下薄膜表面结构易发生形变,导致发光性能劣化,且颜色偏绿。为了改善发光颜色,可将三溴苯酚(TBP)掺杂到 AND 中形成衍生物 TBADN,从而可以增加蓝色深度,但是效率有所下降。如果用甲基取代 AND 中的 C-2 位置,还可以得到另一种衍生物 2-甲基-9,10-双(2-酚基)蒽(MADN),这是最蓝的发光材料之一。甲基的引入破坏了 AND 紧密的分子包覆,增大了分子间距,有利于薄膜表面形貌的稳定;同时甲基的引入使得电子具有不同的振动能级,导致发光峰值发生蓝移,器件颜色变为深蓝。

性能较好的纯小分子化合物绿光掺杂材料主要是香豆素系列的 C-6,C-545TB,C-545MT等。柯达公司最早采用1%的 C-6 作为绿光掺杂体,实验中发现 C-6 的荧光量子效率几乎达到 100%,发光峰值在 500 nm 附近,但纯度不够,在高掺杂浓度下存在严重的淬灭效应。此后,柯达公司开发出 C-545T 掺杂体,这是较好的绿光发光体材料。C-545T 分子结构上的 4 个甲基起到了空间位阻的作用,能够减弱分子间的相互作用,降低浓度淬灭效应。此外,喹吖啶酮也是较好的绿光掺杂体之一,它以 0.47% 的比例掺杂与 Alq3 中时,在 1 A/cm^2 的电流驱动下可以产生高达 6 800 cd/m^2 的亮度。

对于红光掺杂体,目前没有好的小分子主体发光材料,绝大多数红光器件都是通过掺杂的方法制备的。最好的红光掺杂体 DCJTB 在 DCM 基础上经过分子设计合成,其色纯度、发光效率和稳定性都很好。铕配合物也是使用较多的红光掺杂体,此类材料的色纯度很好,因为铕在 625 nm 有一个尖锐的发射峰,但是发光亮度通常不高。目前最好的铕配合物红光掺杂体是 $Eu(DBM)_3bath$,用它作掺杂体的器件亮度可达 820 cd/m^2。

3. 聚合物电致发光材料

聚合物发光材料具有以下优点:①玻璃化温度高,热稳定性好;②具有良好的成膜性和加工性,不易结晶;③制作电致发光器件工艺简单,不需要复杂的设备,可以降低器件制作成本;④易于实现大面积显示器件。

另外,高分子聚合物发光材料与小分子材料相比,具有更好的粘附性能和机械强度,易于制成柔性显示器,而且通过染料分子的掺杂,可以很方便地获得各种发光颜色,从而使有机电致发光器件的制备更具灵活性。

应用于电致发光器件的聚合物种类日益增加,其中研究和使用最多的聚合物有:

①聚吡咯(PPy);②聚[2-甲氧基-5-(2-乙基己氧基)-1,4-苯撑乙烯撑](MEH-PPV);③聚吡咜乙烯(PPyV);④聚(9, 9)二辛基聚芴(PFO);⑤聚乙烯基咔唑(PVK);⑥聚[(9, 9)己二基芴-(2,5)二氰苯撑](PF3CNP1)等。图 10.14 为上述 6 种典型的聚合物主体材料。

聚苯撑乙烯撑(PPV)是一种典型的线状共轭高分子,具有很强的发光性能,良好的机械性能,高的热稳定性和可形成高质量的薄膜,使其在非线性光学、电致发光和塑料激光等领域具有广阔的发展空间,成为目前应用最多的电致发光材料。通过在 PPV 聚合物骨架上引入弹性侧链已开发出许多 PPV 衍生物,弹性侧链可使芳香基的共轭聚合物具有加工性能,也使 PPV 聚合物骨架的空间位阻增大,引入合适的侧链可以控制有效共轭长度,

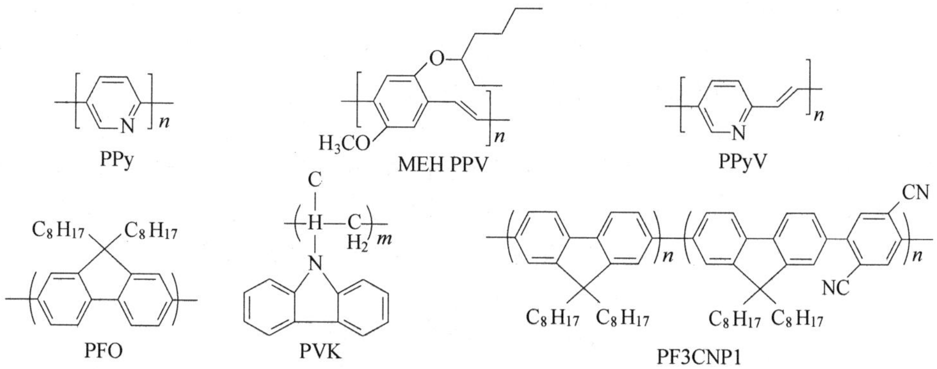

图10.14 6种典型的聚合物主体材料

从而调节聚合物的发光颜色。如在苯环上引入烷氧基得到的聚[2-甲氧基-5-(2-乙基己氧基)苯撑乙烯撑](MEH-PPV),由于烷氧基的加入,引起发射光谱的红移进而改变发光颜色。利用MEH-PPV作为发光材料,制备结构为ITO/PANI/UMEH-PPV/Ca的器件,当电压为5 V时,发光亮度为10 000 cd/m^2,流明效率达3 ~4.51 m/W。

聚烷基葱是另一类研究较多的共轭聚合物,由于聚集效应或链间低级聚集物的形成,它的色纯度和发光颜色稳定性差。通过将芴与螺旋式分子共聚来减小其链间的相互作用,从而减少聚集或低级聚集物的形成。还可以通过将葱与其他不同特性的功能基团共聚,不仅能改变聚合物的发光颜色,而且还能改善其电子或空穴的传输性能,所得共聚物具有很高的分子量、较强的光致荧光。葱与蒽共聚所得聚合物的热稳定性很好,与苯胺共聚提高了聚合物空穴传输性能,降低了工作电压。

除此之外,磷光电致发光材料也是目前研究的一种重点发光材料。随着磷光材料的研究进展,人们发现磷光染料具有高效率和高亮度的特点,把它掺杂在基质荧光材料中,使之在发光时能够同时利用单重态和三重态的激子,理论上可使器件的内量子效率达到100%。图10.15为有机电致发光器件的磷光材料,从左到右分别为侧链型铱-2-苯基喹啉(PhqIr)、铱(Ⅲ)双[(4,5’-二氟苯基)-嘧啶基-N,C^{2}’](FIrppy)以及铱(Ⅲ)双[(4,6-二氟苯基)-吡啶基-N,C^{2}’]吡啶酸(Firpic)。

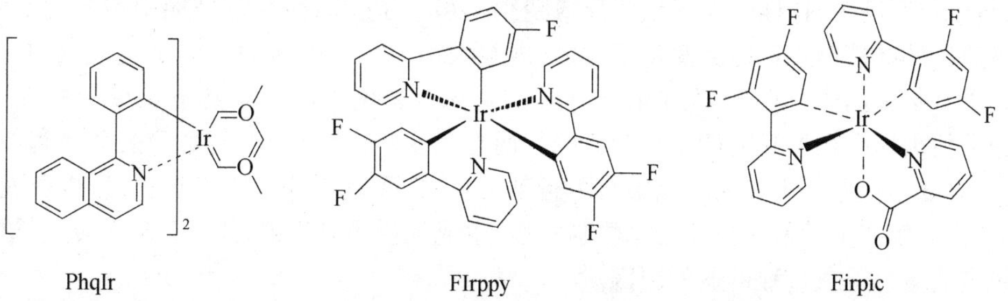

图10.15 有机磷光材料

4. 有机发光器件中电极材料以及电子、空穴传输材料

有机电致发光器件理想阴极是以低功函数金属如Ca,Al,Mg作为注入层,以具有较高功函数的稳定金属合金(Mg/Ag,Li/Al)作为钝化层。而阳极是由透明或半透明导体制成,最常用的是ITO玻璃。ITO透明导电玻璃具有在可见光区透过率高、红外反射率高和导电性能好等特性,表面电阻容易控制在80 Ω以下。

电子传输材料必须具有良好的热稳定性和表面稳定性。为了保证有效的电子注入,电子传输材料的分子最低空轨道应与阴极的功函数相匹配。有机金属络合物具有热稳定性好等特性,Alq3用于绿光电致发光,BALq和DPVBi用于蓝光电致发光。空穴输运材料多采用热稳定性好的芳香胺化合物类,主要有TPD($T=60°$)和NPB($T=100°$)。

10.5 光色材料

变色眼镜片在较强阳光照射下,能在几十秒钟内自动变暗,而无光照射时几分种内又可自动复明,某些天然矿物,如方钠石和萤石等,在阳光下也会发生颜色变化。

材料受光照射着色,停止光照时,又可逆地退色,这一特性称为材料的光色现象。这类材料称为光色材料。

10.5.1 光色玻璃

目前已发现几百种光色材料,其中光色玻璃是其中一种重要材料。

根据照相化学原理制成的含卤化银的玻璃是一种光色材料。它是以普通的碱金属硼硅酸盐玻璃的成分为基础,加入少量的卤化银如氯化银($AgCl$)、溴化银($AgBr$)、碘化银($Ag1$)或它们的混合物作为感光剂,再加入极微量的敏化剂制成。加入敏化剂的目的是为了提高光色互变的灵敏度。敏化剂为砷、锑、锡、铜的氧化物,其中氧化铜特别有效。将配好的原料采用和制造普通玻璃相同的工艺,经过熔制、退火和适当的热处理就可制得卤化银光色玻璃。

尽管卤化银光色玻璃是把照相化学原理移植到玻璃中来的产物,却是青出于蓝而胜于蓝。普通照相底片只能使用一次,不能重复使用,即发生的光化学反应是个不可逆的过程,而光色玻璃遇光变暗,无光退色的光色互变特性即使在反复几十万次以后仍丝毫没有衰退。这是因为在照相过程中,普通照相底片上涂敷的溴化银经过曝光后分解成银和溴,再经显影、定影,银原子就成为影像被固定下来,而溴则扩散逸出或被底片中的乳胶所俘获,溶于定影液中,这样就使光化学反应变得不可逆了。而在光色玻璃中情况就不同了,以极微小的晶粒形式存在的氯化银晶体(颗粒大小为5~30 nm,1 cm^3光色玻璃中大约含有几千万亿个晶体颗粒),经过光照射虽也会发生光化学作用分解成氯原子和银原子。银原子使玻璃在可见光区产生均匀光吸收而着色变暗,但由于玻璃本身的惰性和不渗透性,一方面使银原子不能在玻璃中自由行动,另一方面氯原子也跑不出去,所以当光照结束后,光分解产生的氯和银原子又重新相逢,生成无色的氯化银,使光色玻璃复明,这就是光色玻璃着色退色过程可逆的原因。

光色玻璃的性能可根据需要进行调节。改变光色玻璃中感光剂的卤素离子种类和含量,就可调节使光色玻璃由透明变暗所需辐照光的波长范围。如仅含氯化银晶体的光色玻璃的光谱灵敏范围为紫外光到紫光;若含氯化银和溴化银晶体,则其灵敏范围为紫外光到蓝绿光区域。

光色玻璃熔制后，要进行热处理。通过控制温度与时间，可控制玻璃中析出的卤化银晶体颗粒大小，从而达到调节光色玻璃的光色性能的目的。

10.5.2　光色晶体

一些单晶体也具有光色互变特性，用白光照射掺稀土元素（Sm）和铕（Eu）的氟化钙（CaF_2）单晶体时，能透过晶体的光的波长为 500 ~ 550 nm，绿光较多，晶体呈绿色；如果这晶体用紫外光照射一下，绿色就退去，变成无色，如再用白光照射，又会变成绿色。

对于光色晶体颜色的可逆变化，通常是由于材料中（含微量掺杂物）存在两种不同能量的电子陷阱，它们之间发生光致可逆电荷转移。在热平衡时（光照处理前），捕获的电子先占据能量低的 A 陷阱，吸收光谱为 A 带。当在 A 带内曝光时，电子被激发至导带，并被另一陷阱 B（能量高于 A 陷阱）捕获，材料转换成吸收光谱为 B 带的状态，即被着色了。如果把已着色的材料在 B 带内曝光（或用升高温度的热激发）时，处于 B 陷阱内的电子被激发到导带，最后又被 A 陷阱重新捕获，颜色被消除。

10.5.3　光存储材料

表 10.6 给出四种最有可能应用于全息光学记录，读出和消除的无机光色材料。

光色材料一个重要用途是作为光存储材料，由于光色材料的颜色在光照下发生可逆变化，所以产生两种型式的光学存储，即“写入”型与“消除”型，写入型是用适当的紫光或紫外线辐射来“转换”最初处于热稳定或非转换态的材料。消除型是用适当的可见“消除”光对预先在转换辐射下均匀曝光而变黑了的材料进行有选择的光学消除。通常记录全息图都采用消除型。当样品材料在干涉型消除光下曝光时，就形成吸收光栅。入射光最弱的地方为最大吸收（消除效果差），入射光最强的地方为最小吸收（消除效果好）。

表 10.6　用于全息存储的光色材料

基　质	掺杂物和浓度/mol	
CaF_2	LaF_2	0.05
	NaF	0.1
CaF_2	CeF_2	0.05
	NaF	0.1
$SrTiO_3$	NiO	0.35
	MoO_3	0.34
	Al_2O_3	0.18
$CaTiO_3$	$NiMoO_4$	0.19

信息读出时，照明光通过吸收光栅，光栅衍射以再现所存储的信息。为消除全息图，只需用光照射晶体使其重新均匀着色，恢复到原来的状态。光色材料用于全息存储具有如下特点：①存储信息可方便地擦除，并能重复进行信息的擦写；②具有体积存储功能，利用参考光束的入射角度选择性，可在一个晶体中存储多个全息图；③可以实现无损读出，只要读出时的温度低于存储时的使用温度。

10.6 非线性光学材料

1961 年 Franken 等人用一台发射波长为 694.3 nm 的红宝石激光束射入石英晶体上，从石英晶体出射光中发现了两束不同波长的激光，一束为原入射的 694.3 nm 的激光，另一束为新产生的波长为 347.2 nm 的激光，其频率恰好为入射光频率的 2 倍，这是倍频现象，即非线性光学效应。从此非线性光学迅猛发展并深入到激光技术的各个领域，激光变频技术、调制技术、存储技术、光折变技术等技术必须通过一个非线性光学晶体才能实现，非线性光学晶体是激光领域研究的热点课题之一。

10.6.1 二阶非线性光学效应

非线性光学材料是在强光或其他外场（电场、磁场、应变场等）作用下能产生非线性光学效应的材料，强光或其他外场对晶体作用时，能引起材料的非线性极化响应，导致光的频率、强度、偏振态及传播方向的改变。一般在强光作用下，产生的非线性效应的晶体称为非线性光学晶体，其他外场作用下产生的非线性光学效应的晶体称为电光晶体、磁光晶体和声光晶体等。

当光通过晶体传播时，引起晶体的极化，极化强度 $\boldsymbol{P}$ 与 $\boldsymbol{E}$ 的关系为

$$\boldsymbol{P}=\varepsilon_0[x^{(1)}\boldsymbol{E}+x^{(2)}\boldsymbol{E}^2+x^{(3)}\boldsymbol{E}^3+\cdots] \tag{10.7}$$

式中，ε_0 为真空的介电常数；$x^{(1)}$ 为线性极化率；$x^{(2)}$ 和 $x^{(3)}$ 分别为第二阶和第三阶非线性极化率。

电场强度 $\boldsymbol{E}$ 较小时，只需考虑上式右边的一次项，略去高阶项。$\boldsymbol{P}$ 与 $\boldsymbol{E}$ 的关系为线性，相应的光学现象为线性光学现象，如光的折射、反射、双折射和衍射等。当用激光做光源时，上式的非线性项起作用，出现非线性光学现象。

当用频率分别为 ω_1 和 ω_2 的两束光在非线性光学晶体内发生耦合作用，如果 $\omega_1=\omega_2=\omega$，$\omega_3=\omega_1+\omega_2=2\omega$，所产生的谐波称为倍频光，$x$ 值越大，倍频能力越强。当 $\omega_3=\omega_1+\omega_2$ 时，所产生的谐波为和频光，和频光可将红外波段激光有效地转换到可见光区；当 $\omega_3=\omega_1-\omega_2$ 时，所产生的谐波为差频光，可用来获得红外和远红外以及毫米波段的相干光源。

当一束频率为 ω_p 的强激光（泵浦光）射入非线性光学晶体时，若在晶体中再加入频率低于 ω_p 的弱信号光（频率为 ω_s），由于差频效应，晶体中将产生频率为 $\omega_p-\omega_s=\omega_i$ 的极化波，辐射出频率为 ω_i 的光波。当此波在晶体中传播时，又与泵浦光混频，产生频率为 $\omega_p-\omega_i=\omega_s$ 的极化波，辐射出频率为 ω_s 的光波。若原来频率为 ω_s 的信号波与新产生频率为 ω_s 的光波之间能满足相位匹配条件，则原来弱的 ω_s 信号光波在损耗泵浦光功率的作用下得到了放大，该过程是光参量放大原理。

在光参量放大过程中，能量的转换很低。为了获得较强的信号光，把非线性光学晶体置于光学谐振腔内，使频率为 ω_s 和 ω_i 的极化波不断从泵浦光吸收能量，产生增益。增益超过腔体损耗时形成振荡，这过程为光参量振荡。光参量振荡是一种可调谐激光光源，它的调谐范围宽，可以获得由紫外（330 nm）到中红外区（16.4 μm）连续可调谐的辐射波。

10.6.2　非线性光学晶体性质及制备

非线性光学晶体应具有以下性质:

①晶体的非线性光学系数大;

②透光波段宽,透明度高;

③晶体能够实现相位匹配,具有高的光转换效率;

④晶体具有较高的抗光损伤阈值;

⑤晶体的物理化学性能稳定,硬度大、不潮解;

⑥可生长光学质量均匀的、大尺寸晶体;

⑦易加工、成本低。

满足上述要求的非线性光学晶体可以通过水热合成法、熔剂法、重水溶液、提拉法及分子工程学等方法研究其化合物相图和晶体生长规律来制备,目前已研制出一系列新型紫外非线性光学晶体材料,如偏硼酸钡(β-BaB_2O_4)、三硼酸锂(LiB_3O_5)及新型紫外频率转换有机材料——L 精氨酸磷酸盐晶体。

10.6.3　非线性光学晶体及应用

KDP(磷酸二氢钾)晶体具有较大的非线性光学系数和较高的抗激光损伤阈值,从近红外到紫外波段都有很高的透过率,可对 1.06 μm 激光实现二倍频、三倍频和四倍频。

KTP(磷酸钛氧钾)晶体具有非常大的非线性光学系数、在室温可以实现相位匹配,在 0.35 ~ 4.5 μm 波段内透光性能良好,机械性能优良,化学性质稳定、单晶尺寸大。可用于倍频、参量振荡和光混频。

BBO(偏硼酸钡)晶体为紫外倍频晶体,用于激光器的二倍频、三倍频及四倍频泵浦的参量振荡器和光参量放大器。

LN(铌酸锂)晶体具有较大的非线性光学系数、能实现非临界相位匹配,用于制作激光倍频器件、光参量振荡器和集成光学元件。

BNN(铌酸钡钠)晶体是最早的激光变频材料之一,用于制作激光倍频器件、光参量振荡器等。

$AgGaS_2$ 晶体用于制作红外波段的激光倍频、混频等器件。

10.7　液晶材料

一般物质,在温度较低时为晶体,加热后变为液体。然而,有相当多的有机物质,在从固态转变为液态之前,经历了一个或多个的中间态,它们的性质,介于晶体与液体之间,称为液晶。

1888 年奥地利植物学家莱尼茨尔发现将结晶的胆甾醇苯甲酸酯加热到 145.5 ℃时,熔解为混浊粘稠的液体,当继续加热到 178.5 ℃时,则形成透明的液体。第二年德国物理学家莱曼将 145.5 ~ 178.5 ℃之间的粘稠混浊液体用偏光显微镜观察时,发现它具有双折射现象。莱曼把这种具有光学各向异性、流动性的液体称为液晶。

10.7.1　液晶的结构

液晶的结构按分子排列方式的不同,可以分为三种类型,如图 10.16 所示。

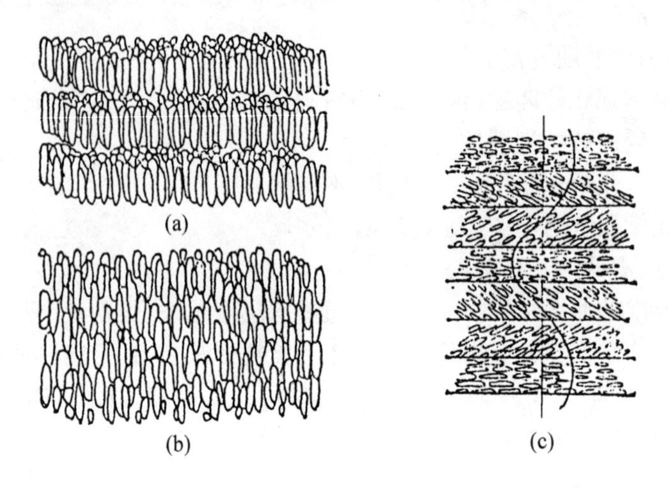

图 10.16　液晶的分子排列

(a)近晶型;(b)向列型;(c)胆甾型

1. 向列型液晶

该种液晶分子的形状象雪茄烟,分子的长轴近于平行,但不能排列成层。处于这种液晶态的分子,能上下、前后、左右移动,单个分子也能绕长轴旋转。近几年发现,利用向列型液晶分子定向排列这一特性,可把它作为取向溶剂,使溶质分子与溶剂分子一起显示定向排列。

2. 近晶型液晶

能形成这种液晶态的分子,形状也像雪茄状,分子长轴互相平行,且排列成层,层与层之间相互平行,分子排列比较整齐,近似于晶体的排列状况。在这种液晶结构中,通常分子只能在层内前后左右移动,而不易在上下层之间越层移动。但是,单个分子也能绕其长轴旋转,由于层内分子之间有较大的约束力,该液晶态对电磁场等外界干扰不如向列型敏感。

3. 胆甾型液晶

形成这种液晶态的棒状分子分层排列,在每一层中,分子的排列是平行的,取向是一致的。但相邻两层分子的排列方向扭转了一定的角度,因而多层分子链的排列方向逐层扭转,而呈现螺旋形结构。该种液晶相具有如下特性:①干涉色,胆甾相液晶薄层在白光照射下,呈现如孔雀羽毛般的美丽色彩,这是由于它选择反射某些波长的光所产生的现象;②旋光性,呈现干涉色的胆甾相液晶薄层具有很大的旋光度,至少可达到 100°～1000°/mm,这个值比水晶的旋光度 20°/mm 要大得多。

因液晶结构很娇嫩,微弱的外界能量或压力,就能使液晶的结构发生变化,从而使其功能发生相应的变化,因此液晶表现出许多奇妙的效应。

10.7.2　液晶材料物理性能

液晶分子几何形状、极性官能团位置和极性大小、苯环面向以及分子之间相互作用等因素决定了液晶物理性能和各向异性,区域内液晶分子平均取向用指向矢表示。在显示应用中,液晶材料主要物理参数有相变温度、黏度、介电常数、折射率和弹性常数等。

1. 相变温度

对热致性液晶,相变温度确定液晶态存在的温度范围和各相存在的范围,用差热分析和偏光显微镜方法测量液晶相变温度。单体液晶很难满足显示需要的很宽温度范围,常采用多组分液晶混合配方实现宽温度液晶。

2. 黏度

黏度与液晶响应速度关系密切,黏度大小与温度有关。黏度具有各向异性,向列液晶黏度在指向矢方向小,近晶液晶黏度在分子层平行方向小。

3. 介电常数

介电常数是液晶材料的主要电学性能参数。液晶介电各向异性参数分为:分子长轴方向介电常数 $\varepsilon_{//}$,垂直方向介电常数 $\varepsilon_{\perp}$,各向异性值 $\Delta\varepsilon=\varepsilon_{//}-\varepsilon_{\perp}$。当 $\varepsilon_{//}>\varepsilon_{\perp}$时,为正性液晶,反之,为负性液晶。

4. 折射率

在光频率作用下液晶分子电极化引起的介电常数 ε_{∞} 和折射率 n 之间的关系为 $\varepsilon_{\infty}^{2}=n$。折射率同样各向异性。

液晶具有折射率的各向异性,从而得到许多有价值的光学特性:①使入射光前进方向的偏振状态向分子长轴的方向偏转;②能改变入射光的偏振状态(线偏振、椭圆偏振、圆偏振)或改变偏振光的振动方向;③使入射的左旋、右旋偏振光产生相应的反射或透射。

5. 弹性常数

在向列液晶情况下,分子沿着指向矢方向平移,不产生形变恢复力。但破坏分子取向有序时,出现指向矢空间不均匀性,使体系自由能增加,产生指向矢形变恢复能。用液晶弹性理论描述液晶宏观物理现象,需要引入液晶弹性变形参数。弹性形变分为展曲形变、扭曲形变及弯曲形变。向列液晶弹性形变能低,在外场作用下液晶容易形变,液晶显示功耗小。

10.7.3 液晶的效应

1. 温度效应

当胆甾型液晶的螺距与光的波长一致时,就产生强烈的选择性反射。白光照射时,因其螺距对温度十分敏感,就使它的颜色在几摄氏度温度范围内剧烈地改变,引起液晶的温度效应。该效应在金属材料的无损探伤,红外像转换,微电子学中热点的探测及在医学上诊断疾病,探查肿瘤等方面有重要的应用。

2. 电光效应

液晶分子对电场的作用非常敏感,外电场的微小变化,就会引起液晶分子排列方式的改变,从而引起液晶光学性质的改变。因此,在外电场作用下,从液晶反射出的光线,在强度、颜色和色调上都有所不同,这是液晶的电光效应。该效应最重要的应用是在各种各样的显示装置上。

3. 光生伏特效应

在镀有透明电极的两块玻璃板之间,夹有一层向列型或近晶型液晶。用强光照射,在电极间出现电动势的现象叫光生伏特效应，即光电效应。该效应广泛应用于生物液晶中。

4. 超声效应

在超声波作用下，液晶分子的排列改变，使液晶物质显示出不同颜色和不同的透光性质。

5. 理化效应

把液晶化合物暴露在有机溶剂的蒸气中，这些蒸气就溶解在液晶物质之中，从而使物质的物理化学性质发生变化，这是液晶的理化效应，利用该性质可以监测有毒气体。

另外，液晶还有应力效应，压电效应、辐照效应等。

10.7.4　液晶材料

至今已经知道的液晶物质，多数为脂肪族化合物、芳香族化合和胆甾族化合物，它们是具有各种各样结构的物质。显示液晶相物质的分子的几何形状呈细长棒状或平板状，而且分子之间要保持平行排列，必须具有适当大小的分子间力。因此像芳香族环和不饱和键有利于液晶的形成。4，4′-=取代联苯和4，4′-=取代联三苯也能成为液晶。

对(4-氰基苄叉氨)肉桂酸旋性戊脂等显示为胆甾相液晶，胆甾醇的酯类(V)为胆甾相液晶。作为向列型液晶材料有P-氧化偶氮基苯甲醚(PAA)、P-甲氧苄叉、P-J替苯胺(MBBA)等；近晶型液晶有氰基辛基联苯(COB)等；胆甾醇型液晶有胆甾醇壬醇(CN)等。

10.7.5　液晶的应用

由于液晶在光学特性上显示出明显的各向异性，可以改变光的偏振方向，可以制成光导液晶光阀，光调制器、光通信用光路转换开关等液晶器件。另外，液晶作为存储元件、光控器件与激光器结合，可控制激光的振幅、相位、频率和激光辐射的偏振态，可传输能量。

液晶在电子学方面可用于液晶电子光快门、微温传感器、压力传感器等方面。液晶显示器是液晶在电子学方面的重要应用，已用于各种计量仪器，家用电器、电子计算器、手表、计算机等方面。

液晶在生命科学方面也有重要应用，有关生物液晶的研究工作已取得了丰硕的成果。用液晶的的结构和原理，解释包括人、动物、植物和微生物在内的广泛的生命现象，也取得成功。各种各样的假说、推论不断出现，他们都把生物膜所特有的功能与液晶特性相结合，来探索生命科学的奥秘及生物液晶的特殊功能。

10.8　聚合物光折变材料

1966年贝尔实验室的Ashkin等人在用$LiNbO_3$和$LiTaO_3$的晶体作光倍频实验时意外地发现了光折变效应，人们很快认识到这种效应可以用于光学数据存储，并开展了相关的研究。1990年前，光折变材料的研究局限于无机晶体，由于无机晶体材料生长和试样制备困难，以及难以加工成大面积的薄膜器件等原因，限制了无机光折变材料的应用。相比之下，有机光折变材料特别是高聚物光折变材料，制备简单灵活，可以控制材料的性质，因此人们开始寻求发展有机光折变材料。1991年，Ducharme等人首次在非线性环氧聚合物bisA-NPDA中，通过掺杂质量为30%的空穴传输单位DEH制成了聚合物光折变材料。

从此有机光折变聚合物引起了人们的极大关注，在图像识别、光全息存储、光学相干层析等技术中得到了广泛的应用。

10.8.1　光折变效应

光折变效应是光致折射率变化效应的简称，是电光材料在光辐照下由光强的空间分布引起材料折射率相应变化的一种非线性光学现象。它起因于入射光强的空间调制，而不是绝对的入射光强。即对于弱光（如毫瓦，甚至微瓦量级），只要辐照时间足够长，亦可以获得足够大的折射率改变，因此人们把它称为弱光非线性光学。光折变效应为非线性光学的研究开拓了更加广阔的研究领域，使非线性光学现象的观察和研究在更加方便的时间尺度上进行，并成为实时光学信息处理的基本手段，在三维光学存储器、相位共轭器、全光学图像处理、光通信等领域得到了广泛的应用。

10.8.2　聚合物光折变材料类型

聚合物光折变材料分为主客体式、主链侧链式。主客体式是指以某种聚合物为基体，向其中掺杂各种功能的小分子，以提供产生光折变效应所必须的各种成分，也称为掺杂型。这种类型根据基体的种类又可分为以光学非线性生色团聚合物为基体、以载流子传输体聚合物为基体、以惰性聚合物为基体三种形式。主链侧链式是把各种功能小分子作为侧链全部聚合在某一聚合物的主链上，也称为全功能型。

1. 以惰性聚合物为主体的掺杂体系

以惰性聚合物作为光折变材料的基体有三个显著的优点：①扩大了基体的选择范围；②便于优化其光学质量及其与各种掺杂剂的相溶性；③为新设计的光折变材料中的组分提供了理想的测试背景。以聚甲基丙烯醇甲酯（PMMA）和聚碳酸酯（PC）作为主体高分子，掺杂其他必需功能因子来满足光折变效应形成的基本要求。具体材料特性参数见表 10.7。

表 10.7　以惰性聚合物为主体的光折变材料参数

参数 / 聚合物体系	吸收系数 /cm^{-1}	工作波长 /nm	耦合系数 /cm^{-1}	衍射效率 /%	外加电压 /V	响应时间 /s
PMMA:33 DTNBI:0.2 C_{60}	20	676	54	7	57	20
PMMA:33 DPDCP:15 TPD:0.3 C_{60}	2	676	50	25	100	0.83
PTCB:37.6 DHADC-MPN:12.5 DIP:0.2 TNFDM	22.6	633	225	71	28(η) 50(Γ)	-
PTCB:37.6 DHADC-MPN:12.1 DIP:0.6 TNFDM	60.5	633	227	47	31(η) 48(Γ)	-
PTCB:37.4 DHADC-MPN:12.3 DIP	1.5	633	198	78	36(η) 50(Γ)	-
PTCB:40 DHADC-MPN:1 TNFDM	84.6	633	86	39	39(η) 50(Γ)	-

2. 以光电聚合物为主体的掺杂体系

这类材料的性能较差,但人们可以直观地理解有机材料中光折变性能的产生。通常非线性生色团作为主链或侧链而键接到高分子骨架上,再掺杂电荷产生体、电荷输运体、俘获中心等小分子物质,通常情况下电荷产生体和俘获中心是由电光聚合物本身来充当。

3. 以电荷输运聚合物为主体的掺杂体系

以电荷输运聚合物体系有聚乙烯咔唑(PVK)和聚硅烷的衍生物(PBPES)两种,它们是性能最好的光折变材料。由于取向增强效应,可以得到高衍射效率和大净增益,以PVK为主体的掺杂体系是研究最广泛的一种体系。根据理论分析,只要玻璃转化温度很低,便可以得到较大的净增益,因此往系统中掺杂新的物质以降低玻璃转化温度,其中掺杂最多的是塑性剂。该方法在光折变聚合物的发展过程中对于提高材料的光折变性能是至关重要的一步。此外,寻找高性能的非线性生色团进行大量掺杂,也可以降低玻璃转化温度。部分主要以PVK聚合物为主体的光折变材料,见表10.8。

4. 全功能(单组分)体系

在全功能(单组分)体系中,载流子产生、输运体、非线性生色团等功能组分等同时键接到聚合物链上。与掺杂体系相比,其优点在于避免了小分子物质的挥发及因组分的相容性限制所造成的相分离,使体系的组成比较稳定,更易制成光学质量优异的膜。

表10.8　部分以PVK聚合物为主体的光折变材料参数

参数 / 聚合物体系	吸收系数 /cm^{-1}	工作波长 /nm	耦合系数 /cm^{-1}	衍射效率 /%	外加电压 /V	响应时间 /ms
PVK：50 DMNPAA：33 ECZ：1 TNF	22	633	220	86	90	500
PVK：33 PDCST：15 BBP：0.5 C_{60}	7	676	200	83	120	50
PVK：55 EHDNP：1 TNF	3.5	686	120	60	60	250
PVK：3.8 DEANSF：36 TCB：0.22 C_{60}	17	633	133	35	110	200
PVK：33 FDEANST：0.2 p-dci	<0.5	753	2.3	0.045	32	23(s)
PVK：33 FDEANST：0.2 C_{60}	0.9	753	9.0	0.11	32	3(s)

5. 含有双功能生色团的聚合体系

在含有双功能生色团的聚合体系中,各种组分自身都有一定的介质稳定性。由于各组分之间相互相容性有限,所以在掺杂聚合物体系中不可避免地存在相分离的趋势。

6. 聚硅烷体系

虽然以聚硅烷--电荷输运体为主体的掺杂聚合物体系的衍射效率和增益系数都较低,但是聚硅烷体系有较好的光学性能,和电场极化后取向生色团能够保持非对称中心的潜力,这种聚合物体系将是以后制备光折变物质很有发展前景的一种组成。

7. 液晶体系

由于液晶聚合物的超大克尔效应,在掺杂一种非线性光学生色团作为侧链并进行电场极化后,它们很容易通过外加弱电场产生部分片段重新取向,在侧链中引起双折射。在低电压条件下,液晶聚合物具有较高的衍射效率和二波耦合增益系数,以及较长的光信息储存时间,为此液晶聚合物将在全息高密度数据存储器件中得到广泛应用。

10.9　光存储材料

信息的获取、传输、存储、显示以及处理是信息技术的主要环节,其中信息的存储是关键所在。实用的信息存储技术主要有磁存储技术和光存储技术,光盘存储技术是 20 世纪 70 年代初发展起来的一项高新技术。光盘存储具有存储密度高、容量大、可随机存取、保存寿命长、工作稳定可靠、轻便易携带等一系列其他记录媒体无可比拟的优点,特别适用于大量数据信息的存储和交换。光盘存储技术不仅能满足信息化社会海量信息存储的需要,而且能够同时存储声音、文字、图形、图像等多种媒体的信息,从而使传统的信息存储、传输、管理和使用方式发生了根本性的变化。

10.9.1　光盘存储原理与材料

光盘存储的基本原理是利用高度聚焦的激光束在模压成形的盘片上读取信息或进一步利用光存储介质在光的作用下产生物理或化学变化,以改变介质的某些光学性能,从而实现二值化数据的写入、读取与擦除。其写入与读出的流程如图 10.17 所示。

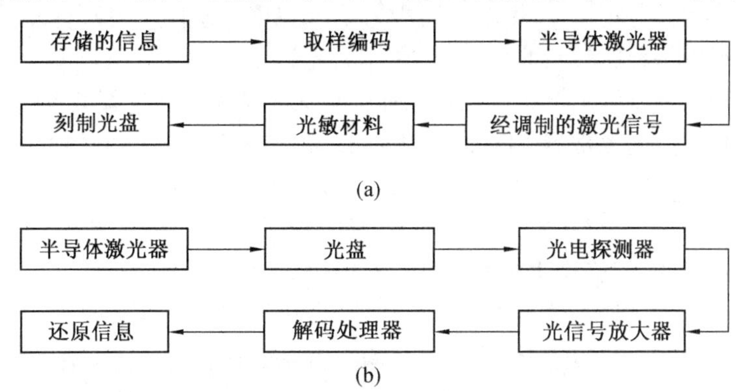

图 10.17　光盘写入与读出流程图
(a)光盘写入流程;　(b)光盘读出流程

1. 只读存储光盘

只读存储光盘是目前应用最广泛的信息存储技术,它由基板、金属反射层以及保护层组成。CD-ROM 光盘都通过复制生产,先用激光刻录机将经音频或视频信号调制过的激光束刻录在涂有光刻胶的玻璃盘片上,经过曝光、显影、脱胶等过程,制成具有凹凸信号结构的正像母盘。利用蒸发和电镀技术,制成金属负像母盘。最后用注塑法或光聚合法在金属母盘上复制光盘。光盘的基板材料主要是聚甲基丙烯酸甲醋、聚碳酸醋和聚烯类非晶材料,盘的基板材料主要是聚甲基丙烯酸甲醋、聚碳酸醋和聚烯类非晶材料,金属反射层主要是铝。

2. 一次写入存储光盘

最早开发的一次写入型光盘是采用熔点较低的无机材料(如元素硒、碲、金属铋等无机物)作为记录层的,利用激光光束的烧蚀作用,形成坑点,实现信息记录。由于制造这种介质的设备昂贵、工艺复杂、无机材料的化学稳定性差、长时间光照易氧化,目前已被CD-R所取代。CD-R是采用有机染料作为记录层的刻录式光盘。在刻有伺服槽的基片上,通过旋涂工艺涂上一层有机染料记录层,接着用溅射方法沉积反射层,然后采用旋涂法涂保护层。当光头的激光束聚焦在染料层时,由于热效应,照射点的染料发生汽化,形成与记录信息对应的坑点,实现信息的记录。为了提高反射率,反射层采用金膜取代铝膜。广泛用于CD-R的一次记录有机染料主要有花菁染料、酞菁染料和偶氮化合物。

花菁是由日本的Taiyo Yuden公司研究成功的,并最早以此材料生产出CD-R盘片。大多数的CD-R刻录机是参考花菁的特性设计和测试的,现今CD-R光碟片大多使用花菁染料。这类染料的分子内部含有由甲川基(CH)n 组成的共轭链,n 可为奇数或偶数。共轭链两端或链中间连有杂环、芳环化合物、环烯化合物等与共轭链组成一个大的共轭体系,分子内部的氢可被一定数目的各类取代基取代。这类化合物的最大吸收波长均在红外区和近红外区,最大吸收波长与甲川基链的长短有关,每增加两个甲川基,花菁染料的吸收峰大约向长波方向移100 nm 。花菁染料的克分子消光系数很大,即使很小的能量(约0.5 nJ/bit)也可烧蚀出明显的小坑,可获得较高的信噪比,被大量应用于写一次型光盘记录。这类染料,特别是直链类对光和热的稳定性较差,在强光照射下,很易被单线态氧所氧化。为增加其稳定性,亚甲基染料中可引入拉电子基团或者环体结构。四方酸衍生物是花菁染料中一种比较新的化合物,它作为光记录材料具有明显的优点。花菁染料的光氧化反应可以通过添加金属螯合物来淬灭单线态氧而提高花菁染料的稳定性。加入淬灭剂后光氧化反应速率常量下降很多,因此在CD-R光盘制作中必须添加淬灭剂。碎灭剂的种类很多,如苯二硫酚金属络合物、芳香胺类、酚类、苯并三唑类和亚硝基芳香化合物等。要制备花菁染料薄膜,首先要将花菁染料和淬灭剂与聚乙烯醇溶入二丙酮醇中,当溶解完毕后经过过滤,用旋涂法在塑料盘基上制成薄膜。

酞菁染料是一种高稳定性有机金属化合物,广谱性好,对紫外、可见及近红外光都很灵敏,光和化学稳定性优于花菁染料。其结构是由4个异吲哚啉结合成的多环分子,中心部分的两个氮原子与两个氢原子结合,也可与某些金属原子结合,用它制成的光盘呈淡绿的金色,称为“金盘”。但在有机熔剂中溶解度很小,难于用旋涂法制备薄膜。通过在金属酞菁分子结构中引入烷基侧链,可以提高酞著染料在四氯乙烷中的溶解度。有机溶剂中酞菁的最大吸收峰在680 ~730 nm,成膜后由于红移吸收峰位于730 nm 左右。

偶氮染料是分子结构中具有偶氮基(—N=N—)的一类染料,按分子中所含偶氮基的数目分为单偶氮、双偶氮和三偶氮染料等。随着偶氮基数目的增加,染料的颜色加深。偶氮染料的稳定性介于花菁和酞菁之间,可以通过“金属化”的方法,使偶氮分子与金属离子形成配位键,提高其稳定性。掺有噻唑杂环的偶氮染料的吸收峰靠近长波段。

3. 可擦写光盘

可擦写光盘按照存储原理的不同,可以分为可擦写磁光光盘、可擦写相变光盘和可擦写光致变色光盘。

磁光存储是一种磁记录,与普通磁记录不同之处在于存储信息的传感元件是光头而不是磁头。由磁光存储材料制得的磁光盘是对磁带、磁盘的发展。磁盘的问题是存储密度小，要求存储时与磁头的距离应尽量小；光盘的缺点是不能进行改写等，而磁光盘可以弥补这些缺点又兼备两者的长处。它是通过光加热和施加反磁场在稀土非晶合金的垂直磁化膜上，产生磁畴利用该磁畴进行信息的写入。具体体现为在写入信息之前，用一定强度的磁场对介质进行初始磁化，使各磁畴单元具有相同的磁化方向。在写入信息时，磁光读写头的脉冲激光聚焦在介质表面，光照之处因温度升高而迅速退磁，此时通过读写头中的线圈施加一定反偏磁场，而介质中无光照的相邻磁畴，磁化方向仍保持原来的方向，从而实现磁化方向相反的反差记录。另一个方面利用克尔效应或法拉第效应将信息读出。常见的磁光存储材料特点及应用见表 10.9。

表 10.9　磁光存储材料特点与应用对比

磁光存储材料	优点	缺点	应用
MnBi 等 Mn 基多晶薄膜	具有低温相和高温相。低温相的居里点较高（360 ℃），高温相居里点较低（180 ℃），有利于磁光记录	磁化强度较低，读出信号小且不稳定	通过掺杂和元素取代方法稳定高温相，降低低温相居里温度和晶粒尺寸，改善薄膜的磁光性能，目前仍在进行研究
石榴石系单晶薄膜	短波长时磁光效应大，读出信号幅度高，具有优良的抗氧化、抗辐射性能	对激光吸收小，反射小，写入灵敏度低，对基片要求高，需使用耐高温的玻璃或衬底，成本高	适合于军事、航天等恶劣环境使用
稀土-过渡族金属非晶薄膜	非晶态合金成分可以连续变化，能够在较大范围内调节薄膜的磁性能，具有居里点低、无晶界噪声、单轴各向异性大、矫顽力高等优良性能	存在易氧化、抗腐蚀能力差	目前实用化磁光盘普遍采用的材料

相变型光存储材料通过激光作用使介质在晶态和非晶态之间发生可逆变化，导致折射率和反射率等参数发生可逆变化，实现信息的记录。写入时用较高功率激光照射介质，使光照斑点超过熔点，然后通过液相快速冷却，成为非晶态时具有较低的反射率；擦除时用较低功率激光辐照介质，使光照斑点温度接近并低于熔点，通过晶核形成、晶粒长大的过程后回到结晶态时，具有较高的反射率。

相变型光存储材料主要是由Ⅲ-Ⅳ族中的碲（Te）基、硒（Se）基以及铟锑（InSb）基合金构成。通常有二元系（GeTe，InSe），三元系（GeTeSe，InTeSe，InSeSb，GeSbTe）和四元系（GeSbTeSe，AgInSbTe），但只有 GeTe，GeSbTe 和 AgInSbTe 有相对较短的晶化时间，其余体系的晶化时间过长不满足高速可擦写的要求。其中以 GeSbTe 三元合金的性能最为理想，这种材料除具有反射率对比度大，写入擦除次数多和寿命长等优良的光存储性能外，还具有写入擦除速度快的优点，最短写擦脉冲宽度只有 30 ~50 ns，对实现相变光盘高速直接重写功能和提高光盘的数据传输率非常有利。在四元系相变光存储材料中，由于 AgInSbTe 的晶态反射率高、写入功率低、擦除响应快以及记录点形成清晰等优点，因此被认为是一种应用前景良好的光存储材料，并已成为 DVD-RAM 首选材料之一。

可擦写光致变色存储材料是利用某一化合物或络合物在受到一定波长的光照射后，形成结构不同的另一种化合物。在用另一波长光照射或加热时，又能恢复到原来的结构，从而实现信息的记录。目前用于光存储的有机光致变色材料主要有二芳基乙烯类化合物、浮精酸酐类化合物、螺环化合物以及偶氮化合物，而无机光致变色材料主要是依靠加在化合物中的金属离子化合价的变价，或者化合物的分解与再化合来实现颜色的变化。

10.9.2 全息光存储原理与材料

全息存储利用傅立叶全息原理图实现信息的记录，所需记录的图像对物光进行调制，经调制的物光与参考光在存储介质内相遇，产生干涉，形成明暗相间的全息图。全息记录介质在经曝光和处理后，形成与原来明暗图样对应的全息图。改变激光束波长或介质上激光束相交的角度，在同一部位可记录不同的全息图。全息存储记录材料包括银盐乳胶、光敏抗蚀剂、光导热塑料、半导体材料、光折变晶体、光敏聚合物等。其中光折变晶体、光折变聚合物有希望投入高密度光存储实际应用。

10.9.3 光谱烧孔存储原理与材料

固体基质中的掺杂分子由于局域环境的差异出现能级的非均匀加宽。当用窄频带激光照射后，分子对不同频率的谱线吸收的差别，导致在该激光频率处出现吸收减小的现象称为光谱烧孔。由于可以通过改变激光频率在吸收带内烧出多个孔，即利用频率维来记录信息，从而可在一个光斑存储多个信息。光谱烧孔包括单光子光谱烧孔、双光子光谱烧孔。

最先报道的光谱烧孔材料是稀土掺杂材料 $BaFCl:Sm^{2+}$，该材料只能工作在液氦温度。1989 年长春物理所成功制备出 $BaFCl_{0.5}Br_{0.5}:Sm^{2+}$ 混晶材料，首先实现液氮温度的双光子光谱烧孔。随后又系统研究了混晶体系 $M_yM'_{1-y}FCl_xBr_{1-x}:Sm^{2+}$（M, M' = Mg, Ca, Sr, Ba; $x, y \in [0,1]$）的光谱烧孔性，1991 年在 $Ba_ySr'_{1-y}FCl_{0.5}Br_{0.5}:Sm^{2+}$ 中首先实现了室温下的光子选通永久性光谱烧孔。

10.9.4 电子俘获光存储原理与材料

电子俘获光存储机理：X 射线或紫外光照射材料，在其内部产生电子和空穴，这些电子和空穴被俘获在晶体内部的陷阱中，从而把辐射能量存储起来，它们的密度分布与 X 射线或紫外光的辐射强度分布成正比，这一过程为信息的写入。当受到光激励时（波长比辐照光长），电子陷阱中俘获的电子逸出陷阱与空穴复合释放能量，通常该能量不直接以发光形式释放，而是传递到发光中心上再以可见光形式释放，该过程为信息的读出，这种发光又称为光激励发光。发光强度与电子空穴对的浓度成正比，也与某一区域 X 射线或紫外光的吸收剂量成正比。

电子俘获材料按读出光波长可分为碱金属氟卤化物（MFX）、碱土金属硫化物（AES）以及碱金属卤化物及其掺杂型。

碱金属氟卤化物以 BaFBr 为代表，常用于 X 射线或紫外光影像存储。读出光波长在 400～700 nm 之间，读出发光为 380～400 nm 之间的蓝紫色。在 BaFBr：Er^{2+} 中掺入 Mg^{2+}，Na^{+}，Al^{3+} 等离子，可以提高光激励发光亮度，使得激励波段红移，更有利于使用性能优良的半导体激光源。BaFBr：Er^{2+} 的光激励发光机理的模型主要有三类：导带复合模型、隧穿模型、导带隧穿并行模型。其中，并行模型认为电子转移既通过导带过程，同时也通过隧穿过程，并各有一定的概率，在不同的材料、不同的激励条件下，可能是某一个过程起主导作用。该模型有效地将导带和隧穿过程结合起来，虽然增加了模型的复杂程度和可计算程度，但是通过合理的简化和计算机模拟，与实验结果有着很好的吻合。这个模型的提出有利于完善光激励发光的基本模型，对不同材料体系而言，能够根据具体的能带情况更加准确地分析出各自的光激励发光的过程。

碱土金属硫化物电子俘获光存储材料主要以掺铕和硫化锶为主，该材料的写入光波长在紫外或蓝光区，读出光波长在近红外区。如用 400 nm 的激光写入信息时，将一个基态 Eu^{2+} 激发到激发态。用波长为 1 064 nm 的红外光读出信息时，陷阱中的电子又会返回铕离子基态，此时，Eu^{2+} 会释放出波长为 615 nm 的光子。

第11章 精细功能陶瓷

陶瓷是人类最早利用自然界所提供的原料进行加工制造而成的材料。陶瓷原来大多指陶瓷器皿、玻璃、水泥和耐火砖之类人们所熟悉的材料,它们是用无机原料经热处理后的“陶瓷器”制品的总称。这些陶瓷器即使在高温下仍保持坚硬、不燃、不生锈,能承受光照或加压和通电,具有许多优良性能。

相对于这种用天然无机物烧结的传统陶瓷,以精制的高纯天然无机物或人工合成无机化合物为原料,采用精密控制的制造加工工艺烧结,具有远胜过以往独特性能的高功能陶瓷称为新型陶瓷或精细陶瓷。

传统陶瓷多数采用天然矿物原料,或者经过处理的天然原料,而精细陶瓷则多采用合成的化学原料,有时甚至是经特殊工艺合成的原料。传统陶瓷的制备工艺比较稳定,对材料显微结构的要求并不十分严格,而精细陶瓷则必须在粉体的制备、成型、烧结方面采取许多特殊的措施,有时甚至需要采用当代先进技术所能达到的极限工艺条件进行制备,并且对材料的显微结构的控制非常重视。传统陶瓷主要应用于制造日用器皿、卫生洁具等生活用品,而精细陶瓷则主要用于工业技术,特别是高新技术方面。因此无论从材料本身的性能,还是从材料所采用的制备技术来看,精细陶瓷已经成为陶瓷科学、材料科学与工程方面非常活跃的前沿研究领域。精细陶瓷在材料和制备技术两方面的研究都取得了很大的进展和成就,已发展为纳米陶瓷。

精细陶瓷按其使用性能可分为精细结构陶瓷和精细功能陶瓷两大类,本书只介绍精细功能陶瓷。

11.1 导电陶瓷

传统陶瓷是良好的绝缘体,这是人所共知的。在现今社会,凡是有电的地方,都可以看到各种用传统陶瓷制成的绝缘器件。由此给人们留下了一个错觉:陶瓷材料都是绝缘体,其实不然。在精细陶瓷中,不仅有良好的绝缘体,也有电子导电体、离子导电体、半导体及其他导电材料。

11.1.1 电子导电陶瓷

在氧化物陶瓷中,离子的外层价电子通常受到原子核的较大吸引力,束缚在各自的离子上,即使施加一个不高的外电场,这些价电子也不能自由运动而成为所谓的自由电子。所以氧化物陶瓷通常是不导电的绝缘体,或者说是电介质。但是,如果把某些氧化物加热,或者用其他的方法激发,使外层电子获得足够的能量,足以克服原子核对它的吸引力,摆脱原子核对它的控制,而成为自由电子。于是,这种氧化物陶瓷就成了电子导体或半导体。

氧化锆陶瓷、氧化钍陶瓷及由复合氧化物组成的铬酸镧陶瓷，都是新型的高温电子导电材料，可作为高温设备的电热材料。它们与金属电热体相比，最大的优点就是更耐高温和有良好的抗氧化能力。金属电热材料中最常见的镍铬丝，在空气中的最高使用温度只有 1 100 ℃；用昂贵的抗氧化性能好的铂丝、铑丝，在空气中的最高使用温度也只有 1 600 ℃，采用难熔金属钽、钼、钨作电热体，使用温度可以提高到 2 000 ℃，但必须以氢、氮、氩等气体保护或者在真空下工作，否则，它们就会很快氧化而失去使用价值。

常用的两种陶瓷导电材料是，碳化硅及二硅化钼。它们的使用温度也比不上氧化锆、氧化钍及铬酸镧陶瓷。碳化硅的最高使用温度为 1 450 ℃；二硅化钼的最高使用温度为 1 650 ℃，但它的机械强度不高，质地很脆。

稳定氧化锆陶瓷的最高使用温度为 2 000 ℃，它在高温下的导电性能很好，基本上为电子导电。但是，在低温特别是在室温情况下的导电性能还不理想，作为电热材料时，必须在高温设备中用热源进行预热；另外，氧化锆的负电阻温度系数较大，即温度升高时电阻大大降低，使得通过的电流大大增加，给操作控制带来不少困难。所以，稳定氧化锆作为电热材料的广泛利用还需进行一些开发性的工作。

氧化钍陶瓷电热体的最高使用温度可达到 2 500 ℃，它与稳定氧化锆陶瓷电热体一样，低温时的导电性能还有待改进。

以复合氧化物制成的铬酸镧电子传导的导电陶瓷是近 10 年内出现的一种新型电热材料，它的使用温度可达 1 800 ℃，在空气中的使用寿命在 1 700 h 以上，用于 1 500 ~ 1 800 ℃的高温电炉，可称得上是最好的电热材料。同时，铬酸镧陶瓷不仅可作通常情况下的电热材料，而且与氧化锆陶瓷组成的复合材料，是磁流体发电机优先考虑的电极材料。

11.1.2　离子导电陶瓷

在电解质溶液中，电导主要来自带电离子的运动；而在固态离子型晶体中，带电离子倍受限制，但仍能以扩散的形式发生，从而产生离子导电。离子在晶体中扩散是通过取代晶格空位的方式进行的。一般情况下，这类运动取向混乱，宏观上不产生电流。然而，在电场作用下，离子沿电场方向运动的几率增大，从而产生离子电流。

稳定的氧化锆陶瓷在高温时不仅产生电子导电。也会因氧离子的运动而产生离子导电。因此，凡是在高温情况下需要测量或控制氧气含量的地方，都可以采用氧化锆陶瓷氧气敏感元件，这种元件在节能和防止大气污染方面都发挥作用。

离子导电陶瓷之中，除了稳定氧化锆这样的阴离子导电体以外，还有一类阳离子导电体，如 β-氧化铝陶瓷就是一种有代表性的阳离子导电体，近几年发展很快，是一种只允许钠离子通过的导电陶瓷。β-氧化铝是用氧化钠和氧化铝在高温下合成的铝酸盐。可以作为离子选择电极的选择膜，即离子浓度传感器。利用它只允许某一种阳离子通过的特性，可准确而又迅速地测定被测离子的浓度，可以用于金属提纯等方面。

11.2　介电铁电陶瓷

陶瓷材料在电场作用下，带电粒子被束缚在固定位置上，仅发生微小位移，即形成电极化而不产生电流者为绝缘体。带电粒子在电场下作微小位移的性质称为介电性。介电材料主要是通过控制其介电性质,使之呈现不同的比介电系数、低介质损耗和适当的介电常数温度系数等性能,以适应各种用途的要求。

11.2.1　陶瓷的介电和铁电特性及极化

一般介电陶瓷材料在电场下产生的极化可分为四种,即电子极化、离子极化、偶极子趋向极化和空间电荷极化。电子极化是在电场作用下,使原来处于平衡状态的原子正、负电荷重心改变位置,即原子核周围的电子云发生变形而引起电荷重心偏离,形成电极化。离子极化是处在电场中多晶陶瓷体内的正、负离子分别沿电场方向位移,形成电极化。偶极子趋向极化是非对称结构的偶极子在电场作用下,沿电场方向趋向与外电场一致的方向而产生电极化。空间电荷极化是陶瓷多晶体在电场中,空间电荷在晶粒内和电畴中移动,聚集于边界和表面而产生的极化,如图 11.1 所示。通常极化是由以上四种极化叠加引起的。

介电陶瓷的性质与陶瓷多晶体的晶体结构是密切相关的。在晶体的 32 种对称点群中,有 11 种具有对称中心。晶格上为非极性原子或分子,在电性上完全中性的,称为各向同性介电体。另外,有 20 种点群结构晶体,其结构上无对称中心的,称为压电晶体。压电晶体中有 10 种点群的晶体是极性晶体,具有热释电性,称为热释电晶体。其中在外电场作用下能够随电场改变电偶极子方向的晶体称为铁电晶体。

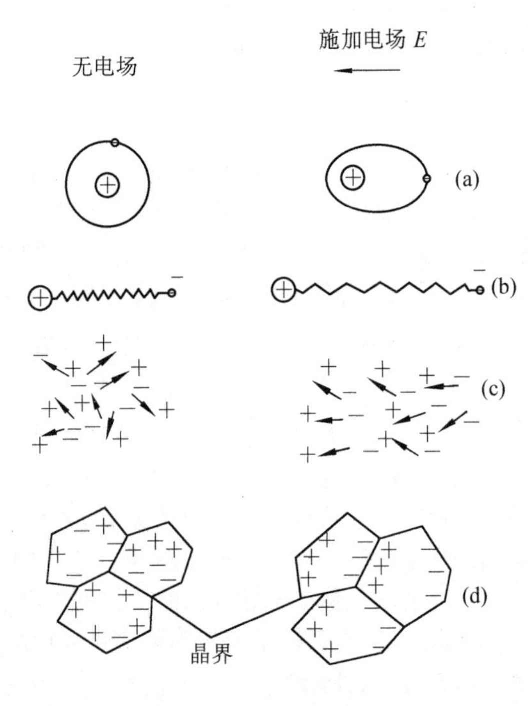

图 11.1　极化模型
(a)电子极化；(b)离子极化；
(c)偶极子趋向极化；(d)空间电荷极化

介电陶瓷的铁电特性表现为本身具有自发极化。当施加外界电场时,自发极化方向沿电场方向趋于一致;当外电场反向,而且超过材料矫顽电场 E_C 值时,自发极化随电场而反向;当电场移去后,陶瓷中保留部分极化量,即剩余极化。自发极化与电场之间存在着一定的滞后关系,这种滞后特性类似于铁磁材料 *B-H* 曲线的滞后特性,它是表征铁电材料的必要条件。晶体的铁电相通常是由自发极化方向不同的区域、按一定规律组成的。每一个极化区域称为铁电畴,分隔电畴的间界称为畴壁。

11.2.2　介电陶瓷材料

介电陶瓷材料主要应用在陶瓷电容器和微波介质元件方面。二次世界大战后,由于收录机、电视机、录相机以及通讯技术的飞速发展和近年来计算机技术、摄影技术、汽车及钟表技术的进步,促使陶瓷电容器的制作技术有了巨大的发展,微波技术的发展对微波介质陶瓷元件的扩大应用起了推动作用。

1. 温度补偿电容器用介电陶瓷

这类陶瓷材料主要用于高频振荡电路中作为补偿电容介质，在性能上要求具有稳定的电容温度系数和低介电损耗。通过对 $MgO-La_2O_3-TiO_3$ 系统中的镁镧钛酸盐陶瓷烧结和介电性能的详细研究，得到温度补偿电容介质陶瓷材料 $CaTiO_3$，$SrTiO_3$ 和 $MgTiO_3$ 与 $LaTiO_3$ 复合，可扩大温度补偿电容器陶瓷的应用范围。

2. 微波介质陶瓷

微波介质陶瓷主要用于制作微波电路元件，一般微波电路元件要求材料在微波频率下具有高介电常数、低介质损耗、低膨胀系数和低介电常数温度系数。通常使用的陶瓷材料有 $MgO-SiO_2$ 系陶瓷，价格便宜，其 ε 值小（约为 6～24），Q 值也不高；$MgO-CaO-TiO_2$ 系陶瓷的 ε 为 15～45，Q 值为 10 000～20 000，但其电容量的温度系数较差，有待进一步改善。$MgO-La_2O_3-TiO_2$ 系陶瓷的电容温度系数变化稳定，适于制作微波电路元件，在 4 GHz 下的 Q 值为 5 000。$BaO-TiO_2$ 系陶瓷中有 $BaTi_4O_9$ 和 $Ba_2Ti_9O_{20}$ 两种化合物，具有较好微波性能。在 4 GHz 下，$BaTi_4O_9$ 的 ε 为 38，Q 值为 9000，电容温度系数为 $-49\times10^{-6}/℃$。$Ba_2Ti_9O_{20}$ 的 ε 为 30，Q 值为 7 000，电容温度系数为 $-24\times10^{-6}/℃$，烧成条件对介电性能有影响。如果添加 Mn 0.5%～1.0% mol，可得到高 Q 值的陶瓷。在 9 GHz 下，Q 为 5 200，Q 值受陶瓷晶粒大小的影响。$ZrO_2-SnO_2-TiO_2$ 系陶瓷中，$Zr_{0.8}Sn_{0.2}TiO_4$ 陶瓷具有较高的 Q 值，在 7 GHz 下，Q 为 6500，ε 为 36～37，其温度系数小，且线性亦好，适于制作微波谐振器。

3. 高介电容器陶瓷

高介电常数的陶瓷主要是铁电陶瓷材料，其中以钛酸钡为基，添加各种添加物，可以制得介电常数很高的电容器用陶瓷材料。若以 Sr，Sn，Zr 等离子置换钙钛矿型结构的多元复合化合物，使居里点移至常温，则介电常数可增大到近 20 000，介电常数的温度系数也随之增加。

4. 高压电容器陶瓷

钛酸钡陶瓷材料虽具有高介电常数，但在高压下使用，其介电常数随电压的变化较大，这主要是由于 $BaTiO_3$ 的铁电特性影响。钛酸锶陶瓷的介电常数虽比 $BaTiO_3$ 陶瓷低，但其绝缘性能却好得多，而且其介电常数随电压的变化小，介电损耗亦小，这类电容器广泛应用于电视机、雷达高压电路及避雷器、断路器等方面。

11.2.3　铁电陶瓷材料

1. 低温烧结电容器陶瓷

铁电陶瓷的主要用途之一是制作高电容率的电容器。通常用 $BaTiO_3$ 为基的陶瓷制作叠层式电容器，一般需高温烧结，但高温金属电极材料存在问题。因此，近年开发了许多低温烧结的材料系统，如添加 MnO_2 的 $0.94\ Pb(Mg_{1/3}Nb_{1/3})O_3\cdot0.06\ PbTiO_3$ 系的陶瓷材料，其烧结温度比 $BaTiO_3$ 低 200～250 ℃，介电常数则相差不大。为了降低电容器的价格，尽可能少用 Pt 和 Pd 等贵金属，大量采用 Ag 作为内电极，以获得较好的经济效果。

低温铁电陶瓷材料用于制造电容器的有 $PbBi_4Ti_4O_{15}$ 和 Bi_2WO_3，$Pb(F_{1/2}Nb_{1/2})O_3$，$Pb(Fe_{2/3}W_{1/3})O_3$ 和 $PbNb_2O_6$ 等化合物，它们都具有大的介电常数，有的高达 20 000，是制

作低温烧结电容器较好的材料。

2. 透明铁电陶瓷

陶瓷是将金属氧化物为主的粉末置于高温下烧结而成的,它的显微结构由细小的晶粒所构成,由于气孔相、晶界和杂质相的散射是不透明的。但是,近年来由于陶瓷制造工艺的发展,出现了热压法、微细粉末精制法等可以控制其显微结构和晶界性质的方法,使之成为透明陶瓷。Al_2O_3,MgO,Y_2O_3,BeO,ThO_2,$Y_3Al_5O_{12}/Nd$ 都已制成透明陶瓷,唯有 PLZT 透明陶瓷具有铁电压电性能。PLZT 的组成为 $Pb_{1-x}La_x(Zr_yTi_{1-y})_{1-\frac{x}{4}}O_3$,其透光率随组成不同而变化,当 $x=0.08\sim0.12$ 和 $y=0.65$ 时,透光率最高。PLZT 的光学性质随外电场和组成的变化呈现出电光记忆效应、一次电光效应和二次电光效应。其组成及晶相与性质的关系,如图 11.2 所示。

矫顽电场低的 PLZT 可用于记忆材料,在四方相区域内的,其矫顽场高,即所谓"硬性"PLZT。其有效双折射率 Δn 与施加电场 E 成直线关系,即显示出一次电光效应的特性,如图 11.3 所示。

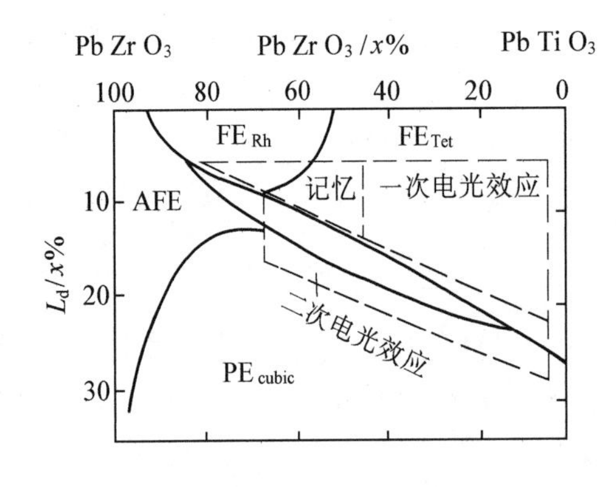

图 11.2　PLZT 陶瓷的组成及晶相与性质关系

FE_{Rh}—铁电三方;FE_{Tet}—铁电四方;

AFE—反铁电;PE_{cubic}—顺电立方

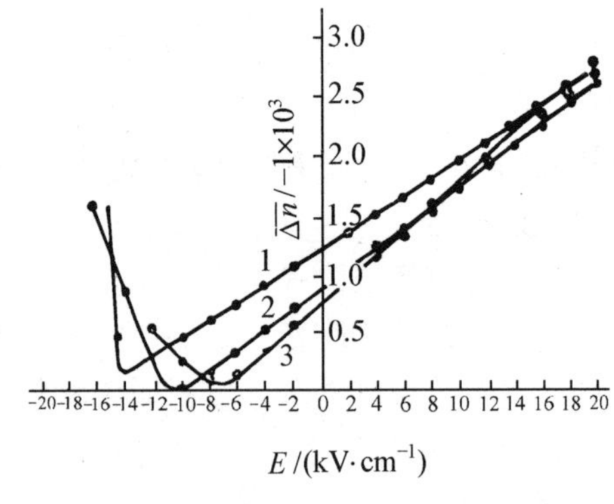

图 11.3　四方相 PLZT 的一次电光效应

1—PLZT8/40/60;2—PLZT12/40/60;

3—PLZT14/30/70

PLZT 陶瓷材料的一次电光系数 γ_c 比单晶的 γ_c 大一个数量级。多晶陶瓷的一次电光效应是各晶粒电光效果的总和,其有效双折射 $\overline{\Delta n}$ 可用下式表示

$$\overline{\Delta n}=\frac{1}{2}n_1^3\bar{\gamma}_cE \tag{11.1}$$

式中,$\bar{\gamma}_c$ 为平均一次电光系数;E 为外电场;n_1 为与电场成垂直方向的折射率。

铁电单晶和陶瓷的一次电光系数见表 11.1。

表 11.1　铁电单晶和陶瓷的一次电光系数

材　　料	$\gamma_c/10^{10}(m\cdot V^{-1})$	材　　料	$\gamma_c/10^{10}(m\cdot V^{-1})$
$LiNbO_3$	0.17	PLZT 8/40/60	1.02
$LiTaO_3$	0.22	PLZT 7/62/38	4.43
$Ba_2NaNb_5O_{15}$	0.36	$Sr_{0.75}Ba_{0.25}Nb_2O_6$	14.00

注:在波长 $\lambda=0.546\ \mu m$ 下测定。

在铁电相和顺电相相界附近的 PLZT 陶瓷,其居里温度近于室温,呈现出扩散型相变特征。在居里温度以上施加电压时,可导致为铁电相。在该组成区域内,呈现出剩余极化 P_r 为零或接近零。当 $E=0$ 时,陶瓷呈现光学同性,$\overline{\Delta n}$ 接近于零;随着电场 E 的增大,$\overline{\Delta n}$ 与 E^2 成比例增加。陶瓷中晶粒的晶轴方向接近电场方向,所呈现的平均电光效果接近晶体的二次电光效应。其表示方法如下

$$\overline{\Delta n}=-\frac{1}{2}n_1^3\cdot 8P_r^3 \tag{11.2}$$

PLZT 陶瓷材料可利用控制材料组成来自由地调整其电光性质。由于很容易制成任意形状和大小的元件,故适合于大量生产和加工,与电光晶体相比,价格相当便宜。因此,它是一种应用上具有多种优良性能的材料,目前正大量研究光信息处理用的功能元件。表 11.2 列出透明陶瓷的各种性质及其实用元件,即光调制元件、光闸、光开关、图像显示元件和图像转换元件等,这些元件都利用了顺电时的电光效应,图 11.4 表示电控光散射效应。

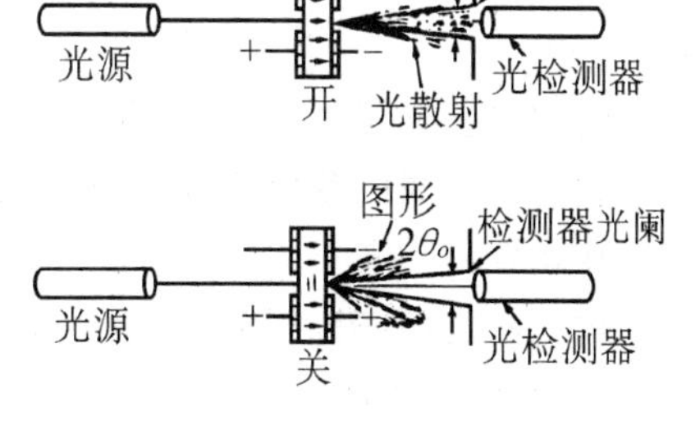

图 11.4　电控光散射

表 11.2　透明陶瓷呈现的现象及其应用

基础效应	工作方式	变化特性	应用
电光效应	外加电场	双折射	光存储元件图像显示存储装置
电光散射效应	外加电场	光散射	光调制元件光闸、光阀
表面电致伸缩效应	外加电场	光反射	图像显示存储装置
光引起折射率的变化	光照射(偏压)	折射率	全息存储器
光色效应	光照射	光吸收	图像显示存储装置光存储元件

11.3　气敏陶瓷和湿敏陶瓷

11.3.1　气敏陶瓷

气敏陶瓷的电阻值将随其所处环境的气氛而变,不同类型的气敏陶瓷,将对某一种或某几种气体特别敏感,其阻值将随该种气体的浓度(分压力)作有规则的变化,其检测灵敏度通常为百万分之一的量级,个别可达十亿分之一的量级,远远超过动物的嗅觉感知度,故有“电子鼻”之称。

气敏陶瓷一般都是某种类型的金属氧化物,通过掺杂或非化学计量比的改变而使其半导化。其气敏特性,大多通过待测气体在陶瓷表面附着,产生某种化学反应(如氧化、

还原反应)、与表面产生电子的交换(俘获或释放电子)等作用来实现的,这种气敏现象称为表面过程。尽管这种表面过程在不同的陶瓷及不同的气氛中作用不尽相同,但大多与陶瓷表面氧原子(离子)的活性(结合能)密切相关。

气体与敏感陶瓷的作用部位通常只限于表面,故其敏感特性如电阻值与被测气体浓度的关系,就和敏感体的烧结形式(几何形状)关系甚大,常见的有薄膜型、厚膜型和多孔烧结体型。尽管三种敏感体的工艺差别较大,但从显微结构上看,它们都属多晶、多相体系。

气敏薄膜的厚度一般为 10^{-2} ~ 10^{-1} μm,可通过化学气相沉积,或不同形式的溅射方式来制备。厚膜的膜厚为几十微米,采用浆料丝网漏印烧结法制作。用非致密烧结法制备多孔陶瓷。

常见的气敏陶瓷很多,已广泛应用的有 SnO_2,$\gamma-Fe_2O_3$,$\alpha-Fe_2O_3$,ZnO,WO_3 复合氧化物系统及 ZrO_2,TiO_2 等。

SnO_2 气敏陶瓷是目前应用最广泛的材料,可掺杂 Pd,In,Ga,CeO_2 等活性物质提高其灵敏度。另外可添加 Al_2O_3,Sb_2O_3,MgO,CaO 和 PdO 等添加物以改善其烧结、老化及吸附等特性。SnO_2 气敏陶瓷对可燃性气体,如氢、甲烷、丙烷、乙醇、丙酮、一氧化碳、城市煤气、天然气都有较高的灵敏度。

ZnO 也是很重要的气敏材料,掺以 Pt 和 Pd 催化剂后,可提高其灵敏度。掺 Pt 后对丁烷和丙烷等气体的灵敏度高,而掺 Pd 的 SnO_2 对氢和 CO 的灵敏度高。ZnO 与 V-Mo-Al_2O_3 催化剂组合后,检测氟里昂气体 F-22($CHClF_2$)和 F-12($CClF_2$)比一般的气敏传感器的灵敏度高。但长期使用后,催化剂层会发生变化,连续使用 400 h 后则逐渐退化,灵敏度开始降低。不用催化剂的 ZnO 传感器对氟里昂气体的灵敏度很低。

$\gamma-Fe_2O_3$ 气敏陶瓷主要用于检测异丁烷气体和石油液化气。它是利用 $\gamma-Fe_2O_3$ 和 Fe_3O_4 之间的氧化还原过程中,Fe^{3+} 和 Fe^{2+} 转变时的电子变换检测还原性气体。$\alpha-Fe_2O_3$ 为刚玉结构、$\gamma-Fe_2O_3$ 和 Fe_3O_4 为尖晶石结构。由于 $\gamma-Fe_2O_3$ 和 Fe_3O_4 之间的结构相同,高温下两者之间存在着可逆转变。$\gamma-Fe_2O_3$ 和 $\alpha-Fe_2O_3$ 有很高的电阻率,Fe_3O_4 电阻率很低,因此在 $\gamma-Fe_2O_3$ ~ Fe_3O_4 间发生氧化还原反应转变时,由于 Fe^{3+} 和 Fe^{2+} 之间的电子交换,利用此种特性进行还原气体的检测。当 $\gamma-Fe_2O_3$ 接触还原性气体时,则转变为 Fe_3O_4,电阻大大降低,因而出现气敏特性。$\gamma-Fe_2O_3$ 转变为 $\alpha-Fe_2O_3$ 需要在高温下进行,一般在 370 ~ 650 ℃之间,主要取决于原料的形态和制备工艺。

ZrO_2 气敏陶瓷主要用于氧气的检测。它是靠被测气体和参比气体(空气)处于气敏陶瓷两侧,按照浓差电池的原理,由于两侧氧的活性浓度或分压的不同,因而形成化学势的差异,使高浓度一侧的氧通过气敏陶瓷中的氧空位以 O^{2-} 离子的状态向低浓度一侧迁移,形成 O^{2-} 离子电导,在陶瓷两侧产生氧浓差电势。添加 Y_2O_3,CaO 改性的 ZrO_2 陶瓷,使用温度可达 500 ℃以上,一般用于金属冶炼、钢水的氧气检测、汽车排气系统中,因此要求这类陶瓷具有良好的耐热冲击性能。

11.3.2　湿敏陶瓷

水分在一般物质表面的附着量,以及潮气在木材、布匹、烟草等多孔性或微粒状物质中吸收情况，与大气的湿度密切相关。合适的湿度对于生物、生活、生产都非常重要，因此湿度的测量、控制与调节，对于工农业生产、气象环卫、医疗健康、生物食品、货物储运、科技国防等领域均具有十分重要的意义。

17 世纪时，人们发现随着大气湿度的变化，人的头发会出现伸长或缩短的现象，由此制成毛发湿度计。18 世纪时，人们利用水分向大气蒸发时必须吸收潜热的效应，研制成干湿球湿度计。上述湿度计都属于湿度的非电测量方法，其主要缺点是灵敏度、准确性和分辨率等特性都不够高，且难于和现代的指示、记录与控制设备直接相连。陶瓷湿度传感器测试范围宽、响应速度快、工作温度高、耐污染能力强。因此湿敏陶瓷成为人们主要研制、开发的湿敏材料。

与气敏陶瓷的敏感机理相比，湿敏陶瓷有其相似之处，但也存在明显的差别。首先，两者都属表面作用过程，这是相同的；其次，气敏要研究多种气体的作用，而湿敏则着重于水分子的附着，似乎比较简单，其实未必其然。因为气敏大多是表面反应过程，属于化学吸附，只用电子电导便足以说明问题。但在感湿过程中，既有化学吸附，又有物理吸附；既要考虑电子过程，也不能忽视离子电导，在某些场合下，离子电导还可能起主导作用。

湿敏陶瓷目前主要有氧化物涂覆膜型、多孔烧结体型、厚膜型、薄膜型等。按测湿范围有高湿型（适用于相对湿度大于 70% RH）、中湿型（30% ~70% RH）、低湿型（小于 30% RH），全湿型（0% ~100% RH）。

由感湿瓷粉料调浆、涂覆、干调而成为涂覆膜型。瓷粉涂覆膜型湿敏元件的感湿粉料为：Fe_3O_4，Fe_2O_3，Cr_2O_3，Al_2O_3，Sb_2O_3，TiO_2，SnO_2，ZnO，CoO，CuO 或这些粉料的混合体或再添加一些碱金属氧化物，以提高其湿度敏感性。比较典型、性能较好的是以 Fe_3O_4 为粉料的感湿元件。

以滑石瓷作为基片，利用厚膜工艺，丝网漏印制叉指状金浆，烧结成电极，再在其上涂覆一层 Fe_3O_4 感湿浆料，低温烘干即成。成膜时可采用多次薄涂的方法，使膜厚达 20 ~30 μm 为宜，在全湿范围内有湿敏特性。

$MgCr_2O_4$ 属高温烧结型湿敏陶瓷，加入 TiO_2，Bi_2O_3 的元件，感湿灵敏度适中，电阻率低、阻值温度特性好，并有足够的抗热震性。

含有 30% mol 的 TiO_2 和 70% mol 的 $MgCr_2O_4$，在 1300℃ 的空气中可烧结成相当理想的多孔瓷体，其晶粒平均直径为 1 ~2 μm，具有典型的颈状联接结构，瓷粒四周有连通状气孔，孔径约为 0.05 ~0.3 μm，它具有相当高的比表面积（0.1 ~0.3 m^2/g），这对吸湿及脱湿非常有利。

$MnWO_4$ 和 $NiWO_4$ 是一种体积小、结构简单、工艺方便、特性理想的厚膜型湿敏元件。整个厚膜工艺分两步，一是感湿浆料的制备；二是用印刷法制作感湿元件。浆料可以采用碳酸盐或直接采用氧化物，粉料经混合研磨后压型煅烧，经粗磨、细磨达到一定细度后加入有机粘合剂，然后调整浓度，充分混合至高度均匀，便可得到印刷用的感湿瓷浆料。

采用溅射、阳极氧化、等离子 CVD、溶胶-凝胶等方法可以制作湿敏陶瓷薄膜，常用的方法是阳极氧化，即在磷酸、硫酸、草酸等电解溶液中对铝、钽等金属进行阳极氧化，得到厚度为 1 ~1 000 nm 的表面氧化膜。采用阳极氧化时，由于能在较宽范围内选择电解液种类、pH 值、温度和生成的电流密度等成膜条件，与在气相中形成膜层相比，容易实现对膜层性质的各种控制，生成的膜厚取决于工艺电压，这是阳极氧化膜的一大特点。氧化铝(Al_2O_3)、氧化钽(Ta_2O_5)是主要的感湿薄膜，它们具有响应快、灵敏度高，线性好等特点。

11.4　铁氧体

铁氧体是磁性陶瓷的代表，是作为高频用磁性材料而制备的金属氧化物烧结磁性体，它分为软磁铁氧体和硬磁铁氧体两种。

铁系元素氧化物(分子式 MFe_2O_4)称为铁氧体。1932 年日本发现了铁氧体，由于它的电阻较大，作为高频损耗小的磁芯材料而受到重视，曾被部分地用作高频线圈的磁芯，只是在第二次世界大战以后，由于电子学飞跃发展才得到实际使用。

在 50 年代发现了含有稀土元素的铁系氧化物(分子式 $R_3Fe_5O_{12}$)构成的石榴石型磁性材料，特别是作为微波波段的低损耗材料受到了人们的重视。同时还出现了在特高频和甚高频带具有高磁导率的材料，该材料具有六方晶系晶体结构，是含有 Ba，Sr，Pb 的铁系氧化物，它具有特殊的磁晶各向异性。

属于陶瓷磁性材料的铁氧体除上述的软磁铁氧体之外，还有称为硬磁铁氧体的磁铁材料。硬磁铁氧体也是日本在 30 年代初发现的，是以 $CoFe_2O_4$ 为主要成分的材料，具有高矫顽力、制造容易、抗老化和性能稳定等优点。

11.4.1　软磁铁氧体

软磁铁氧体用于制作各种高频磁芯，已实用的铁氧体几乎都是 Mn 铁氧体、Ni 铁氧体等和 Zn 铁氧体($ZnFe_2O_4$ 非磁性铁氧体)的固溶体。与这种非磁性铁氧体形成固溶体后，铁氧体的居里温度降低，但饱和磁通密度却增大。因而与非磁性铁氧体形成固溶体后，使饱和磁通密度增大的现象是由于铁氧体具有磁结构的本质所致，磁性材料的磁导率一般用下式表示

$$\mu \propto \frac{I_S^2}{(aK + b\lambda\sigma)} \tag{11.3}$$

式中，μ 为磁导率；I_S 为饱和磁化强度；K 为磁晶各向异性能；λ 为磁致伸缩常数；σ 为畸变应力；a，b 为比例常数。

I_S 增大，K 或 $\lambda\sigma$ 值减小时，磁导率增大。在制备 Zn 铁氧体与其他铁氧体的固溶体时，由于 I_S 增大，磁导率也增大。另外，越接近居里温度 T_C，I_S^2 越减少。因为$(aK + b\lambda\sigma)$项比 I_S^2 更迅速减小，μ 在居里温度附近出现峰值，这种现象称为霍普金森效应。因此，选择适当的 Zn 铁氧体的固溶体的组成，可得到磁导率和磁通密度都很大的材料。

1. Mn-Zn 铁氧体

Mn-Zn 铁氧体或 Mn-Zn-Fe 铁氧体的 ρ 比较小($10^3\ \Omega \cdot cm$ 以下)，饱和磁感应强度 B_s 很大。在 $K,\lambda \approx 0$ 的组成中，起始磁导率具有较大值。当然磁导率不仅是晶体固有的性质，而且陶瓷的粒径和气孔率及有关杂质对磁导率的影响都很大。因此对高纯度原料、微量添加物和烧结法进行了研究，并制成了气孔率小、平均粒径大的陶瓷，结果获得了起始磁导率为 20 000 以上的 Mn-Zn 铁氧体。Mn-Zn 铁氧体陶瓷的晶界存在高电阻物质

时，能提高陶瓷的电阻，并能改善高频损耗，特别是添加微量的 CaO 和 SiO_2，GeO_2 等很有效。

2. Ni-Zn 铁氧体

Ni - Zn 铁氧体电阻率等于或大于 $10^6\ \Omega \cdot cm$，使用频带比 Nn - Zn 铁氧体的高，主要用于中频以上。这种铁氧体是由斯诺克研制成的，磁导率 μ_0 和磁导率的色散频率 f_0（兆赫）之间存在着斯诺克关系，即

$$\mu_0 \times f_0 \approx \text{定值}(1\ 000) \tag{11.4}$$

电阻率高的 Ni-Zn 铁氧体的高频损耗，除涡流损耗之外，主要是剩余损耗问题。可用 Fe_2O_3 为 50 克分子% 以上的富铁组成和添加微量的 CoO 或 MnO 等两种方法来改善 Ni-Zn铁氧体的高频损耗。

一般来说，尖晶石型铁氧体中的 Co^{2+} 离子具有非常大的正磁各向异性，所以用 CoO 置换的 Ni-Zn 铁氧体使 $K \approx 0$，可以控制磁导率的温度系数。

11.4.2　硬磁铁氧体

Co 铁氧体是在 900 ℃左右的温度下预烧，再于 1 100 ℃左右的温度下减压烧成后，在居里温度到 300 ℃之间的温度下施加磁场，然后缓慢冷却至室温（磁场冷却处理）而制成的。Ba 铁氧体是把原料氧化物的混合物放在 1 100 ~ 1 200 ℃下预烧，于 1 150 ~ 1 250 ℃的温度下烧结而成的各向同性铁氧体。

如果将 Ba 铁氧体粉碎，则可看到沿晶体的 c 面劈裂为偏平的微晶，将该微粒在磁场中成型，或者加单轴性压力成型之后再烧结，得到 c 轴易磁化轴而排列一致的各向异性的铁氧体。铁氧体的质量比金属轻，因具有易于加工成各种形状以及 ρ 值大的优点，也可用于高频磁场领域。由于 H_c 值大，可以制成片状，也可以制成粉末状，并应用在与橡胶和树脂混合做成的复合磁铁上。

11.4.3　微波铁氧体

因为铁氧体电阻高，高频损耗少，因而直接利用磁性材料旋磁性质的元件很多，如环行器、隔离器、相移器等电路中的元件已广泛使用 Mn-Mg-Al 系铁氧体、Ni-Zn 系铁氧体和稀土类石榴石材料。该用途的铁氧体具有磁共振吸收的线宽（ΔH）窄，磁损耗和介电损耗小等优点。

11.5　生物陶瓷

用于人体组织和器官的修复并代行其功能的人造材料称为生物材料或生物医学材料。从医用的角度来看，生物材料属功能材料范畴。对生物材料的要求既不同于医药，更不同于普通工业材料，具有其特殊性。

11.5.1　生物材料的必要条件

生物学条件：①生物相容性好，对机体无免疫排异反应，种植体不致引起周围组织产生局部或全身性反应，最好能与骨形成化学结合，具有生物活性；②对人体无毒、无刺激、无致畸、致敏、致突变和致癌作用；③无溶血、凝血反应。

化学条件：①在体内长期稳定，不分解、不变质；②耐侵蚀，不产生有害降解产物；③不产生吸水膨润、软化变质等变化。

力学条件：①具有足够的静态强度，如抗弯、抗压、拉伸、剪切等；②具有适当的弹性模量和硬度；③耐疲劳、摩擦、磨损、有润滑性能。

其他：①具有良好的孔隙度、体液及软硬组织易于长入；②易加工成型，使用操作方便；③热稳定好，高温消毒不变质。

综合考虑上述条件，尚无任何一种现存材料能够令人满意，相比之下生物陶瓷却占据了相对的优势。

11.5.2 生物陶瓷的特点

陶瓷是经高温处理工艺所合成的无机非金属材料，因此它具备许多其他材料无法比拟的优点。首先，由于它是在高温下烧结制成，其结构中包含着键强很大的离子键和共价键，所以它不仅具有良好的机械强度、硬度，而且在体内难溶解，不易腐蚀变质，热稳定性好，便于加热消毒，耐磨性能好，不易产生疲劳现象，满足种植学的要求。其次，陶瓷的组成范围比较宽，可以根据实际应用的要求设计组成，控制性能变化。第三，陶瓷成型容易，可以根据使用要求，制成各种形态和尺寸，如颗粒型、柱形、管形；致密型或多孔型，也可制成骨螺钉、骨夹板；制成牙根、关节、长骨、颌骨、颅骨等。第四，通常认为陶瓷烧成后很难加工，但是随着加工装备及技术的进步，现在陶瓷的切削、研磨、抛光等已是成熟的工艺。近年来又发现了可以用普通金属加工机床进行车、铣、刨、钻孔等的’可切削性生物陶瓷”，利用玻璃陶瓷结晶化之前的高温流动性，制成了铸造玻璃陶瓷。用这种陶瓷制作的人工牙冠，不仅强度好，而且色泽与天然牙相似。表 11.3 将三类常用的生物种植材料作了对照，可见陶瓷作为生物材料的特点。

表 11.3 各类生物材料比较

材料特性	金 属	高分子	陶 瓷
生物相容性	不太好	较好	很好
耐侵蚀性	除贵金属外，多数不耐侵蚀，表面易变质	化学性能稳定，耐侵蚀	化学性能稳定，耐侵蚀，不易氧化、水解或降解
耐热性	较好，耐热冲击	受热易变形，易老化	热稳定性好，耐热冲击
强 度	很高	差	很高
耐磨性	不太好，磨损产物易污染周围组织	不耐磨	耐磨性好，有一定润滑性能
加工及成型性能	非常好，可加工成任意形状，延展性良好	可加工性好，有一定韧性	塑形性好，脆性大，无延展性

11.5.3 生物陶瓷材料

植入材料中氧化铝是一种一直使用得很满意的实用生物材料。视制造方法的不同，有单晶氧化铝、多晶氧化铝和多孔质氧化铝三种产物。氧化铝生物相容性良好，在人体内稳定性高，机械强度较大，单晶氧化铝 c 轴方向具有相当高的抗弯强度（1 300 MPa），因而临床上用来制作人工骨、人工牙根、人工关节和固定骨折用的螺栓。

但是,氧化铝也存在几个问题:①与骨不发生化学结合,时间一长,骨固定会发生松弛;②机械强度不十分高;③杨氏模量过高(380 GPa);④摩擦系数和磨耗速度不低。

为把氧化铝陶瓷牢固地固定在骨头上,可把陶瓷制成多孔质形态,使骨头长入陶瓷空隙,但这样会降低陶瓷的机械强度。使用在金属表面形成多孔性氧化铝薄层的复合法,既能保证强度又能形成多孔性。

部分稳定化的氧化锆和氧化铝一样,生物相容性良好,在人体内稳定性高,而且比氧化铝的断裂韧性值更高,耐磨性也更为优良,用作生物材料有利于减小植入物的尺寸和实现低摩擦、磨损,因而在人工牙根和人工股关节制造方面的应用引人注目。

碳素材料石墨质轻而且具有良好的润滑性和抗疲劳特性,弹性模数与致密的人骨大小相同,在人体内不发生反应和溶解,生物亲和性良好,耐蚀,对人体组织的力学刺激小,因而是一种优良的生物材料。

1976 年美国和日本发表了高密度羟基磷灰石多晶的研究结果。羟基磷灰石能与骨直接化学结合,其抗弯强度为 200 MPa,压缩强度为 1 000 MPa,杨氏弹性模量为 100 GPa。1985 年,美国将其制成颗粒状用作齿槽骨的填充材料。日本将其制成多孔状用作颚骨、颧骨、鼻软骨等的填补材料,致密的羟基磷灰石制成人工耳小骨。

在$Na_2O-K_2O-MgO-CaO-SiO_2-P_2O_5$系玻璃中析出许多磷灰石结晶的结晶化玻璃,可与骨直接化学结合,抗弯强度为 100 MPa,压缩强度为 500 MPa,可作颚骨补缀物。

1983 年,德国研制成一种使金云母$[(Na,K)Mg_3(AlSi_3O_{10})F_2]$在磷灰中析出形成的结晶化玻璃。这种结晶化玻璃不仅能与骨直接化学结合,而且机械强度高,切削加工性能优良,可成为骨代替材料。

11.6　高温超导陶瓷

超导体得天独厚的特性,使它可能在各种领域得到广泛的应用。然而由于它难于摆脱笨重而昂贵的制冷包袱,无论从技术上、经济上和资源上都限制了超导材料的应用,多少年来人们一直在积极地探索新的高温超导体,从 1911 年到 1986 年,75 年间超导转变温度从水银的 4.2 K 提高到铌三锗的 23.22 K,才提高了 19 K。

1986 年以来,超导领域发生了戏剧性的变化,高温超导体的研究取得了重大的突破。当时世界上掀起了一股以研究金属氧化物陶瓷材料为对象,以寻找高温临界温度超导体为目标的“超导热”,全世界有 260 多个实验小组参加了这场竞赛。科学家们争分夺秒,不断创造实验新纪录,在超导研究的竞技场上出现了你追我赶的局面。

11.6.1　高温超导体的发现

自 1964 年发现第一个氧化物超导体 $SrTiO_3$ 以来,至今已发现数十种氧化物超导体。其中以钙钛矿结构的 $BaPb_{1-x}Bi_xO_3$ 和尖晶石结构的 $Li_{1+x}Ti_{2-x}O_4$ 的 T_c 最高,分别为 13 K 和 13.7 K。这些氧化物超导体具有如下的共同特征:

①超导临界温度相对而言比较高,但载流子浓度较低;

②临界温度 T_c 随组分呈非单调变化,且在某一组分时会过渡到绝缘态;

③在 T_c 以上温区，往往呈现类似半导体型的电阻-温度关系；

④T_c 和其他超导参量对无序程度敏感。氧化物超导体的这些特征，引起人们兴趣和关注。

1986 年 4 月，瑞士苏黎世 IBM 研究实验室的缪勒和柏诺兹在对钡镧铜氧系统进行深入研究后发现，采用钡、镧、铜的硝酸盐水溶液加入草酸而发生共沉淀的方法，制备组分为 $Ba_xLa_{5-x}Cu_5O_{5(3-y)}$（$x=1$ 和 0.75，$y>0$）的样品。将草酸盐混合物在 900 ℃加热 5 h，使沉淀物分解，并进行固相反应。然后压成片状，再在还原性气氛中以 900 ℃的温度进行烧结，形成金属型缺氧化合物多晶体。经 X 射线衍射实验分析，样品内含有三个相，其中之一为层状类似钙钛矿结构的铜混合价化合物。在 300 K 以下温区内，得到电阻率-温度关系。开始时，随温度的下降，电阻率呈线性地减小；然后经一极小值后，电阻率又以温度的对数函数形式增大；最后，电阻率急剧下降 3 个数量级而变为零。对于 x(Ba)＝0.75 的样品，其电阻率峰值所处的温度为 35 K，而电阻完全消失的温度为 13 K。

由于缪勒和柏诺兹的开创性工作，导致了在全世界范围内探索高温超导体的热潮。1986 年 12 月 15 日，美国休斯敦大学的朱经武等人在 La-Ba-Cu-O 系统中，发现了 40.2 K的超导转变。12 月 26 日中国科学院物理研究所的赵忠贤等人发现转变温度为 48.6 K 的样品 Sr-La-Cu-O，在 Ba-La-Cu-O 中转变温度为 70 K。1987 年 2 月 16 日，朱经武领导的阿拉巴马大学和休斯敦大学组成的实验小组，发现 Y-Ba-Cu-O 的转变温度为 92 K。2 月 24 日，赵忠贤等人获得液氮温区的超导体 Y-Ba-Cu-O，转变温度在 100 K 以上，出现零电阻的温度为 78.5 K。这样，人们终于实现了获得液氮温区超导体的多年梦想。

为了表彰缪勒和柏诺兹在高温超导方面的杰出贡献，1987 年 10 月 14 日，瑞典皇家科学院宣布，将 1987 年度的诺贝尔物理学奖授予缪勒和柏诺兹。从发现高温超导体，到给他们颁奖，只用了不到两年的时间，这在诺贝尔奖的颁奖史上是非常少有的。

11.6.2 高温超导体的特征

自从高温氧化物超导体的研究取得突破性进展以来，对其超导机制的研究，成为科学家们关注的中心问题之一，对高温超导体结构及物理性质的特征了解，是研究超导机制的重要基础。

高温氧化物超导体，从结构上都是从钙钛矿结构演变而来，目前共有 4 种典型的高 T_c 氧化物系列，即 La-Sr-Cu-O（$T_c=35$ K）；Y-Ba-Cu-O（$T_c=90$ K）；Bi-Sr-Ca-O（$T_c=80$ K）；Tl-Ba-Cu-O（$T_c=120$ K）。

对于 $(La,M)_2CuO_{4-y}$（M＝Ba，Sr，Ca）体系，属缺陷的 K_2NiF_4 型结构。这种体系化合物的结构特点在于，晶格点阵中存在着一些 Cu-O 平面层，而每一 Cu-O 平面层又被两层 La(M)-O 平面夹在中间，它的超导电性被认为是由 Cu-O 平面层主导的，如图 11.5 所示。

Y-Ba-Cu-O 体系化合物的结构与 $(La,M)_2CuO_{4-y}$ 体系不同，属于正交型的畸变钙钛矿结构，由钙钛矿单胞重迭而成，点阵常数典型值为 $a=0.382$ nm，$b=0.389\ 3$ nm 和 $c=1.168\ 8$ nm。从上到下依次由 Cu-O，Ba-O，Cu-O，Y，Cu-O，Ba-O 和 Cu-O 层排列而成。中间两个 Cu-O 层，铜处于八面体的中心。在 Cu-O 层平面内，Cu-O 为短键。在 c 轴方向的 Cu-O 键矩伸长，是由于 Y 原子面上的氧原子全部丢失，正电荷过剩，四周氧向它靠拢，导致中间两 Cu-O 平面的扭曲。Ba-O 层中是离子键，属绝缘层。两个 Ba-O 层面间的 Cu-O 平面，a 轴上的氧原子易丢失，在 b 轴方向形成一维链的有序结构。正是这种 Cu-O平面和 Cu-O 链对高 T_c 起主导作用，如图 11.6 所示。

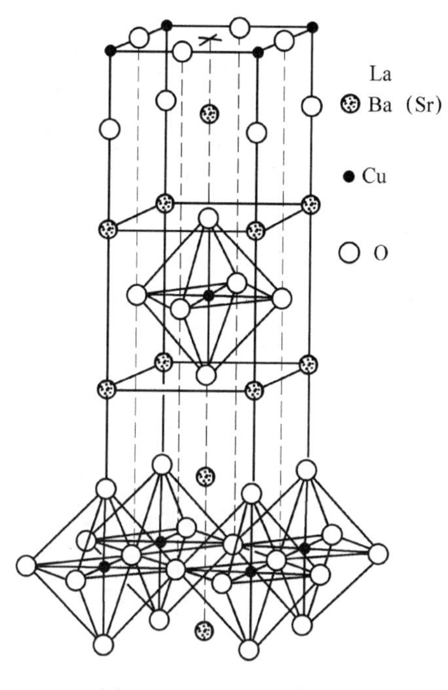

图 11.5　K_2NiF_4 型结构

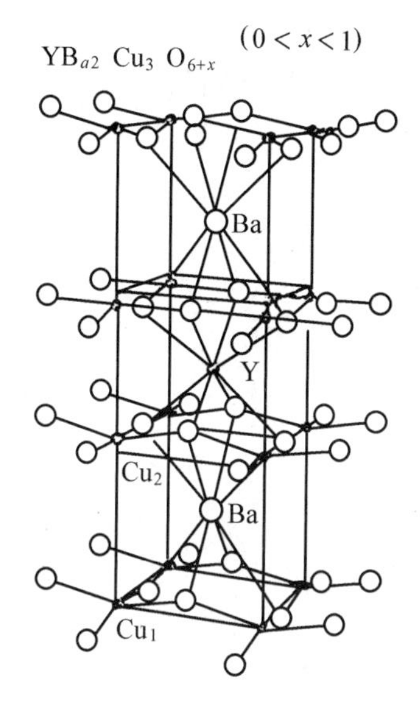

图 11.6　$YBa_2Cu_3O_{6+x}$结构

实验表明，在一定压力范围内，加压可以提高超导体的 T_c。晶格中原子的无序是影响材料超导特性的一个重要因素。在大多数高温超导体中，都发现了迈斯纳效应和约瑟夫森效应，在超导态时电阻率低于 $10^{-18}\ \Omega \cdot cm$。

利用隧道技术和红外吸收的方法，已经观察到氧化物超导体的电子能谱中存在着能隙，表明是库柏型的配对。热电势和霍耳系数测量表明，载流子是空穴型的。因此，空穴配对是高温超导体的一个基本特征。

测量临界磁场表明，所有高温氧化物超导体都是第二类超导体（有两个临界磁场，下临界磁场 B_{c1} 和上临界磁场 B_{c2}。当外磁场 $B_o<B_{c1}$ 时，第二类超导体处于迈斯纳状态，体内没有磁感应线穿过。当 $B_{c1}<B_o<B_{c2}$ 时，处于混合态，体内有磁感应线穿过，形成许多半径很小的圆柱形正常区，正常区周围是连通的超导区）。

高温超导体在结构和物性方面具有以下特征：①晶体结构具有很强的低维特点，三个晶格常数往往相差 3 ~4 倍；②输运系数（电导率、热导率等）具有明显的各向异性；③磁场穿透深度远大于相干长度，是第二类超导体；④载流子浓度低，且多为空穴型导电；⑤同位素效应不显著；⑥迈斯纳效应不完全；⑦隧道实验表明能隙存在，且为库柏型配对。

在高温超导研究领域中，各国科学家正着重进行三个方面的探索，一是继续提高 T_c，争取获得室温超导体；二是寻找适合高温超导的微观机理；三是加紧进行高温超导材料与器件的研制,进一步提高材料的 J_c 和 H_c,改善各种性能,降低成本,以适用实用化的要求。

11.6.3　高温超导材料

日本科学家成功地使铋系氧化物超导体线材化,芯体由 1 330 条超导线材集束而成,临界温度为 102 K,不加磁场时在液氮温度下所测临界电流密度为 1 000 ~ 2 000 A/cm^2。线材厚度为 0.16 mm,宽度为 1.8 mm,断面呈扁平形状。

日本住友电气工业公司开发出长度达 60 m 的高温超导线材,该线材是在铋系高温超导物质外覆盖银后,烧制成宽度为 4 mm,厚为 0.4 mm 的带状。并已成功地完成使电流从一端流向另一端的通电试验。在摄氏零下 256 度时流过电流的绝对值为 10.5 A,电流密度为 2 450 A/cm^2,已达到实用化的水平。

朱经武领导的休斯敦大学研究小组,成功地把高温超导体制成了棒材,这种棒材能够载大电流,从而朝着使这项新技术达到实用化方向迈进了一大步。该小组开发出一种"连续制造法",应用此法有可能制造出各种规格的超导体,诸如片状、棒状、线状,甚至厚膜。新的超导棒材最大的载流能力约为 60 000 A/cm^2,足以驱动某些发动机和发电机。

第12章　纳米材料

纳米科学技术是80年代末期诞生的新科技，$1\mathrm{nm}=10^{-9}\mathrm{m}$。纳米材料是指尺寸在1～100 nm之间的超细微粒，是肉眼和一般显微镜看不见的微小粒子。血液中的红血球大小为6 000～9 000 nm，一般细菌长度为2 000～3 000 nm，引起人体发病的病毒尺寸一般为几十纳米，因此纳米微粒的尺寸比红血球小100多倍，比细菌小几十倍，与病毒大小相当或略小些，这样小的物质只能用高倍显微镜观察。

1984年德国物理学家Gleiter等人首先获得Pd，Cu，Fe纳米晶并对其各种物理性质进行研究，1987年美国Siegel博士小组制备了纳米陶瓷TiO_2多晶体，纳米材料引起各国科学家广泛关注。美国IBM公司在瑞士的苏黎世实验室的Binning和Rohrer教授发明了扫描隧道电子显微镜（Scanning Tunneling Microscopy，STM），实现了人类亲眼看到微观世界真面目的愿望，并成为研究纳米材料的有力手段之一。

12.1　纳米材料分类

纳米材料按其颗粒组成的尺寸和排列状态，可分为纳米晶体和纳米非晶体。前者指所包含的纳米微粒为晶态，后者由具有短程序的非晶态纳米微粒组成，如纳米非晶态薄膜。

纳米材料至少是在一维方向上受到纳米尺度（1～100 nm）调制的各种固体材料，纳米材料结构大致可分为以下几类：

① 零维的原子团簇和纳米微粒；

② 一维调制的纳米单层或多层薄膜；

③ 二维调制的纳米纤维结构；

④ 三维调制的纳米相材料。

纳米材料结构如图12.1所示。

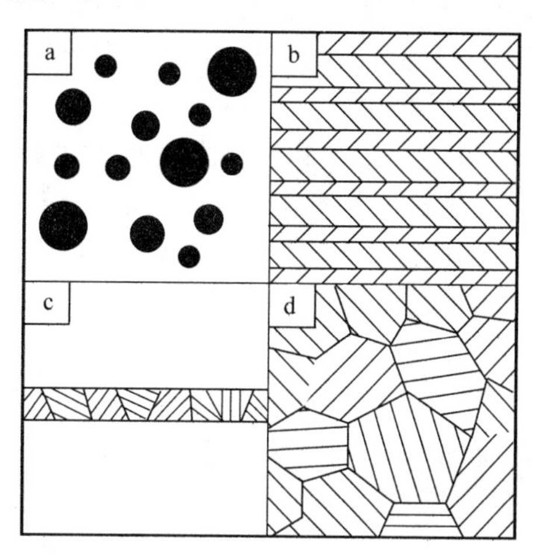

图12-1　四种纳米材料结构示意图

(a)原子团簇和纳米微粒；(b)纳米单层或多层薄膜；(c)纳米纤维；(d)纳米相材料

12.2　纳米材料特性

大多数纳米微粒为理想单晶，尺寸增大到60 nm，可在Ni-Cu粒子中观察到孪晶界、层错、位错及亚稳相存在，也存在非晶态或亚稳态的纳米微粒。

纳米微粒属于原子簇与宏观物体交界的过渡区域，该系统既非典型的微观系统亦非典型的宏观系统,具有一系列新异的特性。纳米微粒只包含有限数目的晶胞,不再具有周期性的条件。纳米微粒的电子能级结构与大块固体不同,是由于电中性和电子运动受束缚等原因所致。当小颗粒尺寸进入纳米量级时,其本身和由它构成的纳米固体主要具有以下三个方面的效应:小尺寸效应、表面与界面效应和量子尺寸效应,并由此派生出传统固体不具备的许多特殊性质。

12.2.1 小尺寸效应

当超微粒的尺寸与光波波长、德布罗意波长以及超导态的相干长度或透射深度等物理特征尺寸相当或更小时,周期性的边界条件将被破坏,声、光、电磁、热力学等特性均会呈现新的尺寸效应,称为小尺寸效应。

1. 力学性质

陶瓷材料在通常情况下呈现脆性,而由纳米微粒制成的纳米陶瓷材料却具有良好的韧性。纳米微粒制成的固体材料具有大的界面,界面原子排列相当混乱。原子在外力变形条件下容易迁移,从而表现出优良的韧性和延展性。

2. 热学性质

固体物质在粗晶粒尺寸时,有固定的熔点,超微化后,熔点降低。如块状金的熔点为 1 064 ℃;当颗粒尺寸减到 10 nm 时,降低为 1 037 ℃;2 nm 时,变为 327 ℃。银的熔点为 690 ℃,超细银熔点变为 100 ℃,银超细粉制成的导电浆料可在低温下烧结。

3. 光学性质

所有金属纳米微粒均为黑色,尺寸越小,色彩越黑。银白色的铂变为铂黑,铬变为镍黑等。这表明金属纳米微粒对光的反射率很低,一般低于 1%。大约几纳米厚度即可消光,利用此特性可制作高效光热、光电转换材料,将太阳能转化为热能和电能,也可作为红外敏感材料和隐身材料。

4. 磁性

纳米微粒的磁性与体材料不同,见表 12.1。纳米材料具有很高的磁化率和矫顽力,具有低饱和磁矩和低磁滞损耗。20 nm 纯铁纳米微粒的矫顽力是大块铁的 1 000 倍,但当尺寸再减少时(6 nm),其矫顽力反而下降到零,表现出超顺磁性。

表 12.1 纳米材料与体材料的磁性对比

体系	纳米材料	体材料
Na,K	铁磁	顺磁
Fe,Co,Ni	超顺磁	铁磁
Gd,Tb	超顺磁	铁磁
Cr	顺磁	反铁磁
Rh,Pd	铁磁	顺磁

12.2.2 表面与界面效应

纳米微粒尺寸小,表面大,位于表面的原子占相当的比例。随着粒径减小,表面急剧变大，引起表面原子数迅速增加。例如，粒径为 10 nm 时，比表面积为 90 m^2/g；粒径为 5 nm时，比表面积为 180 m^2/g；粒径小到 2 nm 时，比表面积猛增到 459 m^2/g。这样高的比表面积，使处于表面的原子数越来越多，大大增加了纳米微粒的活性。金属的纳米微粒在空气中会燃烧，无机材料的纳米微粒暴露在大气中会吸附气体，并与气体进行反应。

表面微粒的活性不仅引起微粒表面原子输运和构型的变化，而且也引起表面电子自旋构象和电子能谱的变化。

12.2.3　量子尺寸效应

当微粒尺寸下降到某一值时，金属费米能级附近的电子能级出现由准连续变为离散的现象。当能级间距大于热能、磁能、电能或超导态的凝聚能时，纳米微粒会呈现一系列与宏观物体截然不同的反常特性，称之为量子尺寸效应。如导电的金属在制成超微粒时可以变成半导体或绝缘体，磁矩的大小与微粒中电子是奇数还是偶数有关，比热也会发生反常变化，光谱线会产生向短波长方向的移动，催化活性与原子数目有奇妙的联系，多一个原子活性很高，少一个原子活性很低，这些是量子尺寸效应的客观表现。

量子尺寸效应在微电子和光电子领域一直占据重要的地位，根据这效应已经研制出具有许多优异特性的器件。半导体的能带结构在半导体器件设计中非常重要，随着半导体颗粒尺寸的减少，价带和导带之间的能隙有增大的趋势，这就使即便是同一种材料，它的光吸收或发光带的特征波长也不同，实验发现，随着颗粒尺寸的减少，发光的颜色从红色→绿色→蓝色，即发光带的波长由 690 nm 移向 480 nm。

上述三个效应是纳米微粒与纳米固体的基本特性。它使纳米微粒和纳米固体显现出许多奇异的物理、化学性质，出现一些“反常现象”。例如金属为导体，但纳米金属微粒在低温下，由于量子尺寸效应会呈现绝缘性；一般钛酸铅、钛酸钡和钛酸锶等是典型铁电体，但当尺寸进入纳米量级就会变成顺电体；铁磁性物质进入纳米尺寸，由于多磁畴变为单磁畴显示出极高的矫顽力；当粒径为十几纳米的氮化硅微粒组成纳米陶瓷时，已不具有典型共价键特征，界面键结构出现部分极性，在交流电下电阻变小。

12.3　纳米材料制备

12.3.1　惰性气体淀积法

当金属晶粒尺寸为纳米量级时，由于具有很高的表面能，极容易氧化，所以制备技术中必须采取惰性气体（如 He，Ar）保护。在蒸发系统中进行制备，将原始材料在约 1 kPa 的惰性气氛中蒸发，蒸发出来的原子与 He 原子相互碰撞，降低了动能，在温度处于 77K 的冷阱上淀积下来，形成尺寸为数纳米的疏松粉末。

12.3.2　还原法

用金属元素的酸溶液，以柠檬酸钠为还原剂迅速混合溶液，并还原成具有纳米尺寸的金属颗粒，形成悬浮液，为了防止纳米颗粒的长大，加入分散剂，最后去除水分，得到含有超微细颗粒构成的纳米薄膜材料。

12.3.3 化学气相淀积法

射频等离子体技术采用频率为 10～20 MHz 的射频场，以 H_2 稀释的 SiH_4 为气源，在射频电磁场作用下，使 SiH_4 经过离解、激发、电离以及表面反应等过程，在衬底表面生长成纳米硅薄膜。

采用激光增强等离子体技术，在激光作用下分解高度稀释的 SiH_4 气体，产生等离子体，然后淀积生长纳米薄膜。

12.3.4 溶胶-凝胶法

溶胶-凝胶技术是制备纳米结构材料的特殊工艺。溶胶-凝胶方法用一种或多种醇盐的均匀溶液作原料，醇盐是制备氧化硅、氧化铝、氧化钙及氧化锆的有机金属前驱体，可用一种催化剂来启动化学反应并控制 pH 值。

溶胶-凝胶法工艺路线：①溶解和前驱体反应；②凝胶成型；③干燥；④烧结得到致密物质。

溶胶-凝胶法的优点是工艺简单、所得物质纯度高，通过烧结可以得到致密陶瓷。溶胶-凝胶法能够制备气孔相互连接的多孔纳米材料，在复合材料的设计和制备方面发挥重要作用。

12.3.5 球磨法

球磨工艺目的是减少微粒尺寸、固态合金化、混合以及改变微粒形状。主要方法包括滚转、摩擦磨、振动磨和平面磨。

球磨的动能是它的质量和速度的函数，致密的材料使用陶瓷球，在连续严重塑性形变中，位错密度增加，在一定的临界位错密度下松弛为小角度亚晶，晶格畸变减小，粉末微粒的内部结构连续地细化到纳米尺寸。

12.4 纳米磁性材料

纳米磁性材料是一种新型材料，具有多样化的特殊结构，按形态分有磁粉、磁膜和复合磁性材料。纳米磁性材料的特性不同于常规的磁性材料，其原因是与磁相关联的特征物理长度恰好处于纳米量级，如磁单畴临界尺寸、超顺磁性临界尺寸、交换作用长度以及电子平均自由程等大致上处于 1～100 nm 量级，当磁性体的尺寸与这些特征物理长度相当时，会出现反常的磁学性质。

以 Fe 为主的纳米磁粉，添加 Co，Ni 后，其粉粒长轴 150 nm，短轴 30 nm，Hc 为 120～160 kA/m，Br 为 0.23～0.30 T。通过气相-固相反应制成稀土永磁纳米磁粉，其矫顽力可达到 1120 kA/m。

厚度为纳米级磁性薄膜材料，有连续膜、颗粒膜、多层膜等多种结构，连续纳米磁膜的记录磁性优于磁粉，金属纳米磁膜又优于铁氧体。

在 Fe 基和 Co 基非晶金属磁性材料中，Fe 基材料具有高的 Bs，低 μ 值；Co 基材料具有高 μ 值，但 Bs 低。纳米磁膜可将这两种材料有机结合，获得优良软磁特性。这种高 Bs 和高 μ 兼有的特性，适合制作磁头、高频电感、微变压器等。

纳米复合磁性材料是指由不同磁性组分构成的复合磁性材料，因其各组分具有特征磁性获得优良的综合磁性，如纳米硬磁相加上软磁相可获得兼有高饱和磁化强度（Ms）和高矫顽力（Hc）的新型永磁材料。纳米复合磁性材料中含有大量软磁相，软磁晶粒与硬磁晶粒的磁化交互作用而互相结合，硬磁性晶粒的磁化阻止软磁性晶粒的磁化反转，如同没有软磁相存在一样。

纳米复合磁性材料具有高剩余磁化强度，高磁能积，剩磁对温度的依赖关系小，磁化性能好等特点。

1988 年法国科学家合成纳米 Fe/Cr 多层膜发现，低温（4.2 K）加磁场（1 600 kA/m）时，电阻率变化 $\Delta\rho/\rho_0=50\%$，室温时也有 16% 的变化，比铁磁金属薄膜的磁电阻效应大几倍甚至 10 倍，这种磁电阻效应称为巨磁电阻（Griant Magnetor Resistance 简称 GMR）效应。GMR 效应的发现，引起科学界极大的重视，并成为物理学和材料学领域的一个研究热点。

纳米巨磁电阻材料可采用溅射、真空蒸发或分子束外延等工艺，按照人工设计，周期交替沉积一定厚度的磁性层和非磁性层组成的多层薄膜，表示为（A/B）n。A 为磁性金属层，主要由 Fe，Ni，Co 或其合金组成；B 为非磁性金属层，主要由 Cu，Ag，Cr，Au 或氧化物构成；n 为层数，单层膜厚几纳米。

纳米巨磁电阻材料也可采用磁控溅射和离子溅射工艺制成纳米颗粒膜，铁磁性微粒被非磁性介质隔开。纳米颗粒膜巨磁电阻材料有 SiO_2-Ni，Ag-Co，Ag-Ni，Cu-Fe，Cu-Co 等，复合膜中铁磁性金属颗粒所占体积百分比在 25% 以下，颗粒尺寸为几纳米，低温 $\Delta\rho/\rho_0$ 达 50%。

12.5　纳米陶瓷材料

纳米陶瓷是指显微结构中的物相具有纳米级尺度的陶瓷材料，包括晶粒尺寸、晶界宽度、第二相分布、气孔尺寸、缺陷尺寸等都是纳米量级。纳米陶瓷在力、热、光、磁、吸收和透波等方面具有比普通结构下的同成分材料特殊的性能。

一般来说，陶瓷材料的气孔和微裂纹等缺陷与晶粒尺寸相关，当这些缺陷小到一定程度时，它对宏观性能的影响很小，纳米陶瓷为人们提供了一条寻求无缺陷陶瓷材料的有效途径。

由于纳米粉体具有巨大的表面积，作为烧结驱动力的表面能随着增大，烧结过程中的物质反应接触面增加，扩散速率明显增加，扩散的路径相应缩短；成核中心增多，反应距离缩小，这些现象会使烧结反应速率加速，引起整个烧结动力学的变化，烧结温度大幅度降低。氧化锆陶瓷致密烧结温度超过 1 600 ℃，而纳米氧化锆陶瓷在 1 250 ℃条件下即可达到致密化烧结。

陶瓷材料的晶粒尺寸与强度的关系，一般随晶粒尺寸减小，强度以指数关系提高，晶粒的纳米化有利于晶粒间的滑移，使材料具有塑性。在纳米氧化锆粉料中加入适量的 Y_2O_3 和 Al_2O_3，制成的纳米陶瓷材料超塑性高达 200% ~500%。

12.6　纳米碳分子材料

碳是人类研究最多的元素之一,20 世纪 80 年代以前,人们普遍认为碳有两种同素异型结构:石墨和金刚石。纳米碳分子材料是指物理尺寸为纳米级的碳分子材料,目前这类材料研究的热点是巴基球(C_{60})和纳米碳管。巴基球是笼形分子,直径为 0.7 nm,纳米碳管是由纳米级的同轴碳管组成的碳分子。下面分别介绍。

12.6.1　巴基球

1984 年 Rohlfing 等人用质谱仪研究在超声氦气流中,激光蒸发石墨所得产物(烟灰)时,发现碳可以形成原子簇 Cn($n<200$)。当 $n>40$ 时,簇中碳原子数仅为偶数,且 C_{60}的质谱峰明显地大于其相邻的碳原子簇,即 C_{60}具有更高的稳定性。

1985 年 Kroto 等人在用激光蒸发石墨来模拟星际空间中碳原子簇(包括碳的长链分子)的形成过程中,通过严格控制实验条件,得到具有极高稳定性的 C_{60}。

1. 巴基球制备

用激光蒸发石墨的技术只能合成极微量的 C_{60},极大地限制了对 C_{60}的物理化学性质的研究。1990 年,Kratschmer 和 Haufler 等人分别采用电阻法及电弧法成功地合成了毫克量级 C_{60},为 C_{60}物理化学性质的研究奠定了基础。

电弧法是用机械泵将电弧室抽真空,当真空度达到 5×10^{-2} Pa 时,充入氦气,并保持氦气压约为 100 Pa。当两根高纯石墨碳棒(直径为 6 mm,长为 15 cm)之间放电弧时,电流为 150 A,有效电压为 27 V,放电弧时产生的大量颗粒状烟灰,在气流作用下主要沉积在水冷铜套的内壁上,然后用毛刷轻轻地将烟灰收集起来,烟灰中 C_{60}/C_{70}混合物的含量为 7 % ~15 %。实验表明,当氦气压为 100 ~200 Pa 时,C_{60}/C_{70}产率最高,约为 10% ~15%;氦气压过高或过低,均使 C_{60}/C_{70}产率下降。

从烟灰中提取 C_{60}/C_{70}混合物的办法有两种:萃取法和升华法。萃取法是利用C_{60}/C_{70}可以溶于苯或甲苯或其他非极性溶剂中,而烟灰中的其他成分则不溶的特性,将 C_{60}/C_{70}从烟灰中萃取出来。含有 C_{60}/C_{70}混合物的苯或甲苯溶液呈酒红色或褐色,溶液中含 C_{60}/C_{70}越多,溶液的颜色越深。将溶液中的溶剂蒸发后,留下深褐色或黑色的 C_{60}/C_{70}粉末状结晶物质,其中 C_{70}的含量约为 7 % ~13 %。升华法是将烟灰在真空或惰性气氛中加热到 400 ~500 ℃,C_{60}及 C_{70}将从烟灰中升华出来,凝聚在衬底上,形成褐色或灰色的颗粒状膜,用升华法获得的 C_{60}/C_{70}膜中,C_{70}含量约 10%。

C_{60}与 C_{70}的分离可用液相色谱法或高压液相色谱法来实现,从而获得高纯(>99%)的 C_{60}和 C_{70}样品。经液相色谱法分离后,含有 C_{60}的溶液颜色与高锰酸钾溶液类似,呈绛紫色,而含 C_{70}的溶液呈橘红色。

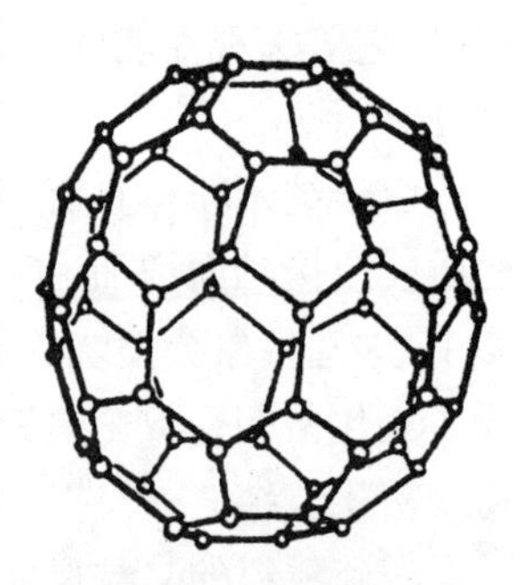

图 12.2　C_{60}原子团簇结构

2. 巴基球结构

Kroto 等人首先提出了 C_{60}的封闭笼形结构设想,如图 12.2

所示。C_{60}原子簇(或 C_{60}分子)为由 20 个六边形环和 12 个五边形环组成的球形 32 面体,其中五边形环只与六边形环相邻,而不相互联接;32 面体共有 60 个顶角,每个顶角上占据一个碳原子。这种 32 面体也可看成是由 20 面体经截顶后形成,又称截顶 20 面体。这一结构的提出立即引起了许多人试图从理论计算和实验观察两个角度来找到它的证据。由于 C_{60}分子结构的外形酷似足球,又称其为巴基球(Buckyball)。

研究人员经理论计算表明,C_{60}分子中的键有两种:单键和双键。五边形环仅有单键,而在六边形环中单键与双键交替排列,故六边形与五边形的公共棱边为单键,而两个六边形环的公共棱边则为双键。单键的平均键长为 0.145 nm,双键的平均键长为 0.140 nm。不同温度下的键长与键角的分布计算表明,仅在 $T=0$ K 时两种键才有明显的区别。随温度升高($T\geqslant 375$ K),两种键的区别变得模糊,但球形结构仍保持不变。C_{60}的 13C 核磁共振谱、红外光谱和拉曼振动谱的研究证实了 C_{60}的球形结构模型。X 射线衍射方法测定了 C_{60}分子结构并确定 C_{60}分子中每个碳原子的位置,所得结果完全证实了 Kroto 等人提出的 C_{60}分子球形结构的设想。理论计算表明,C_{60}固体内 C_{60}分子之间的相互作用为范德华力,室温下具有面心立方结构。

3. 巴基球电磁特性

C_{60}最引人注目的性质是掺杂 C_{60}的超导电性。1991 年 4 月美国贝尔实验室的 Hebard 等人在掺钾 C_{60}(K_3C_{60})中发现了 18 K 超导电性,并发现 C_{60}超导体可以在任何方向上导电。Rosseinsky 等人在掺 Rb 的 C_{60}($RbxC_{60}$)中发现 28K 的超导电性,日本发现 $KxRb_3-xC_{60}$的临界温度达到 33 K,成为有机高温超导体。

用碱金属(如 K,Rb,Cs)与 C_{60}化合,存在三种稳定相,即有三个、四个或六个碱金属原子与一个 C_{60}分子化合形成稳定晶体。但只有三个碱金属原子与一个 C_{60}化合,形成具有面心立方结构的晶体(K_3C_{60},Rb_3C_{60},Cs_3C_{60},Cs_2RbC_{60}等)才具有超导性能。

另外,C_{60}还具有抗辐射、抗化学腐蚀、不与腐蚀化合物起反应等优良性能。

4. C_{60}的衍生物及应用

C_{60}的发现为物理学、化学、材料科学等开辟了崭新的研究与应用领域。C_{60}分子呈中性,不导电。固体 C_{60}是一种禁带宽度为 1.5 eV 的直接带隙型半导体,通过掺杂可形成 n 型或 p 型 C_{60}半导体材料。C_{60}晶体既具有有序特征(C_{60}分子按面心立方点阵排列),又有无序特征(C_{60}分子在格点上自由转动),使它成为继硅、锗和砷化镓之后的又一种新型半导体材料。实验表明,C_{60}和 C_{70}也是一种非常好的非线性光学材料。

另外,可通过化学或物理的方法,对 C_{60}分子进行掺杂,即使 C_{60}分子在其笼内或笼外俘获其他原子或分子集团,形成各类 C_{60}的衍生物。某些衍生物具有奇异的特性,可在许多领域中获得重要和广泛的应用。例如利用化学氟化法合成了 $C_{60}F_{60}$(称特氟隆球),C_{60}分子中的每一个碳原子在笼外挂上一个氟原子,$C_{60}F_{60}$是一种白色粉末状的超级耐高温(~700 ℃)润滑剂,可视为一种"分子滚珠",将在高技术的发展中起到重大作用。将铂等贵金属挂到 C_{60}分子上,做成高效催化剂。利用控制 C_{60}的生成条件,可使 C_{60}分子笼内包裹其他原子,或利用离子注入法将其他原子注入到 C_{60}分子的笼内,形成各种 C_{60}的衍生物。将锂原子注入到 C_{60}分子笼内,可用它制造抗大气腐蚀的高效能锂电池。由于 C_{60}具有抗辐照性能,将放射性元素置于 C_{60}分子笼内,将其注射到癌变部位,可大大提高疗效并减少副作用。

在 GaAs(100)基片上制成 C_{60}-K_3C_{60}异质结膜，由于 K_3C_{60}是一种稳定相，在 C_{60}和 K_3C_{60}之间有非常稳定和清晰的界面，在 C_{60}和 K_3C_{60}之间不存在 K 的扩散。这是一种新型的绝缘体-超导体异质结膜，将在微电子器件上获得重要的应用。

12.6.2　纳米碳管

1991 年日本筑波 NEC 实验室的电子显微镜专家 S. lijima 在用石墨电弧法制备 C_{60}的过程中意外地发现碳纳米管。该材料为中空结构管状物，由 2 ~ 50 层石墨层片卷曲而成，各层之间距离为 0.343 nm，两端由半球形的端冒封闭。在电子显微镜下，各柱面表现为左右对称的平行条纹、中间空心、截面为同心的圆环，称为多壁碳纳米管(MWCNTs)，又称巴基管(Buckytube)，如图 12.3 所示。碳纳米管完全由碳原子构成，是继石墨、金刚石和富勒烯之后碳的同素异形体的又一新成员，其直径为纳米量级，长度一般达几百微米或毫米、厘米量级，是新型的一维纳米材料。因其独特的准一维管状分子结构，优异的力学、电学和化学性质，及其在高科技领域中潜在的应用价值，引起了各国科学家们的广泛关注，由此引发了碳纳米管的研究热潮，促进了纳米科学和技术十多年的飞速发展。

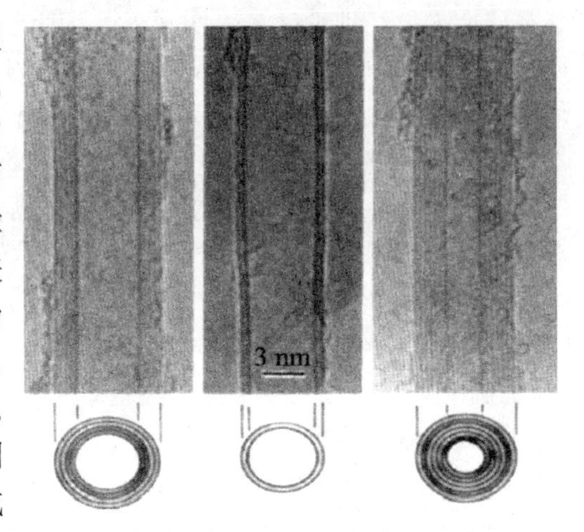

图 12.3　多壁碳纳米管的横截面图(从左到右分别为 5,2,7 层)

1. 单壁碳纳米管的结构

单壁碳纳米管的结构可以看作是由石墨层卷曲而成的无缝圆筒。石墨片层中点阵可用向量 $\boldsymbol{C}_h = n\boldsymbol{a}_1 + m\boldsymbol{a}_2$ 表示(这里 n 和 m 为整数，$\boldsymbol{a}_1$ 和 $\boldsymbol{a}_2$ 是石墨层中的单位向量)。利用石墨层中的平面格点构造碳纳米管的过程，如图 12.4 所示。任选一个格点 $A(0,0)$ 为原点，经格点 A 做一晶格向量 $\boldsymbol{C}_h$，然后过 A 点做垂直于向量 $\boldsymbol{C}_h$ 的直线，用 T 表示。直线 AB 是与单位矢量 $\boldsymbol{a}_1$ 平行的一条直线，沿石墨六方网格的锯齿轴，六方网格的一个碳碳键垂直于 AB。向量 $\boldsymbol{C}_h$ 和锯齿轴 AB 之间的夹角称为螺旋角 θ。以 T 为轴，卷曲石墨层片，使 $\boldsymbol{C}_h$ 端点和 A 相接或使 T 轴与过 $\boldsymbol{C}_h$ 端点的垂直线(图中黑粗体虚线)相重合，就形成了单壁碳纳米管管体圆周，T 形成了单壁碳纳米

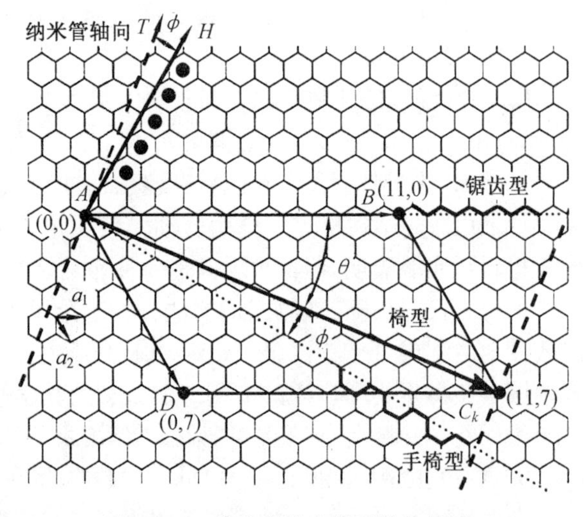

图 12.4　单壁碳纳米管手性矢量图

管的管体，$\boldsymbol{C}_h$ 形成单壁碳纳米管的圆周。通过这一构造过程可看出，可用(n, m)两个参数表示一个单壁碳纳米管，在不考虑手性的情况下，单壁碳纳米管可由两个量(n,m)完全确定（直径和螺旋角或两个表示石墨片层结构指数或者螺旋向量 $\boldsymbol{C}_h$ 和向量 T）。因此，一旦在石墨晶格中选定了螺旋向量 $\boldsymbol{C}_h$，则碳纳米管的结构及其所有参数就被确定。在图 12.4 中，$\boldsymbol{a}_1$ 和 $\boldsymbol{a}_2$ 是基矢，T 为碳纳米管的轴线矢量，$\boldsymbol{C}_h$ 所在的位置为碳管圆周方向，它与 T 垂直，形成碳纳米管时，$\boldsymbol{C}_h$ 向量的始末端重合，称为手性矢量，表达式为

$$\boldsymbol{C}_h = n\boldsymbol{a}_1 + m\boldsymbol{a}_2 \tag{12.1}$$

式中，$n, m = 0, 1, 2, \cdots$。θ 也是 $\boldsymbol{C}_h$ 与基矢夹角中最小的角，可称为手性角。$a_1 = a_2 = \sqrt{3}a_{c-c}$，其中 a_{c-c} 为相邻碳原子之间的距离，也即碳碳键长。在石墨层中，碳碳键长为 0.142 nm，手性矢量 $\boldsymbol{C}_h$ 为

$$\begin{aligned}\boldsymbol{C}_h &= n\boldsymbol{a}_1 + m\boldsymbol{a}_2 = \\ &(na_1\cos 30^0 + ma_2\cos 30^0)\boldsymbol{i} + (na_1\cos 60^0 - ma_2\cos 60^0)\boldsymbol{j} = \\ &\frac{3}{2}a_{c-c}(n+m)\boldsymbol{i} + \frac{\sqrt{3}}{2}a_{c-c}(n-m)\boldsymbol{j}\end{aligned}$$

$\boldsymbol{C}_h$ 的大小为

$$C_h = \frac{a_{c-c}}{2}\sqrt{[3(n+m)]^2 + [\sqrt{3}(n-m)]^2} = \sqrt{3}a_{c-c}\sqrt{n^2 + nm + m^2} \tag{12.2}$$

由此得到碳纳米管的半径为

$$R = \frac{C_h}{2\pi} = \frac{\sqrt{3}}{2\pi}a_{c-c}\sqrt{n^2 + nm + m^2} \tag{12.3}$$

图 12.3 中，在以 $\boldsymbol{a}_1$，$\boldsymbol{a}_2$ 为坐标轴的坐标系中，对于$(0,0)$，$(n,0)$和(n,m)三个顶点构成的三角形，由余弦定理有

$$(ma_2)^2 = (na_1)^2 + C_h^2 - 2na_1C_h\cos\theta$$

所以

$$\cos\theta = \frac{(na_1)^2 + C_h^2 - (ma_2)^2}{2na_1C_h} = \frac{n^2 + (n^2 + nm + m^2) - n^2}{2n\sqrt{n^2 + nm + m^2}}$$

即

$$\cos\theta = \frac{2n + m}{2\sqrt{n^2 + nm + m^2}}$$

$$\sin\theta = \frac{\sqrt{3}n}{2\sqrt{n^2 + nm + m^2}}$$

所以

$$\theta = \arctan\frac{\sqrt{3}m}{2n + m} \tag{12.4}$$

根据式(12.3)和(12.4)可得到：当 $n = m$ 时，$\theta = 30°$，此时的单壁碳纳米管称为扶手椅型纳米管（Armchair SWNTs）；当 $n = 0$ 或 $m = 0$ 时，$\theta = 0°$，此时的单壁碳纳米管称为锯齿型纳米管（Zig - zag SWNTs）；当 m,n 为其他值时，$0° < \theta < 30°$，此时的单壁碳纳米管称为手性型（或螺旋型）纳米管（Chiral SWNTs）。

图 12.5 中(a),(b),(c)分别给出了单壁碳纳米管的三种结构图。

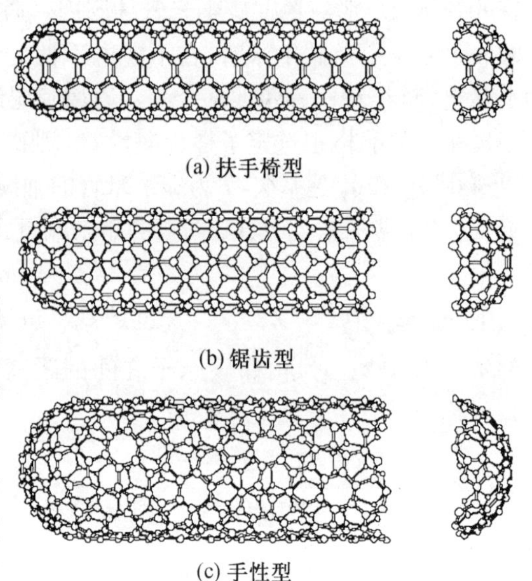

图 12.5　三种类型单壁碳纳米管结构图

实际制备的碳纳米管并不完全是直径均匀、平直的,有时会出现不同的结构,如 L,T,Y 形等。这些结构的出现多是由于碳六边形网格中引入了碳五边形和碳七边形所致,在碳纳米管的弯曲或直径变化处,内外分别引入碳五边形和碳七边形才能使整个结构得到延续,故在这些地方,碳五边形和碳七边形总是成对出现的,它们的分布决定了碳纳米管的形状。

通常在石墨片的边缘,存在着大量的悬挂键,因而能量较高,故不稳定。在形成单壁碳纳米管后,可以消除石墨片两个边缘上的悬挂键,而且靠近顶端的碳原子也改变原来的正六边形结构,形成了富勒烯中的五边形、六边形半球,从而形成闭合的管状结构,使悬挂键完全消失。因为悬挂键的消失,使得系统的能量降低,此时,碳纳米管的能量将低于相应石墨片的能量,这就是碳纳米管能够存在的根本原因。但是由于改变了石墨中原来的拓扑结构,产生了新的碳碳键的势能,而新产生的碳碳键势能与管的直径有关,所以碳纳米管的直径也不能很小。理论计算表明能够稳定存在的单壁碳纳米管的最小直径为0.4 nm。

2. 多壁碳纳米管的结构

首先,多壁碳纳米管中的层结构究竟是同心圆柱或是蛋卷状,还是两者的混合结构,至今仍然无直接的实验证明。但从多壁碳纳米管的高分辨电子显微镜观察,可发现多壁碳纳米管的层间距离基本一样,因此一般认为其为同心圆柱结构。同样电子衍射分析也表明多壁碳纳米管的同心圆柱可能具有不同螺旋角或者具有相同的螺旋角。

若多壁碳纳米管是由同心管套装而成的结构,而层与层之间的距离为 0.34 nm,则相邻管间周长相差 $2\pi\times0.34\approx2.1$ nm。由于锯齿管间距是 0.246 nm 的倍数,相邻管体之间将相差 9 排六边形,可得相近的层间距为 0.352 nm($9\times0.246\times2\pi=0.352$)。

对于多壁碳纳米管,经过对选区电子衍射斑镜像对称性分析,研究人员指出,在构成碳纳米管的碳层片之间,存在一定的夹角,每三层或四层之间轴向偏差 6°左右。

3. 碳纳米管的分类

碳纳米管按其构成石墨的层数分类,可分为单壁碳纳米管和多壁碳纳米管。理想的单壁碳纳米管可认为是由一层石墨片卷曲而成的圆柱体,而多壁碳纳米管可看成是不同半径的单壁碳纳米管以同轴而套构成多层圆柱体,如图 12.6 所示。单壁碳纳米管由于其结构简单、性能优异而引起人们的广泛关注。双壁碳纳米管具有独特的结构,研究认为,双壁碳纳米管内外层间距并非固定的 0.34 nm,而是根据内外层单壁碳纳米管的手性不同,可以在 0.33~0.42 nm 之间变化,通常可以达到 0.38 nm 以上,与最小直径的单壁碳纳米管0.4 nm相近。双壁碳纳米管的内径即为单壁碳纳米管的直径，通常在0.7～2 nm之间，因此双壁碳纳米管的性能与单壁碳纳米管的性能相近，而优于普通的多壁碳纳米管。

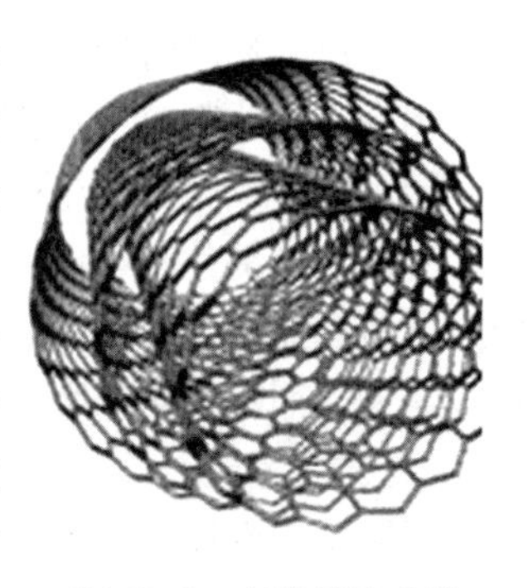

图12.6　多壁碳纳米管

按手性分类，碳纳米管可分为对称的非手性型管（扶手椅型管和锯齿型管）和不对称的手性型管（椅型管）。扶手椅型碳管和锯齿型碳管形象地描述了单壁碳纳米管横截面碳环的形状。对于非手性碳纳米管，其结构可以经过一定的对称操作而重合。碳纳米管的性能，特别是电学性能和光学性能与其手性密切相关，因此将碳纳米管按照手性分类，以获得具有相似性能的碳管具有重要的意义。

按照碳纳米管的导电性能，可将碳纳米管分为金属性和半导体性两种。碳纳米管导电性能取决于碳纳米管的直径和螺旋角。理论计算和实验证实扶手椅型纳米管是金属性，而锯齿型纳米管中部分表现为金属性，部分为半导体型。对于半导体单壁碳纳米管，其能隙宽度与其直径呈反比关系。小直径的碳纳米管可以表现出量子效应。

按照碳纳米管的排列状况分类，碳纳米管可分为定向和无序的碳纳米管。由于碳纳米管长径比很大，而且具有良好的柔韧性，使得制备出来的碳纳米管易于发生弯曲而相互缠绕，影响碳纳米管的性能。因此，获得大面积的、定向排列的碳纳米管具有重要意义。

4. 碳纳米管的制备

（1）电弧法。

电弧法可以说是第一种以制备碳纳米管为目的的制备方法，它属于物理方法制备碳纳米管技术。最早采用电弧法制备碳纳米管的是日本NEC基础研究实验室，其基本方法是在惰性气体如He或Ar气氛中，将相距数毫米的两石墨电极与电源相连，电弧放电将产生10^2安培量级的放电电流。在如此强大的电流下，电弧所产生的高温足以使石墨电极升华，并将在阴极表面沉积形成碳纳米管。后来人们发现通过在阴极石墨电极中添加铁、钴、镍等金属微粒催化剂可以获得单壁碳纳米管。

采用电弧法制备碳纳米管可以获得几乎完美、无缺陷的单壁或多壁碳纳米管。产额一般可达30%左右，但其获得的碳纳米管尺寸以及取向都是随机的。

由于电弧法消耗阳极石墨，为了保证电弧的稳定，以获得批量的单壁碳纳米管，1997年，研究人员对电弧法进行改进，保证了阳极石墨在稳定的电流下蒸发，获得了克量级的单壁碳纳米管，并且其纯度高达70%～90%。此后，在传统电弧法的基础上，又发明了电弧等离子喷射法，采用铑、铂为催化剂，获得了产率达1.2 g/min的单壁碳纳米管。

（2）激光蒸发法。

利用激光的高能量密度，照射固体表面可以使局部原子蒸发已为人们所熟知。通过激光照射石墨获得碳纳米管的方法与原理是，将高纯度石墨置于恒定高温管式炉中，并通以稳定流动的惰性气体。用高密度激光脉冲照射石墨靶表面，使石墨表面气化产生碳蒸汽。所生成的碳蒸汽在惰性气流的携带下，输运到处于低温区的收集器上，并结合成碳纳米管。采用激光蒸发方法通过采用合适的催化剂可以获得单壁碳纳米管，通过改变反应室温度可以实现对管径的控制。因此可获得高质量的碳纳米管,其产额可高达70%。而采用不同的催化剂,可以得到高纯度和高晶化程度的单壁纳米管。

(3)有机气体催化热解法。

有机气体催化热解法也叫化学气相沉积法(CVD),是通过含碳气体在催化剂的催化作用下裂解而成,其特点是碳源气体(主要为含碳化合物如乙炔、一氧化碳、甲烷、苯等)在金属催化剂(Fe,Co,Ni 及其合金)的作用下裂解而合成纳米碳管。其基本方法和原理是,将衬底置于石英反应管中加热,然后通入一类含碳的气体,在高温下气体热分解出自由碳原子。碳原子在 Fe,Co,Ni 等过渡族金属催化剂的作用下,在衬底表面上重新结合时可能形成碳纳米管,并可以生长的很长。CVD 法制备碳纳米管所获得的多是单壁管、多壁管、石墨、非晶碳等的混合物。可通过化学提纯方法获得纯净的碳纳米管,甚至只获得单壁碳纳米管。CVD 法是大量制备碳纳米管的重要手段,也是实现产业化生产的重要手段,其产额在20%~100%。但是 CVD 法获得的碳纳米管通常存在较多的缺陷。因此,其抗张强度仅为电弧法获得碳纳米管的十分之一。用 CVD 制备碳纳米管的优点是,可以获得定向生长的碳纳米管,通过控制催化剂的分布,可以实现碳纳米管的定域定向生长。

此外,定向碳纳米管阵列的制备逐渐成为科研人员关注的重点,人们对定向碳纳米管的兴趣起源于它在场发射方面的潜在应用。如果能将碳纳米管制成定向排列的阵列和薄膜,这样碳纳米管不但可以制成电子探针,而且可以制成大面积的全频段的天线阵列以及场发射源,如平板显示器等。目前制备定向纳米管除了采用间接方法外,取得突破性进展的直接方法有:电弧法、模板法、溶胶凝胶法、激光刻蚀基底法、等离子增强热丝 CVD 法以及金属有机物热解法。通过这些方法,可以制得不同长度和半径的纳米管。

5. 碳纳米管的特性

自从 Iijiarm 发现碳纳米管以来,研究人员对碳纳米管的电学、力学、光学和热学等基本性质开展了大量的研究工作,并取得了很大的进展,已经开发出基于碳纳米管优良性能的、接近实际应用的器件,例如扫描探针、场效应管、场发射器以及射频器件。

(1)电学性质。

关于碳纳米管的电学性质,许多研究人员在理论上预言了碳纳米管的导电性质与其结构密切相关。碳纳米管电子能带结构理论研究表明,碳纳米管的电学性能可以表现为金属导体性和半导体性。图12.7是 Liever C 研究小组利用扫描隧道显微镜研究了碳纳米管的结构与导电性的关系,通过直接观察不同结构的碳纳米管具有不同的电学性质,从实验上验证了碳纳米管的电学性能与结构的关系。具体来说,对于单壁碳纳米管,由式(12.1),若 $m=n$ 或者 $m=0$,则单壁碳纳米管为导体性;若 $m\neq n$,则 $(2n+m)/3$ 为整数时,单壁碳纳米管为导体性,否则为半导体性。研究表明,只有1/3的碳纳米管表现为导体型,其余的几乎为半导体型。

碳纳米管可以是金属性的,也可以是半导体性将会导致在同一根碳纳米管上的不同部位,由于结构的变化,也可以呈现出不同的导电性。在研究相互交叉的碳纳米管的电学性能时发现,两根电学性能相同的碳纳米管交叉形成结时,交叉处具有大小为 $0.1e^2/h$ 的电导,而两根电学性质不同的碳纳米管相接时,产生一个肖特基势垒。同时,缺陷的存在会对碳纳米管的导电性能有很大的影响,当碳纳米管发生弯曲或者碳环存在五边形或七边形结构缺陷时,单壁碳纳米管可以构成最小的二极管,电流只能沿一个方向流动。

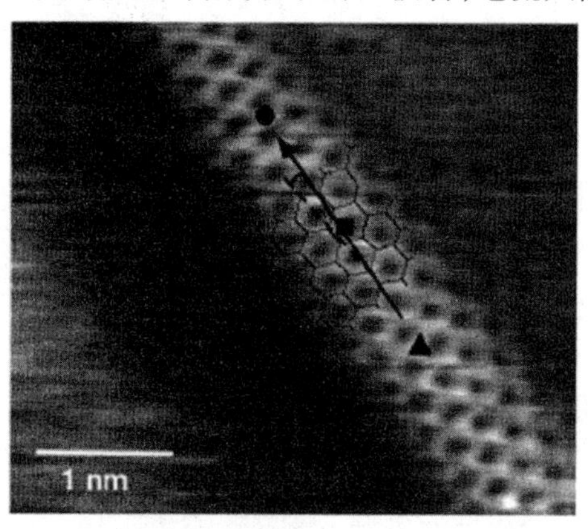

图 12.7　单壁碳纳米管的扫描隧道显微镜图

由于碳纳米管尺寸效应带来诱人的量子电导和超导特性。电流在碳纳米管中的传输表现为弹道效应,即电子在碳纳米管中的传输不受任何阻力,即电子在碳纳米管中的传输没有任何能量消耗。在弹道传输条件下,单壁碳纳米管的量子电导为 $G_0=2e^2/h$,由于呈导体性的单壁碳纳米管在费米能级附近具有相互交叉的能带,因此在传输过程中,有两个通道,从而单壁碳纳米管的接触电导为 $2G_0$,其相应的电阻为 $R=h/4e^2\approx6.5\ \text{k}\Omega$。在一定温度条件下,单壁碳纳米管表现出超导性,目前的研究中发现 0.4 nm 的单壁碳纳米管的超导转变温度最高,可达 15 K,是已知单质元素中最高的转变温度,同时发现,单壁碳纳米管的超导转变温度与其几何结构有关。

由于电子在碳纳米管中的传输具有弹道特性,所以单壁碳纳米管的载流能力可达 $10^9\ \text{A/cm}^2$ 量级,是铜导线导电能力的 1 000 倍。一根长为 0.4 cm 、直径为 20 nm 的碳纳米管丝,其电阻率为 $1.4\times10^{-8}\ \Omega\cdot\text{cm}$,比金属铜的电阻率还低。单壁碳纳米管的电阻率不会随长度的增加而变小,其宏观体依然保持微观时的优异电学性能。

此外,电子在碳纳米管的径向运动受到限制,表现出典型的量子限制效应;而电子在轴向的运动不受任何限制。因此,可以认为碳纳米管是一维量子导线。作为典型的一维量子材料,金属性的碳纳米管在低温下表现出典型的库仑阻塞效应。当电子注入碳纳米管这一微小的电容器(其电压变化为 $\Delta V=Q/C$,其中 Q 为注入的电量,C 为碳纳米管的电容)时,如果电容足够小,只要注入 1 个电子就会产生足够高的反向电压使电路阻断。当被注入的电子穿过碳纳米管后,反向阻断电压随之消失,又可以继续注入电子了。

总之,金属 SWNT 中电子波函数长距离的相干性提供了连接纳米电子器件的优质量子导线,使纳米电子器件的大规模集成成为可能;碳纳米管量子点的库仑阻塞及隧穿效应使碳纳米管能成为场效应管、单电子隧穿管及电子开关等。

(2)力学性质。

由于碳纳米管是由单层或多层石墨平面卷曲而成的无缝管状结构,具有管径小、长径比大,缺陷少的特点。而石墨平面中 C–C 键是自然界最强、最稳定的化学键之一,因而赋予碳纳米管极高的强度、韧性及弹性模量。理论估计其杨氏模量高达 5 TPa,实验测得平均为1.8 TPa，比一般的碳纤维高一个数量级，与金刚石的模量几乎相同，为已知的最高材料模量；弯曲强度14.2 GPa，所存应变能达100 keV，是最好微米级晶须的两倍，其弹性应变可达5%～18%，约为钢的60倍；抗压强度为钢的100倍；密度约为1.2～2.1 g/cm，仅为钢的1/6～1/7。碳纳米管具有极好的韧性，在垂直于轴向施加压力或弯曲碳纳米管时，外加压力超过Euler强度极限或弯曲强度时，碳纳米管不会断裂而是发生超过110度大角度弯曲，当外力释放后碳纳米管又恢复原状。力学性质上的高柔软性、高强度、耐磨减摩性能、自润滑性能及极高的弹性模量，都决定了碳纳米管在纳米复合材料、表面耐磨涂层及纳米探针方面有着得天独厚的优越性。

(3)热学性质。

比热容和热导率是衡量碳纳米管热学性能的两个重要指标。有研究表明，碳纳米管(包括单壁碳纳米管和多壁碳纳米管)的比热容主要是由声子比热容决定的。只有对碳纳米管进行掺杂，使费米能级接近能带边缘，其电子比热容才会显著增加。

6. 碳纳米管的应用

在发现碳纳米管前，没有任何一种材料能集优异的电、力和热性能于一体。而碳纳米管的这些优异性能，使它在场发射显示、显微镜探针、燃料电池以及纳米电子学领域有潜在的应用前景，而碳纳米管小直径、高迁移率特性在场效应晶体管、纳米天线以及纳米互联线等纳电子器件中有着重要的应用价值。

(1)基于碳纳米管的电子发射器件。

由于碳纳米管顶部曲率半径很小，在电场作用下具有很强的局部增强效应，因此可用作场发射材料。日本伊势电气公司的Saito利用碳纳米管制作了第一个应用于工业产品的阴极射线光源，如图12.8所示。当阴极电流为200 μA时，测得碳纳米管轴向荧光屏蓝光的亮度为6.4×104 cd/cm^2，比传统的热电子阴极射线管发光强度高出约2倍。

1998年，韩国三星电子公司利用碳纳米管作为电子发射源制作了矩阵寻址的平板彩色显示器样机。在3.7 V/cm下亮度为1 800 cd/cm^2，如图12.9所示。

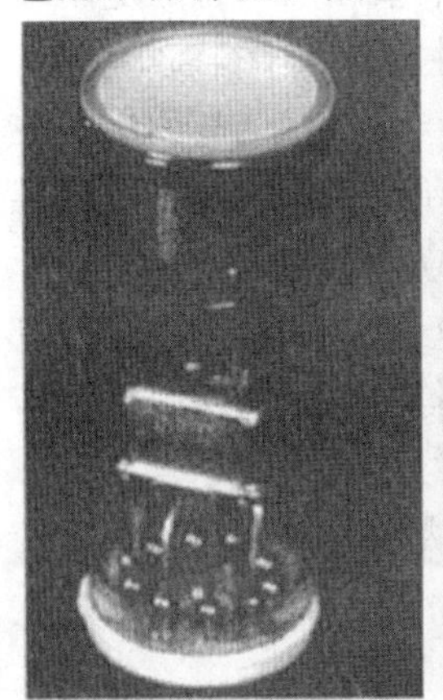
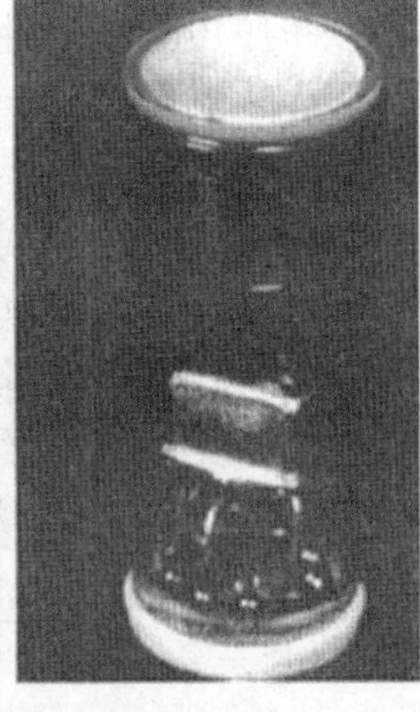

图12.8 碳纳米管阴极射线光源

图12.9 碳纳米管彩色平板显示器

此外，在光致聚合物中掺入低浓度的碳纳米管，可以改变聚合物中空穴的传输机制，同时也可以调制有机发光二极管的发光特性。图12.10显示在有机发光二极管缓冲层中添加单壁碳纳米管可以调节器件的发光颜色。当缓冲层中掺入单壁碳纳米管时,其中的空穴被阻挡,复合过程发生在传输层中,此时,二极管发出红色光;而在没有掺入碳纳米管时,器件发出蓝色光。这种奇妙的特性主要来源于低维碳纳米管的电子能带结构。

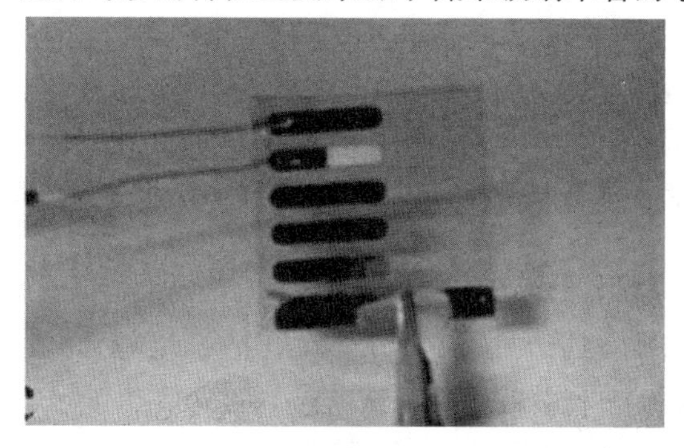

图 12.10　掺入碳纳米管的有机发光二极管

(2)碳纳米管场效应晶体管。

碳纳米管场效应晶体管在未来的晶体管技术中具有非常大的竞争优势。与普通的硅 MOS 场效应晶体管相比,碳纳米管场效应晶体管具有更高的跨导并且能够承载更大的驱动电流。如果 CNT-FET 的栅极采用钛电极,经退火处理后形成的 TiC 可以极大地减小接触电阻,从而在碳纳米管和电极之间形成良好的耦合。采用上栅极结构的 CNT-FET 其跨导是采用背栅极结构的 10 倍以上,意味着晶体管的运行速度可以提高 10 倍,同时,阈值电压下降 1/10。为了优化晶体管性能,可以采用纳米管阵列代替单个碳纳米管。

碳纳米管场效应晶体管的研制成功有力地证实了碳纳米管作为硅芯片继承者的可行性,尤其是在目前科学家再也无法通过缩小硅芯片的尺寸来提高芯片速度的情况下,纳米管的作用将更为突出,碳纳米管场效应晶体管实现商业化生产不会太远。

(3)纳米探针和传感器。

由于纳米探针具有极小的尺寸,高的电导率、高的机械强度和柔韧性,碳纳米管最终将成为纳米探针独一无二的选择。可以预见,纳米探针在高分辨率成像、纳米光刻、纳米电极、药物转移以及传感器等领域具有广泛的应用。将单个多壁碳纳米管粘附在扫描探针末端用于成像已在实验中得到证实。由于多壁碳纳米管探针可以导电,尺寸极小且成像特性具有很大潜能,除了用作扫描探针以外,还可用于扫描透射电镜和原子力显微镜。与传统的 STM 探针相比,碳纳米管探针用于生物分子学(如 DNA 的高分辨成像)领域更胜一筹。利用碳纳米管探针的诱捕模式对淀粉纤维分子成像,结果得到了前所未有的分辨率。

Kong 等人已将碳纳米管用于先进的微型化学传感器中,这源于碳纳米管暴露在含有 NO_2、NH_3 和 O_2 分子的气体中,它的电阻率会产生非常灵敏的变化。通过监测纳米管电导率的变化,可以精确判断气体的存在,而且,纳米管传感器的响应速度要比目前实用的固体传感器快一个数量级。另外,碳纳米管小的尺寸造就了它具有非常高的表面积,这为未来开发室温或更高温度环境下纳米管传感器提供了更为有利的优势。

在微波和太赫兹波段,碳纳米管也有一定的应用价值。Nougaret 等人利用高纯度半导体碳纳米管设计的 CNT-FET,其电流增益截止频率达到了 80 GHz。在理想情况下,不考虑寄生效应的存在，其截止频率能达到 8THz。Sazonova 等人证实了可调谐碳纳米管电化学共振器能够在射频波段工作。Hanson 利用半经典方法计算了碳纳米管偶极天线在太赫兹频段的特性。因为碳纳米管的波速要比自由空间波长小 100 倍，所以碳纳米管天线与相同尺度的铜天线相比，其共振频率更低。例如，根据半经典模型，一个长为 10 μm 的手椅型单壁碳纳米管偶极天线的共振频率在 0.16 THz，而同样长度的铜偶极天线的共振频率在 7.5 THz。理论预测一维等离子共振截止频率在 53 GHz 下。然而，由于欧姆损耗很大，导致这种纳米天线的效率非常低。而通过构建纳米管束或纳米管膜可以提高碳纳米管天线的效率。

碳纳米管在复合材料、储能、互连线、电子材料与纳米器件电路、医学以及军事上的应用非常广泛，这里就不一一列举了。但是值得一提的是，2008 年末，《Material Today》杂志主编发表了当今世界十大材料，其中碳纳米管位列第八。

12.6.3　石墨烯

1. 石墨烯的发现

碳材料是地球上最普遍也是最奇妙的一种材料，它可以形成世界上最硬的金刚石，也可以形成最软的石墨。自从 1985 年富勒烯(Fullerene，获得 1996 年诺贝尔物理学奖)和 1991 年碳纳米管(Carbon Nanotube)的发现开始，有关碳材料的研究引起了世界各国研究人员的极大兴趣。三维(石墨与金刚石)、一维(碳纳米管)、零维(富勒烯)炭的同素异形体都已被发现。但是真正意义上的二维同素异形体石墨烯的研究却一直处于理论探索阶段。2004 年，英国曼彻斯特大学的安德烈-海姆和康斯坦丁-诺沃肖洛夫发现了石墨烯(Graphene)。他们强行将石墨分离成较小的碎片，从碎片中剥离出较薄的石墨薄片，然后用一种特殊的塑料胶带粘住薄片的两侧，撕开胶带，薄片也随之一分为二。不断重复这一过程，就可以得到越来越薄的石墨薄片，而其中部分样品仅由一层碳原子构成的新型二维原子晶体——石墨烯。它是目前最理想的二维纳米材料，石墨烯的发现，充实了碳材料家族，形成了从零维的富勒烯、一维的碳纳米管、二维的石墨烯到三维的金刚石和石墨的完整体系，为新材料和凝聚态物理等领域提供了新的增长点。也正因为此发现，安德烈-海姆和康斯坦丁-诺沃肖洛两位科学家获得了 2010 诺贝尔物理学奖，以表彰他们在石墨烯材料方面的卓越研究。

2. 石墨烯的结构

石墨烯是众多碳质材料的基元。单层石墨烯是单原子层紧密堆积的二维晶体结构，其中碳原子以六元环形式周期性排列于石墨烯平面内，如图 12.11 所示。每个碳原子通过 σ 键与临近的三个碳原子相连，S，P_x 和 P_y 三个杂化轨道形成强的共价键合，组成 sp^2 杂化结构，具有 120°的键角，赋予石墨烯极高的力学性能。剩余的 P_z 轨道的 π 电子在与平面垂直的方向形成 π 轨道，此 π 电子可以在石墨烯晶体平面内自由移动，从而使得石墨烯具有良好的导电性。

当石墨的层数少于 10 层时，就会表现出较普通三维石墨不同的电子结构。可以将 10 层以下的石墨材料统称为石墨烯材料。严格地讲，完美的石墨烯是指一层密集的、包裹在蜂巢晶体点阵上的碳原子。如果有五角元胞和七角元胞存在，它们会构成石墨烯的缺陷。少量的五角元胞细胞会使石墨烯翘曲，12 个五角元胞会形成富勒烯。碳纳米管也

图 12.11　石墨烯结构示意图

被认为是卷成圆桶的石墨烯,这一发现具有很大的意义,不但提出了其他新型碳族元素可能的合成途径,并且由于石墨的廉价易得,在经济效益上更具有优势,更有利于相关产品的工业化。

在石墨烯未被制备出来之前,大多数物理学家认为,严格的二维晶体在热力学上是不稳定的,换言之,热力学涨落不允许任何二维晶体在有限温度下存在。所以,石墨烯一经发现就立即震撼了凝聚态物理界。虽然理论和实验界都认为完美的二维结构无法在非绝对零度稳定存在,但是单层石墨烯已经被证实可以在实验中制备出来,而且呈现出很好的晶体的性质。这些可能归结于石墨烯在纳米级别上的微观扭曲。SEM 研究也表明,这些悬浮的石墨烯片层并不完全平整,如图 12.12 所示。它们表现出物质微观状态下固有的粗糙性,表面会出现几度的起伏。可能正是这些三维褶皱巧妙地促使二维晶体结构稳定存在。随后的研究表明单层石墨烯表面褶皱明显大于双层石墨烯,并且随着石墨烯层数的增加褶皱程度越来越小,趋于平滑,这是因为单层石墨烯片为降低其表面能量,由二维向三维形貌转换。另外一种解释是石墨烯片层是由具有三维结构石墨上剥离下来的,石墨烯的尺寸相对较小,远远小于 1 mm,原子之间强烈的相互作用力使得石墨烯晶体即使在有限温度下也不会由于热力学涨落而受到破坏。

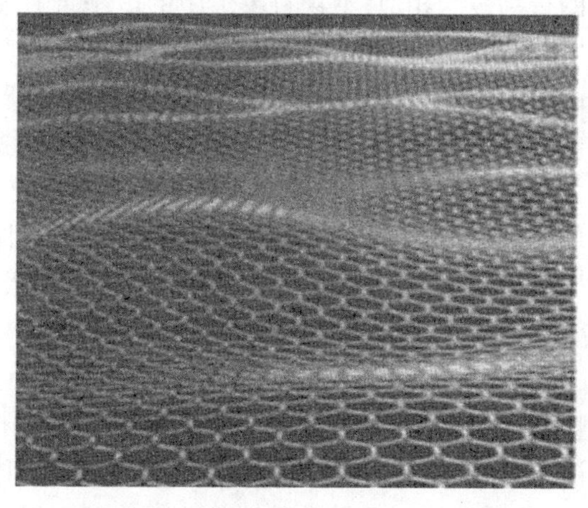

图 12.12　褶皱的石墨烯结构示意图

石墨烯是由单层碳原子组成的六方蜂巢状二维结构，它可以包裹起来形成零维的富勒烯。纯净的石墨烯是一种只有一个原子厚的结晶体，具有超薄、超坚固和超强导电性能等特性，石墨烯具有优异的电学、热学和力学性能，可望在高性能纳电子器件、复合材料、场发射材料、气体传感器及能量存储等领域获得广泛应用。科学界认为石墨烯极有可能取代硅而成为未来的半导体材料，具有非常广阔的应用前景。迄今为止，研究者仍未发现石墨烯中有碳原子缺失的情况，即六边形晶格中的碳原子全都没有丢失或发生移位。各个碳原子间的连接非常柔韧，当施加外部机械力时，碳原子面就弯曲变形。因此，碳原子就不需要重新排列来适应外力，也就保持了结构的稳定。

3. 石墨烯的性质

(1)力学性质。

石墨烯不仅是已知材料中最薄的一种，还非常牢固坚硬；石墨烯单质中各碳原子之间的连接非常柔韧，当施加外部机械力时，碳原子面就弯曲变形，从而使碳原子不必重新排列来适应外力，保持了结构的稳定性。这就决定了石墨烯拥有很好的力学性能。据试验测得，石墨烯的强度是已测试材料中最高的，达 130 GPa，是钢的 100 多倍。

(2)热学性质。

石墨烯是一种稳定材料，其热导率可达 5 000 $W \cdot m^{-1} \cdot K^{-1}$，是金刚石的 3 倍。实验测得石墨烯的热导率与单壁碳纳米管、多壁碳纳米管相比有明显的提高，表明石墨烯作为良导热材料具有巨大潜力。

(3)电学性质。

石墨烯是零带隙半导体，片层上存在大量的悬键使得它处于动力学不稳定的状态，可能正是这样一种褶皱的存在，在石墨烯边缘的悬键可与其他的碳原子相结合，使其总体的能量得以降低。石墨烯具备独特的载流子特性和优异的电学质量，稳定的晶格结构使碳原子具有优秀的导电性，石墨烯中电子是没有质量的，而且是以恒定的速率移动，石墨烯还表现出了异常的整数量子霍尔行为。其霍尔电导等于 $2e^2/h$，$6e^2/h$，$10e^2/h$，…为量子电导的奇数倍，且可以在室温下观测到。这个行为已被科学家解释为电子在石墨烯里有效质量为零，这和光子的行为极为相似；不管石墨烯中的电子带有多大的能量，电子的运动速率都约是光子运动速率的三百分之一，为 10^6 m/s。石墨烯的室温量子霍尔效应，无质量狄拉克费米子型载流子，高达 200 000 $cm^2/V \cdot s$ 的迁移率等新奇物性相继被发现。

石墨烯在室温下传递电子的速度比已知导体都快。石墨烯在原子尺度上结构非常特殊，必须用相对论量子物理学才能描绘。其载流子迁移率是目前已知的具有最高迁移率的锑化铟材料的两倍，超过商用硅片迁移率的 10 倍以上。石墨烯中的电子在轨道中移动时，不会因晶格缺陷或引入外来原子而发生散射。由于原子间作用力十分强，在常温下，即使周围碳原子发生挤撞，石墨烯中电子受到的干扰也非常小。

4. 石墨烯的制备

自从 2004 年曼彻斯特大学的研究小组发现了单层及薄层石墨烯以来，石墨烯的制备引起学术界的广泛关注。由于二维晶体结构在有限温度下是极不稳定的，而考察石墨烯的基本性质并充分发挥其优异性能需要高质量的单层或薄层石墨烯，这就要求寻找一种石墨烯的制备方法来满足日益增长的研究及应用需求。石墨烯的制备方法主要分为三类:第一类为化学剥离法,通过制备氧化石墨作为前躯体,使用化学还原,溶剂热还原,热膨胀还原等手段得到对应的石墨烯。第二类为合成法,包括有机前躯体合成和溶剂热合成两种方法。第三类为催化生长法,包括碳化硅外延生长,气相沉积等方法。

5. 石墨烯的应用

石墨烯的应用范围很广,从电子产品到防弹衣和造纸,甚至未来的太空电梯都可以以石墨烯为原料。石墨烯具有超高的强度,碳原子间的强大作用力使其成为目前已知的力学强度最高的材料,并有可能作为添加剂,广泛应用于新型高强度复合材料之中。石墨烯良好的导电性及其对光的高透过性又让它在透明导电薄膜的应用中独具优势,而这类薄膜在液晶显示以及太阳能电池等领域至关重要。在纳米电子器件方面,石墨烯可以制成室温弹道场效应管,从而进一步减小器件开关时间,实现超高频率的操作;探索单电子器件以及在同一片石墨烯上集成整个电路等。其他潜在应用包括:复合材料、作为电池电极材料以提高电池效率、储氢材料、场发射材料、量子计算机以及超灵敏传感器等领域。

第 13 章　功能转换材料

13.1　压电材料

13.1.1　压电性

1880 年 P. 居里和 J. 居里兄弟发现：当对 α 石英晶体在某些特定方向上加力时，在力方向的垂直平面上出现正、负束缚电荷，这种现象称为压电效应。压电晶体产生压电效应的机理可用图 13.1 说明：(a)表示晶体中的质点在某方向上的投影，此时晶体不受外力作用，正负电荷的重心重合，整个晶体的总电矩为零，晶体表面的电荷亦为零；(b)，(c)分别为受压缩力与拉伸力的情况，这两种受力情况所引起晶体表面带电的符号正好相反。反之，如将一块压电晶体置于外电场中，由于电场的作用也会引起晶体的极化。正、负电荷重心的位移将导致晶体形变，这种现象称为逆压电效应。

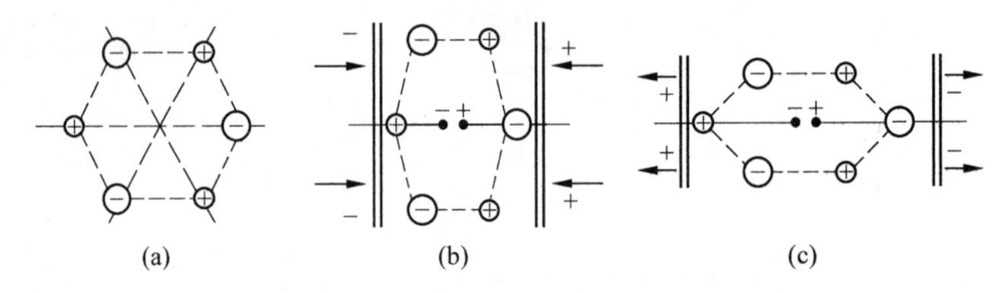

图 13.1　压电晶体产生压电效应的机理

陶瓷是由许多小晶粒构成的多晶体，这些小晶粒通常是无规则地排列，使陶瓷为各向同性材料，一般不显示压电效应。但经电场作用后的铁电陶瓷可以具有压电性，构成铁电陶瓷的晶体结构不具有对称中心，存在着与其他晶轴不同的极化轴，正负电荷中心不重合，有自发极化 P_s 存在。这一极化强度可以随外电场转向，在外电场去除之后，还能保持着一定值——剩余极化 P_r(图 13.2)。利用铁电材料晶体结构中这种特性，可以对烧成后的铁电陶瓷在一定条件下(温度和时间)，用强直流电场处理，使之在沿电场方向显示出一定的净极化强度，这一过程称为人工极化过程。经过这种极化处理后，烧结的铁电陶瓷将由各向同性变成各向异性，并因此具有压电效应。由此可

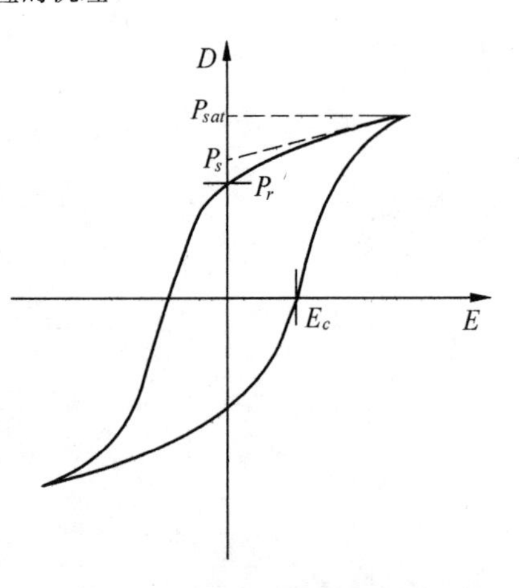

图 13.2　铁电材料的电滞回线

见,压电陶瓷应是铁电陶瓷。

13.1.2　压电材料主要工程参数

通常压电参数测量用的样品或实际应用的压电器件,主要利用压电晶片的谐振效应。当向一个具有一定取向和形状制成的有电极的压电晶片输入电讯号,其频率与晶片的机械谐振频率 f_r 一致时,应会使晶片由于逆压电效应而产生机械谐振,这种晶片称为压电振子。压电振子谐振时,要产生内耗,造成机械损耗。反映这种损耗程度的参数称为机械品质因数 Q_m,$Q_m = \frac{2\pi W}{\Delta W_m}$,其中 W_m 为每振动周期内单位体积损耗的机械能;Q_m 的大小与振动模式有关。

机电耦合系数综合反映了压电材料的性质,是实际工作中用得最多的参数。其定义为

$$K^2 = \frac{\text{通过逆压电效应转换的机械能}}{\text{输入的电能}}$$

或

$$K^2 = \frac{\text{通过正压电效应转换的电能}}{\text{输入的机械能}} \tag{13.1}$$

由于压电振子贮入的机械能与振子形状和振动模式有关,不同振动模式的机电耦合系数可根据条件推出具体表达式。

13.1.3　压电晶体

压电材料中研究得比较早的是石英晶体,它的机电性能稳定,没有内耗,它在频率稳定器、扩音器、电话、钟表等领域里都有广泛应用。此外,酒石酸钾钠、磷酸二氢铵、钽酸锂、铌酸锂、碘酸锂等晶体也都是比较好的压电晶体材料。其中,使用最多的是铌酸锂($LiNbO_3$)。$LiNbO_3$ 属畸变的钙钛矿结构,密度为 4.64 g/cm^3,熔点为 1 253 ℃。其单晶体是在熔体中用引上法生长的,刚生长出来的晶体是多电畴的,为使其单畴化,要加热到居里点(1 210 ℃)附近并通以直流电。$LiNbO_3$ 单晶机电耦合系数大,传输损耗小,具有优良的压电性能。

近年来,压电半导体用在微声技术上作为制造换能器的研究发展很快,主要有 CdS,CdSe,ZnO,ZnS,ZnTe,CdTe 等ⅡB-ⅥA 族化合物及 GaAs,GaSb,InAs,InSb,AlN 等ⅢA-ⅤA族化合物。这些化合物大都属于闪锌矿或纤锌矿的晶体结构。目前,在微声技术上用得最多的是 CdS,CdSe 和 ZnO。

压电晶体作为体材料已在机电转换和声学延迟方面广泛使用,为了使它们能用于高频及有更广泛的用途,需制成压电薄膜,现已制备出铌酸锂、锆钛酸铅及半导体压电薄膜。

13.1.4　压电陶瓷

钛酸钡($BaTiO_3$)是第一个被发现可以制成陶瓷的铁电体,其熔点是 1 618 ℃。室温下为铁电体,晶体呈四方结构,在 120 ℃时转变为立方晶相,此时铁电性消失。在 1 460 ℃以上转变为六角非铁电相。除了室温下的四方铁电相外,钛酸钡还有两个铁电相,即 0 ~ -90 ℃的斜方铁电相和-90 ℃以下的三方铁电相。钛酸钡四方、斜方和三方铁电相的极化轴分别为沿原立方相的一条边、面对角线和体对角线方向伸长。

钛酸钡在室温下为四方结构,因此其大部分性能都与结构上的四方性密切相关,轴比

(c/a)为 1.01,即表明极化轴(c 轴)比非极化轴长 1%。实验表明,极化过程不能使所有的晶粒极化方向完全一致取向。单晶的自发极化值达 26 μC/cm^2,而极化良好的陶瓷的剩余极化仅为 8 μC/cm^2。

钛酸钡单晶的介电常数各向异性显著,沿极化轴方向的介电常数比垂直于极化轴方向小得多,但极化陶瓷的各向异性比单晶小得多,陶瓷的介电常数与晶粒大小和密度有关。

钛酸铅($PbTiO_3$)是一种典型的钙钛矿结构铁电体,其晶格结构与钛酸钡相似,室温下为四方相,轴比(c/a)高达 1.063。因此其性能的各向异性非常显著。在 490 ℃时晶格转变为立方相才失去铁电性。因此钛酸铅是一种居里温度较高的铁电材料,它的熔融温度为 1 285 ℃。

钛酸铅晶体结构的各向异性大,矫顽电场又高,因此对致密的纯钛酸铅陶瓷很难获得优良的压电性能。钛酸铅陶瓷制备中的改性主要是通过添加物改善其工艺性能,以便获得电阻率较高又不开裂的致密陶瓷体。其中比较成功的途径是加入高价离子置换 Pb^{2+} 或 Ti^{4+},在晶格中生成 A 缺位。例如,以 $La_{2/3}TiO_3$ 置换一部分 $PbTiO_3$ 时,其轴比(c/a)将逐渐减小,有利于得到完整的陶瓷材料。在这类钛酸铅陶瓷的组成中再辅以一定量的 Mn^{4+},Sm^{3+},Y^{3+},Ce^{3+} 等杂质离子,可以得到介电常数低、耦合系数各向异性大、机械品质因数高的压电陶瓷。由于钛酸铅陶瓷的介电常数低,机械品质因数高,适合于高频和高温下应用。

锆钛酸铅压电陶瓷是由锆酸铅和钛酸铅构成的固溶体压电陶瓷材料。锆酸铅($PbZrO_3$)也是一种具有钙钛矿结构的化合物,但在室温下却是斜方反铁电体。

对锆钛酸铅固溶体压电陶瓷的改性主要途径是在化学组成上作适当地变化,即离子置换形成固溶体或添加少量杂质,以获得所要求的电学性能和压电性能。

13.1.5 压电材料的应用

水声换能器是压电材料的一项重要应用。压电材料水声换能器是利用正、逆压电效应以发射声波或接收声波来完成水下观察、通讯和探测工作。

压电材料在超声技术中的应用十分广泛。其中有利用压电材料的逆压电效应,在高驱动电场下产生高强度超声波,并以此作为动力应用在如超声清洗、超声乳化、超声焊接、超声打孔、超声粉碎、超声分散等装置上的机电换能器等方面。压电材料作超声换能器,具有结构简单、使用方便、灵敏度高、选择性好、易与电源匹配、耐振动冲击、稳定性良好及小型轻便等优点。

利用压电材料的正压电效应,可将机械能转换成电能,它产生的电压很高,因此高电压发生器是压电材料最早开拓的应用之一。其中应用较多的有:压电点火器、引燃引爆装置、压电开关和小型电源等。

压电材料以其优良的机电性能、高的化学稳定性制成电声器件,如拾音器、扬声器、蜂鸣器等。另外,压电材料还可应用在压力计、流量计、计数器等仪表中。

13.2　热释电材料

13.2.1　热释电效应

同压电效应类似,有些晶体可以因温度变化而引起晶体表面电荷,这一现象称为热释电效应。

热释电效应最早是在电气石晶体中发现的。一块电气石$(Na,Ca)(Mg,Fe)_3B_3Al_6Si_6(O,OH,F)_{31}$,它是三方晶系,具有惟一的三重旋转轴。将等量的硫磺粉末(黄色的)和氧化铅粉末(红色的)混合后,用丝质筛子筛洒在加热后的电气石晶体上。由于筛孔的摩擦作用,使得氧化铅带正电,硫磺带负电,它们将分别覆盖于电气石沿 3 次轴方向的两端。这表明电气石晶体在加热时,在 3 次轴方向的两端产生了数量相等,符号相反的表面电荷,如图 13.3 所示。

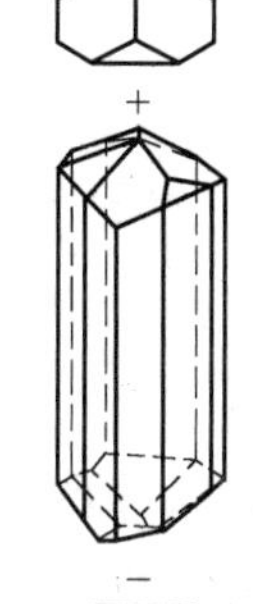

图 13.3　电气石的热电效应

某些晶体受温度变化影响时,由于自发极化的相应变化而在晶体的一定方向上产生表面电荷,其数学表达式如下

$$\Delta P_s = P\Delta T \tag{13.2}$$

式中,P_s 为自发极化;P 为热释电系数;T 为温度。

由此可见,晶体中存在热释电效应的前题是具有自发极化,即在晶体结构的某些方向存在固有电矩,因此,具有对称中心的晶体将不可能具有热释电效应,这一点与压电晶体一致。但是,压电晶体不一定都具有自发极化,因为压电效应反映的是晶体电量与机械应力之间的关系,机械应力沿一定方向作用,引起正负电荷中心的相对位移。一般说来,这种电荷中心的相对位移,在不具中心对称的压电晶体的不同的方向将不相等,因此引起晶体总电荷变化,产生压电效应。对热释电效应,晶体的电荷变化来自于晶体的温度变化,与机械应力不同,物体均匀受热时所引起的膨胀在各个方向是同时发生的,并在相互对称的方向上必定具有相等的膨胀系数,因此这些方向上所引起的正负电荷中心的相对位移也相等。故一般的压电晶体,即使在某一方面上电矩会有一定变化,但总的正负电荷中心并没有发生相对位移,因而不会有热释电效应。只有晶体的结构中存在着与其他极轴不相同的唯一极轴(极化轴)时,才有可能因热膨胀而引起总电矩的变化,即出现热释电效应。由此可见,压电晶体不一定具备热释电效应,但热释电晶体中一定存在压电效应。

13.2.2　热释电晶体

热释电效应的发现已有两三个世纪,但直到 1938 年才首先用作红外探测器。60 年代以来,由于激光、红外技术的迅速发展,热释电晶体材料及器件的应用研究十分活跃。目前,热释电晶体已广泛用于红外光谱仪、红外遥感以及热辐射探测器,它可以作为红外激光的一种较理想的探测器。

用热释电晶体作红外探测器的工作原理,如图 13.4 所示。

当红外热辐射照到晶片上,其温度变化率$\frac{dT}{dt}$将使垂直于热电轴方向的晶体单位表面

的电荷发生变化

$$\frac{\mathrm{d}Q}{\mathrm{d}t}=\frac{\mathrm{d}P}{\mathrm{d}t}$$

其中，Q 为晶体表面的电荷面密度；P 为自发极化强度。

设两极板面积为 A，负载电阻为 R，则热释电电压 ΔV 为

$$\Delta V=AR(\frac{\mathrm{d}Q}{\mathrm{d}t})=AR\frac{\mathrm{d}P}{\mathrm{d}t}=AR(\frac{\mathrm{d}P}{\mathrm{d}T})(\frac{\mathrm{d}T}{\mathrm{d}t})=ARP_i\frac{\mathrm{d}T}{\mathrm{d}t} \quad (13.3)$$

其中，$\frac{\mathrm{d}P}{\mathrm{d}T}=P_i$，为晶体热释电系数。

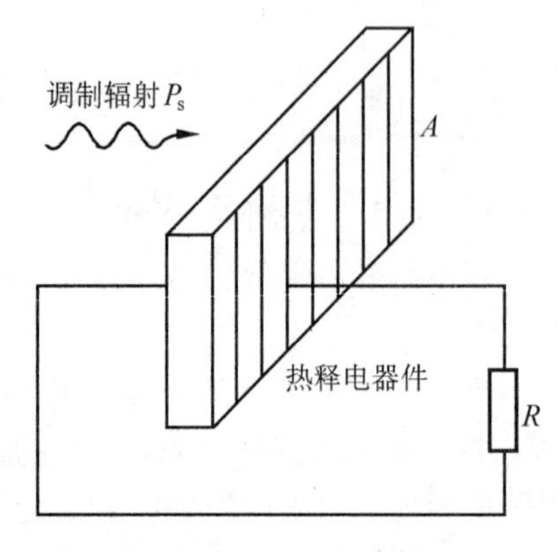

图 13.4　热释电红外探测器原理

上式说明，热释电晶体两极板输出的讯号电压 ΔV 与红外辐射的温度变化率$\frac{\mathrm{d}T}{\mathrm{d}t}$成正比。通过测量讯号电压的变化实现了对远距离热辐射目标温度变化率的测量。这种测量不需要使热释电晶体同热辐射源达到温度平衡，从而实现对远距离的热目标的探测成为可能。

用作热电红外探测器晶体的主要性能参数是热释电系数。此外，还要求晶体对红外辐射具有吸收大、热容量小、介电系数小、介电损耗 tan δ 小、比重小、易加工成薄片等性能。热释电晶体材料主要有硫酸三甘肽（TGS）、铌酸锶钡（SBN）、钽酸锂（$LiTaO_3$）、钛酸铅（$PbTiO_3$）等。一些热释电材料的主要参数见表 13.1。

表 13.1　一些热释电材料的参数

材　料	热释电系数 /（$C \cdot cm^{-2} \cdot K^{-1}$）	相对介电常数	密度/10^3（$kg \cdot m^{-3}$）
硫酸三甘肽 TGS	$(2\sim3.5)\times10^{-4}$	25～50	1.69
铌酸锶钡（$Sr_{0.5}Ba_{0.5}Nb_2O_6$）	-5.5×10^{-4}	～500	
$LiNbO_3$	4×10^{-5}	$30(\varepsilon_{33}/\varepsilon_0)$ $75(\varepsilon_{11}/\varepsilon_0)$	4.64
$LiTaO_3$	6×10^{-5}	$44(\varepsilon_{33}/\varepsilon_0)$	7.45
电气石	4×10^{-6}	75	3.1

热释电晶体除作探测器外，还可用于非接触测温、火车热轴探测、森林防火和无损探伤等方面。

13.2.3　热释电陶瓷

在 32 种晶体对称类型中，有 10 种具有极化轴，即这 10 种晶体具有热释电效应。这些热释电晶体又可以分为两类，其一是具有自发极化，且自发极化不能被外电场所转向的晶体，如电气石、CaS，CaSe，ZnO 等，通常称它们为热释电晶体；另一类是自发极化可以被外电场所转向的晶体，即铁电晶体，如 $LiNbO_3$，$LiTaO_3$，$PbTiO_3$，$BaTiO_3$ 等。这些铁电晶体

中的大多数可制成多晶陶瓷体，陶瓷体经过强直流电场的极化处理后，能从各向同性体变成各向异性体，并具有剩余极化，就像单晶体一样显现热释电效应。加上陶瓷多晶体的制备简单、易于加工、成本低、性能易于改性，已成为一类很有前途的热释电材料。

钛酸铅陶瓷是一种很有希望的热释电材料。$PbTiO_3$ 的介电常数比其他铁电陶瓷小，热释电系数大，近于 6×10^{-8} C/(cm^2,K)，密度较高，全面衡量其性能，优于铌酸锶钡晶体，居里温度高(490 ℃)，抗辐射性能好，在使用范围内(-20 ~ +60 ℃)，可使元件本身输出电压不变，作为探测器，它不需要保持恒温，这一点非常方便。工艺上，可采用热压烧结的陶瓷工艺，切成薄片之后，经人工极化，再切割研磨不会影响极化状态。

透明铁电陶瓷(PLZT)在热释电探测器方面也是有用的材料。它的居里温度高，热释电系数也很高，且随 La 的添加量增加，热释电系数上升，除了某些组成的铌酸锶钡外，PLZT 的热释电系数比其他材料高，但其介电系数和介质损耗也较大，这对热释电电压灵敏不利。

许多热释电材料的热释电系数和介电常数的比值(P/ε)几乎是一个常数，因此难以得到大的热释电系数，较小介电系数的材料。然而，$PbZrO_3$-$PbTiO_3$ 固溶体系靠近 $PbZrO_3$ 一侧(Zr/Ti>85/15)的铁电-铁电相变材料是个例外，它具有低温铁电相转变为高温铁电相时，自发极化发生突变，ΔP_s 约为 0.5×10^{-2} C/m^2，热释电系数达 4×10^{-8} C/cm^2 · K，相对介电常数为 200 ~ 500，且相变前后几乎不变等特点，适于作为热释电材料。

13.3　光电材料

13.3.1　光电效应

物质在受到光照后，往往会引发其某些电性质的变化，这一现象称为光电效应。光电效应主要有光电导效应、光生伏特效应和光电子发射效应三种。前两种效应在物体内部发生，统称为内光电效应，它一般发生于半导体中。光电子发射效应产生于物体表面，又称外光电效应，它主要发生于金属中。

1. 光电导效应

物质在受到光照射作用时，其电导率产生变化的现象，称为光电导效应。这种效应的产生，来自于材料因吸收光子后，其中的载流子浓度发生了改变。

光子的能量 $h\nu$ 若大于半导体的禁带宽度 E_g，则价电子将可以被激发至导带 E_c，出现附加的电子-空穴对，从而使电导率增大，这种情况为本征光电导；若光照仅激发禁带中的杂质能级上的电子或空穴而改变其电导率，则为杂质光电导。本征光电导用于检测可见光和近红外辐射，杂质光电导用来检测中红外、远红外辐射。

2. 光生伏特效应

如果光照射到半导体的 p-n 结上，则在 p-n 结两端会出现电势差，p 区为正极，n 区为负极。这一电势差可以用高内阻的电压表测量出来，这种效应称为光生伏特效应。

光生伏特效应的原理为：当半导体材料形成 p-n 结时，由于载流子存在浓度差，n 区的电子向 p 区扩散，而 p 区的空穴向 n 区扩散，结果在 p-n 结附近，p 区一侧出现了负电荷区,而 n 区一侧出现了正电荷区,称为空间电荷区。空间电荷的存在形成了一个自建电场,电场方向由 n 区指向 p 区。虽然自建电场分别阻止电子由 n 区向 p 区、空穴由 p 区向 n 区进一步扩散,但它却能推动 n 区空穴和 p 区电子分别向对方运动。

当光子入射到 p-n 结时,如果光子能量 $h\nu>E_g$,在 p-n 结附近激发出电子-空穴对。在自建电场的作用下,n 区的光生空穴被拉向 p 区,p 区的光生电子被拉向 n 区,结果 n 区积累了负电荷,p 区积累了正电荷,产生光生电动势。若将外电路接通,则有电流由 p 区流经外电路至 n 区,这种效应就是光生伏特效应。利用光生伏特效应原理不仅可以制作探测光信号的光电转换元件,还可以制造光电池——太阳能电池。

3. 光电发射效应

当金属或半导体受到光照射时,其表面和体内的电子因吸收光子能量而被激发,如果被激发的电子具有足够的能量,足以克服表面势垒而从表面离开,产生了光电子发射效应。如果光子的频率小于某一 ν_{min} 值,即使增加光的强度,也不能产生光电子发射。一个光子与其所能引致的发射光电子数之比,称为量子效应 η,实用材料的 η 值一般为 0.1 ~ 0.2。利用光电发射效应可制成光电发射管。

13.3.2 光电材料

1. 光电导材料

评价光电导特性的因子是光电导增益 G,它定义为每秒产生的电子-空穴对总数 F 与每秒通过电极间的载流子(电子和空穴)数的比,即

$$G=\left(\frac{\Delta I}{e}\right)\left(\frac{1}{F}\right)=(\tau_n\mu_n+\tau_p\mu_p)V/L^2 \tag{13.4}$$

其中,τ_n,τ_p 为电子和空穴的寿命;μ_n,μ_p 为电子和空穴的迁移率;L 为半导体样品电极间距离;V 为外加电压。

因为 $\tau_n\mu_n\gg\tau_p\mu_p$,所以上式为

$$G=\frac{\tau_n\mu_n V}{L^2} \tag{13.5}$$

由此看出,欲使 G 大,可选用载流子寿命长、迁移率大的半导体材料为光电导材料。主要的光电导材料见表 13.2。光电导材料可以制成光电导摄像管及固体图像传感器等。

表 13.2 光电导材料的禁带宽度和迁移率

物质	E_g/eV	μ_n/($cm^2\cdot V^{-1}\cdot s^{-1}$)
CdS	2.38	300
CdSe	1.74	600
CdTe	1.52	1200
ZnSe	2.71	580
HgSe	-0.15	18000
HgTe	-0.30	32000
PbS	0.37	600
PbSe	0.27	1200
PbTe	0.27	2100

续表 13.2

物　质	E_g/eV	μ_n/(cm^2 · V^{-1} · s^{-1})
InP	1.35	6460
InAs	0.36	33000
InSb	0.18	80000
GaAs	1.48	8500
GaSb	0.70	7700
Ge	0.66	4000
Si	1.11	1880

2. 光电池材料

在光电池性能的研究中,发现产生光电流 I_φ 的大小与半导体的特性有关,特别是禁带宽度有关。为寻找效率较高的光电转换材料,首先从选择具有合适禁带宽度的材料开始。对于不同禁带宽度的半导体,只能吸收一部分波长的辐射能量以产生电子-空穴对。以太阳辐射为例,材料的禁带宽度 E_g 愈小,太阳光谱的可利用部分愈大,同时在太阳光谱峰值附近被浪费的能量也越大。只有选择具有合适 E_g 值的材料,才能更有效地利用太阳光谱,研究表明 E_g 在 0.9~1.5 eV 范围内效果较好。硅的 E_g 为 1.07 eV,是太阳能电池较理想的材料。另外,比较好的薄膜太阳能电池有硫化镉、碲化镉和砷化镓。

目前使用的太阳能电池仍只限于单晶材料和薄膜材料,单晶成本高;薄膜工艺复杂,效率不高、质量不稳;因此人们探索使用工艺简单的陶瓷材料制造太阳能电池。近年,硫化镉陶瓷太阳能电池发展很快,它制备简单、成本低,充分利用光生伏特效应,缺点是稳定性差。

13.4　热电材料

13.4.1　热电效应

在用不同导体构成的闭合电路中,若使其结合部出现温度差,则在此闭合电路中将有热电流流过,或产生热电势,此现象称为热电效应。一般说来,金属的热电效应较弱,可用于制作温度测量的热电偶。而半导体热电材料,因其热电效应显著,所以被用于热电发电或电子致冷。此外,还可作为高灵敏度温敏元件。

此类热电效应有塞贝克效应、珀尔帖效应、汤姆逊效应三种,如图 13.5 所示。

当由两种不同的导体 a,b 构成的电路开路时,若其接点 1,2 分别保持在不同的温度 T_1(低温),T_2(高温)下,则回路内产生电动势(热电势),此现象称为塞贝克效应,其感应电动势 ΔV 正比于接点温度 T_1,T_2 之差 $\Delta T(\Delta T = T_2 - T_1)$,即

$$\Delta V = a(T) \cdot \Delta T \tag{13.6}$$

比例系数 $a(T)$ 称为热电能或塞贝克系数,μV · K^{-1}。

若在两种不同的导体 a,b 构成的闭合电路中流过电流 I,则在两个接点的一个接点处(例如接点 1)产生热量 W,而在另一接点处(接点 2)吸收热量 W',此现象称为珀尔帖效

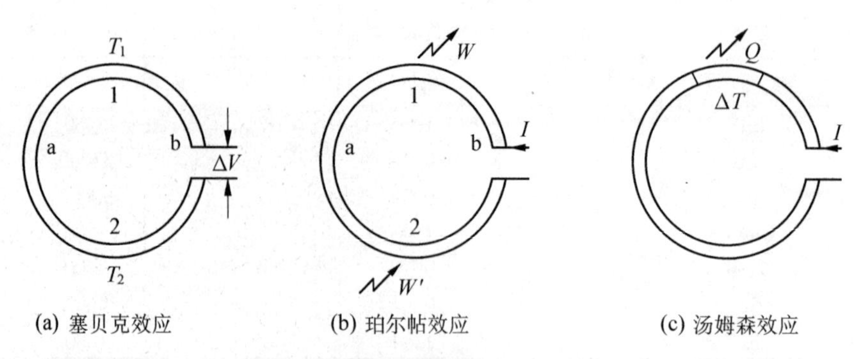

(a) 塞贝克效应　　(b) 珀尔帖效应　　(c) 汤姆森效应

图 13.5　热电效应

应。此时有 $W=-W'$，产生的热量正比于流过回路的电流，即

$$W=\pi_{ab}I \tag{13.7}$$

比例系数 π_{ab} 称为珀尔帖系数，单位为 V，其大小取决于所用的两种导体的种类和环境温度。它与塞贝克系数 $a(T)$ 之间有如下关系

$$\pi_{ab}=a(T)\cdot T \tag{13.8}$$

式中，T 为环境绝对温度。

由于利用珀尔帖效应无需大型冷冻设备和冷凝塔就可实现降温，所以利用此效应的电子冷冻装置特别适合于使狭窄场所保持低温以及控制半导体激光器的温度等。

在温度随位置不同而不同的导体（具有温度梯度为 $\partial T/\partial x$ 的导体）中，流过电流 I 而产生热的现象称为汤姆逊效应。在每单位长度上，每秒产生的热量 $\partial Q/\partial x$ 正比于 $\partial T/\partial x$ 和 I，即

$$\frac{\partial Q}{\partial x}=\tau(T)\cdot I\cdot\frac{\partial T}{\partial x} \tag{13.9}$$

比例系数 $\tau(T)$ 称为汤姆逊系数，单位为 $V\cdot K^{-1}$。

塞贝克于 1812 年发现了热能转换为电能的塞贝克效应。而电能转换为热能的珀尔帖效应是珀尔帖于 1834 年发现的，它是塞贝克效应的逆效应。汤姆逊效应是汤姆逊于 1856 年发现的，它与珀尔帖效应相似，但只是同一种金属的效应。表 13.3 给出三种热电效应的比较。

表 13.3　三种热电效应的比较

效应		材料	加温情况	外电源	所呈现的效应
塞贝克	金属	两种不同金属	两种不同的金属环，两端保持不同温度	无	接触端产生热电势
	半导体	两种半导体	两端保持不同温度	无	两端间产生热电势

续表 13.3

效应		材料	加温情况	外电源	所呈现的效应
珀尔帖	金属	两种不同金属	整体为某温度	加	接触处产生焦尔热以外的吸、发热
	半导体	金属与半导体	整体为某温度	加	接触处产生焦尔热以外的吸、发热
汤姆逊	金属	两条相同金属丝	两条金属丝各保持不同温度	加	温度转折处吸热或发热
	半导体	同种半导体	两端保持在不同温度下	加	整体发热（温度升高）或冷却

13.3.2　热电材料

合金热电材料是最重要的热电材料之一。它应用最广泛的方面是测量温度，这时材料均被制成热电偶。不同金属的组合，适用于不同的温度范围，铜-康铜（60% Cu+40% Ni），适合于-200～400 ℃；镍铬-镍铝（90% Ni+10% Cr-95% Ni+5% Al），适合于 0～1 000 ℃；铂铑（Pt-13% Rh）使用温度高达 1 500 ℃；而金铁（Au+0.03% Fe）则用于低至 n 度（K）的低温和超低温测量。

另一类研究较多的合金热电材料是碲化铋（Bi_2Te_3）、硒化铋（Bi_2Se_3）和碲化锑（Sb_2Te_3），它们在致冷和低温温差发电方面的应用引人注目。尽管其效率低，但体积小、结构简单，适用于小型设备。

碲化铅是研究较多的半导体，它的塞贝克系数随掺杂量、温度的变化而变化，并存在一个极值。研究表明，要想得到温差器件的最佳性能，必须从冷接头到热接头的渐次增加掺杂浓度。

一些氧化物、碳化物、氮化物、硼化物和硅化物有可能用于热电转换，其中硅化物较好，塞贝克系数较高，如 $MnSi_2$，$CrSi_2$ 的塞贝克系数分别为 180，120，且工作温度也高。

热电材料中应用最多的一个方面是温差发电。温差发电与其他发电方式相比，效率低、成本高；然而在一些场合其他能源无法使用时，它便成为独一无二的发电方式，如在高山上，南极、空间及月球上工作的大功率能源，就必须采用它。

13.5　电光材料

13.5.1　电光效应

物质的光学特性受电场影响而发生变化的现象统称为电光效应，其中物质的折射率受电场影响而发生改变的电光效应分为波克尔效应和克尔效应。

研究表明，材料的折射率与所加电场 E 之间的关系可以表示为

$$n = n_0 + aE + bE^2 + \cdots \tag{13.10}$$

其中 n_0 为没加电场 E 时的折射率；a，b 是常数。

折射率的变化同电场强度有直线关系称波克尔（Pockels）效应，即

$$\Delta n = n - n_0 = aE \tag{13.11}$$

如图 13.6 所示，当压电晶体（如 ADP，KDP 等）受光照射并在与入射光垂直的方向上加上高电压时，晶体将呈现双折射现象，这种现象称为波克尔效应。

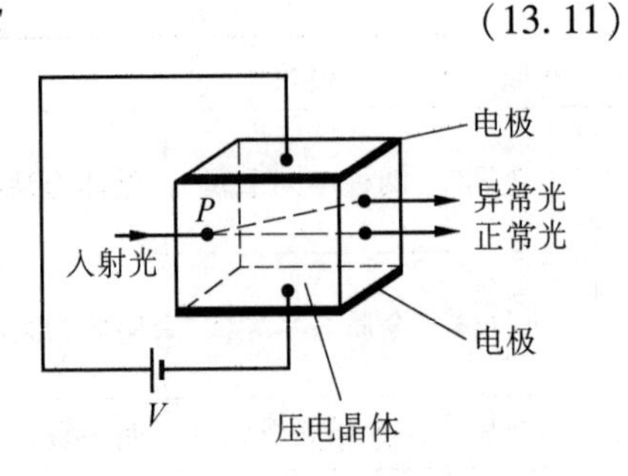

图 13.6　波克尔效应

如果折射率的变化同电场平方有直线关系则称克尔（Kerr）效应，即

$$\Delta n = n - n_0 = bE^2 \tag{13.12}$$

克尔效应如图 13.7 所示，它与波克尔效应的差别除表现在电场与物质折射率的变化成二次方关系外，还表现在所用的材料不是压电晶体，而是各向同性物质（有时是液体）。即在与入射光垂直的方向上加高电压，各向同性体便呈现出双折射特性。这时一束入射光变成两束出射光，这种现象为电光克尔效应。

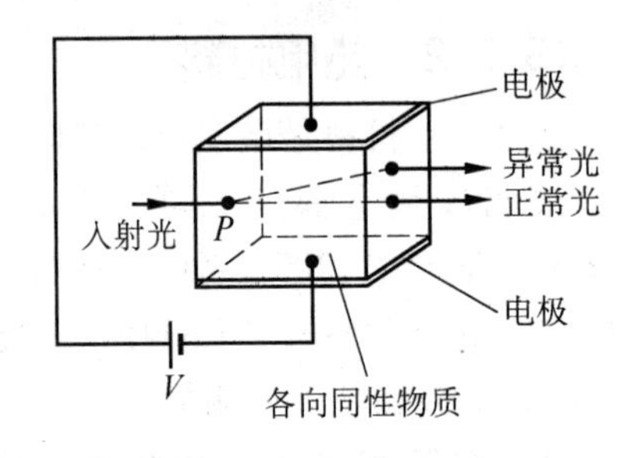

图 13.7　电光克尔效应

13.5.2　电光材料

电光材料大部分是晶体，它们最重要的用途是用于制造光调制元件及用于光偏转、可变谐振滤波和电场的测定等方面。

电光材料要求质量较高，它要求在使用波长范围内对光的吸收和散射要小，而折射率随温度的变化不能太大。同时，电光系数、折射率和电阻率要大，介电损耗角要小，能满足上述要求的理想电光晶体不是很多。电光晶体从结构上可分为五类见表 13.4。

表 13.4　主要电光晶体及其性质

晶体种类		居里点 K	折射率 n_0	介电常数	半波电压
KDP 型晶体	KH_2PO_4	123	1.51	21	7 650
	$NH_4H_2PO_4$	148	1.53	15	9 600
	$NH_4H_2AsO_4$	216	–	14	13 000
立方钙钛矿型晶体	$BaTiO_3$	393	2.40	–	310
	$Pb_3MgNb_2O_9$	265	2.56	~10^4	~1 250
	$SrTiO_3$	33	2.38	–	–
铁电性钙钛矿型晶体	$KTa_xNb_{1-x}O_3$	~283	2.318	–	~90
	$LiTaO_3$	933	2.176	–	2 840
	$LiNbO_3$	1483	2.286	$\varepsilon_a=98$　$\varepsilon_c=51.5$	2 940

续表 13.4

晶体种类		居里点 K	折射率 n_0	介电常数	半波电压
闪锌矿型晶体	ZnS	–	2.36	8.3	10 400
	GaAs	–	3.60	11.2	~5 600
	CuCl	–	2.00	7.5	6 200
钨青铜型晶体	$Sr_{0.75}Ba_{0.25}Nb_2O_5$	333	2.31	6 500	37
	$K_3Li_2Nb_5O_{15}$	693	2.28	100	330
	$Ba_2NaNb_5O_5$	833	2.37	51	1 720

陶瓷是将金属氧化物为主的粉末置于高温下烧结而成的，它的显微结构由细小的晶粒所构成，由于晶界的光散射，一般是接近于白色的不透明体。但近年来由于陶瓷制造工艺的发展，出现了热压法、微细粉末精制法等，可制成更致密的陶瓷，以及随着添加剂研究的进展，成功地研制出致密的、可控制光的界面散射的透光性陶瓷，其代表是 PLZT 陶瓷。PLZT 是用 La 置换 $PbTiO_3 - PbZrO_3$ 中部分 Pb 的固溶体，其组成为 $(Pb_{1-x}La_x)(Zr_{1-y}Ti_y)O_3$。由于 PLZT 既有铁电性，对可见光和红外光又是透明的，所以呈现电光效应。PLZT 陶瓷的电光常数比电光晶体的约大一个数量级。PLZT 陶瓷材料可通过控制材料组成，自由地调整其电光性质。由于陶瓷材料很容易制成任意形状和大小的元件，故适合于大量生产和加工，与电光晶体相比，价格便宜，是一种性能优良的材料。

13.5.3　电光材料的应用

电光效应最重要的应用是作电光快门，图 13.8 是电光快门的示意图。

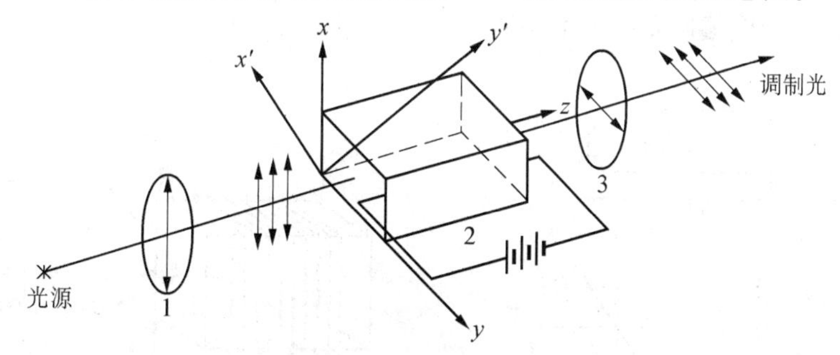

图 13.8　电光快门示意图

1—起偏片；2—电光晶体；3—检偏片

从光源发出的自然光通过起偏片变成纵向振动的平面偏振光，如果电光晶体没有受外电场作用，这束偏振光通过晶体时将不发生振动方向的偏转，即仍是纵向振动的平面偏振光。但检偏片只允许水平振动的偏振光通过，纵向振动的偏振光不能通过，因而此时没有光输出，相当快门关闭。如果在电光晶体上施加一个电压，由于电光效应使光的振动方向发生偏转，于是开始有光输出。随着施加电压大小的改变，光输出的大小也在变化。当所加电压调到某一电压值使光振动方向偏转到水平方向时，光输出达到最大，相当于快门全部打开。这个电压称为半波电压。这是因为晶体上施加的电压为半波电压时，纵向振动的平面偏振光通过晶体后，变成了水平振动的平面偏振光，从而顺利地通过检偏片成为输出光。由此可见，电光晶体在这里起着光开关的作用，而打开这个开关的则是半波电压。

电子快门在激光技术中的重要应用是作为激光器的 Q 开关，在激光通信、激光显示、激光雷达以及高速摄影中，Q 开关都有重要的应用。

13.6　磁光材料

13.6.1　磁光效应

置于磁场中的物体，受磁场影响后其光学特性发生变化的现象称为磁光效应。磁光效应有磁光法拉第效应、磁光克尔效应等。

1846 年法拉第发现平面偏振光（直线偏振光）通过带磁性的物体时，其偏振光面将发生偏转，这种现象称为磁光法拉第效应，如图 13.9 所示。

法拉第偏转角 θ 与磁场强度 H 及偏振光所通过带磁物体的长度 L 之间存在如下关系

$$\theta = V_e LH \tag{13.13}$$

其中，V_e 称为维尔德常数；H 为磁场强度。一般材料的 V_e 较小，如果 V_e 高，则是非常有用的磁光材料。

法拉第效应产生的过程是：当平面偏振光在带磁物体中通过时，被分解成左旋圆偏振光和右旋圆偏振光，由于磁场的作用，左、右旋两圆偏振光的传播速度各异。于是，从带磁物体端面出射的合成偏振光产生了偏转。

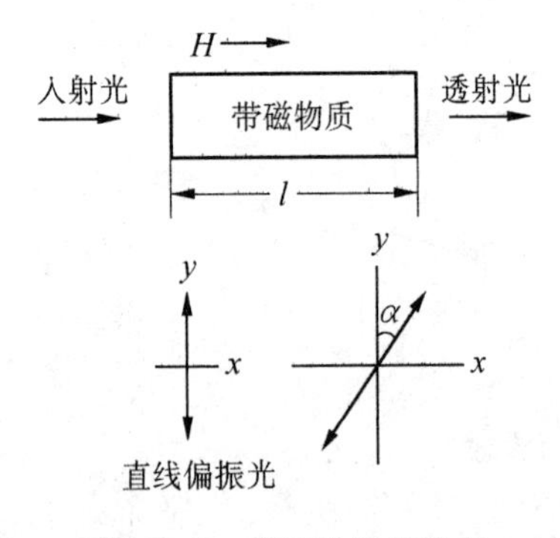

图 13.9　磁光法拉第效应

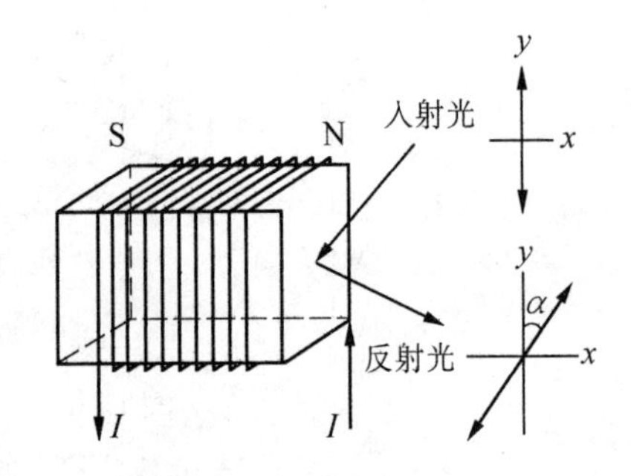

图 13.10　磁光克尔效应

克尔发现照射到强电磁铁极面上的直线偏振光反射时，其偏振面偏转角度随磁场强度而变化，这种现象称为磁光克尔效应，如图 13.10 所示。

法拉第效应与克尔效应虽同是磁与光之间的物理效应，但二者的用法不同，如图 13.11 所示。当实验光对磁光敏感功能材料具有较好的穿透特性时，可应用法拉第效应制成敏感元器件；当实验光不能穿透所用磁光材料，而只能在材料表面反射时，则只能设法利用磁光克尔效应制成相应的敏感元件。

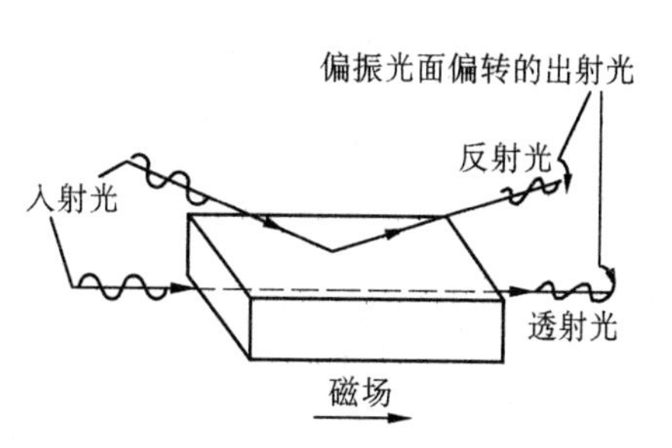

图 13.11　法拉第效应与磁光克尔效应的比较

一般说来,任何物质都具有程度不同的吸光特性,用光谱仪测量其透射光及反射光,便可求出该物质吸收的光的波长。用图 13.12 的实验方法,在将冷却气体吹向试样的同时,从一侧入射实验光,若无外磁场作用,其光吸收特性曲线形状简单,如图 13.13 所示。当在入射光垂直方向上外加磁场 $\boldsymbol{B}$ 时,发现试样的吸收系数呈振荡变化,此现象为振荡性磁光效应。图 13.14 为锗的光吸收系数比随入射光频振荡性变化的情形,图中纵坐标是有外磁场时的吸收系数与无外磁场时的吸收系数之比。

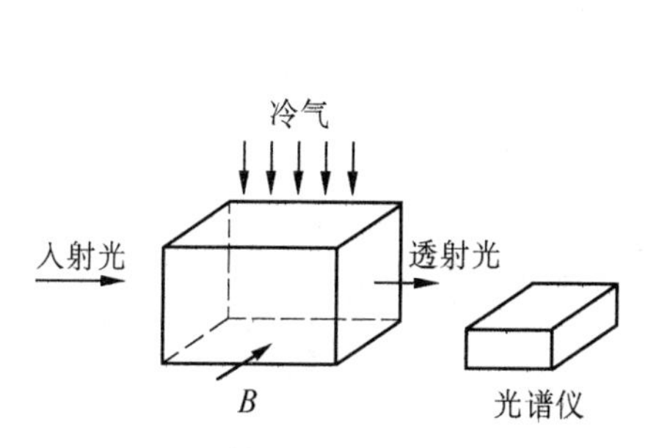

图 13.12　振荡性磁光效应测量方法

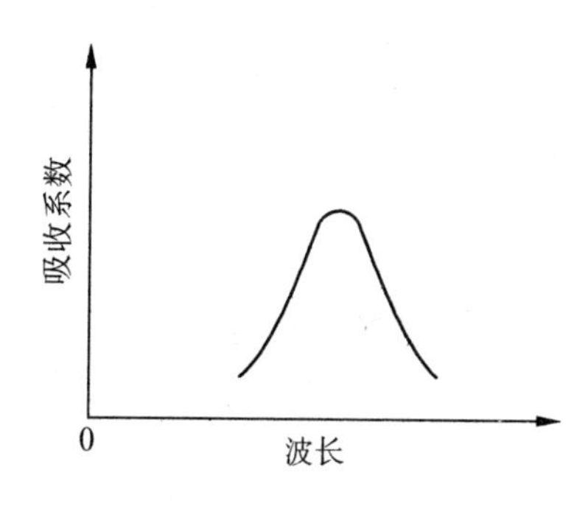

图 13.13　无外磁场时的吸收特性

科顿和蒙顿发现,当光照射到硝基苯等芳香族化合物时,若在与入射光相垂直的方向上加上外磁场,化合物便可呈现双折射特性,即一束入射光变为两束出射光——正常光与异常光。这种现象称为科顿-蒙顿效应,如图 13.15 所示。

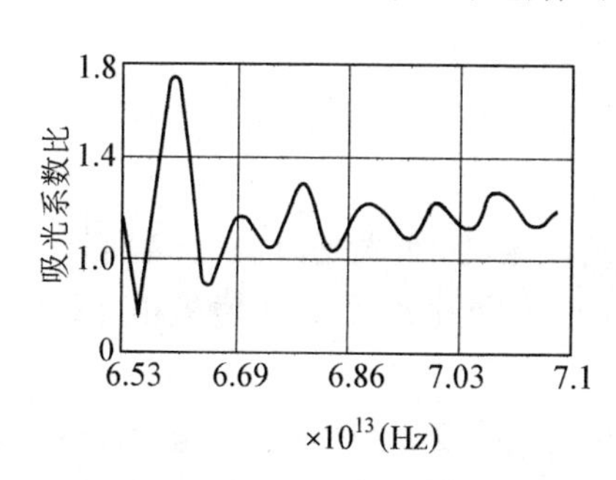

图 13.14　锗的振荡性磁光效应

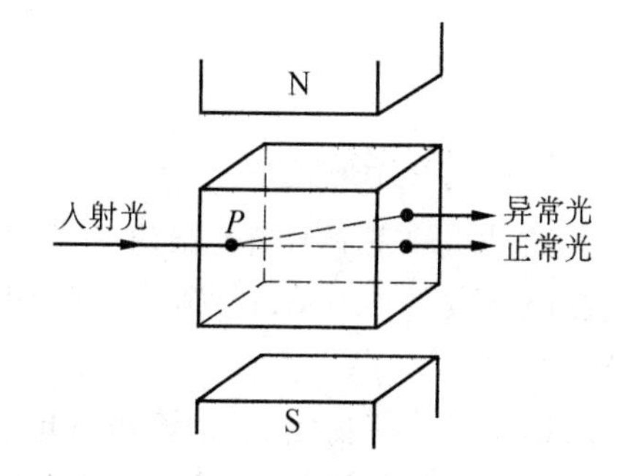

图 13.15　科顿-蒙顿效应

诺斯科夫和基科因发现了磁光效应的另一现象:将一片半导体放在磁场中,用一个垂直于场力线的辐射通量照射该半导体,那么半导体中就会产生一个垂直于磁场和辐射通量的电位差。

利用材料的磁光效应,可做成各种磁光器件,可对激光束的强度、相位、频率、偏振方向及传输方向进行控制。

13.6.2　磁光材料

磁光材料是在可见和红外波段具有磁光效应的光信息功能材料。它是随着激光和光电子学技术的兴起与需要而发展起来的。很多磁性材料，具有突出的磁光效应，它们是亚铁磁性石榴石、尖晶石铁氧体、正铁氧体、钡铁氧体、二价铕的化合物、铬的三卤化合物和一些金属，其中亚铁磁石榴石研究得比较多。

亚铁磁石榴石一般表示为{R}Fe_5O_{12}，其中 R 为稀土金属离子，如 $Gd_3Fe_5O_{12}$，$Dy_3Fe_3O_{12}$，$Ho_3Fe_5O_{12}$，$Er_3Fe_5O_{12}$，$Tm_3Fe_5O_{12}$，$Y_3Fe_5O_{12}$，$Gd_{1.5}Y_{1.5}Fe_5O_{12}$等。它们属于体心立方系，每个晶胞有 160 个原子。亚铁磁石榴石单晶薄片对可见光是透明的，而对近红外辐射几乎是完全透明的。

稀土过渡族金属薄膜，如 Cd-Co，Ho-Co，Cd-Fe，Te-Fe 等，具有较强的磁光效应，可制作磁光器件。

锰铋型合金薄膜由于具有较大的克尔旋转角，是早期研究的磁光材料之一。

硫属化合物 $CdCr_2S_4$，$CoCrS_4$ 等是正尖晶石晶体结构的铁磁性材料，它们的光、电、磁性能适宜制做成红外波段(1 ~ 10 μm)的磁光器件，但由于它们只能用于液氮温度以下，应用受限。

高费尔德常数的材料是一类十分有用的光学材料，含有大量 Ga，In，Tl，Ge，Sn，Pb 和 Bi 的离子的磁光玻璃是顺磁性或逆磁性的弱磁材料，但由于它制造方便，价格便宜，透光性好，因而有较大的应用范围。

具有磁光效应的半导体材料主要是锗、硅、硫化铅、锑化铟、砷化铟及亚锡酸镁等。

利用材料的磁光效应可制成许多磁光器件如调制器、隔离器、旋转器、环行器、相移器、锁式开关、Q 开关等快速控制激光参数器件，也可用于激光雷达、测距、光通信、激光陀螺、红外探测和激光放大器等系统的光路中。

13.7　声光材料

13.7.1　声光效应

声和光是两种完全不同的振动形式，声是机械振动，而光是电磁波，20 世纪 20 年代发现光被声波散射的现象，近年由于高频声学和激光的发展，促进了声光相互作用机理及声光技术的研究，并取得重大进展。

声波作用于某些物质之后，该物质光学特性发生改变，这种现象称为声光效应。超声波引起的声光效应尤为显著，这是因为超声波能够引起物质密度的周期性疏密变化，因而可使正在该物质中传输的光改变行进方向。

声光效应有两种表现形式：外加的超声波频率较高时产生布拉格反射；外加的超声波频率较低时产生拉曼-纳斯衍射，如图 13.16 所示。

普通的衍射现象发生在光栅上，而声光效应所产生的衍射却是由于超声波的作用，在物质内形成密度疏密波(起光栅作用)。因此，也称声光效应为“活动性光栅”。

超声波呈弹性应变传播，光弹性效应使介质的折射发生周期性变化。当超声波频率

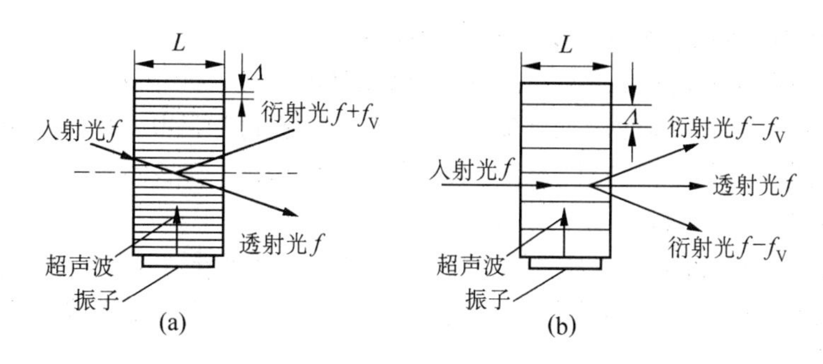

图 13.16　声光效应的两种衍射形式
(a)布拉格反射;(b)拉曼 · 纳斯衍射

较低($\omega \leqslant 20$ MHz),声光相互作用长度较短($L \leqslant \Lambda^2/2\lambda$),其中 L 为超声波柱的宽度,Λ 为超声波波长,λ 为入射光波波长,光束与超声波面平行时,产生拉曼 - 纳斯声光衍射。类似于平面光栅的夫琅和费衍射,拉曼 - 纳斯声光衍射中平行光束垂直通过超声波柱相当于通过一个很薄的声光栅,再通过会聚透镜可在屏上观察到各级衍射条纹,可写为

$$\Lambda \sin\theta = \pm m\lambda \qquad (m = 0,1,2) \tag{13.14}$$

其中,λ 为介质中光波的波长。上式表示出各级衍射 θ 与光束的波长 λ 以及超声波的波长 Λ 的关系,以入射光前进方向的第 0 次衍射光为中心,产生在超声波前进方向上呈对称分布的 ±1 次，±2 次等高次衍射光,其强度逐级减弱。

声光作用的另一个物理过程是布拉格反射。当超声波频率较高($\omega > 20$ MHz),声光作用较大($L \geqslant 2\Lambda^2/\lambda$),光波从与超声波波面成布拉格角 θ_B 的方向射入,以同样的角度反射,其 θ_B,Λ 及 λ 之间关系为

$$2\Lambda \sin\theta_B = \pm \lambda_0/n \tag{13.15}$$

其中,λ_0 为光波在真空中波长;λ_0/n 为光波在介质中的波长。 此时的声光效应与晶体中 X 射线的一级布拉格反射完全相同。

拉曼-纳斯衍射与布拉格反射可用 klein 常数 Q 来区别

$$Q = \lambda L/n{\lambda_0}^2 \tag{13.16}$$

$Q < 1$ 为拉曼 - 纳斯衍射,$Q \geqslant 4\pi$ 为布拉格反射。Q 处于中间值,出现具有两者特征的复杂情况。

声光效应的衍射光在移动的超声波源作用下也会受多普勒效应的影响,使其光频 f 产生 Δf 的偏离,因此声光效应可用来进行光调制。

13.7.2　声光材料

声光材料可以分为玻璃和晶体材料两大类。最常用的声光介质玻璃有熔融石英玻璃、Te 玻璃、重火石玻璃、$As_{12}Se_{55}Ge_{33}$,As_2S_3,As_2Se_3 等。玻璃介质的优点为:易于生产,可获得形状各异的大尺寸块体;退火后,光学均匀性好、光损耗小、易加工、价格低。其主要缺点是:在可见光谱区,难以获得折射率大于 2.1 的透明玻璃,玻璃的弹光系数小。一般地说,玻璃只适用于声频低于 100 MHz 的声光器件。

单晶介质是最重要的一类声光材料,适宜制造频率高于 100 MHz 的高效率声光器件。单晶介质材料的物理性质是各向异性的。可通过选择声模和光模的最佳组合,获得

从材料的平均性质所预想不到的有益的声光性能。

钼酸铅($PbMoO_4$)属四方晶系晶体,在可见光谱区和红外光谱区,是最广泛采用的声光材料之一,它具有相当高的声光优值,而且可生长出在透光区 0.42 ~ 5.5 μm 范围内具有良好光学性能的大尺寸晶体,同时其声损耗系数相当小。该晶体适用于声频 500 MHz 以下的声光调制器和偏振器。

二氧化碲(TeO_2)属四方晶系晶体,位移在[110]方向并沿[110]方向传播的声速低,旋光性大,折射率大。这种材料可用于要求具有大带宽、高分辨率的各向异性声光偏转器和可调声光滤波器。

$HgCl_2$ 也是四方晶系晶体,透光区为 0.38 ~ 25 μm,具有良好的声、光综合性能,可获得高衍射效率。

对声光器件来说,如何使射频驱动功率高效率地转换为超声能量,并有效地耦合入声光互作用介质中是一个十分重要的问题。在从电能转换为声能的能量变换过程中,起关键作用的是换能器材料。所以,在研究声光器件时,换能器材料的选择也是十分重要的。声光器件所用的换能器材料有:$LiNbO_3$,$LiTaO_3$,$LiIO_3$,$LiGaO_2$,Li_2GeO_3,ZnO,SiO_2,CdS,$Bi_{12}GeO_{20}$及 AlN。

声光介质材料被广泛地用来研制声光偏转器、声光调制器和声光可谐滤波器等各类声光器件 。这些器件不仅广泛地用来调制激光束(方向和强度),而且由于声光器件具有大带宽、大容量实时处理信号的能力,而被广泛地用于时域、频域实时信号处理,并形成一门新的信号处理技术——声光信号处理技术。

第 14 章　高分子试剂及固相合成

将低分子试剂键联到高分子载体上，就成为高分子试剂。高分子试剂即是带有反应性功能团的高聚物。近年来高分子试剂的开发和应用发展很快，在有机合成反应中，如氧化、氢化、还原、卤化、酰化、缩合等反应已广泛应用高分子试剂。

14.1　高分子试剂的特点

14.1.1　易于与低分子化合物分离

具有一定交联度的高分子试剂和载体，它们在溶剂及低分子化合物中仅能溶胀而不会溶解，因而可用简单过滤的方法使之分离，这为高分子试剂、固相合成法的应用带来了许多方便，这一最为显著的优点，为其应用提供了美好的前景。

为了提高反应速率和产物的收率，可使用过量的高分子试剂，而反应掉的高分子试剂在多数场合下可以通过简单的方法再生，多次重复使用，并不明显地降低活性。

14.1.2　固定化作用使其具有较好的稳定性

将任何活性功能基稀疏地连接在刚性高分子上，由于功能基之间隔着一定距离，再加之刚性链使键的内旋转受到阻碍，因此功能基之间很难接触。当进行下一步反应时，不会同时伴随着发生功能基之间的自身反应，而在溶液里低分子之间的反应中，这种自身反应却容易同时伴随发生。

14.1.3　微环境可以人为地控制

在高分子试剂的制备和应用的过程中，在固相合成的过程中，需要让低分子化合物顺利地通过交联聚合物特定空间结构的孔道与聚合物作用，而聚合物的空间结构（包括化学和立体结构）可以利用分子设计方法进行人为控制。高分子试剂的这种微环境效应提高了反应的选择性。

14.1.4　相互难接近性

连有不同功能基的两种不溶性聚合物，相互之间难于接近。这一性质的用途之一是用于检测反应中寿命短、活性高的中间体的存在，这对反应机理的证明非常重要，被称为“三相试验”。这种活性中间体从一种不溶性聚合物中释放出来，通过液相被另一种不溶性聚合物捕捉到，从而证实这种活性中间体的存在，而证明了反应机理。

其二，两种互相起反应的低分子试剂不可共存于同一溶剂中，但它们相应的高分子试剂由于功能基之间很难相互接近，可同时悬浮在同一溶剂中。例如高分子试剂Ⓟ–A 先与溶液中低分子反应物 C 形成较活泼的化合物 A^*，A^* 立即与溶液中同时共存的另一种高分子试剂Ⓟ-B 反应，生成产物 A-B，如此则可缩短操作步骤。

$$\text{Ⓟ} - A + C + \text{Ⓟ} - B \quad A^* \text{活性中间体} \qquad (14.1)$$
$$\rightarrow A^* \rightarrow A - B$$

14.1.5 高分子试剂可以再生，反复使用

高分子试剂在反应完成之后，可以经过再生、反复循环使用。例如高分子酰化转移剂是多肽合成的有效试剂。如下式

Ⓟ-C₆H₃(NO₂)-OH + HOCOCH(R₂)NHX —DCC→ Ⓟ-C₆H₃(NO₂)-OCOCH(R₂)NHX

—NH₂CH(R₁)COOR→ Ⓟ-C₆H₃(NO₂)-OH + XNHCH(R₂)CONHCH(R₁)COOR

—1. -X; 2. Ⓟ-C₆H₃(NO₂)-OCOCH(R₃)NHX→ Ⓟ-C₆H₃(NO₂)-OH + XNHCH(R₃)CONHCH(R₂)CONHCH(R₁)COOR

(14.2)

其中：DCC 为 (H)—N = C = N—( ) 缩合剂

X = 保护基，如—COOBu(t)

上述步骤中，产物分离步骤简单，且高分子试剂可重复循环使用。

高分子试剂的缺点是有时需要冗长、昂贵的反应来制备试剂，且因增加了从载体上裂解的反应步骤，而使合成周期加长。随着高分子科学的发展，功能高分子合成方法研究不断深入，新的、活泼的、易再生的、可重复使用的、不再昂贵的高分子试剂正广泛地应用于工业生产。

高分子试剂的种类很多，有人从其反应性能把高分子试剂分成反应性高分子试剂和能吸附金属离子的高分子试剂；还有人根据其应用，把高分子试剂分为单步合成用试剂和多步合成用试剂。这里将选取比较重要的高分子试剂作以简要介绍。

14.2 高分子氧化试剂

高分子氧化剂根据高分子上键联氧化试剂的键接机理不同可分为两种类型。一种是

* Ⓟ代表高聚物。

由低分子阳离子和阴离子的氧化剂通过静电力与聚合物载体结合而成，一般都含有螯合单元或带有电荷，例如离子交换树脂；另一类是指由低分子氧化试剂以共价键结合到聚合物载体上而成。如果按组成进行分类，高分子氧化剂又可分为过酸类氧化剂、硒氧化物氧化剂、氯化硫代苯甲醚等氧化剂。

14.2.1　过氧酸

有机过氧酸使烯烃氧化成环氧化合物，已广泛地用于有机合成中。低分子过氧酸的缺点是不稳定、容易爆炸。高分子过氧酸[1]最早由 Helfferich 制得，它能使烯烃氧化成—CHOH—CHOH—。后来，Takagi 由聚甲基丙烯酸（Amberlite XE-89）制得树脂[2]，它能使环已烯氧化成环氧化合物，收率为 85%。树脂[2]尚不够稳定，在撞击时易爆炸，而且在重复使用或再生的过程中，氧化容量容易降低。

下面给出几种高分子氧化剂，以一个链节表示整个大分子。

1. 树脂[1]树脂[2]树脂[3]

$—CH_2—CH—$（CH 上连 COOOH）　[1]

$—CH—$（CH 上连 CH_3 和 COOOH）　[2]

$—CH—$（CH 上连对位苯环，苯环上连 COOOH）　[3]

树脂[3]是一种高分子过氧苯甲酸，它不同于低分子过氧酸，稳定性好，不会爆炸，在 20 ℃温度下保存 70 d，氧化容量只下降一半；-20 ℃温度下放置数月，活性不下降。用树脂[3]做氧化剂，可以使环烯烃氧化成环氧化合物，可以获得较高的收率。

高分子过氧苯甲酸用于硫化物的氧化反应，使用一个当量的过氧酸，就能获得亚砜和砜的混合物，这与使用均相试剂时所观察到的结果完全一致。这类试剂用于青霉素和脱醋酸基头胞菌素的氧化反应，也获得了高产率的亚砜。

2. 高分子过氧胂酸（树脂 4）

Ⓟ—C₆H₄—As(=O)(OH)—OH

1% 交联聚苯乙烯经锂化反应，随后用三（乙氧基）胂和过氧化氢处理，就可生成高分子胂酸。

把上式得到的高分子胂酸用 30% H_2O_2 水溶液处理，就得到高分子过氧胂酸。

高分子过氧化胂酸在 60～90 ℃二噁烷中，能把酮类通过 Baeyer-Villiger 氧化反应转化为酯，此氧化反应的产率比 H_2O_2 为氧化剂的酮类氧化反应高出 20% 左右。

14.2.2　硒化合物

低分子有机硒化合物有毒性和恶臭，但是高分子硒酚、硒氧化物却无这些缺点。

1. 树脂 5

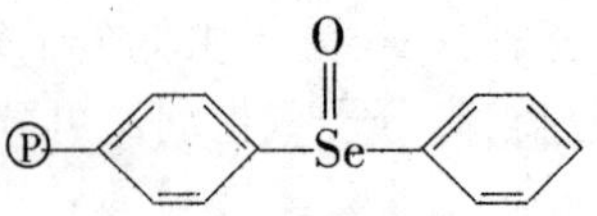

$$\text{Ⓟ}-C_6H_4-Se(=O)-C_6H_5 \;^{*}$$

树脂(5)是一种新发展起来的高分子氧化剂,具有良好的选择氧化性。例如

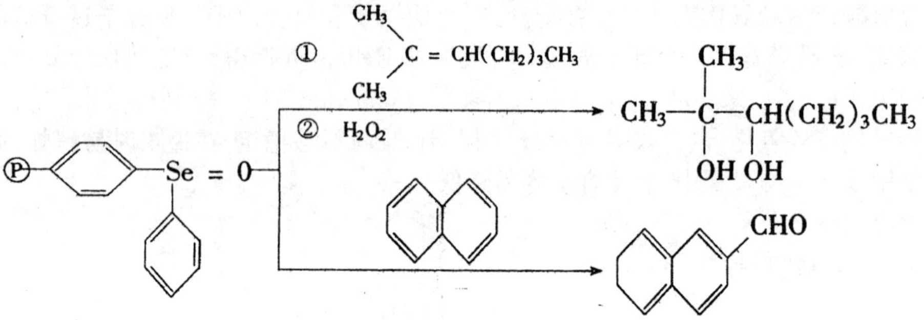

$$\text{Ⓟ}-C_6H_4-Se(C_6H_5)=O \xrightarrow[\text{② } H_2O_2]{\text{① } (CH_3)_2C=CH(CH_2)_3CH_3} CH_3-C(CH_3)(OH)-CH(OH)(CH_2)_3CH_3$$

$$\text{Ⓟ}-C_6H_4-Se(C_6H_5)=O \xrightarrow{\text{萘}} \text{萘甲醛 (CHO)} \qquad (14\text{-}3)$$

2. 高分子过氧有机亚硒酸(树脂 6)

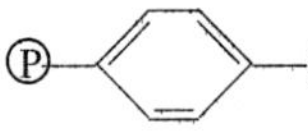

$\text{Ⓟ}-C_6H_4-SeOOOH$ 树脂 6 对链烯和酮类能起氧化作用。

14.2.3 氯化硫代苯甲醚

1. 树脂 7

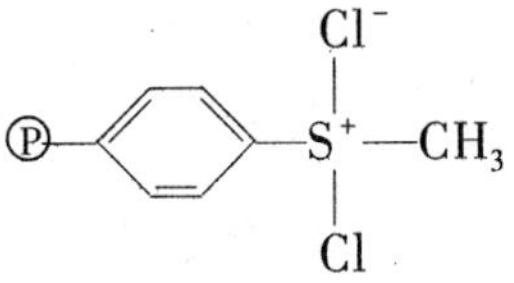

$$\text{Ⓟ}-C_6H_4-S^{+}(Cl^{-})(Cl)-CH_3$$

树脂 7 可以把伯醇氧化成醛、把仲醇氧化成酮,并且能够有选择性地只氧化二元醇中的一个羟基成为羟基醛,例如把正辛醇氧化成正辛醛,收率为 95%;庚二醇[1,7]氧化成 7-羟基庚醛,收率 50.2%,而庚二醛只有 2.2%,选择性非常好。

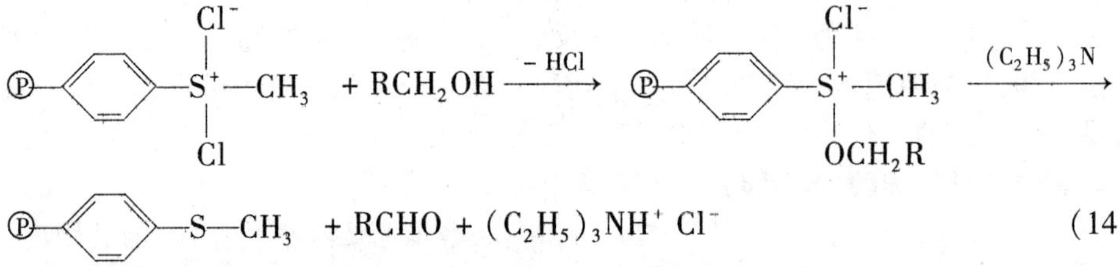

$$\text{Ⓟ}-C_6H_4-S^{+}(Cl^{-})(Cl)-CH_3 + RCH_2OH \xrightarrow{-HCl} \text{Ⓟ}-C_6H_4-S^{+}(Cl^{-})(OCH_2R)-CH_3 \xrightarrow{(C_2H_5)_3N}$$

$$\text{Ⓟ}-C_6H_4-S-CH_3 + RCHO + (C_2H_5)_3NH^{+}\,Cl^{-} \qquad (14.4)$$

有一化合物(树脂 8),是子宫收缩荷尔蒙的中间体,它可以利用树脂 7,从相应的醇氧化制取,收率可达到定量的程度。

---

* 以Ⓟ表示大分子链。

2. **树脂 8**

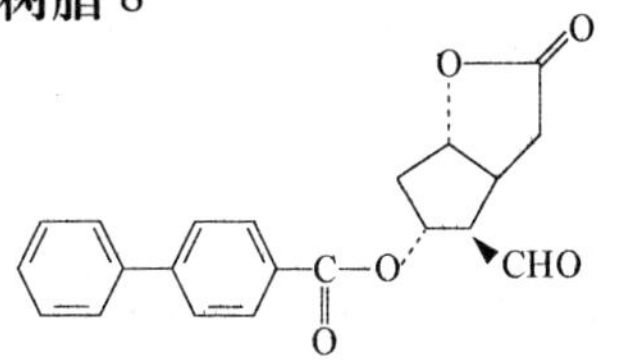

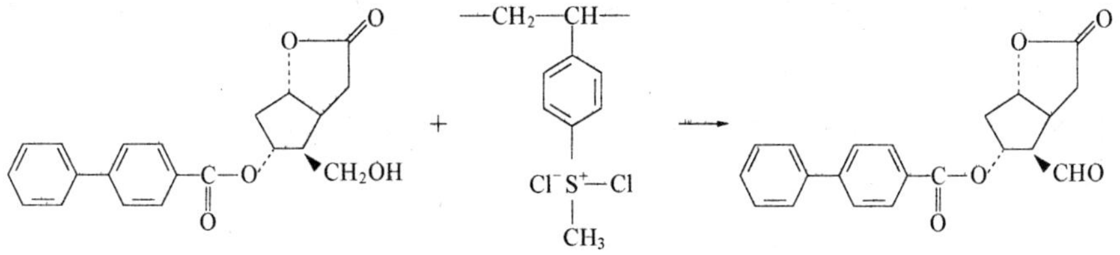

O　O　CHO　C—O　O

O　O　$—CH_2—CH—$　O　O

\+　→

CH_2OH　$Cl^-S^+—Cl$　CHO

C—O　C—O

O　CH_3　O

(14.5)

3. 树脂 9

$—CH_2—CH—$

$Cl-S^+\ Cl^-$

CH_3

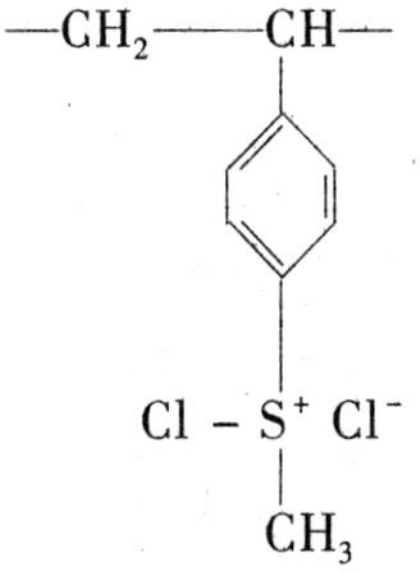

用树脂 9 作氧化剂，可以使苯甲醇氧化成二苯酮，收率 87%。

14.2.4　N-卤代聚酰胺

典型的卤代聚酰胺有几个品种：

树脂 10（N-氯代尼龙-66）

$—CO—(CH_2)_4CO—N(CH_2)_6N—$

Cl　Cl

树酯 11（N-氯代尼龙-3）

O

$—CH_3—CH_2—C—N—$

Cl

树脂 12

$—CH_2CH_2—CH—CH—$

C　C

O　N　O

Br

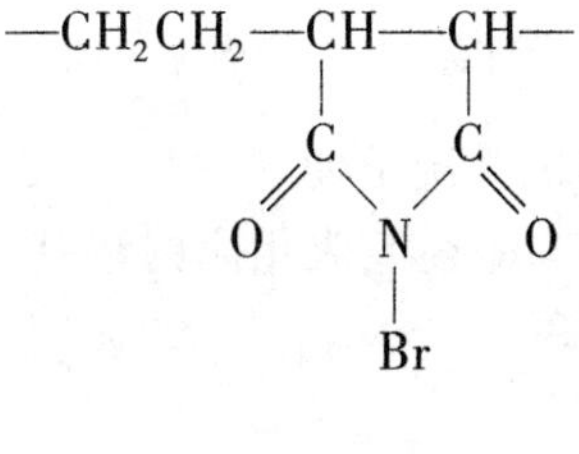

N-氯代酰胺在温和的反应条件下，可使伯醇氧化成醛、仲醇氧化成酮，收率都很高，树脂[10]能氧化苄醇为苯甲醛，收率为 95%；35 ℃，在苯中反应 24 h 能使莰醇[2]，$C_6H_5CHOHCH_3$，$C_6H_5CH_2CHOHCH_3$，$C_6H_5CH_2CHOHCH(CH_3)_2$，$C_6H_5(CH_2)_2CHOHCH_3$等仲醇氧化成相应的酮，收率为 90% ~ 97%，使芳香族硫醚，如 $C_6H_5SC_6H_5$ 等及含硫杂环化合物氧化，制得相应的亚砜，收率为 97% ~ 100%。

树脂[12]对醇的氧化有较好的选择性，在仲醇的氧化中，它的选择性优于相应的低分子试剂 N-溴代琥珀酰亚胺(NBS)，而且易于分离。

14.2.5　高分子电化学氧化剂

1980 年 Kawabata 等人以 Ⓟ—⟨吡啶⟩NH^+ OBr^-进行仲醇氧化试验，获得了高产率的酮，另外一种以阴离子交换树脂为载体的次溴酸盐，在水存在的条件下，可把烯烃有效地转化为环氧化物。

近年来又有人发现了聚乙烯基吡啶氢溴酸盐和硫酸氢盐混合物能催化芳族化合物烷基侧链的氧化反应。

14.3　高分子还原试剂

14.3.1　具有 Sn—H，Si—H 结构的高分子还原剂

1. 树脂 13

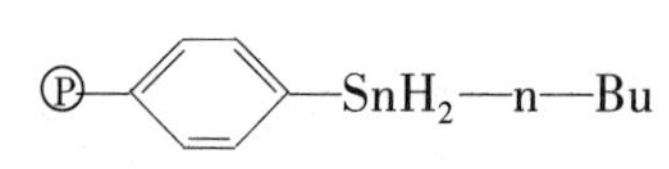

树脂[13]比相应的低分子锡化合物更稳定、无气味、低毒性、易分离。可以用来还原苯甲醛、苯甲酮、叔丁基甲酮，生成相应的醇，收率为 91% ~92%，对二元醛的还原有良好的选择性；在对苯二甲醛还原产物中，单功能团还原占 86%，它还能还原脂肪族和芳香族的卤代烃，使卤原子转变成氢原子，收率很高，有的几乎是定量地被还原。

2. 树脂 14

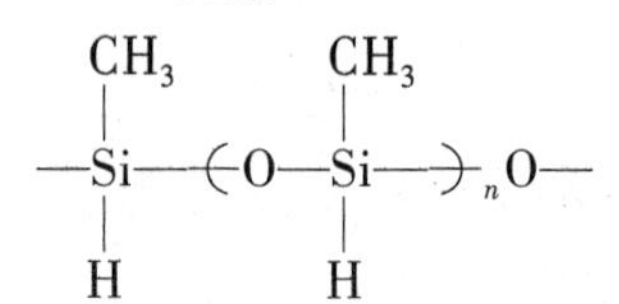

树脂[14]具有—Si—H 结构，n 为 35 左右。该树脂不宜单独使用，Grady 等人将它与$(Bu_3Sn)_2O$ 配合作用。它作还原剂的例子如下

$$\text{(二溴环丙烷)} \xrightarrow[\text{树脂 14}]{0℃,\ (Bu_3Sn)_2O} \text{(环丙烷)}\ \text{(收率 85\%)} \tag{14.6}$$

$$Cl(CH_2)_3CN \xrightarrow[20℃,\text{光}]{\text{树脂 14},\ (Bu_2Sn)_2O} CH_3(CH_2)_2CN,\ \text{(收率 93\%)} \tag{14.7}$$

$$CH_3\text{—}\langle\text{环己基}\rangle\text{=O} \xrightarrow{\text{树脂 14},\ (Bu_3Sn)_2O} CH_3\text{—}\langle\text{环己基}\rangle\text{—OH}\ \text{(收率 75\%)} \tag{14.8}$$

树脂[14]与少量的 DBATO 配合，在乙醇中性溶剂中，80 ℃的情况下使苯甲醛、丙酮、4-叔丁基环已酮还原成醇，收率为 100%；把二苯酮、苯甲酮、对苯醌还原成相应的羟基化合物，收率为 80% ~81%。而且反应中聚合物没有进一步的交联。

$$\mathrm{R{-}\overset{\overset{\large O}{\|}}{C}{-}R'} + \mathrm{{-}O{-}\underset{H}{\overset{CH_3}{Si}}{-}} + \mathrm{C_2H_5OH} \xrightarrow[80^{\circ}]{\mathrm{DBATO}} \mathrm{R{-}\underset{OH}{CH}{-}R'} + \mathrm{{-}O{-}\underset{OC_2H_5}{\overset{CH_3}{Si}}{-}} \tag{14.9}$$

$$\mathrm{{-}\overset{|}{\underset{|}{Si}}{-}O{-}\overset{|}{\underset{|}{Si}}{-}(DBATO)} + \mathrm{{-}O{-}\underset{H}{\overset{CH_3}{Si}}{-}} \longrightarrow \mathrm{{-}\overset{|}{\underset{|}{Si}}H} + \mathrm{{-}O{-}\underset{O{-}\underset{|}{Si}{-}}{\overset{CH_3}{Si}}{-}} \tag{14.10}$$

$$\mathrm{{-}\overset{|}{\underset{|}{Si}}H} + \mathrm{R{-}\underset{\underset{\large O}{\|}}{C}{-}R'} \longrightarrow \mathrm{{-}\overset{|}{\underset{|}{Si}}{-}O{-}\underset{R'}{\overset{R}{CH}}} \tag{14.11}$$

$$\mathrm{{-}\overset{|}{\underset{|}{Si}}{-}O\underset{R'}{\overset{R}{CH}}} + \mathrm{C_2H_5OH} \longrightarrow \mathrm{{-}\overset{|}{\underset{|}{Si}}{-}OC_2H_5} + \mathrm{R{-}\underset{OH}{CH}{-}R'} \tag{14.12}$$

$$\mathrm{{-}\overset{|}{\underset{|}{Si}}{-}OC_2H_5} + \mathrm{{-}O{-}\underset{H}{\overset{CH_3}{Si}}{-}} \longrightarrow \mathrm{{-}\underset{OC_2H_5}{\overset{CH_3}{Si}}{-}} + \mathrm{{-}\overset{|}{\underset{|}{Si}}H} \tag{14.13}$$

树脂[14]在乙醇中,在 Pd/C(活性炭)存在下,在 40 ~60 ℃,能与烯烃,$-NO_2$ 进行加氢反应。

$$\mathrm{C_6H_5NO_2} \xrightarrow[40\sim60℃,\ \mathrm{Pd/C}]{树脂(14)\ +\ \mathrm{C_2H_5OH}} \mathrm{C_6H_5NH_2}\quad(收率\ 89\%) \tag{14.14}$$

树脂[14]还具有在顺、反式烯烃混合物中,优先氢化顺式烯烃的能力。

3. 树脂 15

$$\left(\mathrm{\underset{\underset{|}{O}}{\overset{CH_3}{Si}}{-}O}\right)_n$$

树脂[14]与$(Bu_3Sn)_2O$ 配合使用,二者反应的产物是树脂[15]。

$$\mathrm{{-}\underset{H}{\overset{CH_3}{Si}}{-}\left(O{-}\underset{H}{\overset{CH_3}{Si}}{-}\right)_nO{-}} + (\mathrm{Bu_3Sn})_2\mathrm{O} \longrightarrow \mathrm{{-}\underset{\underset{|}{O}}{\overset{CH_3}{Si}}{-}\left(O{-}\underset{O}{\overset{CH_3}{Si}}{-}\right)_nO{-}} + \mathrm{Bu_3SnH} \tag{14.15}$$

在上述反应中,树脂[15]发生了交联,这对分离是有利的,但难于再生和重复使用。

14.3.2　磺酰类高分子还原剂

1. 树脂 16

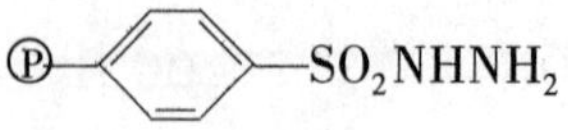

$Ⓟ-C_6H_4-SO_2NHNH_2$

树脂[16]能使烯烃加氢，收率很高，在加氢时保留了原有的羰基不被还原，有选择性。

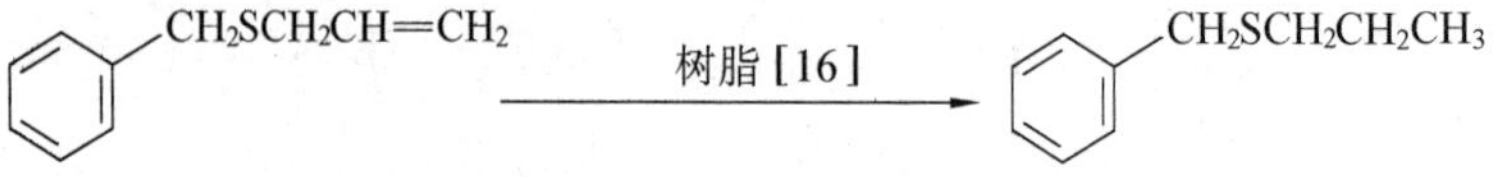

$$C_6H_5CH_2SCH_2CH=CH_2 \xrightarrow{树脂[16]} C_6H_5CH_2SCH_2CH_2CH_3$$ （收率为 99%）

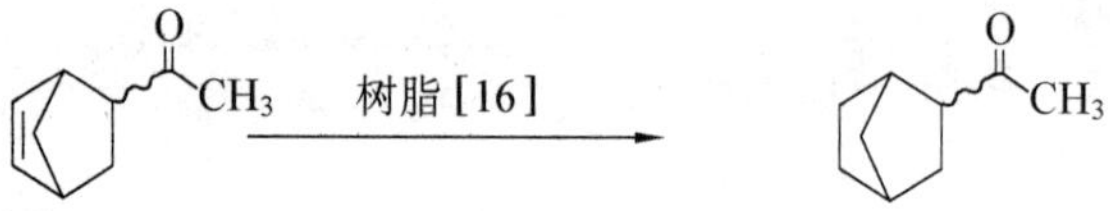

$$降冰片烯基-C(=O)CH_3 \xrightarrow{树脂[16]} 降冰片烷基-C(=O)CH_3$$ （收率为 99%）

2. 树脂 17

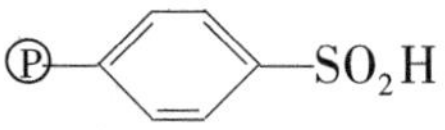

$Ⓟ-C_6H_4-SO_2H$

14.3.3　络合、离子交换、吸附型高分子还原剂

1. 树脂 18（4-PVP · BH_3）和树脂 19（2-PVP · BH_3）

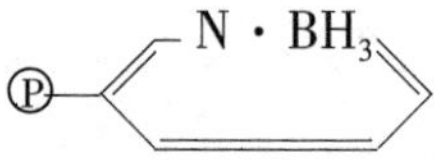

$Ⓟ-C_5H_4N \cdot BH_3$（4位）　　$Ⓟ-C_5H_4N \cdot BH_3$（2位）

树脂[18]可使对硝基苯甲醛、对氯苯甲醛、二苯酮还原成相应的醇，收率为 74% 左右，收率虽然不高，但该树脂可放入柱子中，醛、酮、流经此柱子时被还原成醇而保留在柱子中，未反应的化合物流出，柱子淋洗干净后再加入酸使之分解，得到纯粹的醇。树脂的再生也可以在柱上进行，这种还原剂用起来非常方便。

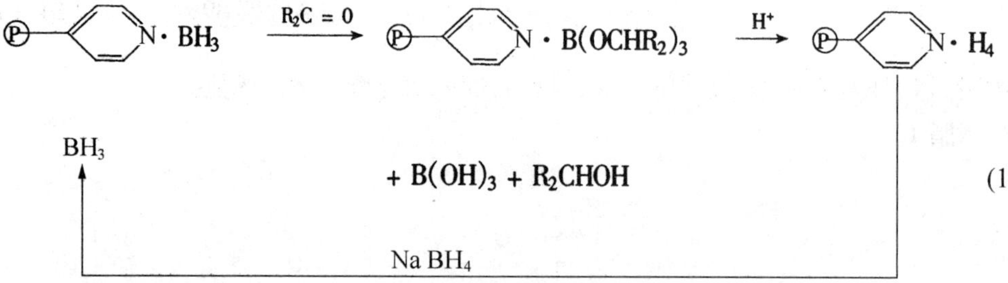

$$Ⓟ-C_5H_4N\cdot BH_3 \xrightarrow{R_2C=0} Ⓟ-C_5H_4N\cdot B(OCHR_2)_3 \xrightarrow{H^+} Ⓟ-C_5H_4N\cdot H_4 + B(OH)_3 + R_2CHOH$$ (14-16)

（$Ⓟ-C_5H_4N\cdot H_4$ 经 Na BH_4 再生为 BH_3 形式）

树脂[19]，(2-PVP. BH)，可使 4-叔丁基环已酮，3-甲基环已酮、环已酮、亚辛醛、2-苯基已醛还原有相应的醇，收率为 93% ~100%。

2. 树脂 20　含硼氢化季铵盐结构的树脂

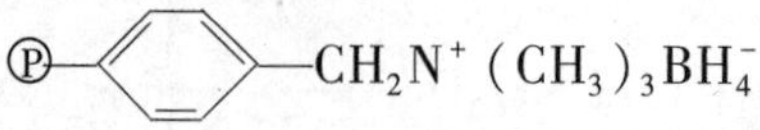

$Ⓟ-C_6H_4-CH_2N^+(CH_3)_3BH_4^-$

树脂[20]可把 4-叔丁基环已酮选择还原成顺式 4-叔丁基环已酮。

3. 树脂 21　(含氰基硼氢化季铵盐结构树脂)

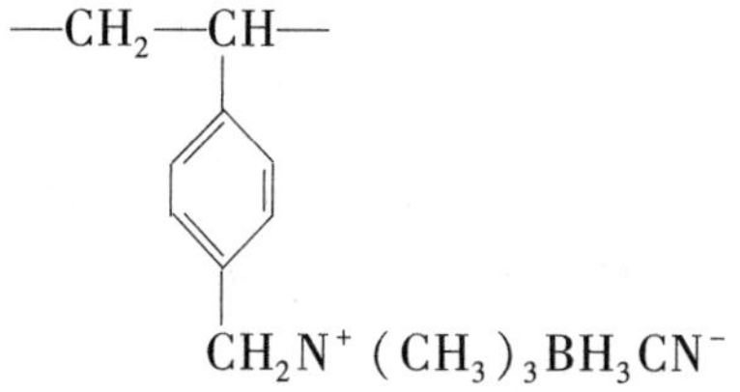

$$—CH_2—CH—$$

$$CH_2N^+(CH_3)_3BH_3CN^-$$

树脂 21 用于还原胺化反应使共轭烯酮还原成共轭烯醇,吡啶离子还原成四氢吡啶,卤代烃还原成烃的还原剂。

14.4　氧化还原树脂

高分子氧化还原树脂是一类具有可逆氧化还原功能的高分子试剂,可以回收、再生、重复使用。高分子氧化还原剂又称为电子交换树脂。将一种以两种氧化态(这两种氧化态很容易互相变换)存在的低分子试剂,键联或负载到高分子上,就成为高分子氧化还原试剂,在反应中,这种试剂是起氧化作用或是起还原作用,将取决于起始的氧化态。

从氧化还原活性部分的结构来看,氧化还原树脂可分为五种类型:醌类、硫醇类、吡啶类、二茂铁类、多核类。

氧化还原树脂主要是通过下列三种途径制取:一是由具有氧化还原功能基的单体经聚合反应制得,所得树脂氧化还原容量大,功能基均匀地分布在每一个链节上,但是单体制备较复杂,且在自由基聚合时要注意某些基团的保护;二是将氧化还原功能基通过高分子反应连接到高分子上去,此法比较简单,但受大分子反应中功能基转化率的限制,产物氧化还原容量小;三是将具有氧化还原性的低分子化合物和或离子吸附在离子交换树脂上,此法简便,原料来源容易,实际应用性较强。

14.4.1　醌类

1. 树脂 22　(具有哌嗪结构的树脂)

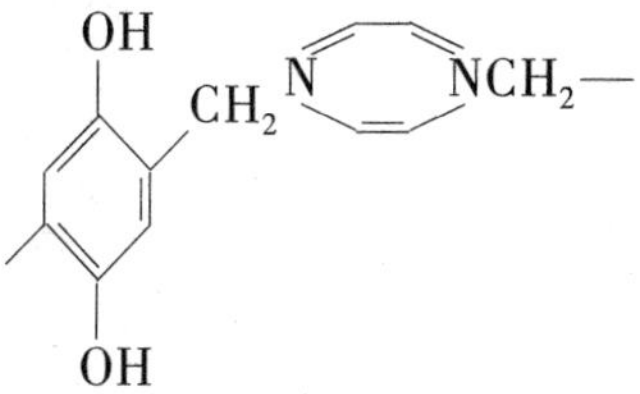

OH　CH_2 N　NCH_2—

OH

2. 树脂 23 和树脂 24

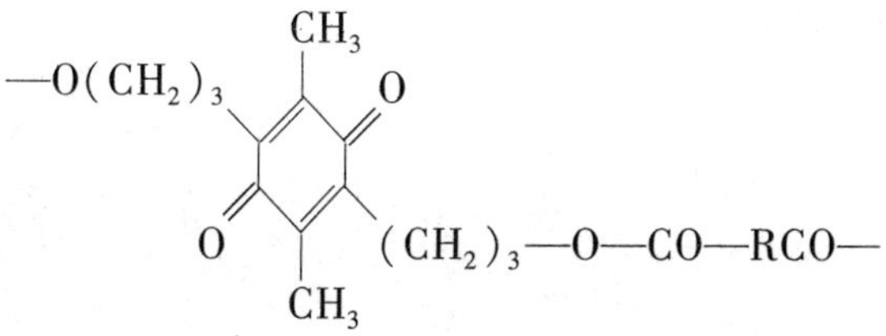

CH_3

$—O(CH_2)_3$　O

O　$(CH_2)_3—O—CO—RCO—$

CH_3

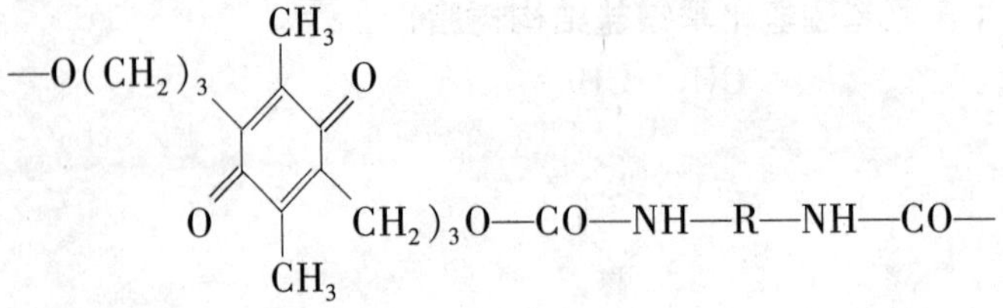

3. 树脂25和树脂26

氯甲基聚苯乙烯在无水氯化锌催化下与氢醌发生弗-克反应后，再进行磺化和季铵化，分别得到树脂[25]和树脂[26]。

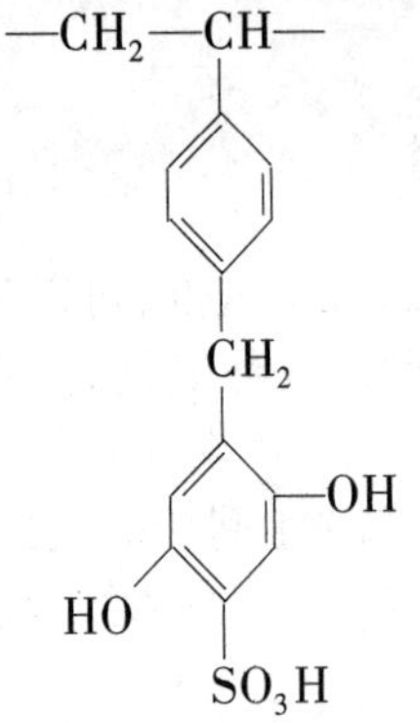

[25]

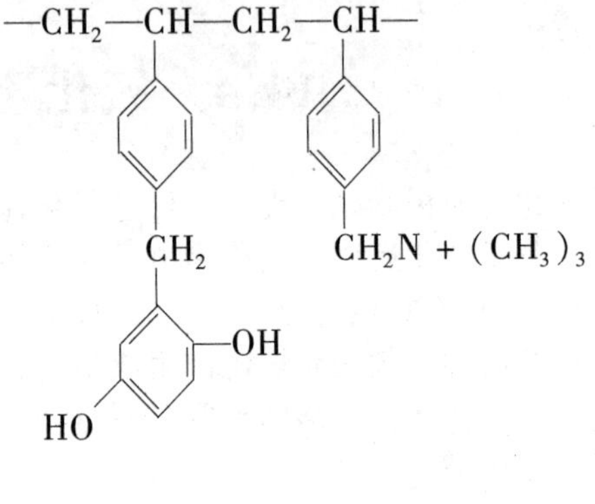

[26]

4. 树脂27

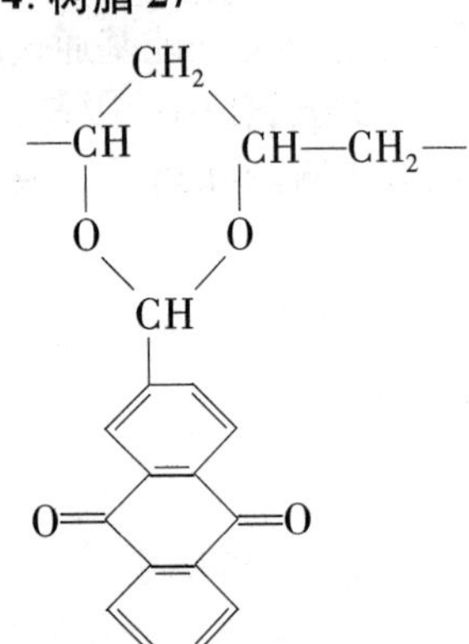

5. 树脂28

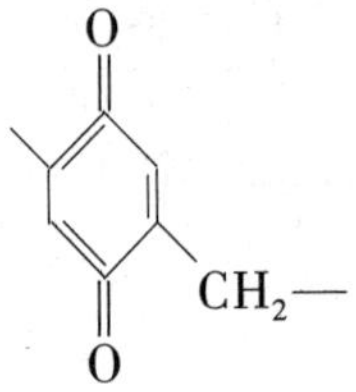

树脂28

6. 醌型氧化还原树脂的应用

醌型氧化还原树脂可使不同的有机化合物脱氢。

树脂28可使均苯二肼氧化成偶氮苯

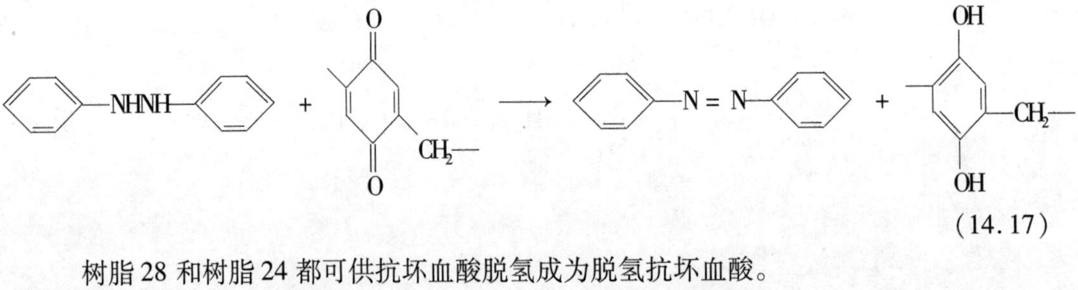

(14.17)

树脂28和树脂24都可供抗坏血酸脱氢成为脱氢抗坏血酸。

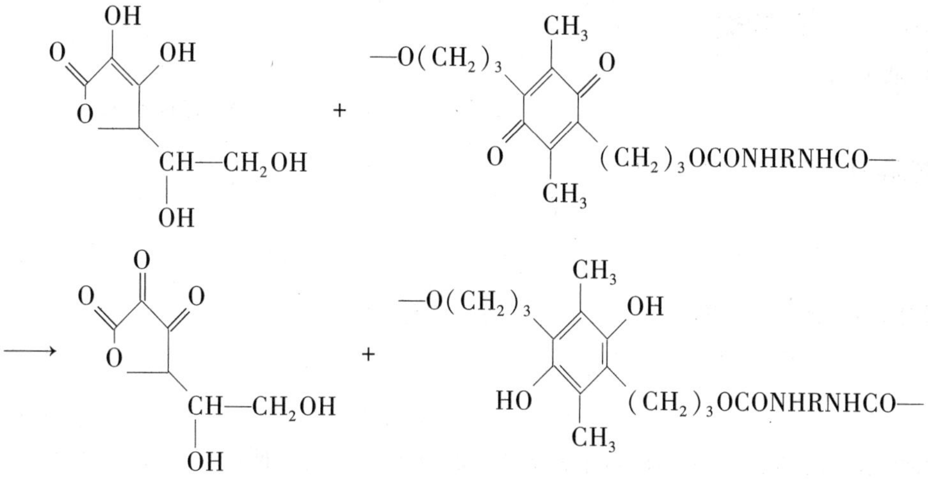

$$\text{抗坏血酸} + \text{—O(CH}_2)_3\text{-醌(CH}_3,\ \text{CH}_3)\text{-(CH}_2)_3\text{OCONHRNHCO—} \longrightarrow \text{脱氢抗坏血酸} + \text{—O(CH}_2)_3\text{-氢醌(CH}_3,\ \text{CH}_3)\text{-(CH}_2)_3\text{OCONHRNHCO—} \tag{14.18}$$

醌系氧化还原树脂还可以作为氧的吸收剂，可吸收水中溶解的氧，细菌培养时作吸氧剂，清除微量过氧化物；用作苯乙烯、丙烯酸、甲基丙烯酸及其酯等单体的阻聚剂，使铬酸、卤素相应地还原成 Cr^{3+}、卤离子；还可用作彩色照相中的还原剂、高分子半导体及氧化还原试纸等。

14.4.2　硫醇（硫酚）类

这类含有巯基的化合物如半胱氨酸、谷脱甘肽、硫辛酸、酶、辅酶、蛋白质等。硫醇与二硫化合物通过氧化还原反应可逆地互相转变。

硫醇（硫酚）类高分子氧化还原试剂的制造主要通以下两个途径。一是用含有巯基的化合物经保护后再聚合得到，二是通过高分子化学反应把巯基引入高聚物来制取。

树脂 29

Ⓟ—SH

树脂 30

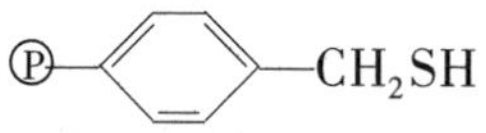

Ⓟ—C_6H_4—CH_2SH

树脂 31

Ⓟ—C_6H_4—SH

树脂 32

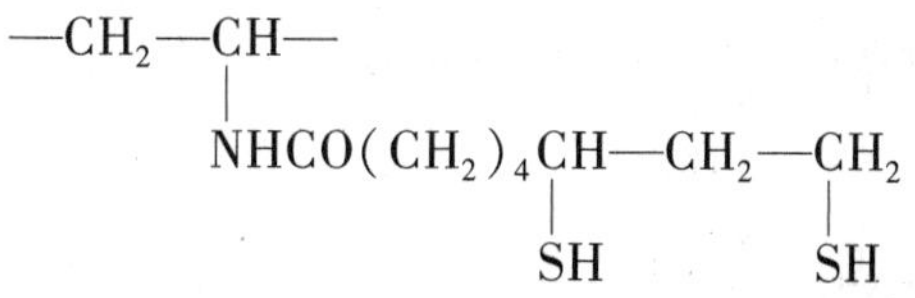

—CH_2—CH(—$NHCO(CH_2)_4CH(SH)$—CH_2—CH_2SH)—

树脂 33

—OCH_2—C(CH_2SH)(CH_2SH)—CH_2OCONH—R—NHCO—

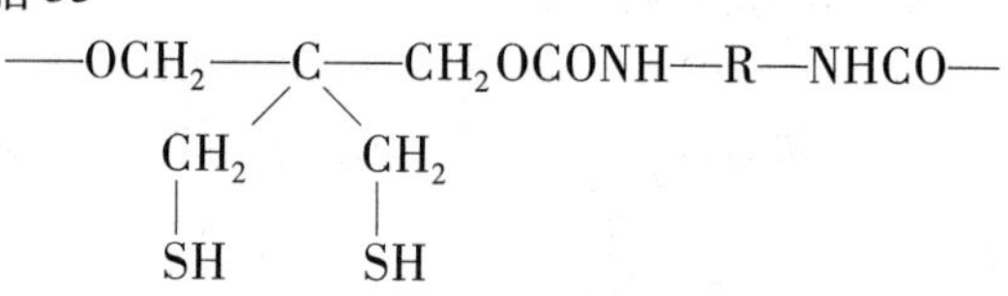

14.4.3　吡啶类

1. 烟酰胺

树脂 34　Ⓟ—⟨苯环⟩—CH_2—N⟨吡啶环⟩—$CONH_2$　；　树脂 35　—N—CH_2CH_2—（N 上连 —C(=O)— 吡啶环）

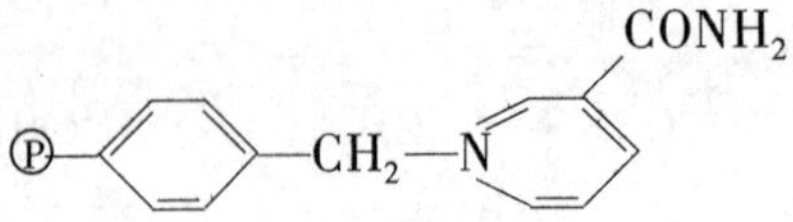

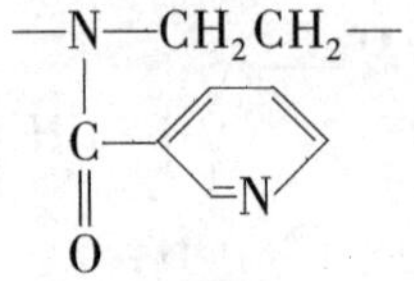

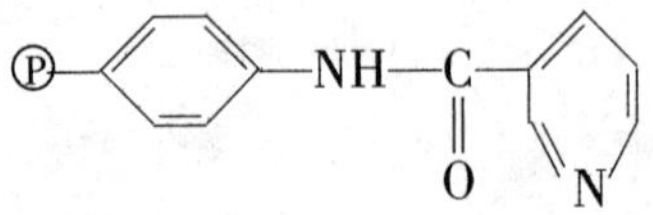

树脂 36　Ⓟ—⟨苯环⟩—NH—C(=O)—⟨吡啶环 N⟩　；　树脂 37　—CH_2—⟨苯环⟩—CH_2—（苯环上连 NHC(=O)—吡啶环 N）

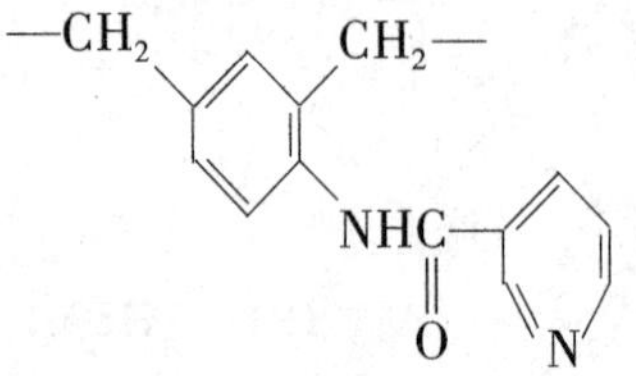

烟酰胺是乙醇脱氢酶(ADH)的辅酶(NAD)的活性基团,NAD 在生物体内的氧化还原反应中起着重要的作用。其氧化还原机理是二电子型的。

2. 4,4′—联吡啶盐

树脂 38　Ⓟ—⟨苯环⟩—CH_2—N^+⟨吡啶环⟩—⟨吡啶环⟩N^+—CH_2

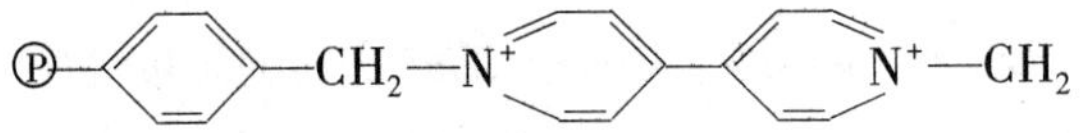

树脂 39　—O—$(OH_2)_2$—N^+⟨吡啶环⟩—⟨吡啶环⟩N^+—$(CH_2)_2$—C(=O)—⟨苯环⟩—C(=O)—

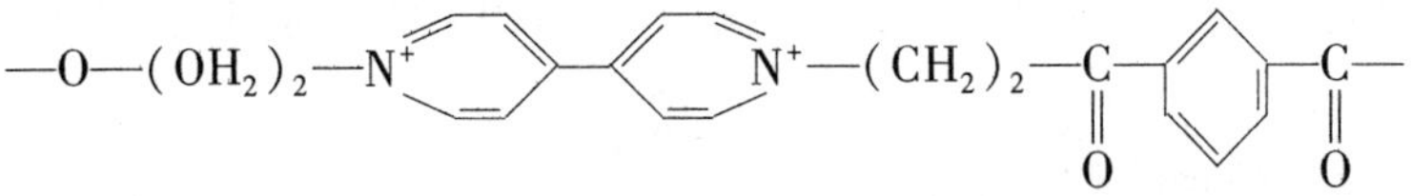

树脂 40　—NH$(CH_2)_3$—N^+⟨吡啶环⟩—⟨吡啶环⟩N^+—$(CH_2)_3$NH—C(=O)—⟨苯环⟩—C(=O)—

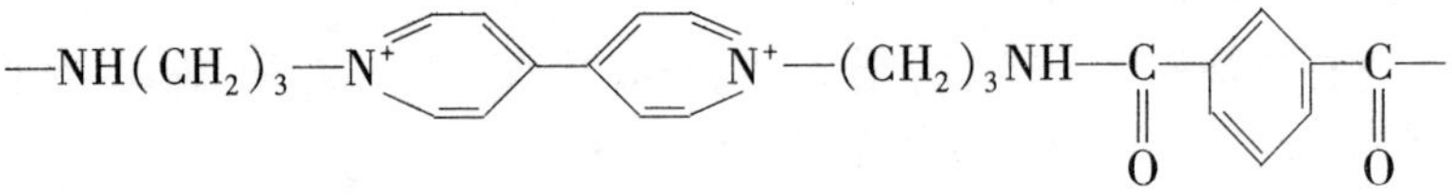

具有吡啶盐结构的聚合物在电流或光的作用下,发生变化

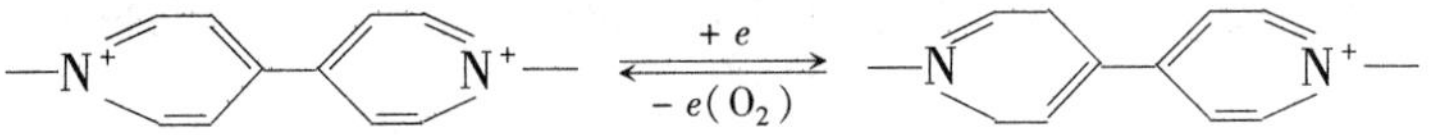

$$—N^+\langle\ \rangle—\langle\ \rangle N^+— \underset{-e(O_2)}{\overset{+e}{\rightleftharpoons}} —N\langle\ \rangle—\langle\ \rangle N^+— \tag{14.19}$$

形成阳离子自由基结构而产生深颜色,此色在空气中能保持一段时间,而在水中却很快退色,回复到原来吡啶盐的结构。这类聚合物具有氧化还原变色性能和感湿性能。

14.4.4　二茂铁类

用乙烯基二茂铁聚合得树脂 41,聚苯乙烯重氮盐与二茂铁制得树脂 42。

聚合物中的二茂铁结构能可逆地氧化成三价铁二茂铁离子,如树脂 43 可用 Ce^{4+},对苯醌或稀硝酸氧化,氧化型树脂又可被 Ti^{3+}、抗坏血酸还原。有时伴随着氧化还原反应的进行,还会有树脂颜色的改变。

树脂41　—CH_2—CH—（二茂铁基，Fe）

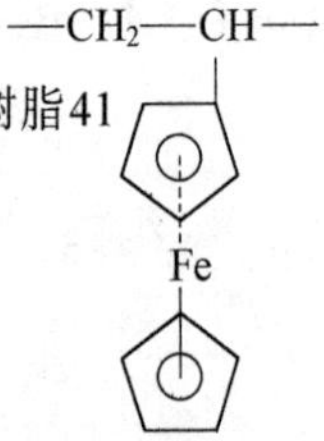

树脂42　—CH_2—CH—（苯环—二茂铁基，Fe）

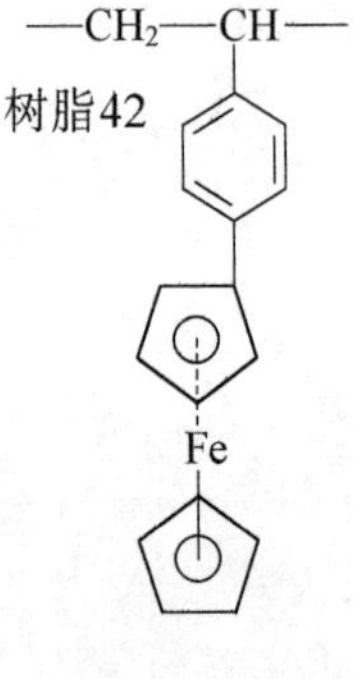

树脂43　—CONHRNH—，Fe，—OC—（1,1′-二茂铁二甲酰）

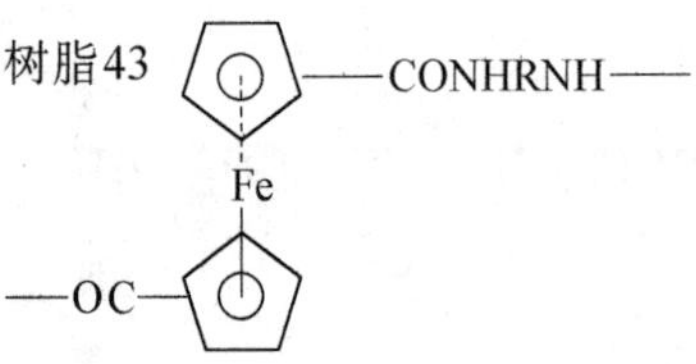

14.4.5 多核环

树脂 44

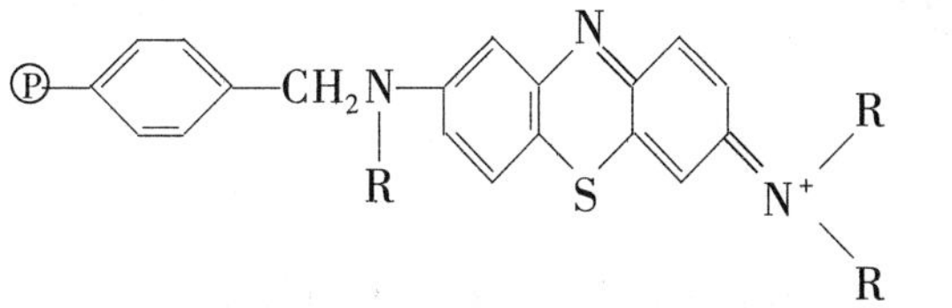

R 为 H 或 CH_3

树脂 45

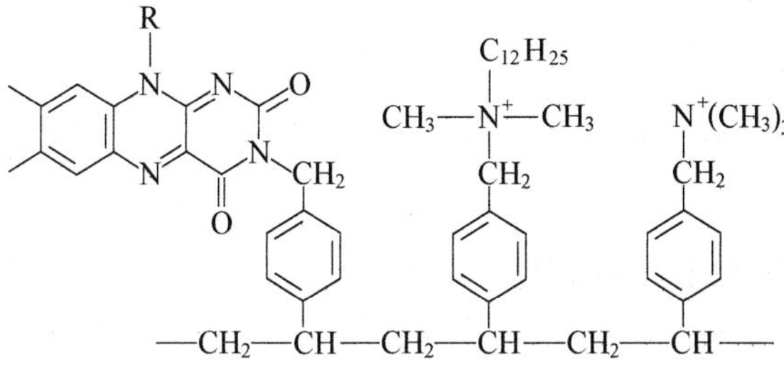

树脂 46

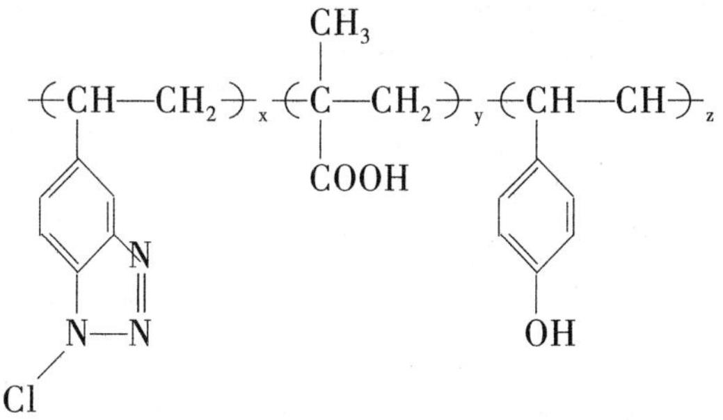

树脂 47

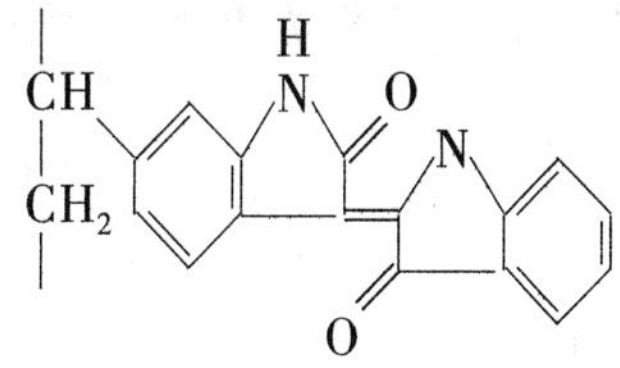

树脂 44 可以从氯甲基聚苯乙烯合成，它在 $Na_2S_2O_3$ 的氢氧化铵溶液中或 $NaBH_4$ 的碱性溶液中还原成黄色的相应的还原型树脂，还原型树脂可用 Fe^{3+} 氧化，定量地生成 Fe^{2+}。

含有黄素的水溶性聚合物树脂 45 对谷脱甘肽的氧化反应速率常数比其低分子模型化合物快 30～50 倍。

14.5 高分子转递试剂

高分子转递试剂是指一类能将一化学基团转递给一可溶性试剂的高分子试剂。

14.5.1 高分子卤化试剂

高分子卤化试剂通过亲核取代或亲电加成，可用于有机物分子中引进卤原子。

1. 高分子二卤化叔膦

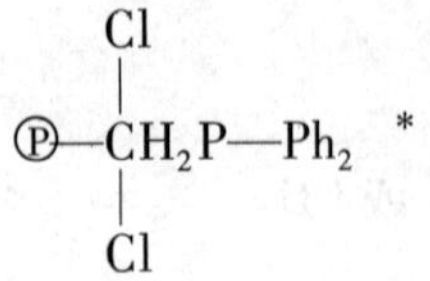

$$Ⓟ—CH_2P(Cl)(Cl)—Ph_2\ ^{*}$$

此类高分子试剂可用于酰氯的制备，还可以把醇转化为相应的卤代烷。

a. 制酰氯　$Ⓟ—CH_2P(Cl)(Cl)—Ph_2 + RCOOH \longrightarrow Ⓟ—CH_2POPh_2 + RCOCl$

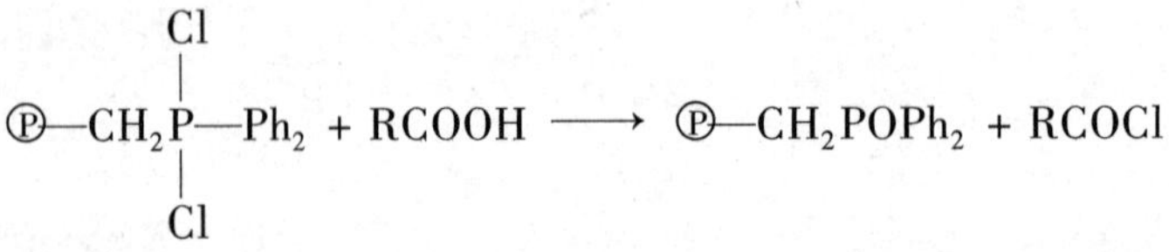

b. 醇转化成卤代烷

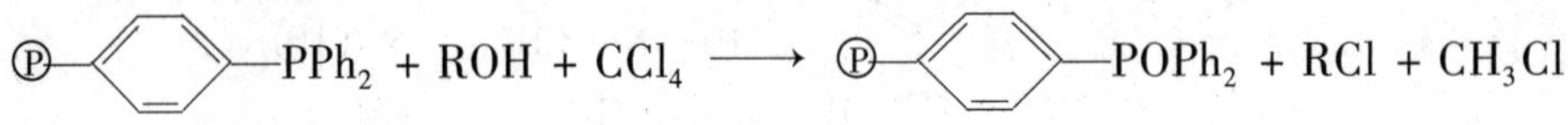

$$Ⓟ—C_6H_4—PPh_2 + ROH + CCl_4 \longrightarrow Ⓟ—C_6H_4—POPh_2 + RCl + CH_3Cl \qquad (14.20)$$

2. 键联 N-溴-琥珀酰亚胺的高聚物(Ⓟ—NBS)

用马来酰胺为原料进行聚合，得到聚马来酰亚胺，或用马来酸酐与乙烯共聚，形成聚乙烯马来酐，再与尿素反应，制得聚乙烯马来酰亚胺，不论是聚马来酰胺或聚乙烯马来酰胺，分别与 NaOBr 反应，都可以制成高分子，Ⓟ—NBS 见下式

a. $$\text{⁅CH—CH⁆}_n\ (\text{C(=O)—N(H)—C(=O) 环}) \xrightarrow{NaOBr} \text{⁅CH—CH⁆}_n\ (\text{C(=O)—N(Br)—C(=O) 环}) \qquad (14.21)$$

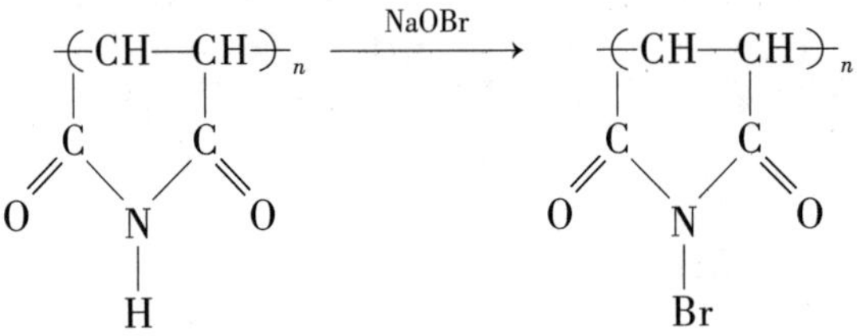

b. $$\text{⁅CH}_2\text{—CH}_2\text{—CH—CH⁆}_n\ (\text{C(=O)—O—C(=O) 环}) \xrightarrow{尿素} \text{⁅CH}_2\text{—CH}_2\text{—CH—CH⁆}_n\ (\text{C(=O)—N(H)—C(=O) 环})$$

$$\xrightarrow{NaOBr} \text{⁅CH}_2\text{—CH}_2\text{—CH—CH⁆}_n\ (\text{C(=O)—N(Br)—C(=O) 环}) \qquad (14.22)$$

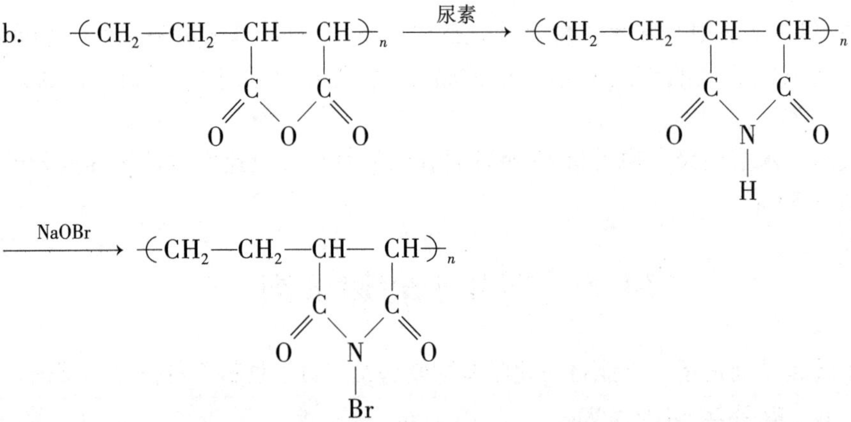

采用聚乙烯-N-溴代马来酰亚胺进行环已烯的烯丙位溴代，已取得成功。

---

* Ph 指苯环 ⌬

$$\text{-(}CH_2\text{—}CH_2\text{—}\underset{\text{(N-Br 酰亚胺环)}}{CH\text{—}CH}\text{)}_n + \text{环己烯} \xrightarrow{CCl_4} \text{-(}CH_2\text{—}CH_2\text{—}\underset{\text{(N-H 酰亚胺环)}}{CH\text{—}CH}\text{)}_n + \text{3-溴环己烯} \tag{14.23}$$

近年来,人们使用可溶性的聚合物卤化试剂非交联聚苯乙烯基二苯基膦与一种醇在 CCl_4 或二氯甲烷或六氯乙烷中反应生成烷基氯化物。

$$ROH \xrightarrow[\text{非交联聚苯乙烯二苯基膦}]{CCl_4} RCl \tag{14.24}$$

14.5.2　高分子酰基化试剂

1. 活性酯

在高分子活性酯中,酰基 RCO 是通过共价键与聚合物相连接的,羧基与具有弱酸性的羟基脱水所成的酯活性很高,主要用于肽的合成。

高分子活性酯的种类很多,我们这里只举其中一例来说明活性酯的合成。

$$CH_2\text{—}CH\text{—}(C_6H_3)(NO_2)(OH) + C_6H_5COCl \longrightarrow \text{—}CH_2\text{—}CH\text{—}(C_6H_3)(NO_2)(OCOC_6H_5) \tag{14.25}$$

活性酯用于肽的合成有很好的收率,有的能达到 100%。

2. 酸酐

$$Ⓟ\text{—}C_6H_4\text{—}CH_2OC(=O)\text{—}O\text{—}C(=O)\text{—}R$$

利用以上的树脂使含 S,N 杂环合物的氨基酰化,用于药物的合成。

$$\text{—}CH_2\text{—}CH\text{—}C_6H_4\text{—}CH_2OCOCl + H_2N\text{-(头孢母核, S, N, O)-}CH_2OCOCH_3,\ COO\text{—}t\text{—}C_4H_9 \xrightarrow{50℃}$$

$$RCONH\text{-(头孢母核, S, N, O)-}CH_2OCOCH_3,\ COO\text{—}t\text{—}C_4H_9 + \text{—}CH_2\text{—}CH\text{—}(C_6H_8)\text{—}CH_2OH + CO_2 \tag{14.26}$$

酸酐类型的高分子试剂还有很多,树脂结构不同,反应产物也有明显的差别。

14.5.3 烷基化试剂

烷基化是在高聚物中引进烷基或芳基。高分子烷基化试剂可以使有机化合物烷基化。

含有$-N=N-NHCH_3$结构的高分子试剂能使羧酸烷基化,生成酯

$$\text{Ⓟ}-C_6H_4-N=N-N(H)(CH_3) + RCOOH \longrightarrow RCOOCH_3 + N_2\uparrow + \text{Ⓟ}-C_6H_4-NH_2 \tag{14.27}$$

硫甲基锂聚苯乙烯用于碘代烷、二碘代烷同系列化反应,以增长碘代烷中的碳链,收率良好

$$\text{Ⓟ}-C_6H_4-SC^-\ H_2Li^+ \xrightarrow[\text{THF}]{I(CH_2)_4I} \xrightarrow{NaI/CH_3I} \begin{cases} I-(CH_2)_4-I & \text{收率为 15\%} \\ I-(CH_2)_5-I & \text{收率为 14\%} \\ I-(CH_2)_6-I & \text{收率为 71\%} \end{cases} \tag{14.28}$$

用聚合物有机铜试剂,它既能使卤代烷发生C-烷基反应,又能使α,β——不饱和酮发生加成反应,在α位上导入烷基

$$\text{Ⓟ}-C_6H_4-PPh_2CuR_2Li \xrightarrow{2R'X} 2R-R' + CuX + LiX + \text{Ⓟ}-C_6H_4-PPh_2 \tag{14.29}$$

$$\text{Ⓟ}-C_6H_4-PPh_2CuR_2Li \xrightarrow[H_2O]{2CH_2=CH-COCH_3} \tag{14.30}$$

$$2RCH_2CH_2COCH_3 + CuOH + LiOH + \text{Ⓟ}-C_6H_4-PPh_2$$

14.5.4 Wittig 试剂和 Ylid 试剂

20世纪50年代初,Wittig发现亚甲基三苯膦($Ph_3P^+CH_2$)与醛或酮作用,能生成烯烃,亦即使原来的 $>C=0$ 基转变成 $>C=CH_2$,即

$$Ph_2P^+CH_2 + Ph_2C=0 \xrightarrow[\triangle]{} Ph_2C=CH_2 + Ph_3P=0 \tag{14.31}$$

人们把这类反应称为Wittig反应,而将亚甲基三苯膦及其类似物称为Wittig试剂。

1. 高分子Wittig试剂的合成及反应机理

$$Ph_3P + R'R''CHX \longrightarrow Ph_3P^+CHR'R''X^- \tag{14.32}$$

$$Ph_3P^+CHR'R''X^- + \text{碱} \longrightarrow Ph_3P=CR'R'' + \text{碱}-HX \tag{14.33}$$

$$Ph_3P=CR'R'' + R'R''CO \longrightarrow Ph_3PO + R'R''C=CR'R'' \tag{14.34}$$

虽然并非所有的Wittig反应都按上述机理进行,但反应过程中产生中间体 $Ph_3P-C(R_1R_2)-C(R_3R_4)$(P与C之间经O成环)是所有机理都相同的。反应的总速率取决于该中间体的形

成以及它转化为烯烃和氧化膦的速率，而形成烯烃的立体化学将取决于起始物料和中间体的反应平衡情况。

$$Ph_3P{=}CR_1R_2 + O{=}CR_3R_4 \longrightarrow \begin{matrix} Ph_3P-C(R')(R'') \\ | \quad | \\ O-C(R'')(R') \end{matrix} \longrightarrow Ph_3PO + R'R''C{=}CR'R'' \tag{14-35}$$

低分子物 Wittig 反应主要存在的问题是：①产物的立体构型不易控制；②酮类和位阻较大的醛类较难反应；③产物烯烃和副产物氧化三苯基膦，难以用萃取、蒸馏或结晶等方法加以分离。而高分子 Wittig 试剂最大的优点是能解决三苯基膦从产物烯烃中分离的问题，用聚苯乙烯键联的三苯基膦代替低分子的三苯基膦时副产物为氧化三苯基膦，此副产物是键联在不溶性聚合物（聚苯乙烯）上的，可以用过滤方法移出，再经还原处理，又可转变成原来的高分子 Wittig 试剂的母体——聚苯乙烯键联的三苯基膦，供循环使用。

高分子三苯基膦的 Wittig 反应如下

$$\text{Ⓟ}-C_6H_4-PPh_2 \xrightarrow{RCH_2X} \text{Ⓟ}-C_6H_4-\overset{+}{P}Ph_2CH_2X^- \xrightarrow{碱} \text{Ⓟ}-C_6H_4-PPh_2{=}CHR$$

$$\xrightarrow[②R'CHO]{①过滤} HRC{=}CHR' + \text{Ⓟ}-C_6H_4-\overset{+}{P}Ph_2-O^- \tag{14-36}$$

$$\xrightarrow[②R'R''C{=}O]{①过滤} HRC{=}CR'R'' + \text{Ⓟ}-C_6H_4-\overset{+}{P}Ph_2-O^-$$

由于副产物不溶性的高分子氧化物易于除去，从而使主产物烯烃的分离简化。树脂也比较容易再生。工业上应用的高分子 Wittig 试剂，一般采用交联度 2% 以上的聚苯乙烯为载体。

2. 用于 Wittig 反应的其他聚合物试剂

（1）用高分子膦酸酯改良的 Wittig 试剂 $\text{Ⓟ}-C_6H_4-CH_2\overset{+}{N}(CH_3)_3 \cdot (EtO)_2\bar{P}O_2$

这种试剂与酮反应时，烯烃产率约为 75% ~97% 。

（2） $\text{Ⓟ}-C_6H_4-CH_2-CH(COCH_3)P(O)(OEt)_2$

可用于聚合物键联的 α、β 不饱和腈、酯和酮的制备。

(3) 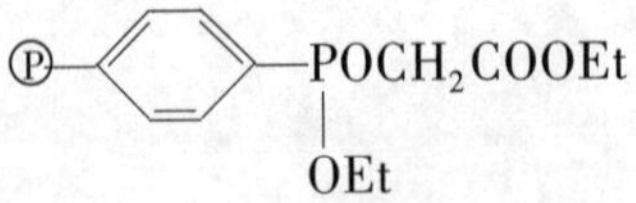 $\text{Ⓟ}-C_6H_4-\underset{\displaystyle OEt}{\underset{|}{P}}OCH_2COOEt$

由正丁基锂、二甲基氯化亚磷酸酯和溴乙烯乙酯处理2%交联度的溴化聚苯乙烯而制得。

3. Ylid 试剂

另一类与高分子 Wittig 试剂相似的试剂称为高分子硫 Ylid 试剂。它是用对一乙烯苯基甲基硫醚、苯乙烯、二乙烯苯的三元共聚物合成的。

高分子硫 Ylid 试剂与羰基化合物反应可合成环氧化合物

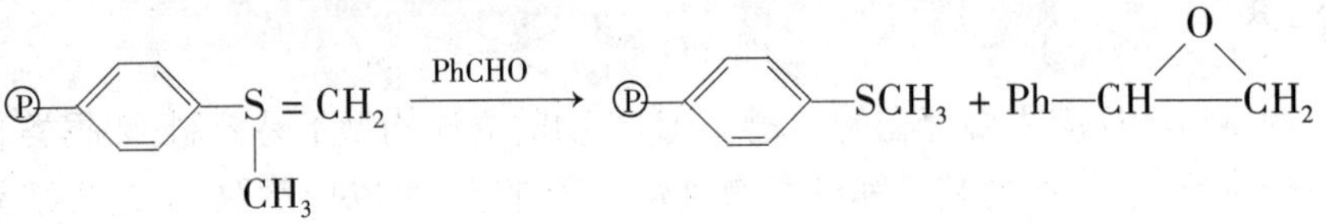

$$\text{Ⓟ}-C_6H_4-\underset{\displaystyle CH_3}{\underset{|}{S}}=CH_2 \xrightarrow{PhCHO} \text{Ⓟ}-C_6H_4-SCH_3 + Ph-\overset{O}{CH-CH_2} \tag{14.37}$$

14.6　高分子偶合剂

14.6.1　高分子碳化二亚胺

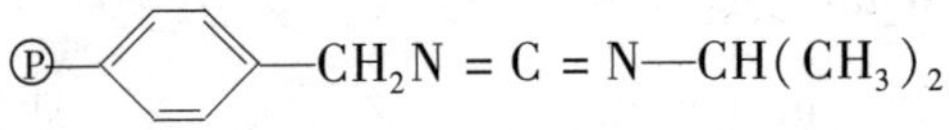

$$\text{Ⓟ}-C_6H_4-CH_2N=C=N-CH(CH_3)_2$$

高分子碳化二亚胺可用于肽合成中的偶合反应和用作制备羧酸酐以及把二醇氧化来制备醛类。当进行这些反应时，高分子碳化二亚胺被转化为其脲衍生物，该副产物又可再生变成高分子碳化二亚胺。下面是利用高分子碳化二亚胺制备羧酸酐的反应

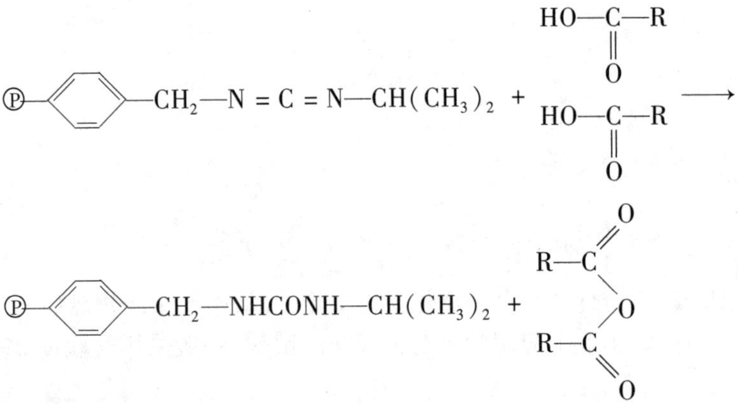

$$\text{Ⓟ}-C_6H_4-CH_2-N=C=N-CH(CH_3)_2 + 2\,HO-\underset{\displaystyle O}{\underset{\|}{C}}-R \longrightarrow \text{Ⓟ}-C_6H_4-CH_2-NHCONH-CH(CH_3)_2 + (R-CO)_2O \tag{14.38}$$

14.6.2　高分子磺酰氯

将3.5-三乙基苯乙烯、苯乙烯、二乙烯苯的三元共聚物进行氯磺化反应，就得到一种受阻聚合物磺酰氯

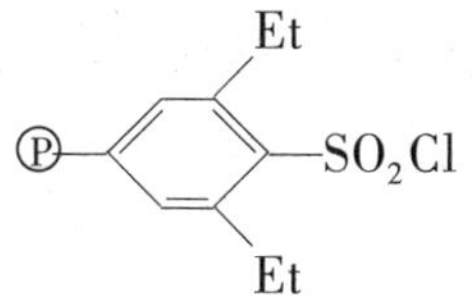

Ⓟ—(2,6-二乙基苯基)—SO_2Cl（结构式：苯环对位接Ⓟ，两侧邻位为 Et）

这种试剂可看作是均-三甲苯磺酰氯的聚合物模拟体，用它作偶合剂进行寡核苷酸的合成。使用这种高分子试剂既避免了羟基磺化的副反应，又能克服副产物磺酸不易完全除去的缺点，而且不影响偶合反应的速率和产率。高分子磺酰氯作偶合剂也可用于肽的合成。

14.6.3　EEDQ 基聚合物试剂

这种试剂带有 EEDQ(2-乙氧基-1-乙氧羰基-1,2-二氢喹啉)基团的聚合物，其合成反应如下式

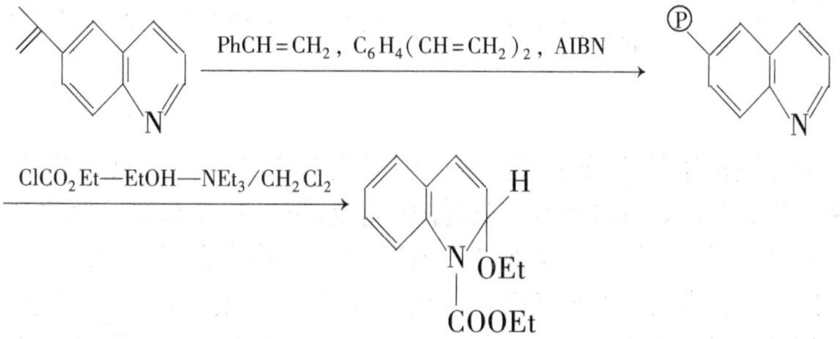

$$\text{6-异丙烯基喹啉} \xrightarrow{PhCH=CH_2,\ C_6H_4(CH=CH_2)_2,\ AIBN} \text{Ⓟ-喹啉} \xrightarrow{ClCO_2Et—EtOH—NEt_3/CH_2Cl_2} \text{Ⓟ-1,2-二氢喹啉(2-H, 2-OEt, N-COOEt)} \qquad (14.39)$$

这种高分子试剂可用来进行肽的偶合反应，产率很高，且产品纯度高，并且反应的消旋作用小，试剂可以再生重用。

14.7　高分子载体上的固相合成

固相合成采用在有机溶剂中不会溶解的聚合物为载体。含有一定功能基的低分子有机化合物以共价键的形式与这种载体结合，而后与低分子试剂或其溶液进行单步或多步的高分子化学反应。过量的试剂及其反应后的副产物都可用简单的过滤方法除去。最后将合成好的有机化合物从载体上切割下来。

14.7.1　多肽、低聚核苷酸、寡糖的固相合成

1. 多肽的固相合成

蛋白质和核酸是两类决定生命现象的重要物质，而蛋白质合成是以肽合成为起点的。1963 年 Merrifield 用固相法合成了 L-亮-L-丙-甘-L-缬四肽，1964 年他又合成了一种九肽，舒缓激肽，它具有降低血压的性能，全合成只花了八天时间，而当时用液相法则需一年时间。在固相合成中过量的试剂和副产物用简单的过滤方法除去，免除了中间体的重结晶提纯过程，加快了合成进程。一些用液相法难以合成的长肽，例如铁氧环蛋白、核糖核酶 A 等相继用固相法合成出来。

固相合成肽的基本步骤如下

$$ⓅC_6H_4CH_2Cl + HOOC\underset{R'}{CH}NH—保护基 \xrightarrow{①碱} ⓅC_6H_4CH_2OCO\underset{R'}{CH}NH—保护基$$

$$\xrightarrow{②酸(解除氨基的保护)} ⓅC_6H_4CH_2OCO\underset{R'}{CH}NH_2 \xrightarrow{③HOOC\overset{R''}{CH}NH-保护基\ DCC(偶合)}$$

$$ⓅC_6H_4CH_2OCO\underset{R'}{CH}NHCO\underset{R''}{CH}NH—保护基 \xrightarrow{重复②、③反应 n-2 次}$$

$$ⓅC_6H_4CH_2OCO\underset{R'}{CH}NHCO\underset{R''}{CH}NH\cdots\cdots CO\underset{R}{CH}NH—保护基$$

$$\xrightarrow[(肽与载体断开,且解除氨基的保护)]{④HX,酸解,X=Br,F} ⓅC_6H_4CH_2X + HOOC\underset{R'}{C}HNHCO\underset{R''}{C}HNH\cdots CO\underset{R}{C}HNH \tag{14.40}$$

合成多钛时最常用的高分子载体是氯甲基化苯乙烯——二乙烯苯共聚体。第一步是氨基受到保护的氨基酸以酯的形式与载体相连接;第二步在酯键不断裂的前提下,解除氨基的保护,第三步在另一个氨基受保护的氨基酸与已连在载体上的氨基酸的氨基在综合剂 DCC 存在下,进行偶合,或通过活性酯的方法形成肽键。以后重复进行②和③两个反应,直到所需序列的肽链形式,最后用适宜的酸(HBr-HAc)或三氟醋酸 HFA 或 HF)使载体与肽之间的酯键断裂,同时解除氨基的保护,制得预期序列的多肽。

表 14.1 是固相合成肽时一些常用的载体,它们与第一个氨基酸形成的键的性质,以及完成肽链增长后,将此键重新断裂开时所用的试剂。

表 14.1　固相法合成肽时一些常用的载体

载　　体	载体——第一个氨基酸的键的性质	末端断裂时用的试剂
$ⓅC_6H_4CH_2Cl$	Ⓟ—苄酯键	HBr/HAc
$ⓅC_6H_3(NO_2)CH_2Cl$	Ⓟ—苄酯键	HBr/HAc
$ⓅC_6H_3(Br)CH_2Cl$	Ⓟ—苄酯键	HBr/HAc
$ⓅC_6H_4CH_2OCOCl$	Ⓟ—氨基甲酸酯键	HBr/TFA
$ⓅC_6H_4CH_2S—C_6H_4OH$	Ⓟ—苯酯键	硫醚用 H_2O_2/HAc 氧化成砜或用间氯代过氧苯甲酸—CH_2Cl_2 和碱使之断裂
玻璃 $(—O)_3Si(CH_2)_n—C_6H_4—CH_2Cl$	Ⓟ—苄酯键	HBr/HAc

2. 低聚核苷酸的固相合成

核酸是最根本的生命基础物质。它是一种多聚核苷酸,它的基本结构单位是核苷酸,核苷酸可分两大类:一是核糖核酸(RNA),主要存在于细胞质中;另一种是去氧核糖核酸(DNA),主要存在于细胞核内。

低聚核苷酸的合成的主要步骤如下:

①将聚合物载体进行适当的功能化反应;

②将起始的单体核苷酸或核苷中可能会干扰合成反应的基团加以保护;

③将规定序列的第一个核苷酸与聚合物载体键联;

④将被接枝的单体去封阻载体上未反应的功能基;

⑤在缩合剂存在下,与第二个已保护了核苷酸偶合,形成核苷酸间磷酸二酯键;

⑥封阻未反应的羟基,以避免不期望的链增长;

⑦将活性羟基的保护基团脱封阻;

⑧重复上述⑤~⑦操作,直到完成所需的序列;

⑨把产物从载体上断裂下来;

⑩去除保护基(有时,⑩先于⑨进行)。

以下是固相法合成低聚核苷酸的反应原理。

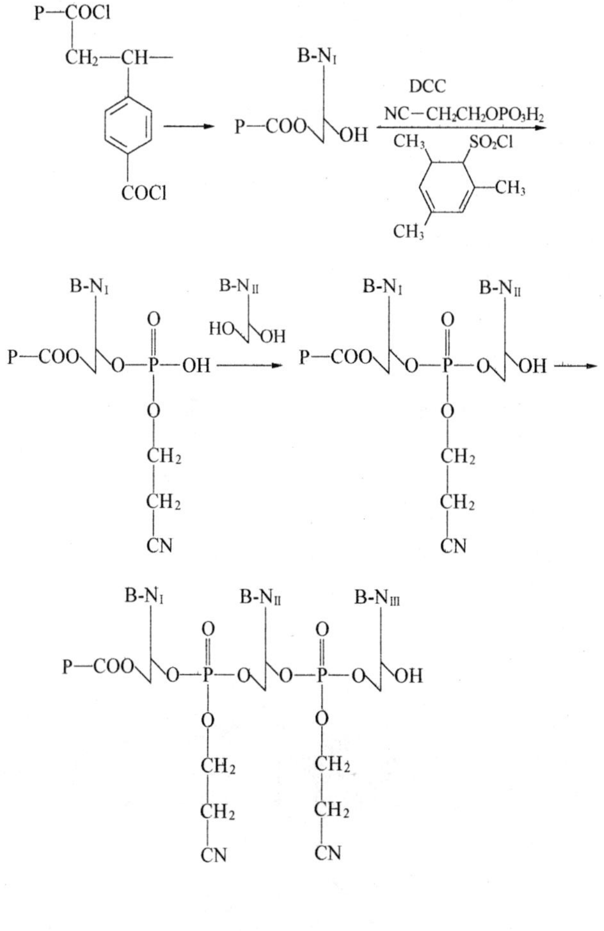

P—COCl
CH₂—CH—
COCl
B-N$_{I}$
P—COO　OH
DCC
NC—CH₂CH₂OPO₃H₂
CH₃　SO₂Cl
CH₃
CH₃

B-N$_{I}$　B-N$_{II}$　B-N$_{I}$　B-N$_{II}$
O　HO　OH　O
P—COO　O—P—OH → P—COO　O—P—O　OH →
O　O
CH₂　CH₂
CH₂　CH₂
CN　CN

B-N$_{I}$　B-N$_{II}$　B-N$_{III}$
O　O
P—COO　O—P—O　O—P—O　OH
O　O
CH₂　CH₂
CH₂　CH₂
CN　CN

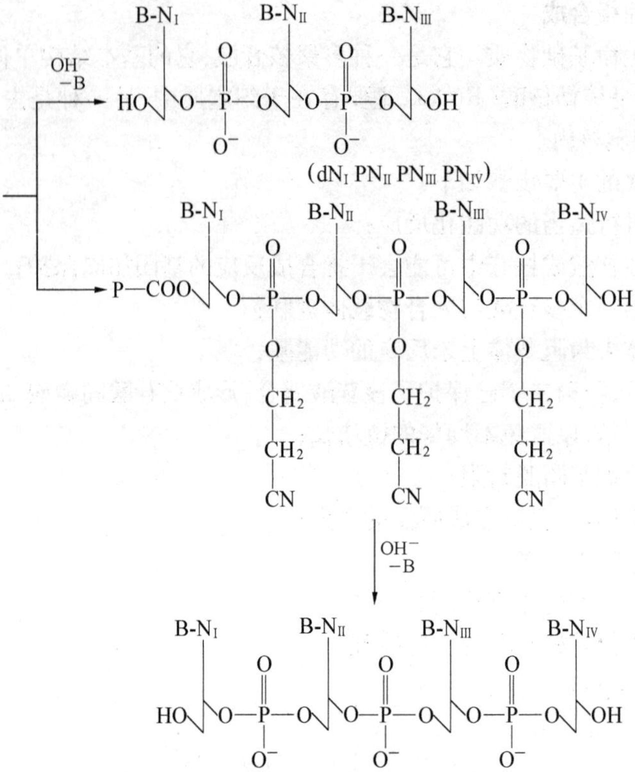

$$\xrightarrow[-B]{OH^-} HO{-}\text{dN}_{I}{-}O{-}P(=O)(O^-){-}O{-}\text{dN}_{II}{-}O{-}P(=O)(O^-){-}O{-}\text{dN}_{III}{-}OH$$

$(dN_I\ PN_{II}\ PN_{III}\ PN_{IV})$

$$\longrightarrow P{-}COO{-}\text{dN}_{I}{-}O{-}P(=O)(OCH_2CH_2CN){-}O{-}\text{dN}_{II}{-}O{-}P(=O)(OCH_2CH_2CN){-}O{-}\text{dN}_{III}{-}O{-}P(=O)(OCH_2CH_2CN){-}O{-}\text{dN}_{IV}{-}OH$$

$$\downarrow{OH^-,\ -B}$$

$$HO{-}\text{dN}_{I}{-}O{-}P(=O)(O^-){-}O{-}\text{dN}_{II}{-}O{-}P(=O)(O^-){-}O{-}\text{dN}_{III}{-}O{-}P(=O)(O^-){-}O{-}\text{dN}_{IV}{-}OH \tag{14-41}$$

$(dN_I\ PN_{II}\ PN_{III}\ PN_{IV})$

3. 寡糖的固相合成

寡糖是由少数分子的单糖(2～6 个)结合形成的糖。

(1)固相法合成寡糖的基本原理。

利用聚合物载体合成寡糖,有两种方法,方法 1:将第一个糖单元通过其中一个羟基(C-6 或 C-3 羟基)的醚化或酯化作用而键联到聚合物上,使 C-1 上的基团仍处于游离状态(或将其可逆地封阻),然后将已封阻的,具有一个游离羟基的第二个糖单元(6),偶联到聚合物键联糖上。在这一反应中,必须活化聚合物键联糖 C-1 上的羟基。为了使键

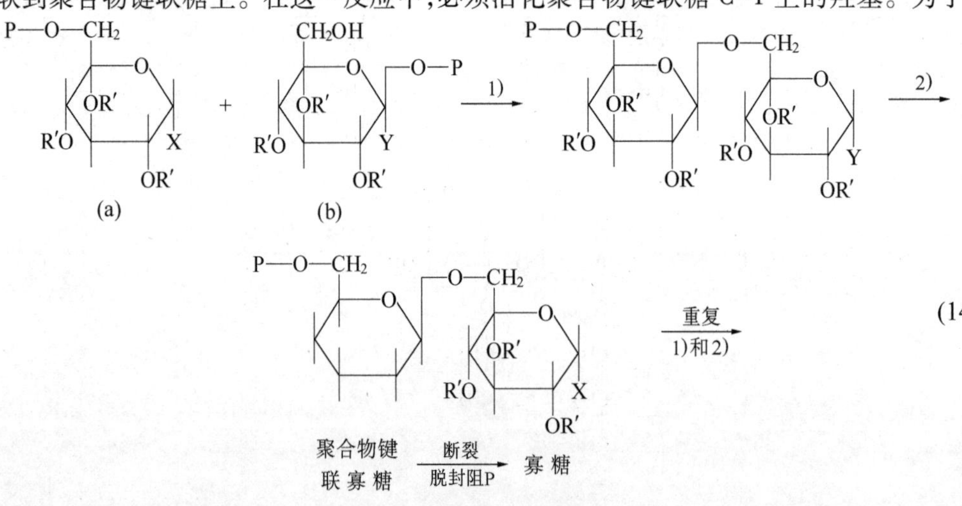

(a) P—O—CH₂ 糖环(OR′, R′O, OR′, X) + (b) CH₂OH 糖环(O—P, OR′, R′O, OR′, Y) $\xrightarrow{1)}$ P—O—CH₂ 糖环—O—CH₂ 糖环(OR′, R′O, OR′, Y) $\xrightarrow{2)}$

P—O—CH₂ 糖环—O—CH₂ 糖环(OR′, R′O, OR′, X) $\xrightarrow[1)和2)]{重复}$ (14-42)

聚合物键联寡糖 $\xrightarrow[脱封阻P]{断裂}$ 寡 糖

进一步增长,必须再将第二个糖单元 C-1 上的羟基转变为活性形式,重复这一步骤,以形成三聚、四聚和多聚寡糖。最后将寡糖产物从聚合物上断裂下来。脱封阻后即得到产品,如下式

方法 2:第一个糖单元(d)可以通过异头物中心 C-1(非活性聚合物糖苷)键联到聚合物上。聚合物键联的第一个糖具有一个游离基(一般在 C-6 上),再将它与第二个糖单元(C)的活性 C-1(x)偶合。(C)仅有一个被 R_2 封阻的羟基(在 C-6 上),它比被 R_1 封阻的羟基容易脱封阻,去掉封阻基团 R_2,并重复偶合程序,使链增长。在聚合物载体上合成了寡糖序列后,再将它从聚合上切断下来,脱去封阻后再行分离。如下式

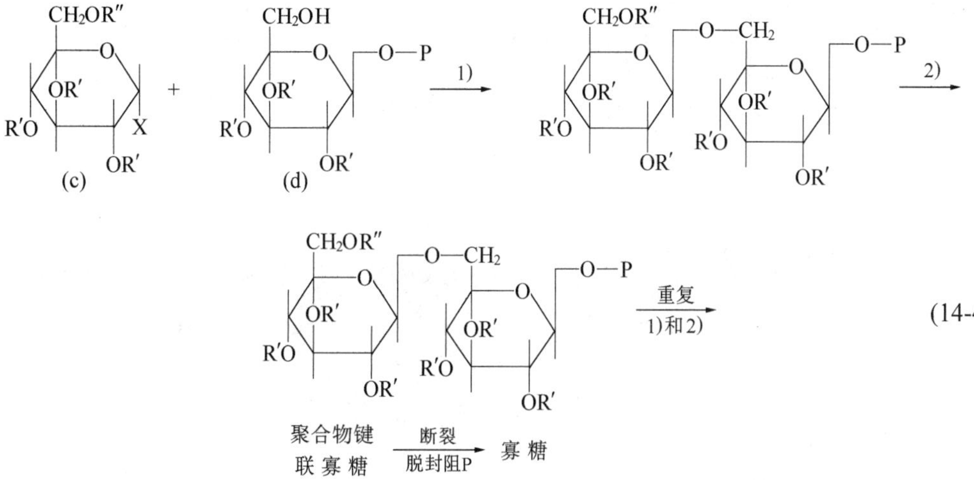

(c) + (d) —1)→ —2)→ —重复 1)和2)→　(14-43)

聚合物键联寡糖 —断裂 脱封阻P→ 寡糖

P=聚合物;　R′=封阻基团;　R″=可在 R′存在下去除的封阻基团;　X=C-1 活性基团;
Y=C-1 活性基团

(2)固相法合成异麦芽糖的过程。

固相法合成寡糖,以合成异麦芽糖报道较多,下面介绍合成异麦芽糖的方法

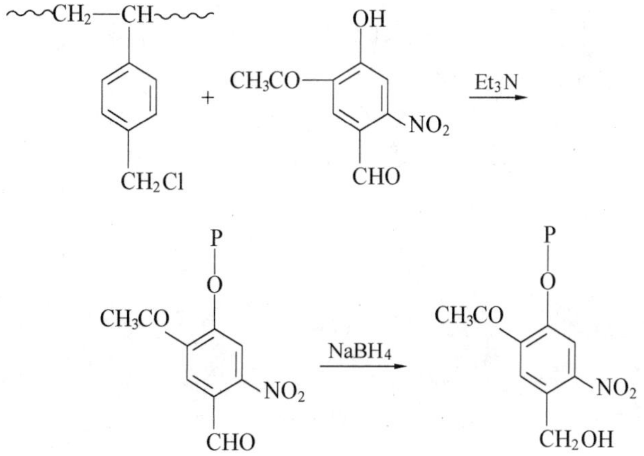

—Et_3N→ —$NaBH_4$→　(14-44)

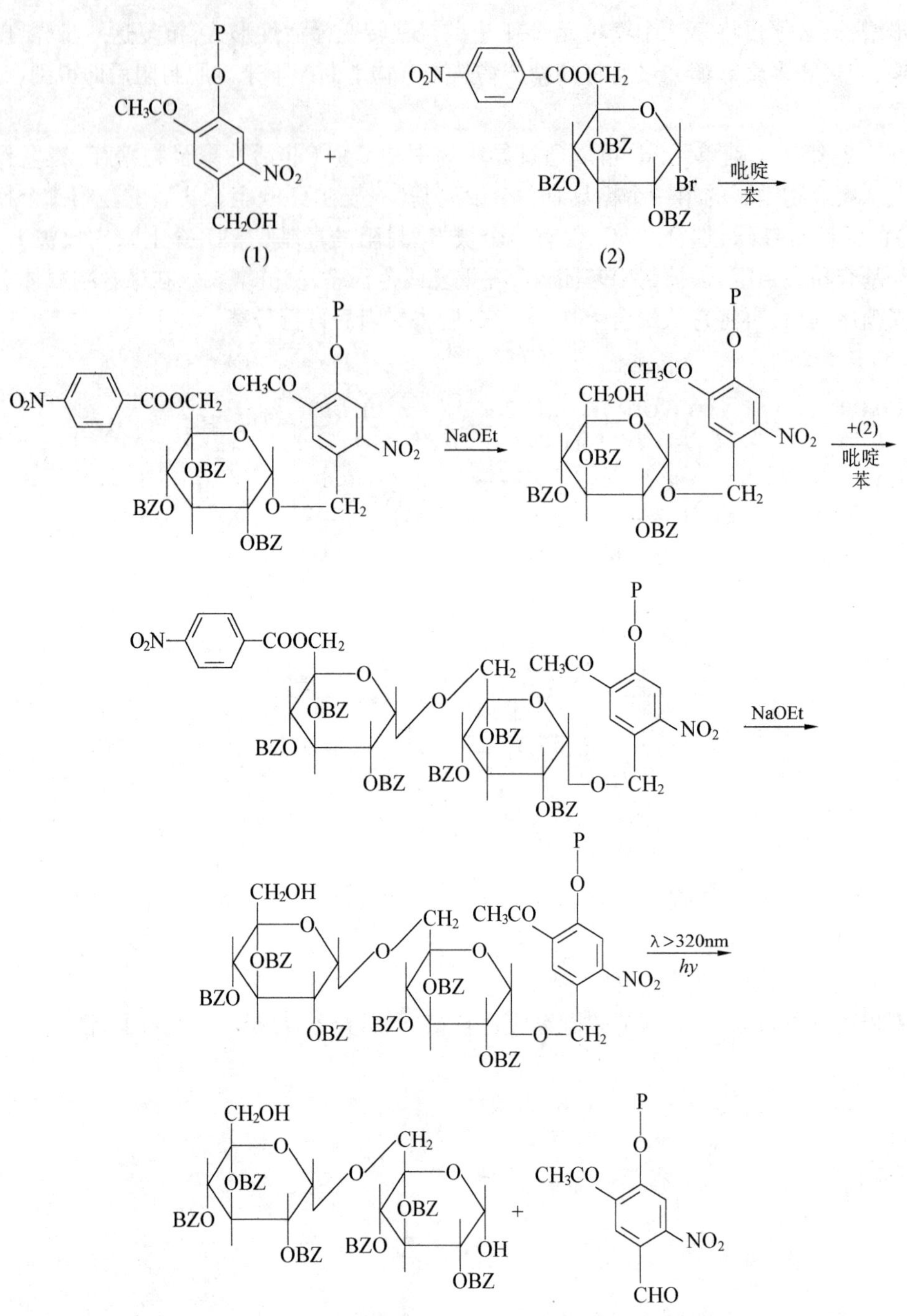

P O CH_3CO NO_2 CH_2OH (1) + O_2N $COOCH_2$ O OBZ BZO Br OBZ (2) $\xrightarrow[\text{苯}]{\text{吡啶}}$

O_2N $COOCH_2$ O OBZ BZO O OBZ CH_3CO P O NO_2 CH_2 $\xrightarrow{NaOEt}$ CH_2OH O OBZ BZO O OBZ CH_2 CH_3CO P O NO_2 $\xrightarrow[\text{吡啶 苯}]{+(2)}$

O_2N $COOCH_2$ O OBZ BZO OBZ O CH_2 O OBZ BZO OBZ O—CH_2 CH_3CO P O NO_2 $\xrightarrow{NaOEt}$

CH_2OH O OBZ BZO OBZ O CH_2 O OBZ BZO OBZ O—CH_2 CH_3CO P O NO_2 $\xrightarrow[hy]{\lambda>320nm}$

CH_2OH O OBZ BZO OBZ O CH_2 O OBZ BZO OH OBZ + P O CH_3CO NO_2 CHO

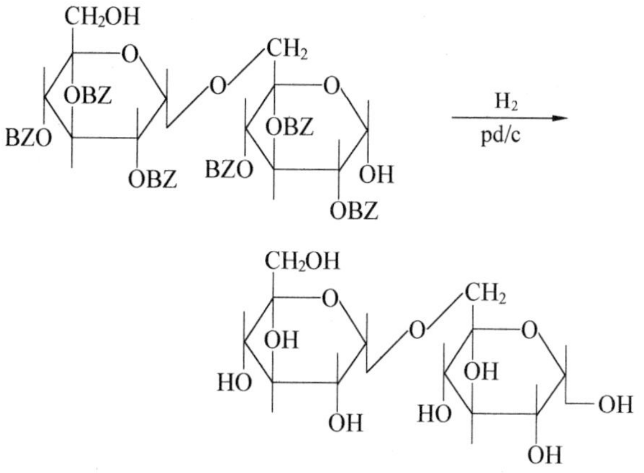

$\xrightarrow[\text{pd/c}]{H_2}$

异麦芽糖

14.7.2　有机化合物的固相合成

固相合成除了具有产物容易分离纯化的优点外，应用聚合物载体还有可能使分子在聚合物上彼此隔离，发生基位隔离效应，展示了优先进行分子内反应的可能性。聚合物与负载分子之间形成键，还可能把双功能基化合物中的一个活性基封阻，使其主要发生单功能基反应。因此，用聚合物载体的固相合成应用领域也扩大了许多。

1. 分子内酯缩合，酯的酰基化和烷基化

含活泼亚甲基化物的 C-烷基化和 C-酰基化在用溶液法反应时，可能发生使含有一个以上 α-H 的酯被酰化时总有二酰基化产物生成和自缩合的副反应。

如果采用固相合成法通过共价键把可烯醇化的酯结合在聚合物上，当酯基在载体上负载容量高时，即酯基处于"浓集"状态，若聚合物链相对柔顺，那么链的构象变化可增强酯基之间的相互接触，会使酯的自缩合更易发生，反之，如果酯基在载体上负载容量低时，酯基处于"稀疏"状态，倘若聚合物刚性较大，那么链的构象难以使酯基之间相互接触，就可避免酯的自缩合反应，甚至二酰基化的可能性也因活性基团之一被固定化而大为减小。

用聚合物键联的苯乙酸进行的酰化反应

$$\text{Ⓟ—}CH_2COOH + R_1CH_2Cl \xrightarrow{\text{碱}} \text{Ⓟ—}CH_2COOCH_2R_1 \xrightarrow[\text{②}R_2COCl]{\text{①}Ph_3CLi}$$

$$\text{Ⓟ—}CH_2COO\text{—}\underset{\underset{COR_2}{|}}{CHR_1} \xrightarrow[TFA]{HBr} R_1CH_2COR_2 + CO_2 + \text{Ⓟ—}CH_2Br \qquad (14.45)$$

2. Dieckmann 反应及大环化合物

Dieckmann 反应是二元羧酸的双酯在碱催化下，与 α-H 缩合成环状 β-酮酯的反应。若双酯分子是不对称的，会产生二种环状 β 酮酯，即使采用色层分离法也难以完全分离。若采用固相合成法，虽也生成二种 β-酮酯，但其一是与不溶性的聚合物载体相连接的，分离纯化简单。

$$\text{(P)}-CH_2O\overset{O}{\overset{\|}{C}}-CH_2-(CH_2)_6CH_2\overset{O}{\overset{\|}{C}}OC(CH_3)_3 \xrightarrow{①碱} (CH_3)_3CO\overset{O}{\overset{\|}{C}}-CH_2-(CH_2)_6-CH_2- + \text{(P)}-CH_2O\overset{O}{\overset{\|}{C}}-CH_2-(CH_2)_6CH_2$$

$$\xrightarrow{②碱} \text{(P)}-CH_2O\overset{O}{\overset{\|}{C}}-\text{(cyclic diketone)}$$

(14-46)

$$\text{(P)}-CH_2SCO-(CH_2)_8 \xrightarrow{碱} \text{(cyclic dicyano diketone)} + \text{(cyclic cyano ketone)}$$

(14-47)

3. 对称双功能基的单保护

将对称双功能基有机化合物中的一个功能基,通过共价键与聚合物载体连接,既可利用载体保护这个功能基,又可使另一个未受保护的功能基在固相合成中进行高分子反应,最后预期的产物从聚合物上断裂下来,这种方法在固相合成中广泛应用。

(1)二元醇。

二元醇可以通过它的一个羟基被键联到聚合物(如聚合物酰氯)上,保留另一个羟基进行衍生反应。用聚合物载体合成昆虫性引诱剂时,就是应用了通过三苯甲基醚来进行二元醇的单功能基保护的原理。由聚合物键联的二醇合成通式为 $AcD(CH_2)_mCH=(CH_2)_n(CH_3)$ 的化合物,可用三种不同的方法,如图 14.1 所示。

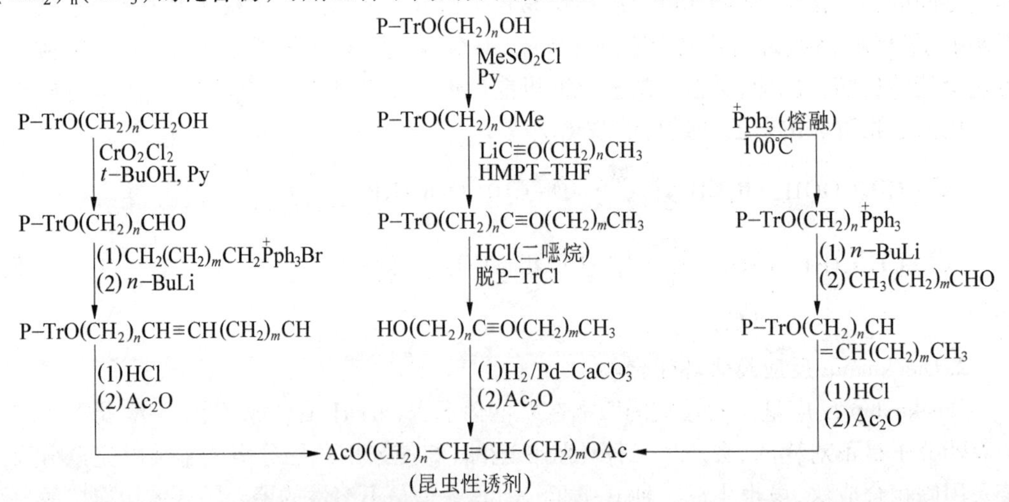

图 14.1　合成聚合物键联二醇的三种方法

(2)二元羧酸。

用羟甲基苯乙烯使对称二酰氯单保护,游离的酰氯基转化成酰胺,再经水解、酯化,制得纯度高的单酯酰胺,收率在 86% ~98% 之间。

$$\text{Ⓟ}-C_6H_4-CH_2OH + ClCO(CH_2)_nCOCl \longrightarrow \text{Ⓟ}-C_6H_4-CH_2OOC(CH_2)_nCOCl$$

$$\xrightarrow{R'-NH-R''} \text{Ⓟ}-C_6H_4-CH_2OOC(CH_2)_nCON(R')(R'') \xrightarrow[\text{② 酯化}]{\text{① 水解}}$$

$$\text{Ⓟ}-C_6H_4-CH_2OH + CH_3OOC(CH_2)_nCON(R')(R'') \tag{14.48}$$

产物单酯酰胺分子式中 $n=3,4,8$

$n=3$ 时,$R'=H,R''=C_6H_5-$;$n=4$ 时,$R'=R''=-CH_3$;$n=8$ 时,$R'=R''=H$

(3)二元醛。

用交联的聚丙烯-2,3——二羟基丙酯为载体,用固相合成法对苯二甲醛制取对苯二甲醛单羟肟、对羟甲基苯甲醛。

$$\longrightarrow \text{Ⓟ}-COOCH_2-CH(OH)CH_2OH + HOC-C_6H_4-CHO$$

$$\text{Ⓟ}-COOCH_2-\underset{\text{O—CH(C}_6\text{H}_4\text{CHO)—O}}{CH\quad\quad -CH_2}$$

$$\begin{cases}\xrightarrow[H^+]{NH_2-OH} OHC-C_6H_4-CH=NOH \\ \xrightarrow[H^+]{NaBH_4} OHC-C_6H_4-CH_2OH\end{cases} \tag{14.49}$$

(4)二元胺。

将含有苄基氯的聚合物载体与碳酸对硝基苯酯反应,得到 $\text{Ⓟ}-C_6H_4-CH_2OOCO-C_6H_4-NO_2$,然后用二元胺键联,使之获得单保护,再用过量的苯甲酰氯将游离的氨基进行苯甲酰化,最后用三氟乙酸及乙酸酐使之断裂,制得 N-苯甲酰-N′——三氟乙酰-1,ω——二胺,收率为 50% ~80%。

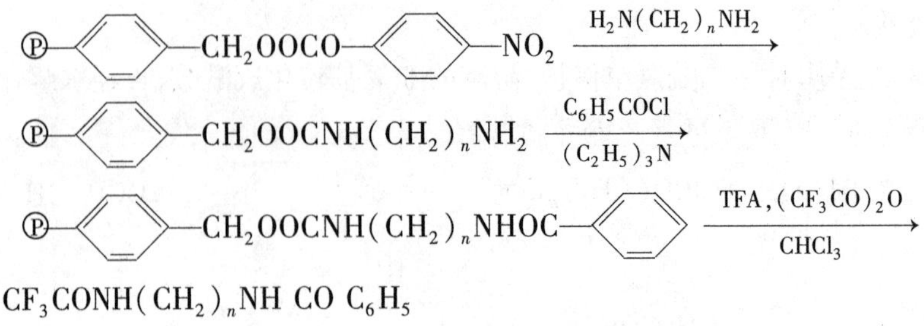

$$\text{Ⓟ}-C_6H_4-CH_2OOCO-C_6H_4-NO_2 \xrightarrow{H_2N(CH_2)_nNH_2}$$

$$\text{Ⓟ}-C_6H_4-CH_2OOCNH(CH_2)_nNH_2 \xrightarrow[(C_2H_5)_3N]{C_6H_5COCl}$$

$$\text{Ⓟ}-C_6H_4-CH_2OOCNH(CH_2)_nNHOC-C_6H_5 \xrightarrow[CHCl_3]{TFA,(CF_3CO)_2O}$$

$$CF_3CONH(CH_2)_nNH\ CO\ C_6H_5 \qquad (14.50)$$

4. 不对称固相合成

用聚合物三苯基甲醇合成出只有一个游离羟基的戊糖载体，用苯酰甲酰氯酯化这个羟基，得到相应具有手征性的，含有酯结构的聚合物，再用甲基碘化镁与此聚合物进行不对称格氏反应，水解后得到苯基乳酸，载体可重复使用。

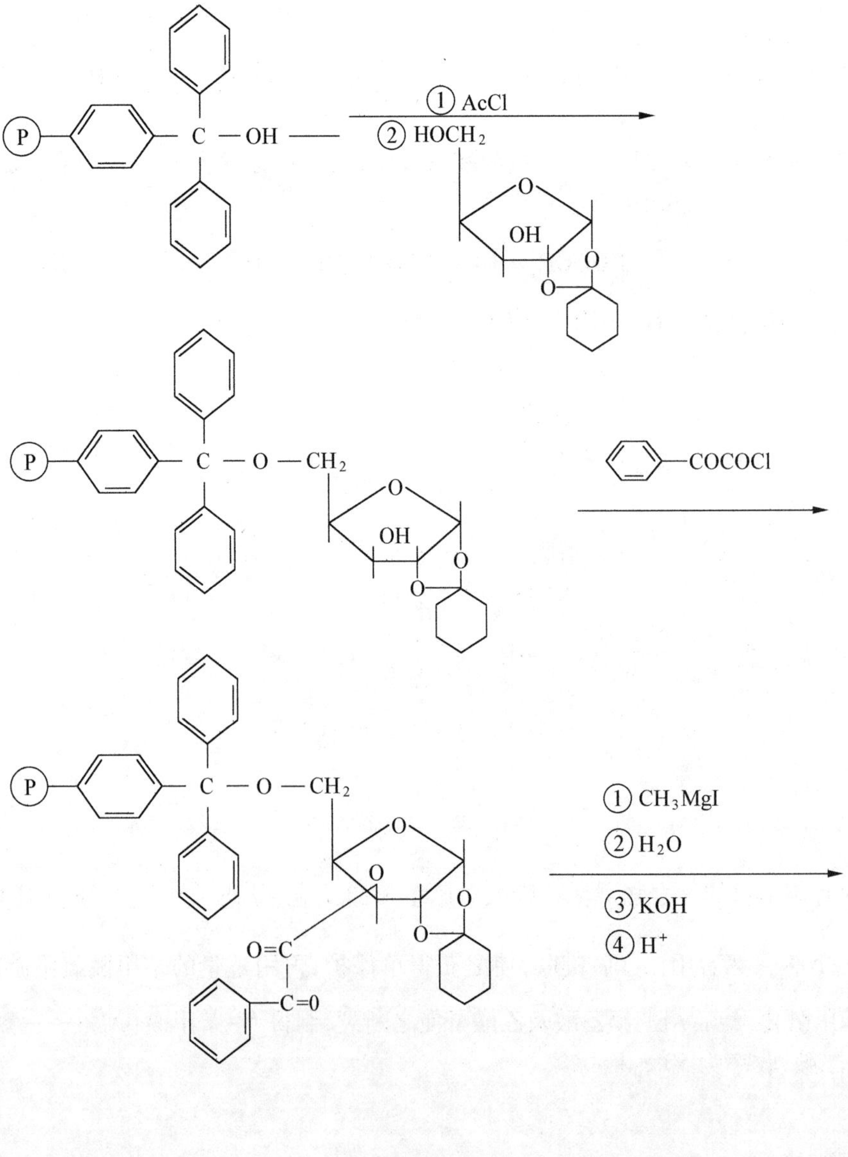

P — C — OH　①AcCl　②HOCH$_2$　OH　O　O　O

P — C — O — CH$_2$　O　OH　O　O　C_6H_5—COCOCl

P — C — O — CH$_2$　O　O　O　O　O=C　C=0

①CH_3MgI
②H_2O
③KOH
④H^+

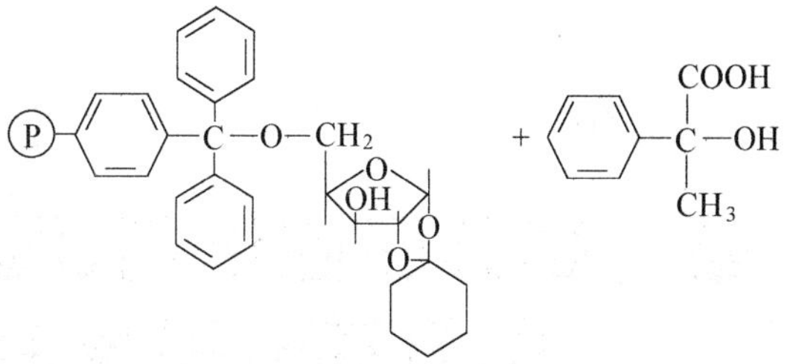

5. 外消旋体的拆分

交联聚合物中键联有光学活性配位体，例如 L-脯氨酸、L-羟基脯氨酸等，这类具有手征性功能的聚合物，可以用于液相色谱，以分离氨基酸等的外消旋体，所采用的聚合物载体可以是聚苯乙烯、聚丙烯酰胺、聚甲基丙烯酸甘油酯等。

近年来发展了一类手征性空穴聚合物，用于外消旋体的析离。这类聚合物的功能基具有预定的、恰好象对映体的空间关系。它是通过单体在旋光性模板周围聚合制成的。聚合物载体可以是有机的或无机的载体。利用这类手征性孔穴的聚合物，可以有效地分离模板分子的外消旋体，现已在高压液相色谱中应用。

另外，利用冠醚的空穴与具有 α-烷基、α-芳基乙基的伯胺盐的对映体混合物形成的非对映体络合物，用来析离对映体，已获得成功。

第 15 章　高分子催化剂、固定化酶及高分子螯合剂

15.1　高分子催化剂和固定化酶

高分子催化剂就是将具有催化活性的基团连接于高聚物上，使之成为对化学反应具有催化作用的高分子化合物。最常见的高分子催化剂是离子交换树脂。

在生物体内所进行的化学反应，几乎全部是酶催化的。酶是由各种氨基酸连接组成的高分子，是天然的高分子催化剂，酶能在常温常压条件下，对酶促反应具有高活性和选择性。而固定化酶的制备和使用，开拓了酶的工业应用范围。

本章将主要介绍各类高分子催化剂，固定化酶的制备、结构、性能及应用。

15.1.1　高分子催化剂

使用高分子催化剂有很多优点，首先反应体系是非均相的，催化剂的分离、回收容易，改进了生成物的纯度；第二是高分子催化剂对水、空气的稳定性增加，易于操作，如 $AlCl_3$ 对水很敏感，但高分子化后在空气中放置一年都不失活；第三是提高了反应的选择性；第四是催化剂活性大，反应速度快，产率高。

1. 离子交换树脂作为高分子催化剂

许多有机化学反应可被低分子酸或碱所催化，但产品的分离、纯化步骤较多，而用酸性或碱性的离子交换树脂来代替这些低分子催化剂，反应条件一般较温和，反应后只需用简单的过滤分离、回收催化剂，产物也无需中和，纯化方便，且回收的离子交换树脂可重复使用，比较经济。

(1)阳离子换树脂催化剂。

阳离子树脂催化剂一般含有磺酸基，磺酸基是通过聚合物的磺化反应而引入的，下面我们以全氟磺酸树脂为例介绍它的结构特点及应用。

①全氟磺酸树脂的结构特点。全氟磺酸树脂作为催化剂使用的牌号品种有 Nafion-H，Nafion-501，Nafion-XR，Nafion-425 和 Nafion-XR500 五种，总称为 Nofion 树脂。它可用全氟乙二醇二乙烯基醚与氯磺酸反应，而引入磺酸基后，再与四氟乙烯共聚而成，其化学结构如下

$$\left[(CF_2-CF_2)_n - \underset{\underset{\underset{\underset{CF_3}{|}}{(OCF_2CF)_m OCF_2CF_2SO_3H}}{|}}{CF} - CF_2 \right]_x$$

式中，$m=1,2,3$；$n=5\sim13.5$；x 约为 100。调整 n 值，可获得一系列不同当量的树脂。

全氟磺酸树脂带有亲水的磺酸基$-SO_3H$和疏水的氟碳骨架$-CF_2CF_2-$。磺酸基团的存在使该树脂能吸附大量的水和其他极性溶剂，而氟碳骨架保证了树脂具有类似聚四氟乙烯的热稳定性和化学稳定性。它能在较高温度下使用，不受酸、碱、氧化剂的腐蚀、机械强度良好。且具有渗透选择性，对多种阳离子和极性分子是可渗透的，而对阴离子和非极性物质是不可渗透的。

树脂所带的—$OCF_2CF_2SO_3H$基团，磺酸基上的H极易电离，因此树脂显酸性。

②全氟磺酸树脂催化剂的应用。全氟磺的树脂催化剂可用于酰基化反应、重排反应、醚的合成、酯化反应、水化反应、齐聚反应、烷基化反应、环氧键打开的反应、Diels-Alder反应、脱酰化反应、光异构化反应、羰基化反应等有机合成反应中。另外，全氟树脂催化剂作为一种有效的、非均相的强酸催化剂，在电极涂料、氢气生产、燃料电池和氟碱隔膜等方面的应用研究有一定进展，预期不久的将来可广泛应用于工业生产。

(2)阴离子交换树脂催化剂。

阴离子交换树脂通常含有季胺基，其季胺基是通过聚合物氯甲基化后再胺化而引入的。季铵树脂本身具有相转移催化作用，在反应中显示出一定的立体选择性。还有一些阴离子交换树脂催化剂是属于聚吡啶类、含有嗪基的树脂等。

此类树脂可作为缩合、水合、环化、酯化和消除反应的催化剂。

2. 高分子金属催化剂

高分子金属催化剂按结构可分为两类，一类是金属直接连接在高分子上而成的高分子金属催化剂，另一类是低分子过渡金属化合物与高分子配位体形成的高分子金属络合物催化剂。

高分子金属催化剂由于其特殊的高分子效应，而具有较高的催化活性，选择性更好，寿命更长。高分子金属催化剂使用比较方便，反应条件温和，易于回收，而催化剂大多采用贵金属，催化剂的回收使其应用成本大大降低，所以近年来深受欢迎。

(1)高分子金属催化剂的结构。

很难知道键连于聚合物的金属络合物的详细结构。但总的来说它仍保持着原有的基本催化活性，可以认为低分子量的催化络合物和键联聚合物后生成高分子络合物具有相应的结构，金属络合物起催化作用的基本条件是具有敞开的配位点及金属络合物在聚合物母体上保持隔离状态，这只是刚性聚合物才能实现的。

高分子金属催化剂大多是含有镍、铑、钌、钯、铂、钼、钴等过渡金属的高分子金属络合物，而聚合物骨架多为聚苯乙烯、聚乙烯吡啶、聚乙烯吡咯酮、聚丙烯酸、尼龙等，而以交联的聚苯乙烯应用最为广泛。

(2)高分子金属催化剂的制备。

仅以一种含铑的高分子催化剂为例来介绍此类催化剂的合成，从连接有二苯膦基的聚苯乙烯与低分子有机金属络合物$R_nCl(PP_{h3})_3$(是一种高活性的低分子均相烯烃加氢催化剂)进行反应而得

$$\text{—CH}_2\text{—CH—}(C_6H_4)\text{CH}_2\text{Cl} \xrightarrow{LiPPh_2} \text{—CH}_2\text{—CH—}(C_6H_4)\text{CH}_2\text{—PPh}_2 \xrightarrow{RhCl(PPh_3)_3} \text{—CH}_2\text{—CH—}(C_6H_4)\text{CH}_2\text{—}Ph_2P\cdots RhCl(PPh_3)_2 \quad (15.1)$$

(3)高分子金属催化剂的应用。

高分子金属催化剂可用于加氢、硅氢加成、氧化、环氧化,不对称加成、异构化、羰基化、分解、齐聚、聚合等反应。

15.1.2 固定化酶

酶是一类分子量适中的蛋白质,存在于所有的活细胞中,它是天然的高分子催化剂,具有催化活性极高, 特异性和控制的灵敏性等特点。

而酶是水溶性的,在酶促反应之后,要在不使酶发生变性的情况下回收酶是困难的,因此发生污染产品、酶难于使用等问题。若将酶固定在载体上(这即是固化酶),使之不溶于水,就可以克服这些缺点。固定化酶有以下优点:使贵重酶可以回收、重复使用;使易变性的酶趋于稳定;可以从反应混合物中分离、不污染产品;将固定化酶制成膜状或珠状,使酶促反应操作连续化、自动化。但固定化酶的弱点是酶的活性降低,但可通过选用恰当的固定化方法,最大限度地保持酶的活性。

把酶固定在聚合物载体上的想法比使用聚合物固定化试剂的想法产生的还要早。大部分酶在天然环境中(活体内)的性质和它们在活体外的性质并不完全一样。例如细胞酶在类凝胶环境,界面吸附状态或固态体系中的性质与存在于线粒体中的性质不完全一样,如果能借助于酶一个基团(这个基团不是酶的活性部位)以共价键联的方式把酶固定在聚合物载体上,那么酶就可以在非均相体系中使用了。

1. 固定化酶的制备方法

酶固定化方法有化学法和物理法两大类。化学法有:将酶通过化学键连接到合成的或天然的高分子载体上去的共价结合法和用交联剂通过化学键将酶分子交联起来成为不溶性物质的交联法。物理方法有包埋法和吸附法。

(1)共价结合法。

此法的实质是通过化学反应,使酶分子中的基团与聚合物载体的功能基发生共价键的结合,从而使酶固定比。可供共价结合的酶分子中的基团有氨基、羧基、苯环、巯基、羟基、咪唑基和吲哚基。而用于酶固定化的载体聚合物最好带有一定数量的亲水基,因为亲水载体在蛋白结合量、酶活力和稳定性等方面都较疏水载体为优,而且亲水基的存在,可以减轻疏水基对酶蛋白的变性作用。另外还要求聚合物载体具有如下性能:一定的机械强度;多孔结构;比表面大;能在温和条件下与酶进行共价结合;非专一性吸附活性低。

共价结合法的优点是酶与载体的结合较为牢固,酶不易脱落,缺点是固定化操作较复杂,而且在反应过程中往往会造成酶的部分失活。

①重氮反应。先将聚合物载体的伯胺基重氮化,然后在温和条件下,将重氮衍生物与酶分子中的酚羟基、氨基或咪唑基偶合,使酶固定化。

$$Ⓟ-C_6H_4-NH_2 \xrightarrow[HCl]{NaNO_2} Ⓟ-C_6H_4-N_2^+Cl^-$$

$$Ⓟ-C_6H_4-N_2^+Cl^- \xrightarrow{E} Ⓟ-C_6H_4-N=N-C_6H_3(E)(OH)$$

$$Ⓟ-C_6H_4-N_2^+Cl^- \xrightarrow{E} Ⓟ-C_6H_4-N=N-(\text{NH 咪唑环})-E$$

$$Ⓟ-C_6H_4-N_2^+Cl^- \xrightarrow{E} Ⓟ(-C_6H_4-N=N-)_2N-E$$

(15.2)

注:E 代表酶分子

②异硫氰酸反应。硫光气与含有氨基的聚合物载体作用,氨基可随即变为异硫氰酸基,从而可进一步和酶分子的氨基反应而使酶固定化。

$$Ⓟ-C_6H_4-NH_2 \xrightarrow{Cl-CS-Cl} Ⓟ-C_6H_4-NCS \xrightarrow{E} Ⓟ-C_6H_4-NHCSNH-E$$

(15.3)

③烷基化和芳基化反应。带活泼卤原子或卤乙酰基的聚合物载体,与酶分子的氨基或巯基发生烷基化或芳基化反应,而使酶固定化。

$$Ⓟ-X \xrightarrow{E} Ⓟ-E \quad (15.4)$$

④叠氮反应。用于叠氮反应的聚合物载体,大都带有羟基、羧基、羧甲基。在制备固定化酶时,先将聚合物载体转变为聚合物叠氮化合物,然后使之与酶蛋白的氨基结合,而使酶固定化。

$$Ⓟ-OCH_2COOH \xrightarrow{CH_3OH/H^+} Ⓟ-OCH_2COOCH_3 \xrightarrow{NH_2NH_2} Ⓟ-OCH_2CONHNH_2 \xrightarrow{HNO_2}$$

$$Ⓟ-OCH_2CON_3 \xrightarrow{E-NH_2} Ⓟ-OCH_2CONH-E \quad (15.5)$$

⑤酰化反应。带有羧基或酸酐功能基的聚合物载体,能在较温和条件下与酶分子的氨基起酰化反应而使酶固定化。

$$Ⓟ-COOH+SOCl_2 \longrightarrow Ⓟ-COCl \xrightarrow{E-NH_2} Ⓟ-NH-E \quad (15.6)$$

$$Ⓟ\begin{cases} CH_2-CO \\ \qquad\quad O \\ CH_2-CO \end{cases} \xrightarrow{E-NH_2} Ⓟ\begin{cases} CH_2COO^- \\ CH_2CONH-E \end{cases} \quad (15.7)$$

⑥缩合反应。带羧基的聚合物载体如羧酸树脂,在弱酸性条件下经羰亚胺处理,得到高度活泼的O-酰基异脲衍生物,随后重排为酰基脲,或者立即与酶分子的氨基反应缩合成酰胺键。

$$Ⓟ-COOH+ \begin{matrix} RN \\ \| \\ C \end{matrix} \xrightarrow{PH4.75\sim5} \quad (15.8)$$

$$
\text{Ⓟ}\text{-COO-}\underset{\underset{\text{RN}}{\|}}{\overset{\overset{\text{RNH}}{|}}{\text{C}}}\text{—}
\begin{cases}
\xrightarrow{\text{E-NH}_2} \text{Ⓟ-CONH-E} + \text{R—NH—}\underset{}{\text{C}}(=\text{O})\text{—NH—R} \\
\xrightarrow{\text{重 排}} \text{Ⓟ —CO}\overset{\overset{\text{R}}{|}}{\text{N}}\text{OC—NHR}
\end{cases}
\tag{15.9}
$$

⑦巯基——二硫基交换反应。使用巯基树脂作聚合物载体，一般先用2,2′——二吡啶基二硫化物处理，使之转变为二硫键，然后再与酶分子偶合。

$$
\text{Ⓟ}\sim\sim\text{SH} + \text{(吡啶基)—S—S—(吡啶基)} \longrightarrow \text{Ⓟ}\sim\sim\text{S-S-(吡啶基)} + \text{S}=\text{(NH 吡啶环)}
\tag{15.10}
$$

$$
\text{Ⓟ}\sim\sim\text{S-S-(环)} + \text{E-NH}_2 \longrightarrow \text{Ⓟ}\sim\sim\text{S-S-E} + \text{S}=\text{(NH 吡啶环)}
\tag{15.11}
$$

⑧溴化氰活化反应。纤维素等带羟基的载体，在碱性条件下用溴化氰活化，生成具有高度活性的环状亚氨碳酸酯，进而与酶分子中的氨基偶合。

$$
\text{Ⓟ}\begin{matrix}\text{OH}\\ \text{OH}\end{matrix} \xrightarrow{\text{BrCN}} \left[\text{Ⓟ}\begin{matrix}\text{O - C}\equiv\text{N}\\ \text{ON}\end{matrix}\right] \begin{cases} \xrightarrow{\text{H}_2\text{O}} \text{Ⓟ}\begin{matrix}\text{OCONH}_2\\ \text{OH}\end{matrix} \\ \longrightarrow \text{Ⓟ}\begin{matrix}\text{O}\\ \text{O}\end{matrix}\text{C=NH} \end{cases}
\tag{15.12}
$$

$$
\text{Ⓟ}\begin{matrix}\text{O}\\ \text{O}\end{matrix}\text{C=NH} \xrightarrow{\text{E-NH}_2} \begin{cases} \text{Ⓟ}\begin{matrix}\text{O}\\ \text{O}\end{matrix}\text{C=N-E} \\ \text{Ⓟ}\begin{matrix}\text{O - CONH - E}\\ \text{OH}\end{matrix} \\ \text{Ⓟ}\begin{matrix}\text{O—}\overset{\overset{\text{NH}}{\|}}{\text{C}}\text{—NH—E}\\ \text{OH}\end{matrix} \end{cases}
\tag{15.13}
$$

这种方法已普遍用于实验室制备固定化酶。

⑨过渡金属螯合反应。带羟基的聚合物载体经用氯化钛溶液泡浸后，即具有良好的螯合酶的能力，可用于酶的固定化。

$$
\text{Ⓟ-OH+TiCl}_2 \longrightarrow \text{Ⓟ-O-Ti-Cl} \xrightarrow{\text{E-NH}_2} \text{Ⓟ-O-Ti-NH-E}
\tag{15.14}
$$

(2)交联法。

酶分子通过双功能团或多功能团试剂与聚全物载体发生交联，可使酶固定化。交联反应也可以发生在酶分子之间或酶分子与惰性蛋白之间。

$$
\begin{array}{l}
E+OHC-(CH_2)_3-CHO \longrightarrow -CH=N-\text{Ⓔ}-N=CH-(CH_2)_3-CH=N-\text{Ⓔ} \\
\qquad\qquad\qquad\qquad\qquad\qquad\qquad | \\
\qquad\qquad\qquad\qquad\qquad\qquad\qquad N \\
\qquad\qquad\qquad\qquad\qquad\qquad\qquad \| \\
\qquad\qquad\qquad\qquad\qquad\qquad\qquad CH \\
\qquad\qquad\qquad\qquad\qquad\qquad\qquad | \\
\qquad\qquad\qquad\qquad\qquad\qquad\qquad (CH_2)_3 \\
\qquad\qquad\qquad\qquad\qquad\qquad\qquad | \\
\qquad\qquad\qquad\qquad\qquad\qquad\qquad CH \\
\qquad\qquad\qquad\qquad\qquad\qquad\qquad \| \\
\qquad\qquad\qquad\qquad\qquad\qquad\qquad N \\
\qquad\qquad\qquad\qquad\qquad\qquad\qquad | \\
\qquad\qquad\qquad\qquad\qquad\qquad\qquad \text{Ⓔ}
\end{array}
\quad (15.15)
$$

(3)吸附法。

①物理吸附法。物理吸附法是通过氢键及物理作用力将酶固定于聚合物和载体上而使酶固定化的一种方法。此法操作简单,酶的活性损失较小,且易于再生,但吸附强度较小,容易脱落。

②离子交换吸附法。离子交换吸附法是在适宜条件下,通过酶分子的可电离的基团与离子交换剂发生离子交换或吸附等作用,而使酶固定化的一种方法。用得最多的是阴、阳离子交换树脂。

(4)包埋法。

包埋法是将酶分子包埋于聚合物或天然高分子之中而使酶固定化的方法。此法最大的优点是酶分子仅仅是被聚合物机械包埋,而不曾与聚合物发生化学反应,所以酶的活性损失小。包括胶格包埋和微囊包埋两种。

①胶格包埋法。胶格包埋法将酶的水溶液与单体混匀,然后加入交联剂、引发剂等使单体聚合,这样形成的包埋胶以悬浮液或冻干粉形式保存。

②微囊包埋法。微囊包埋法是将酶包埋于半透性聚合物膜内,使成 1 ~ 100 μm 的微囊的酶的固定化方法。

2. 固定化酶的应用

(1)固定化酶在有机合成领域中的应用。

①在光学纯 L-氨基酸生产中的应用。将固定化酰酶装入柱中,让酰基化的 D,L-氨基酸溶液连续地流经柱子,固定化酰酶选择性地催化 L-酰氨基酸水解。流出液分离 L-氨基酸后,残留物经外消旋化之后,又流经固定化酶的柱子,如此循环就制取了光学纯的 L-氨基酸。此法已大规模地用于氨基酸工业生产。

$$
\underset{\underset{\underset{COR'}{|}}{\underset{NH}{|}}}{D,L-R-CH-COOH} + H_2O \xrightarrow{\text{固定化酶}} \underset{\underset{NH_2}{|}}{L-RCH-COOH} + \underset{\underset{\underset{COR'}{|}}{\underset{NH}{|}}}{D-R-CHCOOH} \quad (15.16)
$$

循环(碱催化外消旋化)

②6-氨基青霉素酸的生产。6-氨基青霉素酸是生产多种青霉素的主要原料,将青霉素酰胺酶结合在用 2,4——二氯-6 一羧甲氨基—S—三氮嗪活化的二乙氨乙基纤维素

上,以此分解苄基青霉素得到6-氨基青霉素酸。此法分离纯化方便,产品纯、质量好,优于传统的微生物法。

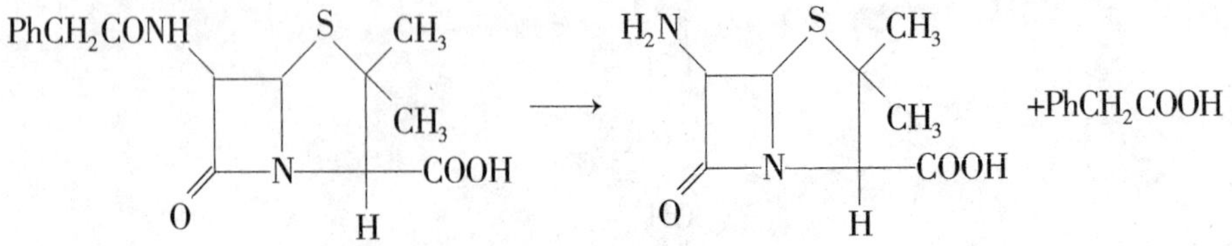

$$\text{PhCH}_2\text{CONH-(6-APA 骨架: S, CH}_3\text{, CH}_3\text{, O, N, COOH, H)} \longrightarrow \text{H}_2\text{N-(S, CH}_3\text{, CH}_3\text{, O, N, COOH, H)} + \text{PhCH}_2\text{COOH} \qquad (15.17)$$

此外,用固定化增殖酵母连续发酵制取乙醇已在中国和日本等国工业化生产。固定化酶还可用于L-酒石酸、丁醇、丙酮等有机原料的合成生产。

(2)固定化酶在食品及发酵工业的应用。

①淀粉的糖化及转化糖生产。将淀粉糖苷酶吸附在二乙氨乙基纤维素上,以此固定化酶为催化剂并悬浮在30%的淀粉溶液中,在55 ℃下搅拌水解,可定量连续地得到葡萄糖溶液。

还可以通过固定化葡萄糖异构化酶,由葡萄糖异构化制得转化糖,比较经济、合算。

②乳糖的分解。牛奶中含有4.5%的乳糖,而人体内缺乏能够分解乳糖的乳糖酶,所以吃牛奶后常出现消化不良和腹泻等症状,而用固定化乳糖酶处理牛奶可以脱除牛奶中的乳糖。

③干酪的制造。全世界年产干酪1千多万吨,传统的工艺是:先将牛奶接种乳酸菌,进行发酵,然后加入凝乳酶,使酪蛋白水解,并在酸性介质中由Ca^{2+}造成凝聚,最后切块加盐,压榨成型,再熟化而成。这里所用的凝乳酶,以往全靠小牛胃膜提取,为此每年需宰杀4 000万头小公牛。而近年来使用固定化微生物凝乳酶代替动物酶已取得成功。如日本就开发了如下用干酪制造的固化酶:先用Dowex,MwA-1载体吸附枯草杆菌碱性蛋白酶,然后用戊醛交联固定化。

④啤酒的生产。利用麦芽汁发酵生产啤酒,实际上是一种特殊类型的酒精发酵,其工艺的实质是用酿酒酵母或卡尔斯伯酵母,经EMP途径,把麦芽汁中的葡萄糖、麦芽糖和麦芽三糖等转化为啤酒。要实施用固定化生物催化剂连续化生产啤酒,关键问题是将酿酒酵母和卡尔伯斯酵母固定化。

目前已有采用聚氯乙烯吸附酵母填装的发酵柱,用海藻酸钙凝胶包埋非絮凝性酵母连续生产啤酒都已取得成功,我国采用固定化酶方法生产的啤酒早在20世纪80年代初就已批量生产投放市场。质量达到传统产品的水平。

(3)在废水处理方面的应用。

中科院微生物研究所,将具有丙烯腈氧化分解能力的珊瑚色诺卡氏菌11号,直接接种挂膜在滤塔中的酚醛树脂蜂窝填料和玻璃钢填料上,用于处理含丙烯腈的工业废水,丙烯腈去除率达99%以上,日处理废水500~750吨。固定化酶在废水中的硫氰酸钠、含酚废水的处理及其他有机废水的处理中的应用都已取得了令人满意的成就。

(4)在分析化学中的应用。

化学分析中常遇到的问题是杂质干扰,这不但影响了测定的速度,而且影响了测定的灵敏和准确度。而近年来发展的一种新的分析方法——酶学分析。这种方法具有快速、高效、专一的特点，设计成酶试纸、酶柱、酶管和酶电极的形式，在复杂的体系中通过专一反应，不受干扰地准确测定样品的含量。

①酶试纸。酶试纸是以纸为载体的固定化酶，可用于快速准确地测定某些物质的含量。

如将葡萄糖氧化酶、过氧化氢酶和邻联甲苯胺（还原性色素，无色）固定在纸片上，就成为检糖试纸。若将试纸浸入葡萄糖液中，则葡萄糖在葡萄糖氧化酶作下氧化生成 H_2O_2，后者在过氧化氢酶作用下对还原色素起氧化反应，生成蓝色化合物。试纸上蓝色的深浅，可以代表溶液中葡萄糖的含量。这种试纸已用于测定人体尿液、血液和分泌物中葡萄糖的含量。

②酶柱和酶管。将固定化酶装柱后再和分光光度计或电量计连用，就成为一台“无试剂”分析器，即无需使用化学试剂，就能准确测定待测溶液中某组分的含量。它的工作原理是将待测液流入酶柱，流出液用光（电）化学分析仪检测，根据底物减少或产物的增加或辅助因子的变化，推算出试样中某组分的含量。

酶管是内壁连接着酶（共价结合）的尼龙或聚苯乙烯的管。管长 3 m，内径 1 mm，待测液体试样通过酶管后，生成物即被自动送进仪器分析系统中定量测定。

③酶电极。酶电极这一概念是 1967 年由 Updike 和 Hicks 首先提出的，专指由固定化酶和电化学传感器组成的一个小型电化学换能器。其中的电化学传感器是安培计电极或电位计电极。酶电极的工作原理是：当酶电极插进待测试溶液中时，试样经固定化酶作用，即部分转化为产物，这一转化达到平衡后，产物的浓度可由电化学传感器测出，由于产物的浓度与试样的浓度有相当对应关系，因此能推知试样的浓度。

图 15.1 为化学能转化为机械能的过程及原理。

$+Cu^+$
氧化
还原
4
伸长
5
收缩

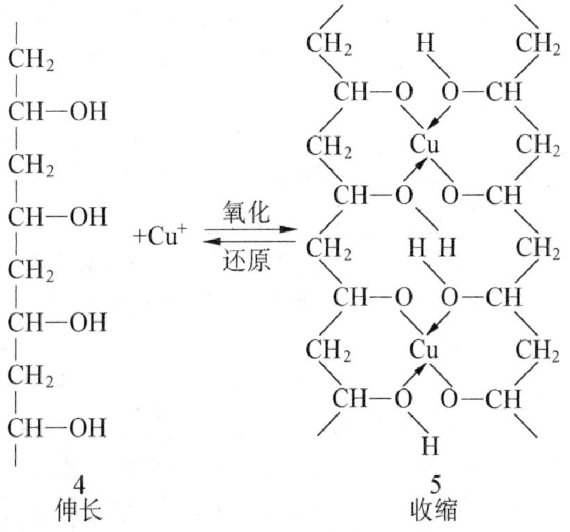

图 15.1　化学能转化为机械能的过程及原理

15.2　高分子螯合剂

高分子螯合剂也称螯合树脂,它具有螯合功能基,并能从含有金属离子的溶液中有选择地捕集、分离特定的金属离子,在无机化工、冶金、分析、放射化学、药物、催化、海洋化学、环境保护、从工业废液中分离回收贵金属等领域有广泛地应用。

另外,螯合树脂螯合了金属离子之后,形成的高分子络合物可以用作耐高温材料、半导体材料、化学反应的催化剂、光敏树脂、耐紫外光剂、抗静电剂、粘合剂、表面活性剂等。

自然界中存在着许多天然的高分子螯合剂,如纤维素、海藻酸、甲壳素、肝素等;我们也可以通过人工的方法合成高分子螯合剂。

高分子螯合剂的制备方法很多,但最主要的有两种:一是把含有螯合基团的单体聚合成高分子化合物;另一种是利用合成或天然高分子化合物,通过大分子反应引入具有螯合功能的侧基来合成高分子螯合剂。

从结构上分,高分子剂可分为两大类:一类是螯合基团在大分子侧基上;另一类是螯合基团在大分子主键上。螯合剂中的配位原子主要是Ⅴ-Ⅶ族元素,特别是 O,N,S。

高分子螯合剂种类极其繁多。在这里我们将按照螯合基团内中心配位原子种类的不同,来介绍一些主要螯合剂的合成、性能及应用。

15.2.1　配位原子为氧的高分子螯合剂

1. 醇类

聚乙烯醇能与 Cu^{2+},Ni^{2+},Co^{3+},Co^{2+},Fe^{3+},Mn^{2+}等形成高分子络合物,它与 Cu^{2+},Fe^{3+},Ti^{3+}的络合物特别稳定。

聚乙烯醇是聚醋酸乙烯酯水解的产物,是一种非常普通的高聚物。聚乙烯醇虽然与 Cu^{2+}螯合得很牢固,但它与 Cu^{+}并不螯合。所以通过 Cu^{2+}与 Cu^{+}的氧化还原过程可以使聚乙烯醇薄膜发生伸长和收缩的变化。

这是氧化还原化学能直接变成收缩、伸长的机械能的一个例子,称为人工肌肉,有人做过这样一个试验:将挂有重物的水不溶性聚乙烯醇薄膜放入 $Cu_3(PO_4)_2$ 的水溶液中,由于溶液中的 Cu^{2+}离子被聚乙烯醇上的-OH 螯合,使聚乙烯醇薄膜收缩,会将下垂的重物提起。当在溶液中加入还原剂,把 Cu^{2+}还原成 Cu^{+}时,因聚乙烯醇不能与 Cu^{+}螯合,则 Cu^{+}从络合物中被释放出来,而使聚乙烯醇薄膜伸长,将重物放下。

2. β-二酮

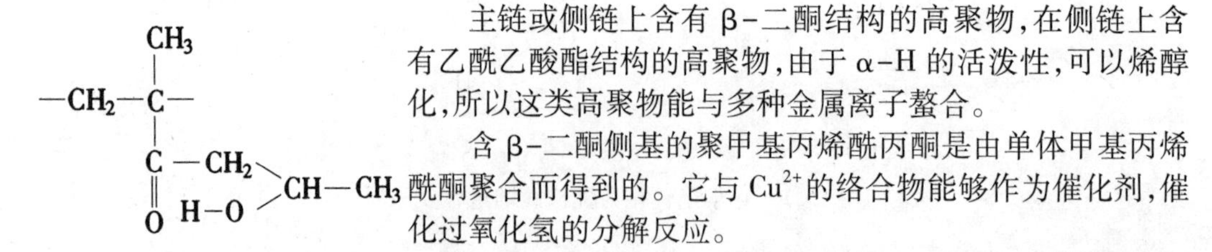

主链或侧链上含有 β-二酮结构的高聚物,在侧链上含有乙酰乙酸酯结构的高聚物,由于 α-H 的活泼性,可以烯醇化,所以这类高聚物能与多种金属离子螯合。

含 β-二酮侧基的聚甲基丙烯酰丙酮是由单体甲基丙烯酰酮聚合而得到的。它与 Cu^{2+}的络合物能够作为催化剂,催化过氧化氢的分解反应。

3. β-酮酸酯及碳酸酯

聚乙烯醇的乙酰乙酸酯可由聚乙烯醇与乙烯酮、N,N-二甲基甲酰胺反应制得

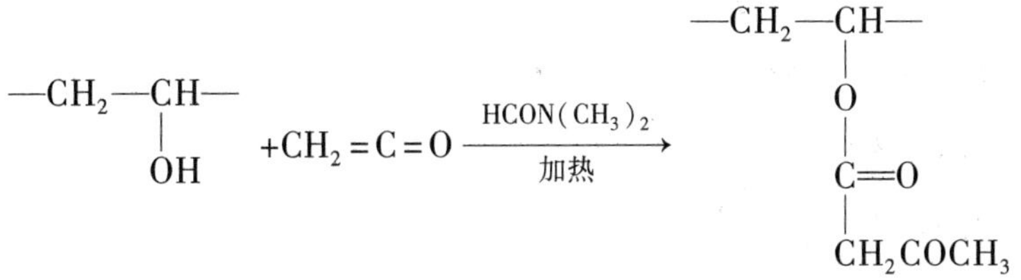

$$\begin{array}{c}-CH_2-CH-\\ |\\ OH\end{array} + CH_2=C=O \xrightarrow[\text{加热}]{HCON(CH_3)_2} \begin{array}{c}-CH_2-CH-\\ |\\ O\\ |\\ C=O\\ |\\ CH_2COCH_3\end{array} \quad (15.18)$$

用聚乙烯醇与β-酮酸酯进行酯交换,可以制取乙烯醇和乙烯醇的乙酰乙酸酯的共聚物

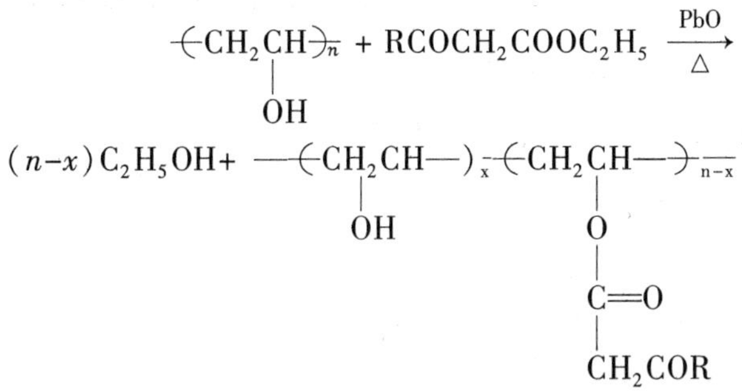

$$\begin{array}{c}-\!\!(CH_2CH)_{n}\!\!-\\ |\\ OH\end{array} + RCOCH_2COOC_2H_5 \xrightarrow[\triangle]{PbO}$$

$$(n-x)C_2H_5OH + \begin{array}{c}-\!\!(CH_2CH-)_x\\ |\\ OH\end{array}\begin{array}{c}(CH_2CH-)_{n-x}\\ |\\ O\\ |\\ C=O\\ |\\ CH_2COR\end{array} \quad \text{树脂 48} \quad (15.19)$$

式中,R:CH_3,C_6H_5,Ⓟ-$C_6H_4NO_2$,P-$NO_2C_6H_4$,2,4,6-$(CH_3)_3C_6H_2$。

所有这些聚合物与 Fe^{3+}形成红色的高分子络合物。树脂[48]能与 Th^{4+},Ce^{3+},La^{3+},UO_2^{2+},Al^{3+},Cu^{2+}等离子进行螯合。

醋酸乙烯酯-乙酰丙烯酯的共聚物,树脂[49]与三(乙酰乙酯)铝淦一起共热,进行配位体的交换,使高分子链与链之间发生交联,用于制备螯合交联涂料,见下式

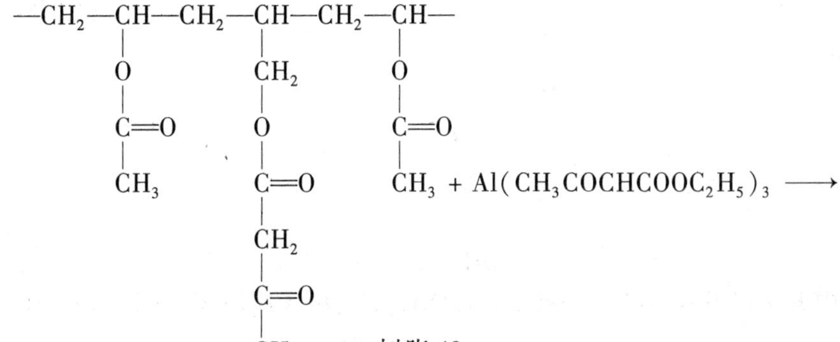

$$\begin{array}{ccc}-CH_2-CH- & CH_2-CH- & CH_2-CH-\\ | & | & |\\ O & CH_2 & O\\ | & | & |\\ C=O & O & C=O\\ | & | & |\\ CH_3 & C=O & CH_3\\ & | & \\ & CH_2 & \\ & | & \\ & C=O & \\ & | & \\ & CH_3 & \end{array} + Al(CH_3COCHCOOC_2H_5)_3 \longrightarrow$$

树脂 49

$$[-CH_2-CH(OCOCH_3)-CH_2-CH(CH_2OCOCH{=}C(CH_3)O-)-CH_2-CH(OCOCH_3)-]_2\,Al\,(O-C(CH_3){=}CH-C(OC_2H_5){=}O) + 2CH_3COCH_2COOC_2H_5 \tag{15.20}$$

4. 酚、水杨酸

$$-CH_2-CH-\ \ (C_6H_3\text{, 3-}R\text{, 4-}OH)$$

这类聚合物中 R 为以下基团：NO_2，NH_2，$AsO(OH)_2$，Cl，Br，CH_2Cl，CH_2OH，CH_2NH_2，CH_2CN，CHO，CH=N-OH，$COCH_3$，$C(CH_3){=}N-OH$，$CH_2N(CO)_2C_6H_4$（邻苯二甲酰亚胺甲基）

可以由4-乙酰氧苯乙烯-二乙苯共聚物水解得聚(4-羟基)苯乙烯，并由此合成了一系列的3-取代的聚(4-羟基)苯乙烯。

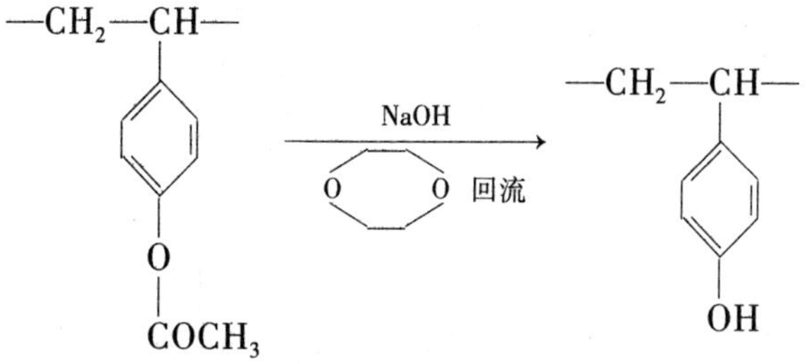

(15.21)

聚(4-羟基)苯乙烯及 3-取代的聚(4-羟基)苯乙烯对 Cu^{2+},Ni^{2+}具有选择吸附性。而利用以下反应合成的水杨酸树脂,能成功地用于海水中 Fe^{3+},Cu^{2+}的定量分析。

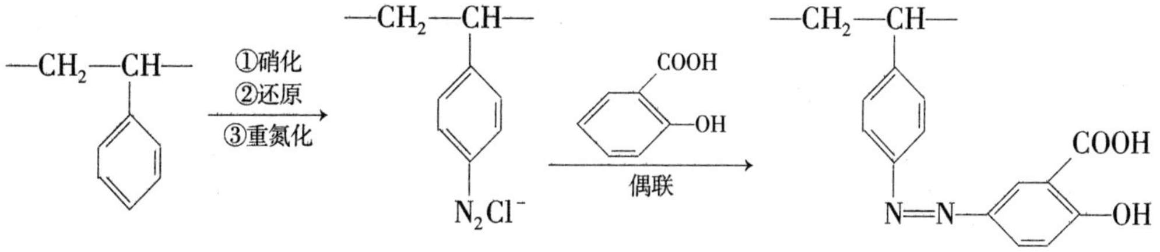

(15.22)

5. 羧酸

树脂 可用于富集、分离 Ag^+,Co^{2+},Cu^{2+},Ni^{2+},Fe^{3+}等金属。这两种树脂可以通过氯甲基化的苯乙烯-二乙烯苯共聚珠体经氧化制得。

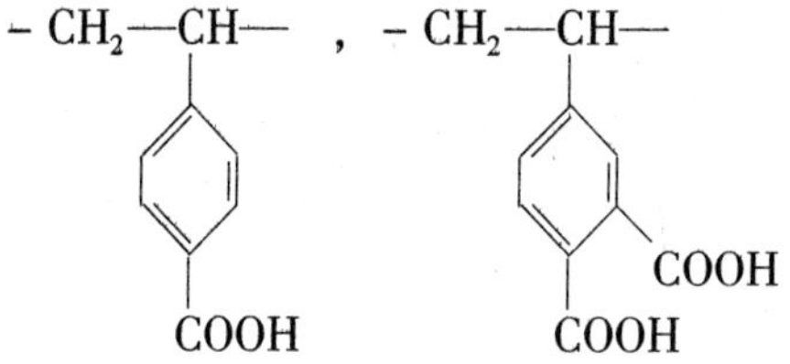

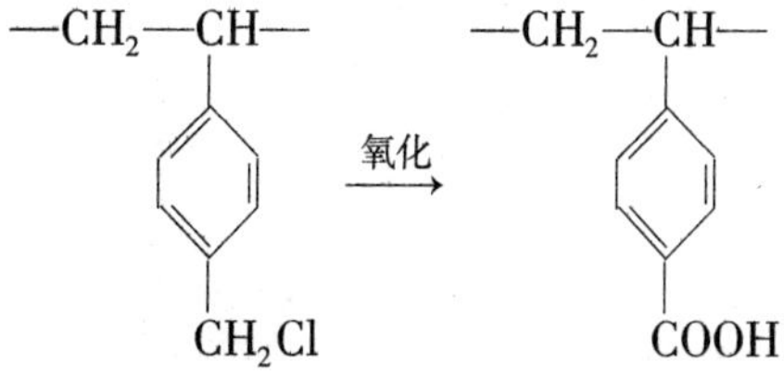

(15.23)

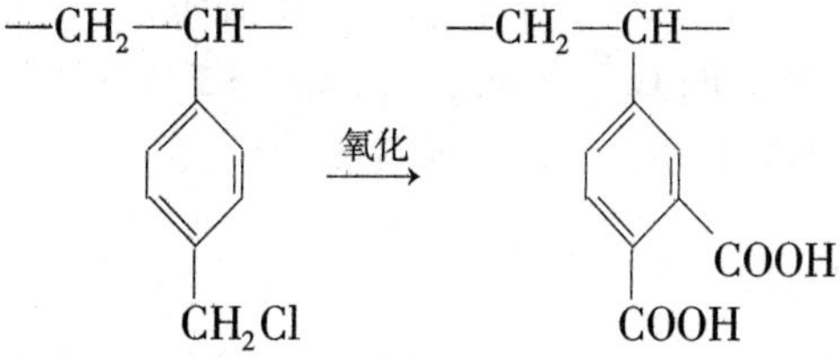

(15.24)

15.2.2 配位原子为氮的高分子螯合剂

1. 胺

含有脂肪胺或芳香胺的聚合物是一类重要的高分子螯合剂。

将 N-乙烯基苯二甲酰亚胺与乙酸乙烯酯的共聚物水解得到的水溶性树脂,在一定的 pH 条件下与 Cu^{2+}螯合,即

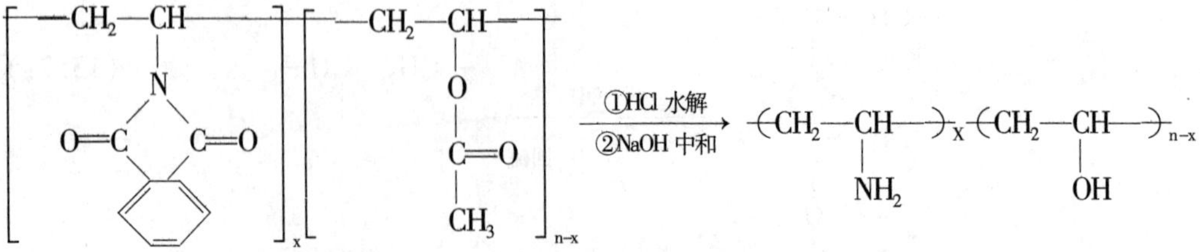

$$\left[-CH_2-\underset{\text{N-邻苯二甲酰亚胺基}}{CH}-\right]_x\left[-CH_2-\underset{O-\overset{O}{\overset{\|}{C}}-CH_3}{CH}-\right]_{n-x}\xrightarrow[\text{②NaOH 中和}]{\text{①HCl 水解}}\left(CH_2-\underset{NH_2}{CH}\right)_x\left(CH_2-\underset{OH}{CH}\right)_{n-x}$$

该树脂与 Cu^{2+} 的螯合物与 CCl_4 组成的体系可引发丙烯腈、甲基丙烯酸甲酯的自由基聚合反应。

2. 肟

King 等合成的含有 C 羟苯基的高分子螯合剂 $-CH_2-CH-$（侧链苯环上连接 $-\underset{CH_3}{CH}-\overset{N-OH}{\overset{\|}{C}}-$（邻羟基苯基））过程如下

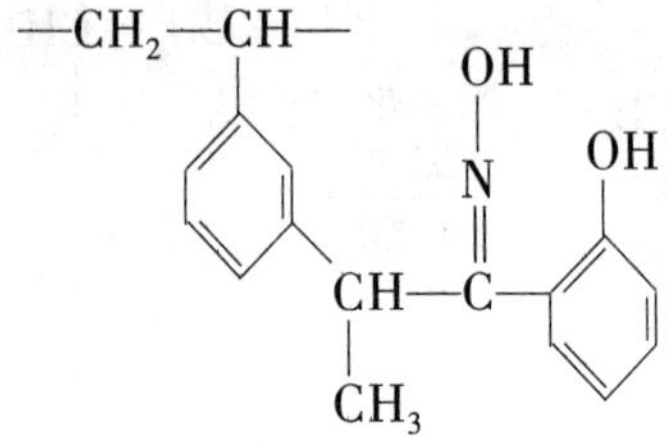

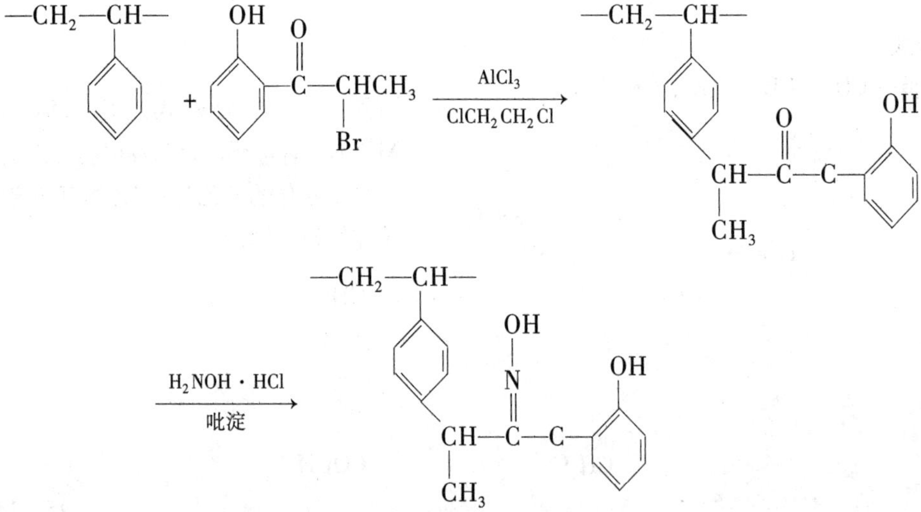

$$-CH_2-CH-(C_6H_5)+\text{（邻羟基苯基）}-\overset{O}{\overset{\|}{C}}-\underset{Br}{CHCH_3}\xrightarrow[ClCH_2CH_2Cl]{AlCl_3}-CH_2-CH-(C_6H_4)-\underset{CH_3}{CH}-\overset{O}{\overset{\|}{C}}-\text{（邻羟基苯基）}$$

$$\xrightarrow[\text{吡淀}]{H_2NOH\cdot HCl}-CH_2-CH-(C_6H_4)-\underset{CH_3}{CH}-\overset{N-OH}{\overset{\|}{C}}-\text{（邻羟基苯基）}\qquad(15.25)$$

该树脂用于 $Cu^{2+}-Ni^{2+}$，$Cu^{2+}-Zn^{2+}$ 的分离，因 PH 值为 3.5～5 时，树脂可与 Cu^{2+} 螯合，而 Ni^{2+}，Zn^{2+} 却不被螯合，螯合的 Cu^{2+} 又可用 0.1 $mol\cdot L^{-1}$ HCl 盐酸解析。该树脂还可用于 $Cu^{2+}-MoO_2^{2+}$ 的分离，因螯合的 Cu^{2+} 先用稀酸解析后，再用 0.1 $mol\cdot L^{-1}$ NaOH 淋洗，可洗脱 MoO_2^{2+}。

3. 席夫碱

主链中或侧链上具有席夫碱结构的高分子螯合物具有良好的热稳定性，耐高温，有的又具有半导体的功能。主链中具有席夫碱结构的高分子螯合剂及其金属离子的螯合物列于表 15.1 中。

表 15.1　具有席夫碱结构的高分子螯合剂及其螯合物

结构 R	结构 X	结构 R_1	螯合离子 M
(邻苯撑)	CH_2	H	Zn^{2+}, Ni^{2+}, Co^{2+}, Cu^{2+}, Fe^{2+}
2H $-CH_2CH_2-$ $-(CH_2)_6-$ (邻苯撑)	CH_2	H	Cu^{2+}, Ni^{2+}, Fe^{2+}, Zn^{2+}, Co^{2+}, Cd^{2+}
(邻苯撑) $-CH_2CH_2NHCH_2CH_2-$ $-CH_2CH_{2N}HCH_2CH_2NHCH_2CH_2-$ $-CH_2$-(吡啶-2,6-二基)-CH_2-	CH_2 SO_2	H H	Fe^{3+}, Co^{3+}, Al^{3+}, Cr^{3+}, Cu^{2+}, Co^{2+}, Ni^{2+}
$-CH_2CH_2-$ $-(CH_2)_6-$ (对苯撑) (间苯撑)	CH_2	NO_2	Fe^{2+}, Zn^{2+}, Ni^{2+}, Cu^{2+}

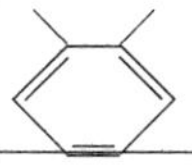

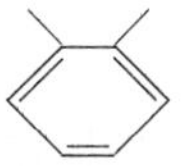

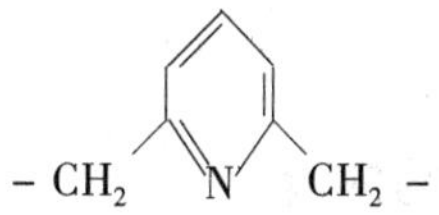

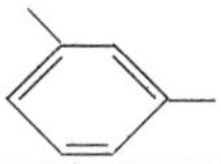

这类聚合物可由双(水杨醛)衍生物与脂肪族或芳香族二胺缩聚制取。

下面以其中的一种树脂为例，介绍此类聚合物的合成方法。

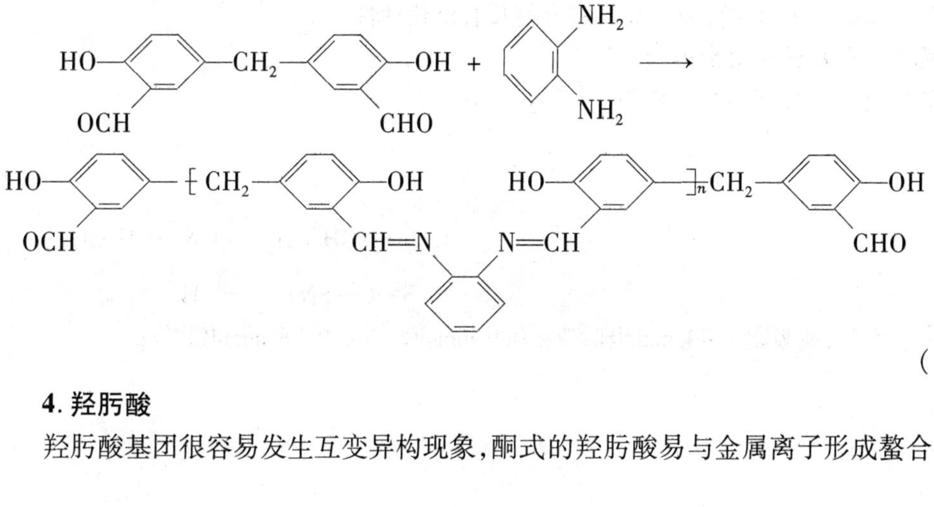

HO—C₆H₂(OCH)—CH_2—C₆H₃(CHO)—OH + C₆H₄(NH_2)₂ ⟶

HO—C₆H₂(OCH)—[CH_2—C₆H₃(OH)—CH=N—C₆H₄—N=CH—C₆H₃(OH)—]$_n$$CH_2$—C₆H₃(CHO)—OH

(15.26)

4. 羟肟酸

羟肟酸基团很容易发生互变异构现象，酮式的羟肟酸易与金属离子形成螯合物。以

树脂 $—CH_2—C(CH_3)(—C(=O)—N(OH)H)—$ 为例，该树脂能与 Fe^{2+}，MoO_2^{2+}，Ti^{4+}，Hg^{2+}，Cu^{2+}，$UO_2^{\ 2+}$，Ce^{4+}，Ag^{+}，Ca^{2+}螯合。它可用下面的方法合成

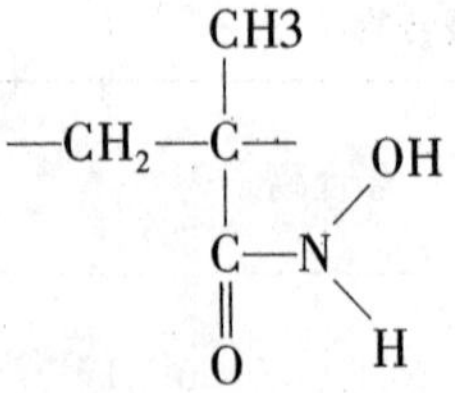

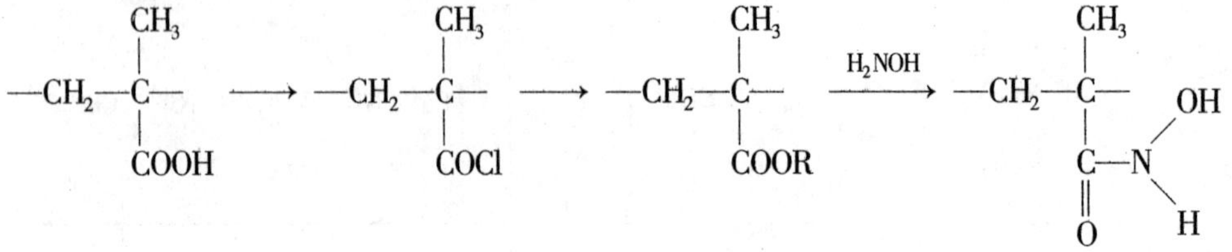

$$—CH_2—C(CH_3)(COOH)— \longrightarrow —CH_2—C(CH_3)(COCl)— \longrightarrow —CH_2—C(CH_3)(COOR)— \xrightarrow{H_2NOH} —CH_2—C(CH_3)(—C(=O)—N(OH)H)— \tag{15.27}$$

以氮为配位原子的高分子螯合剂还有含氮杂环树脂类、含偶氮键树脂类等很多种，由于篇幅的限制，这里不一一介绍。

15.2.3　配位原子为硫的高分子螯合剂

1. 含巯基的高分子螯合剂

能定量地吸附 Hg^{2+}，生成的螯合物经1,2 —二巯基丙烷的树脂

$$—CH_2—CH(—C_6H_4—CH_2SH)—$$

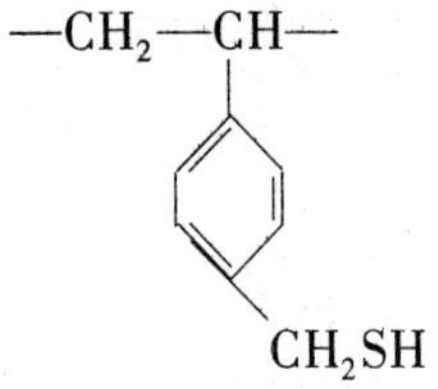

用氨水溶液处理，可以使原来的树脂再生。

而树脂 $—N{=}C(SH)—C_5H_3N—C(SH)—N—C_6H_3(R)—C_6H_3(R)—$

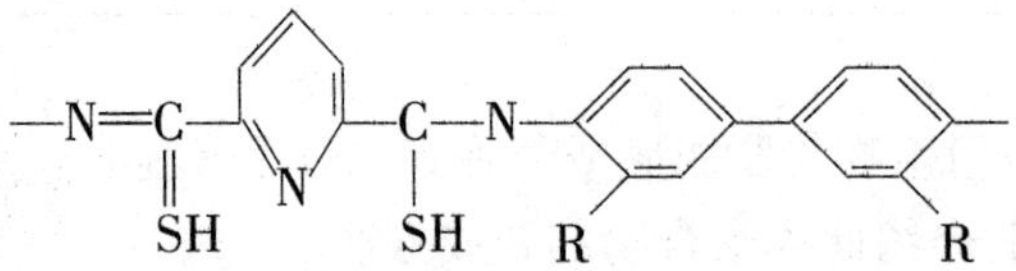

（R:H，CH_3，CH_3O）的 Cu^{2+}，Ni^{2+}，Co^{2+}螯合物具有催化活性。

2. 氨荒酸酯高分子螯合剂

氨荒酸亦称二硫代羧酸。树脂 $—CH_2—CH(—C_6H_4—CH_2{\leftarrow}N(C(=S)—SNa)CH_2CH_2{\rightarrow}_x{\leftarrow}N(H)—CH_2CH_2{\rightarrow}_{n-x})—$

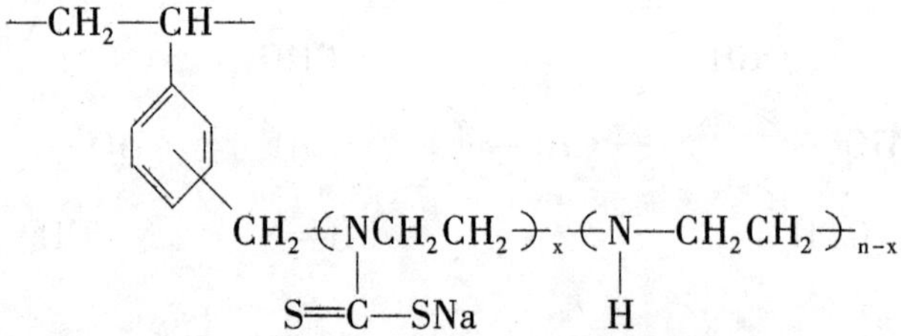

在 pH 为5.5时，能吸附1.44 mmolHg^{2+}/g，0.9 mmolCu^{2+}/g，0.28 mmolCd^{2+}/g。

3. 含硫脲结构的高分子螯合剂

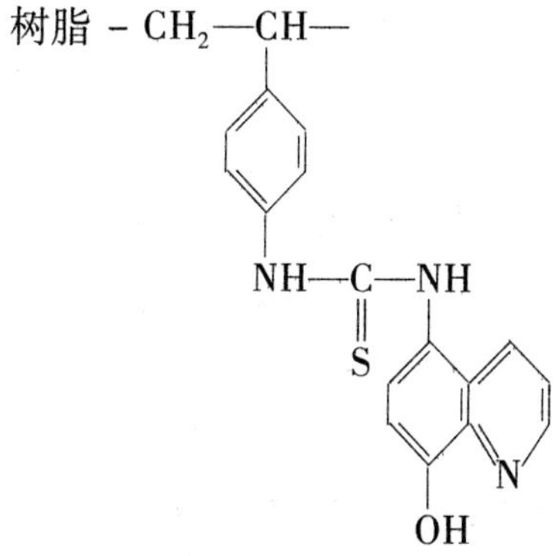

树脂 - CH_2—CH—

NH—C—NH

S

N

OH

兼具有硫脲和 8-羟基喹啉结构，它能选择吸附 Hg^{2+}、Cu^{2+}。该树脂可以按式(15.28)的方法合成，即

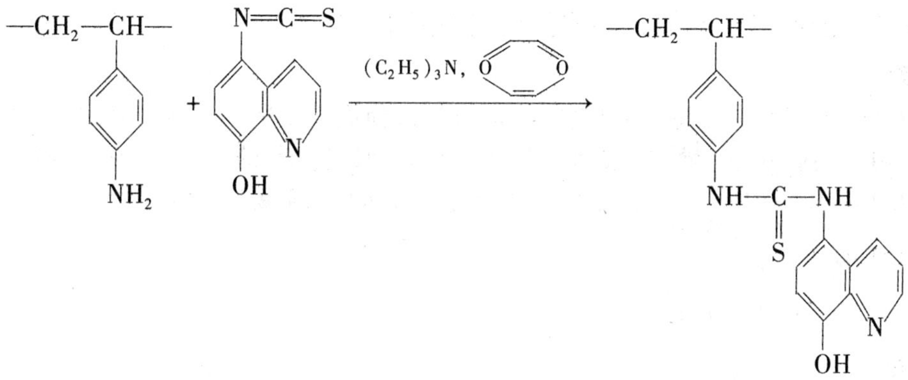

—CH_2—CH—　　N=C=S

$(C_2H_5)_3N$，O　O

NH_2　　OH　　N

—CH_2—CH—

NH—C—NH

S

N

OH

(15.28)

4. 含亚硫酸酯结构的高分子螯合剂

我国的一些科学家合成了亚硫酸乙烯酯树脂 —CH_2—CH—

CH_2OCH_2—CH—CH_2

O　O

S

O

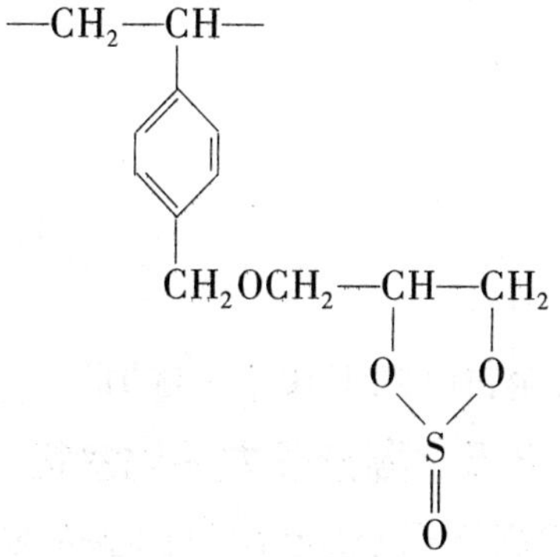

合成方法如下

$$-CH_2-CH-(C_6H_4)-CH_2OCH_2CHCH_2(OH)(OH) \xrightarrow{SOCl_2} -CH_2-CH-(C_6H_4)-CH_2OCH_2-CH-CH_2(-O-S(=O)-O-) \tag{15.29}$$

该树脂在酸性范围内,对 Au^{3+} 的吸附有高的选择性,而对 Ni^{2+}, Cu^{2+}, Pd^{2+}, Pt^{4+} 等离子吸附率甚低。但若将 Pt^{4+} 还原成 Pt^{2+},在 4 摩尔/升 HC1 中,其吸附率可显著提到 75%。此树脂具有潜在的分离 Pt^{2+}, Pd^{2+}, Au^{3+} 的能力。

15.2.4 配位原于为磷、砷的高分子螯合剂

1. 膦酸

丙烯酸与乙烯膦酸二乙酯的共聚物与 Cu^{2+} 络合,使高分子链具有络合时的最佳构象,然后用甲撑双丙烯酰胺交联之,并解吸螯合的 Cu^{2+},得到树脂 $-CH_2-CH(COOH)-CH_2-CH(P(=O)(OC_2H_5)(OC_2H_5))-$,它的螯合容量是未经铸型高聚物的二倍。

2. 胂酸

含有胂酸的高分子螯合剂 $-CH_2-CH-(C_6H_4)-As(=O)(OH)_2$ 在 pH>3 时,能吸附金属离子,但无特殊选择性,在 pH=2 时,吸附少量 Th^{4+}。

15.2.5 高分子大环化合物

许多高分子冠醚及含氮、硫大环的聚合物是分离 K^+, Na^+ 等碱金属离子的功能性材料。

1. 侧基悬挂大环醚的树脂

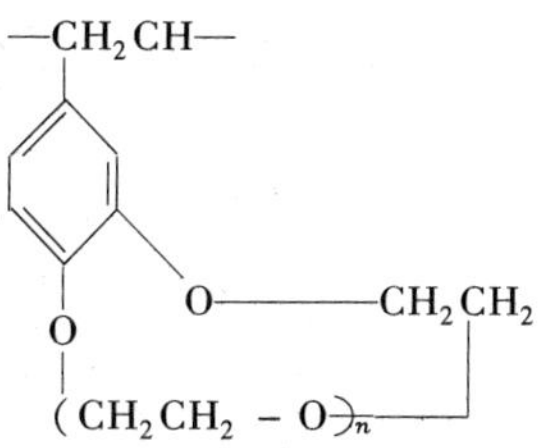

—CH_2CH—　—CH_2CH—

O—CH_2CH_2

(CH_2CH_2 - O$)_n$

a n=3 P15C5
b n=4 P18C6

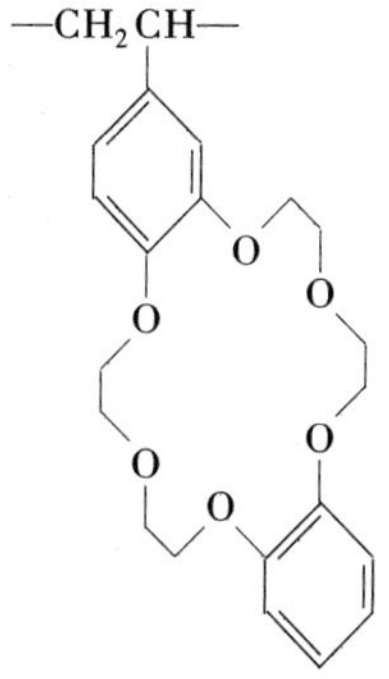

它们对碱金属离子的络合性能都优于相应的低分子冠醚。

2. 冠醚树脂

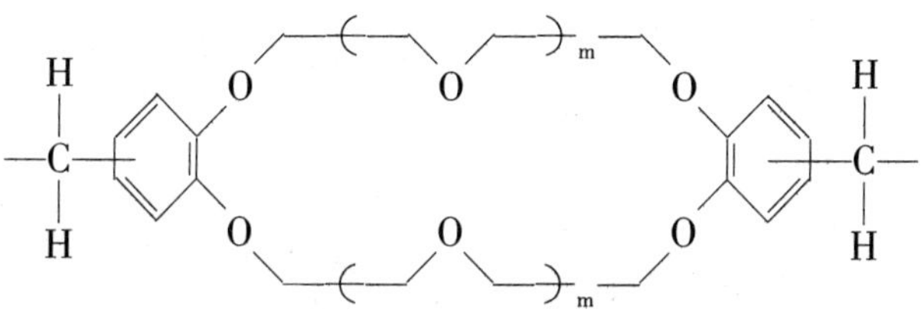

a　m=1，§-DB-18-C-6；b m=2，§-DE-24-C-S；c m=3，§-DB-30-C-10。

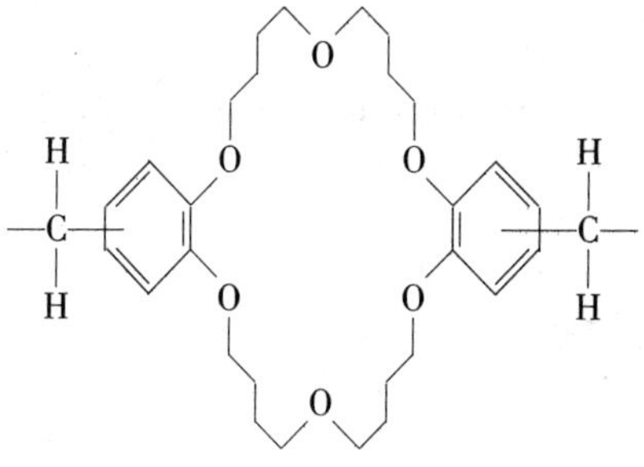

-DB-26-C-6

这两种树脂由于大环孔径过大而对金属离子的吸附倾向很小，但却可用于有机化合物的分离及化合物中微水量的测定。

下面是另外一些具有金属螯合能力的冠醚树脂

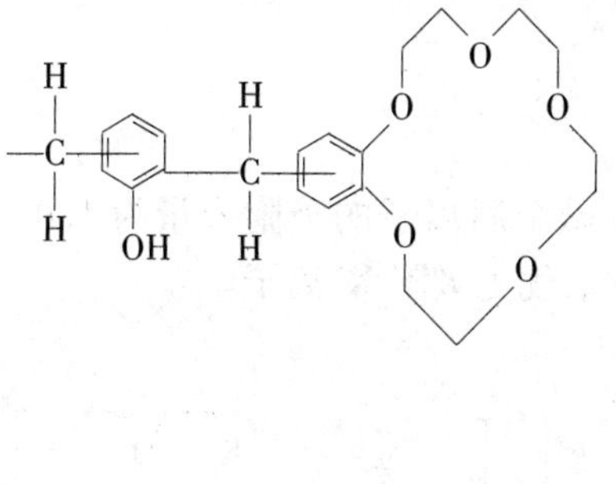

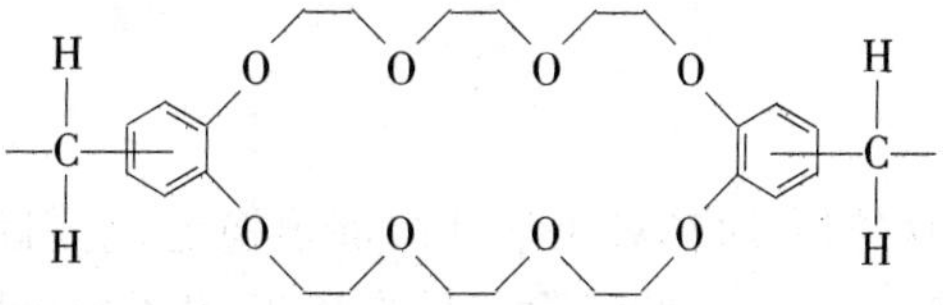

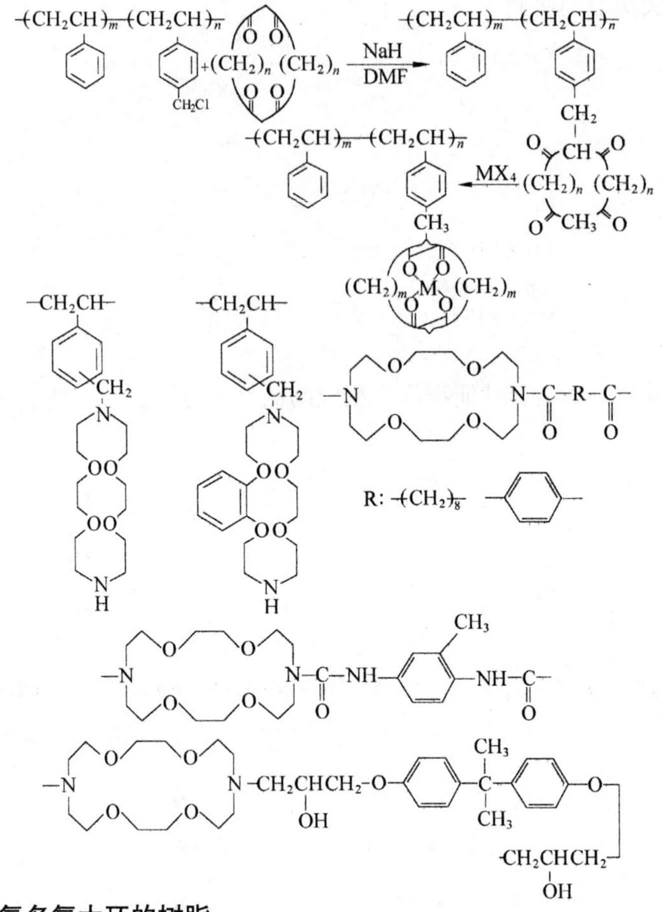

$-(CH_2CH)_m-(CH_2CH)_n-$ + $(CH_2)_n$ $(CH_2)_n$ (O O, O O) $\xrightarrow[DMF]{NaH}$ $-(CH_2CH)_m-(CH_2CH)_n-$

CH_2Cl

CH_2 $O\!\!\!\!\!\!\;\;CH\;O$ $(CH_2)_n$ $(CH_2)_n$ $O\;CH_3\;O$ $\xrightarrow{MX_4}$ $-(CH_2CH)_m-(CH_2CH)_n-$

CH_3 $(CH_2)_m$ M $(CH_2)_m$ O O O O

$-CH_2CH-$ CH_2 N O O O O N H

$-CH_2CH-$ CH_2 N O O O O N H

$-N$ O O O O $N-C(=O)-R-C(=O)-$

R: $-(CH_2)_8-$ $-C_6H_4-$

$-N$ O O O O $N-C(=O)-NH-C_6H_3(CH_3)-NH-C(=O)-$

$-N$ O O O O $N-CH_2CHCH_2-O-C_6H_4-C(CH_3)_2-C_6H_4-O-CH_2CHCH_2-$ (OH, OH)

3. 含有二氮多氧大环的树脂

N O O O O O O N CH_2 $-CH_2-$ OH

CH_2 N O O O O O O O O N CH_2

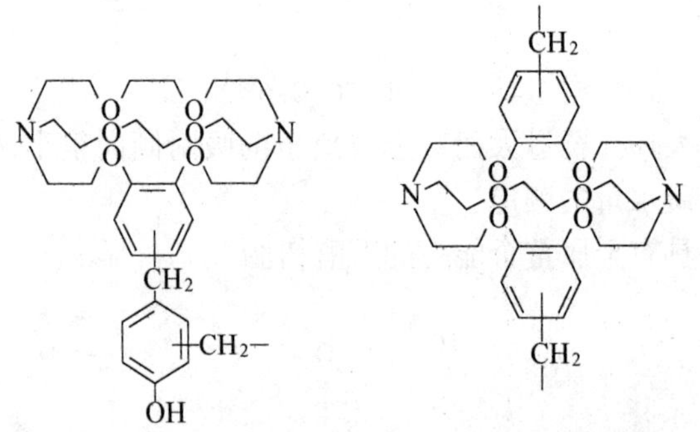

以上这两种树脂对热对化学试剂都很稳定，它们对碱金属离子的吸附容量为 1.0 ~ 1.3 mmol/g，对 Sr^{2+}，Ca^{2+} 的吸附容量为 0.2 ~ 0.6 mmol/g，优先吸附 K^{+} 离子。

4. 含硫冠醚树脂

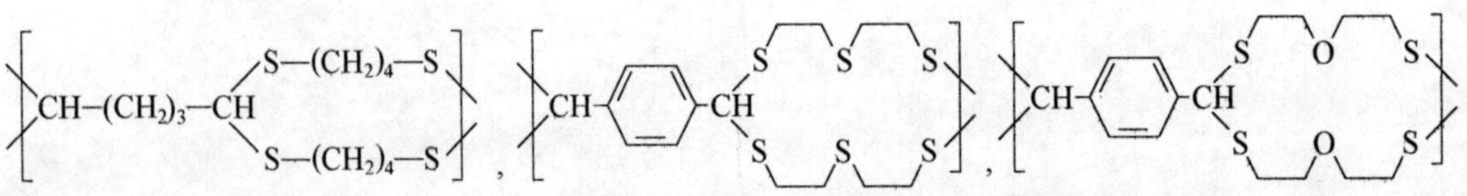

$[CH-(CH_2)_3-CH(S-(CH_2)_4-S)(S-(CH_2)_4-S)]$，$[CH-C_6H_4-CH$ S S S S S S $]$，$[CH-C_6H_4-CH$ S O S S O S $]$

前两种树脂对 Hg^{2+} 的吸附能力大于 Pb^{2+}，Cd^{2+}，Ca^{2+}，Ni^{2+}，Mg^{2+}，Ca^{2+} $10 \sim 10^2$ 倍；第三种树脂对二价金属离子的选择性按 $Hg^{2+}>Pb^{2+}>Cd^{2+}>Cu^{2+}>Ni^{2+}$ 的顺序递降。

15.2.6　天然高分子螯合剂

1. 天然高分子螯合剂

自然界存在纤维素、海藻酸、甲壳素、肝素、蚕丝、羊毛、核酸、蛋白蛋、泥炭等天然高分子螯合剂，它们对金属离子具有吸附性。如藻类中存在含有羧基的多糖。

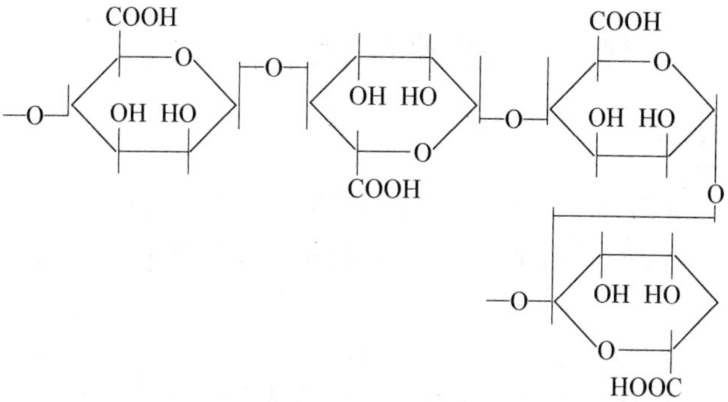

能与 Ag^+，K^+，Na^+，Li^+，Pb^{2+}，Ba^+，Cu^{2+}，Be^{2+}，Zn^{2+}，Co^{2+}，Ni^{2+}，Mn^{2+}，Mg^{2+} 等离子形成络合物，用于微量金属离子的分离分析，甲壳广泛存在于虾、蟹、野菜中，经用浓碱水解后得甲壳素。甲壳素对金属离子的吸附容量按下列顺序递降：$Pd^{2+}>Au^{3+}>Hg^{2+}>Pt^{4+}>Pb^{2+}>Mo(VI)>Zn^{2+}>Ag^{+}>Ni^{2+}>Cu^{2+}>Ca^{2+}>Co^{2+}>Mn^{2+}>Fe^{2+}>Cr^{3+}$。适用于大量 Na^+，K^+，Mg^{2+} 存在的海水、盐水对微量过渡金属离子的选择富集。

羊毛对 Hg^{2+} 的吸附容量可达 3.15 mmol/g；蚕丝对多种金属离子有吸附性，某些树皮吸附 Hg^{2+} 的容量可达数百 mg Hg^{2+}/g，泥炭吸附容量为 240 mgHg^{2+}/g。

2. 改性天然高分子螯合剂

化学改性天然高分子可提高其螯合性。如从纤维素制得含有氨荒酸基的改性纤维素，在低 PH 值时，优先吸附 Cr^{6+}，Mo^{6+}，So^{3+}，Se^{4+}，Te^{4+}；在中性时，优先吸附 As^{5+}，Cd^{2+}，Cu^{2+}，Hg^{2+}，In^{3+}，Pb^{2+}；在高 PH 值时，对 Ag^+，Co^{2+} 的吸附量增大，当 Hg^{2+} 98% 被吸附时的吸附容量为 40 mgHg^{2+}/g；还有一种改性淀粉能够很好地吸附 Cu^{2+}，Ni^{2+}，Cd^{2+}，Pb^{2+}，Cr^{3+}，Fe^{3+}，Hg^{2+}，Zn^{2+} 等离子。

第16章　感光及导电性高分子

16.1　感光性高分子材料

16.1.1　概述

感光性高分子又称为感光性树脂，按字面解释，是指具有感光性质的高分子物质。高分子的感光现象是指高分子吸收光能量后，借助所吸收的能量，使得分子内或分子间产生化学的或者结构的变化。

感光性高分子具有照相、制作固化膜、降解、老化、催化、光导电性、光致发光性、光致变色性等方面的功能，这些方面的功能都已广泛地被人们所利用。

感光性高分子材料种类繁多，对于感光性高分子的分类也有各种各样的设想，还没有一种公认的分类方法。一些基本的分类设想如下：①根据光反应的种类分为：光交联、光分解、光致变色、光收缩、光裂构等类型；②根据感光基团的种类分为：重氮型、叠氮型、肉桂酰型、丙烯酸酯型等；③根据骨架聚合物分为：聚乙烯醇、聚酯、尼龙、丙烯酯、环氧、氨基甲酸酯等系列；④根据聚合物的形态或组成分为：感光性化合物和聚合物的混合型、具有感光基团的聚合物型、光聚合型等。

16.1.2　各种感光性高分子材料介绍

1. 光交联型

(1)聚乙烯醇肉桂酸酯。

由聚乙烯醇与肉桂酰氯反应，即可得到聚乙烯醇肉桂酸酯。

$$—CH_2—\underset{\displaystyle OH}{\underset{|}{CH}}— + C_6H_5—CH{=}CH—\overset{\displaystyle O}{\overset{\|}{C}}—Cl \longrightarrow$$

$$—CH_2—\underset{\displaystyle O—\overset{}{C}(=O)—CH{=}CH—C_6H_5}{\underset{|}{CH}}—CH_2—\underset{\displaystyle O—C(=O)—CH{=}CH—C_6H_5}{\underset{|}{CH}}—CH_2—\underset{\displaystyle OH}{\underset{|}{CH}}— \qquad (16.1)$$

聚乙烯醇肉桂酸酯是典型的交联型感光树脂，这是因为肉桂酰基在紫外光作用下发生二聚反应，生成不溶性的产物

$$
\left[CH_2-\underset{\underset{\underset{\underset{\underset{\underset{C_6H_5}{|}}{CH}}{\|}}{CH}}{|}}{\underset{C=O}{\underset{|}{\underset{O}{|}}}}{CH} \right]_m + \left[CH_2-\underset{O-C(=O)-CH=CH-C_6H_5}{CH} \right]_n \xrightarrow{h\nu} \left[CH_2-\underset{O-C(=O)-HC(-C_6H_5)-HC}{CH} \right]_m \;\; \begin{matrix} C_6H_5-CH \\ | \\ CH-C(=O)-O-\left[CH-CH_2 \right]_n \end{matrix}
$$

(16.2)

这种感光性高分子已广泛用作光致抗蚀剂（光刻版），目前最好的光刻胶之一 KPR，TPR 均属此类，已大量应用于半导体集成电路的研制。

(2) 聚肉桂酸乙烯氧基乙酯。

聚肉桂酸乙烯氧基乙酯是氯乙基乙烯醚与肉桂酸钠反应，制得肉桂酸乙烯氧基乙酯单体，再经阳离子聚合而得到的。反应式如下

$$
\underset{\displaystyle |\;O-CH_2-CH_2-C}{CH_2=CH} + NaOOC-CH=CH-C_6H_5 \longrightarrow \underset{\displaystyle |\;O-CH_2-CH_2-O-C(=O)-CH=CH-C_6H_5}{CH_2=CH} \xrightarrow[-70℃]{BF_3 \cdot O(C_2H_5)_2} -CH_2-\underset{\displaystyle |\;O-CH_2-CH_2-O-C(=O)-CH=CH-C_6H_5}{CH}-
$$

(16.3)

这种树脂中含有较多的感光性基团，其感光度比聚乙烯醇肉桂酸酯大 2 ~ 6 倍，作为光刻胶其分辨可达 1 μm。

2. 光分解型高分子材料

(1) 邻重氮醌类化合物。

邻重氮醌类化合物吸收光能引起光化学分解反应，放出氮气，同时经分子重排，形成相应的五员环烯酮化合物，再水解生成可溶于弱碱液的茚基羧酸衍生物。

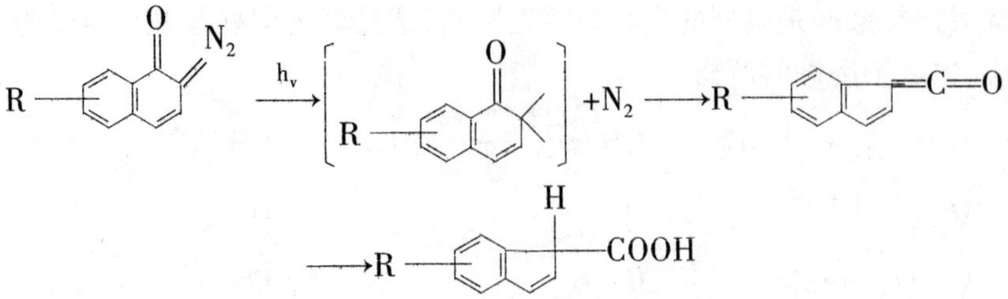

(16.4)

将高分子化合物与邻重氮醌化合物相混合，或在高分子链上通过化学键连接邻重氮醌基团就可得到感光性树脂，由于它在光化学反应后生成可溶于碱液的酸衍生物，因此与上述光交联型感光树脂相反，属于正性感光树脂，通常用的正性光刻胶多属此类。邻重氮醌类化合物很多，例如

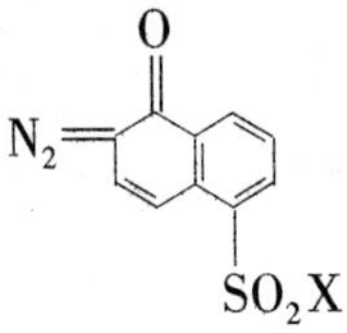

($X = Cl, F, RO, ArO, NH_2$ 等)

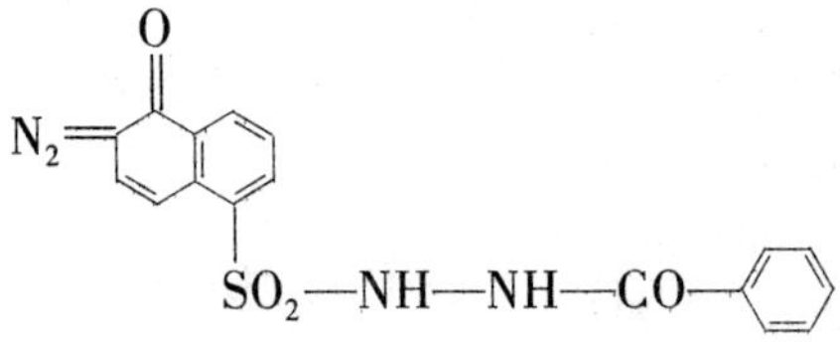

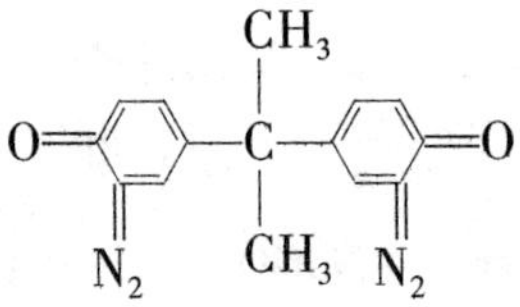

，

这些邻重氮醌化合物可以掺入线型酚醛树脂、聚碳酸酯中，或是将邻重氮醌与磺酰氯和带有羟基的树脂进行缩合，使在高分子链上引入感光性基团，以线性酚醛树脂为例

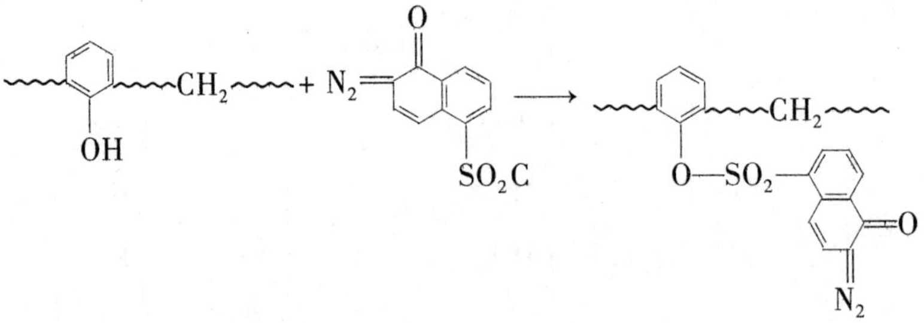

(16.5)

(2)重氮盐类化合物。

重氨盐遇光能够分解。将水溶性的重氮盐在水中进行光解反应，能生成非水溶性的酚类化合物

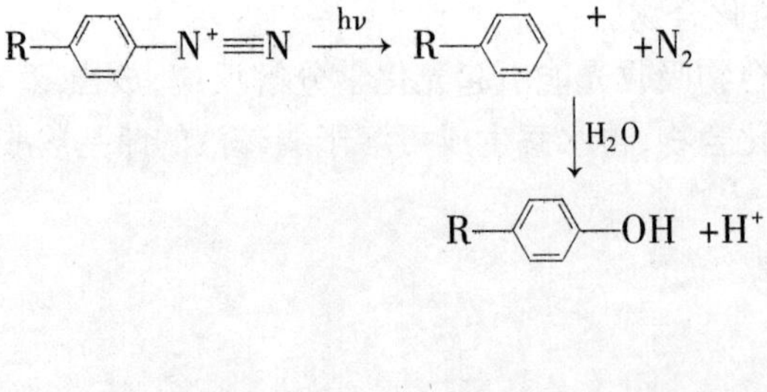

$$R-C_6H_4-N^+\equiv N \xrightarrow{h\nu} R-C_6H_4^+ + N_2 \xrightarrow{H_2O} R-C_6H_4-OH + H^+ \quad (16.6)$$

用对重氮二苯胺氯化物的 $ZnCl_2$ 复盐与甲醛缩合,可制得对重氮二苯胺的多聚甲醛缩合物。

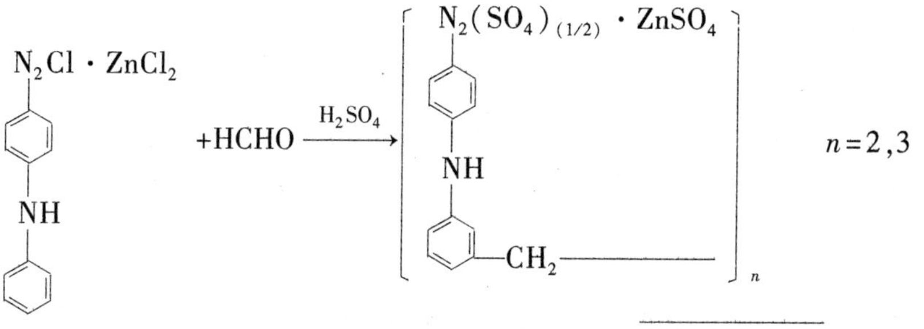

$N_2Cl \cdot ZnCl_2$ —C₆H₄—NH—C₆H₅ $+ HCHO \xrightarrow{H_2SO_4}$ $[$ $N_2(SO_4)_{(1/2)} \cdot ZnSO_4$ —C₆H₄—NH—C₆H₄—CH_2— $]_n$　　$n=2,3$

(16.7)

这种感光树脂可作为平版感光层,受光照射后,重氮盐便光解而失去水溶性,如用水显影,则可将图像留下来,目前这种感光树脂作为预涂感光版使用。

3. 光致变色高分子材料

在高分子的侧链上引入可逆的变色基团,当受到光照时,基团的化学结构发生变化,使其对可见光的吸收波长不同,因而产生颜色的变化,在停止光照后又能回复原来颜色,或者用不同波长的光照射能呈现不同颜色等。

(1)硫代缩氨基脲衍生物与 Hg^{2+} 络合物。

$-N{=}N-C(=S)-NH-NH-$ 与 Hg^{2+} 生成有色络合物,是化学分析上应用的灵敏显色剂。在聚丙烯酸类高分子侧链上引入这种硫代缩氨基脲汞的基团,则在光照时由于发生了氢原子转移的互变异构变化,使颜色由黄红色变为蓝色。

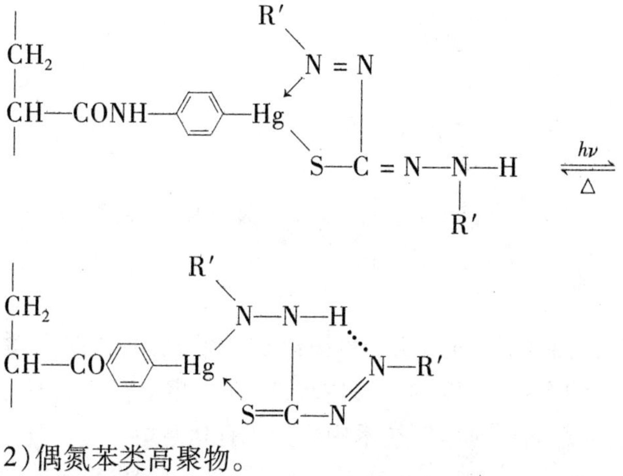

$-CH_2-CH(-CONH-C_6H_4-Hg)-$ [Hg 与 $R'-N{=}N-C(-S-)=N-N(R')-H$ 螯合] $\underset{\Delta}{\overset{h\nu}{\rightleftharpoons}}$

$-CH_2-CH(-CO-C_6H_4-Hg)-$ [Hg 与 $R'-N-N-H\cdots N(-R')=N-C(=S)$ 螯合]　　(16.8)

(2)偶氮苯类高聚物。

偶氮苯类高聚物在光照下有顺反异构的转化,因而呈现不同的颜色。

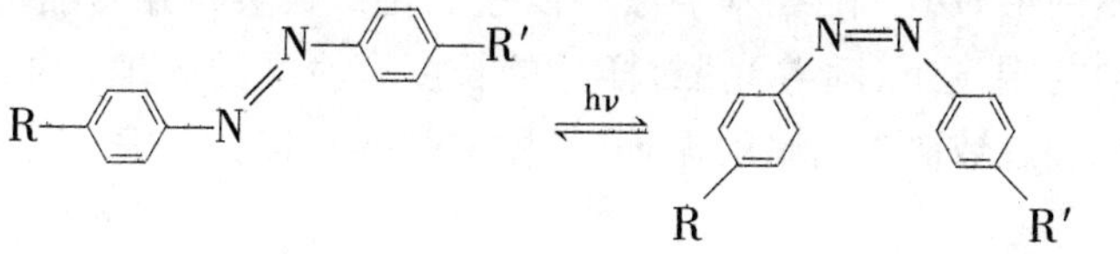

$R-C_6H_4-N{=}N-C_6H_4-R'$ $\underset{}{\overset{h\nu}{\rightleftharpoons}}$ $R-C_6H_4-N{=}N-C_6H_4-R'$

反式　　　　　　　　　　　　顺式

$$R,R':-NH_2,\ -N(CH_3)_2 \tag{16.9}$$

具体的高聚物可由 $CH_2{=}CH{-}C_6H_4{-}N{=}N{-}C_6H_4{-}N(CH_3)_2$，

$CH_2{=}CH{-}C_6H_4{-}N{=}N{-}NH{-}C_6H_5$，$HO{-}C_6H_3(CH{=}CH_2){-}N{=}N{-}C_6H_5$ 等单体聚合而成。

下面是一些已发表的光致变色性聚合物的结构式：

光致变色材料用途极其广泛，可制成各种光色护目镜以防止阳光、电焊弧光、激光等对眼睛的损害，作为窗玻璃或窗帘的涂层，可以调节室内光线，在军事上可作为伪装隐蔽色，密写信息材料，以及在国防上动态图形显示新技术中作为贮存信息等。

4. 光收缩型高分子材料

将丙烯酸乙酯与双（甲基丙烯）DIPS 酯在苯溶液中以过氧化二碳酸二异丙酯引发聚合，所得的聚合物在恒定压力与温度下，随着光照，样品的长度有明显的收缩（约 2% ~ 5%），停止光照，则长度恢复，经过数次光与暗的循环，长度的收缩与伸长是完全可逆的，如图 16.1 所示。

这种光收缩现象是由于这种高分子内僵硬性链的闭环母体在光照下变为具有较高柔

顺性链的部花青化合物，因而使聚合物链的熵值增加所致，此时光能可转变为机械能。

5. 光裂构高分子

在白色污染越来越严重的今天，解决高分子垃圾问题变得非常重要，怎样使高分子材料在使用时要稳定，而在废弃时能迅速分解，使其裂构速度可以人为的控制是需要解决的问题之一。为此可将某些抗氧剂加入高分子主链中，由于能形成稳定的自由基而抑制氧化反应。而在主链中引入 N–O 键，由于 N–O 键能很小，在光照下相对地很快裂解。

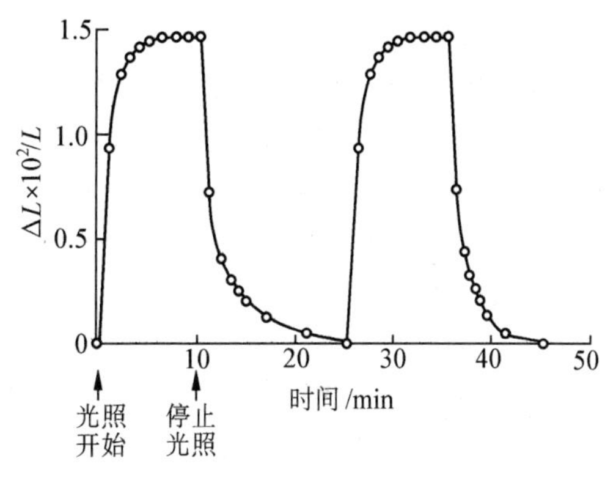

图 16.1　共聚物(干)的光机械行为
薄片厚 0.48 mm，宽 5.5 mm，负荷 26.8 g(27 ℃)

$$\text{-}[\text{O-N=R=N-O-CONH-R'-NHCO}]_m\text{-}\xrightarrow{h\nu}$$
$$\text{-O-N=R=N}\cdot+\cdot\text{OCO-NH-R'-NHCO-}$$
$$\longrightarrow\text{继续裂解} \tag{16.10}$$

在高分子链中引入不饱和键也能加速光分解。例如聚乙烯在甲基乙炔与四氟乙烯(1∶1)气体混合物存在下用 γ–射线照射，得到交联聚乙烯。

$$\sim\sim CH_2-CH_2-CH_2-CH_2\sim\sim \xrightarrow[CF_2=CF_2]{CH_3C\equiv CH}$$

$$\sim\sim CH_2-CH(-C(CH_3)=CH-CF_2-CF_2-)-CH_2-CH_2\sim\sim \tag{16.11}$$

$$\sim\sim CH_2-CH_2-CH_2-CH_2-CH\sim\sim$$

（其中 $CH_3-C=CH$ 的 CH 连接 CF_2-CF_2，后者的 CF_2 连接下链的 CH，形成交联。）

其光氧化速度是普通聚乙烯的 55 倍。可以通过调节交联密度，得到光照射适当时间后分解的高聚物。

一般来讲，光裂构高分子主链中含有 π 电子或未共用电子对等易于被光激发的电子，即带有 –N=N–，–CH=N–，–CH=CH–，–C≡C–，–NH–NH–，$>C=S$，$>C=NH$，$>C=O$，–S–，–NH–，–O– 等基团。

16.2　导电性高分子材料

16.2.1　高分子导体

一般的高聚物都是优良的电绝缘体。所谓的绝缘体以至超导是按材料的电导范围来划分的。高分子绝缘体的电导率约低于 10^{-10} S/cm，高分子导电体的电导率约高于 10^2 S/cm，高分子半导体的电导率则介于绝缘体与导电体之间，而超导体的电阻等于零，电导率为无限大。

聚氮化硫(SN)x，在室温下显示出与水银相匹敌的电导率，在 0.26K 低温时电阻为零，是一种超导电性聚合物。而聚乙炔与金属卤化物形成的电荷转移络合物也具有优良的导电性。这两种导电聚合物的一个共同特点是大分子内含有共轭 π 电子。

聚氮化硫：—S N—S N— （N—S、N—S 交替连接）

聚乙炔：CH CH CH CH（反式）　　=CH CH=CH CH=（顺式）

反式　　　　　顺式

1. 共轭导电聚合物

已发现的共轭导电聚合物种类很多，其本身都是绝缘体，经用电子受体（氧化剂）或给体（还原剂）掺杂后，具有很高的电导率，如聚乙炔、聚对苯乙炔、聚噻吩乙炔和聚吡咯等的电导率都超过了 10^3 S/cm。常用掺杂剂有碘、溴、五氟化砷、高氟酸银等电子受体或碱金属等电子供体。

(1) π 共轭导电聚合物的导电原理。

现在以反式聚乙炔为例，从微观上来叙述其导电机理。如图 16.2 所示，由于反式聚乙炔是单键与双键交替连接，因此存在二个等能级的 A，B 状态。从电子自旋共振的测定结果中，可以知道聚乙炔中 3000 个碳原子上就有一个未成对电子，这就说明存在着象 C 那样的 A，B 二种状态的临界领域（称为中性聚乙炔）。实际上，这个未成对电子并不定域在一个碳原子上，而是广泛分布于 14 个左右的碳原子上，这时能级最稳定。而中性聚乙炔在高分子链内易于转动，但与自旋电子和电导现象无关。将碘等电接受体添加到高聚物中，它们将夺取一个 π 电子而产生如图 16.2 D 所示的带电聚乙炔。如果加入的是电子给予体，反而提供电子形成带负电的聚乙炔。

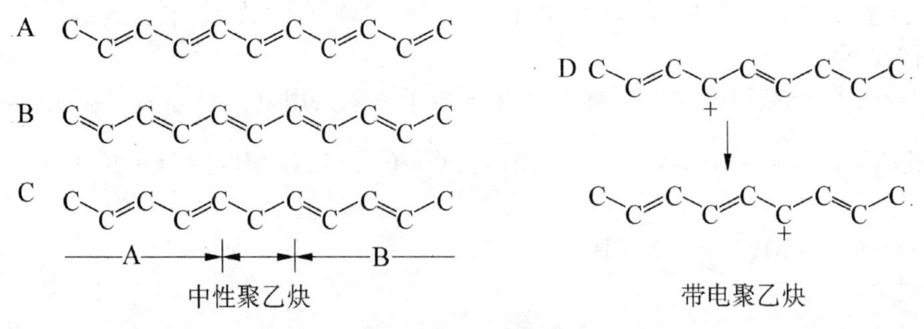

图 16.2　中性聚乙炔及带电聚乙炔

(2) 几种典型的 π 导电聚合物。

π 导电聚合物种类很多，表 16.1 是几种主要的导电性直链聚合物的一些参数。

表 16.1　主要导电性直链高聚物

高聚物种类	掺杂剂	掺杂剂浓度	电导率(室温),/(S·m^{-1})
反式聚乙炔	I_2 AsF_5 Na	0.41 0.40 1.12	1.6×10^4 4.0×10^4 8.0×10^3
顺式聚乙炔	I_2 AsF_3	0.45 0.40	5.5×10^4 1.2×10^5
聚吡咯	BF_4^-	0.25	1.0×10^4
聚噻吩	I_2	0.19	5.0
聚对苯撑	AsF_5 K	0.4 0.57	5.0×10^4 73.0×10^2
聚对苯硫醚—S—	AsF_5	—	7×10^2

①高电导聚乙炔(PA)。这是研究最广泛、结构最简单的一种导电聚合物。

德国一科学家用白川催化体系聚合并经特殊熟化和拉伸取向处理后再用碘掺杂,因聚乙炔的共轭长度延长,规整性提高,电量率可达$(1.2-1.7)\times10^5$ S/cm。而且还具有在空气中稳定、顺式含量高达 70% ~80% 、高密度(>1 g/cm^3)等特点。

②可溶性导电聚合物。迄今得到的 π 共轭导电聚合物的绝大多数是不溶解也不熔融的,合成可溶导电聚合物无论对聚合物的表征、性质的研究还是应用都具有极其重要的意义。这方面的工作主要有以下 4 种:

(a)β-取代聚噻吩和聚吡咯。

$(CH_2)_m - YM$　　X:S,NH　Y:SO_3^{2-}　SO_4^{2-}　CO_3^{2-}

M:H,Li,Na,K 等

R:$CH_3\text{-}(CH_2)_n$,CH_3O,CH_3S

R_1　R_2:H 烷基

Ar:

(b)赋形性导电聚合物。基本原理是先合成可加工性中间体,成型(如成膜、成纤等)后再转化成共轭导电聚合物,它不仅具有赋形的特点,而且中间体可拉伸取向,控制了高次结构使电导率提高。

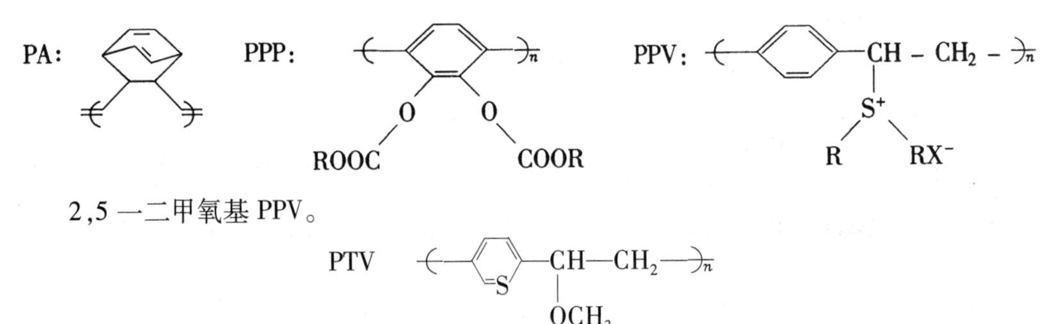

2,5 一二甲氧基 PPV。

(c)嵌段或接枝导电聚合物。乙炔与异戊二烯或丁二烯可由多种途径聚合得到嵌段或接枝共聚物,其中的聚烯烃链段提供了可溶性使聚合物可浇铸成膜,聚乙炔链段则提供了导电性。这类聚合物除可溶外,力学强度和空气稳定性也都有较大改善,掺杂后的电导率与纯 PA 相比并无太大下降,仍可达 10^2 S/cm。

(d)选用兼具溶剂功能的掺杂剂体系。把聚苯硫醚溶于 AsF_5 中,再用 AsF_5 掺杂,得到蓝色的掺杂导电聚合物溶液,浇铸膜的电导率为 200 S/cm,与此类似,在 AsF_5/AsF_5 溶液通入乙炔气,也可直接聚合得到可溶性 PA。

下面是一些常见的 π 共轭导电性高分子的结构。

2. 新型导电聚合物体系

除 π 共轭导电聚合物外,目前已发现了一些新型的导电聚合物。下面简要介绍几种。

(1) n-型导电聚合物。

绝大数导电聚合物都是 p-型掺杂的,可进行 n-型掺杂的仅限于 PA,PP,PTh 和聚喹啉等。最近发现聚吡啶和金属大环络合物 Ni(TBC)等体系,前者经钠掺杂,电导率由 10^{-14} S/cm 提高到 1.2×10^{-1} S/cm,后者结构与酞菁很相象,钾掺杂后,用端子法测得电导率为 2×10^{-1} S/cm。

(2)非共轭主链导电聚合物。

原来普遍认为具有共轭主链是导电聚合物的必要条件,但 1988 年以来,一些新的研

$-\!\!\!(\!CH{=}CH\!)\!\!\!-_n$

聚乙炔　　聚(2,5-噻吩) 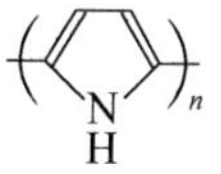　　聚(2,5-吡咯) 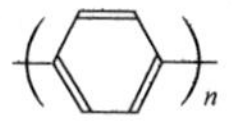　　聚(对-苯撑)

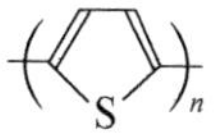

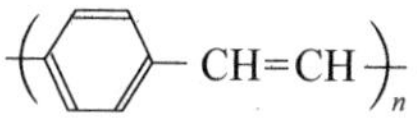

聚(对-苯撑乙烯) 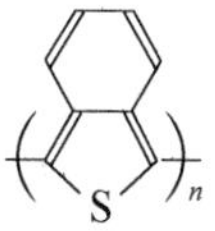　　聚苯并噻吩 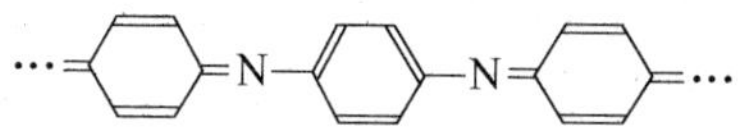　　聚苯胺　　聚双炔

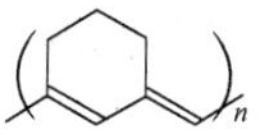

聚庚二炔 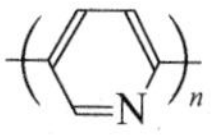　　聚(2,5-吡啶) 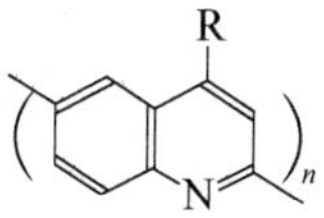　　聚喹啉 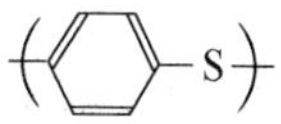　　聚苯撑硫

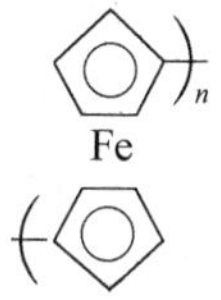

聚(1,1-二茂铁) 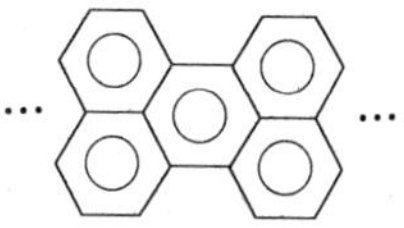　　聚菲

究结果使这个概念受到了挑战。

美国 M. ThaKur 报道,顺式聚异戊二烯和聚(2,3-二甲基丁二烯)在碘掺杂后电导率从 10^{-13} S/cm 提高到 10^{-2}–10^{-1} S/cm,具有与 PA 类似的掺杂效果。有趣的是不带取代基的聚顺丁二烯掺杂后电导率并不提高,似乎表明孤立双键主键聚合物在引进适当取代基后有可能经掺杂而成为导电聚合物。

(3)共轭导电聚合物。

聚苯基甲基硅烷的烧铸膜用硫酸掺杂 100 min 后电导率达到 1.5×10^{-1} S/cm,这可能是由于形成 Si–Si 单键的 σ 电子在聚合物中可比较自由地迁移所致。尽管具有与 C–C 单键类似结构的聚硅烷可能只是半导体,但可推测聚硅烯将有可能呈金属性电导。

虽然这些导电聚合物体系种类还不多,电导率也并不高,但其真正的意义恐怕在于启迪人们,进行更广泛的探索、研究工作,而且也必将对理论研究提供新的线索。

3. 导电聚合物的应用

在发现 PA 掺杂后具有高电导之初,由于其吸收光谱与日光相近,自然就想到用来做太阳能电池,其后随着更多导电聚合物的发现,应用范围更加广泛了。目前主要用于二次电池、电致变色显示、透明导电膜、三极管、分子器件、导电性电极、光致变色显示材料、晶体管、二极管原料、高分子电池、传感器等。

16.2.2　光导电聚合物

光导电体是指在暗的条件下是绝缘体,光照时导电性可能增加几个数量级的材料。从实用角度,增加因数要大于 10^3。无机化合物 Se,ZnS–CdS 就是这类重要的光导电体。

对高分子光导电体而言,其结构上一般具有如下特征:一是高分子主链中有较高程度的共轭双键;二是高分子的侧基是多环的芳香基;第三是高分子链的侧基是带有各种取代基的芳香胺基,其中主要的是咔唑基。

1. 光导电聚合物作用原理

光导电性高分子研究较为系统的是聚乙烯咔唑(PVK)及其电荷转移络合物。光导电性高分子中极微量的杂质能成为复合中心及陷阱而阻挠载流子的运动。陷阱因能级不同而有深浅。

聚乙烯咔唑的光电性主要在紫外区域显示,为了使其光电性扩展到可见光区域,则需在聚乙烯咔唑中掺杂有机染料和电子受体,以形成聚乙烯咔唑的 CT 络合物。掺杂的电子受体常用的有 I_2, $SbCl_5$,三硝基芴酮(TNF),TCNQ,四氯苯醌,四氰基乙烯(TCNE)等。

电荷转移络合物可以在高分子链与低分子之间形成,这在以上已列举了许多实例;也可以发生在高分子电子供体与电子受体之间,也有在同一高分子链中同时存在电子供体,电子受体的链节出现电荷转移现象,而显示更佳的光导电性。

2. 典型的光导电聚合物

除聚乙烯咔唑外,还有许多聚合物及其络合物具有光导电性能。象聚苯乙烯、聚乙烯萘、聚苊烯、聚乙烯芘、聚对苯二甲酸乙二醇酯、聚 2.6-萘二甲酸乙二醇酯、尼龙、聚乙炔、聚双炔、聚丙烯腈及其热处理物、聚卤代乙烯、聚苷氨酸、聚乙烯吖啶、聚苊烯、聚乙烯基蒽等高聚物,也都具有光导电性能。下面是几种光导电聚合物的结构。

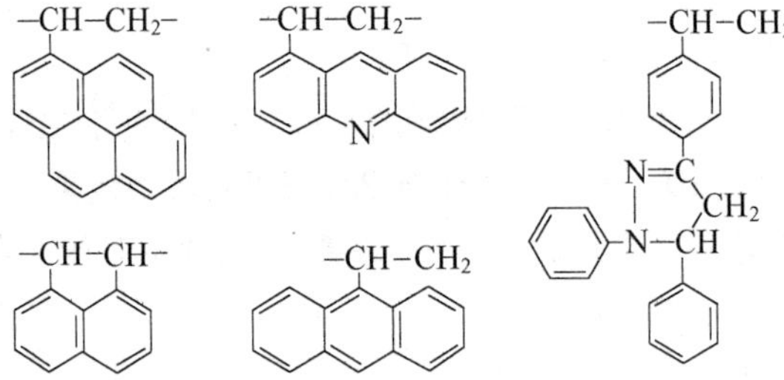

—CH—CH₂—　—CH—CH₂—　—CH—CH₂—
N=C　CH₂　N—CH
—CH—CH—　—CH—CH₂

一般来讲,将光导电聚合物制成薄膜,可以提高聚合物的光导电性能。可以将作为光导电增感剂用的染料或色素以溶液的方式滴加到光导电高分子溶液中去,搅拌均匀之后,再涂布成膜。

酞菁铜(CuPc)是一种重要的高分子半导体和光导电体,由于难溶性而难加工成膜。已有人合成了含有酞菁铜结构的聚酰胺,将此聚酰胺与同顺丁烯二酸酐、二苯甲烷二胺合成的聚胺一酰胺树脂溶液进行化学共混处理。成膜后经酰亚胺化后,制得含 CuPc 为 6.9% 的聚胺-酰亚胺涂膜,光导性能优良。

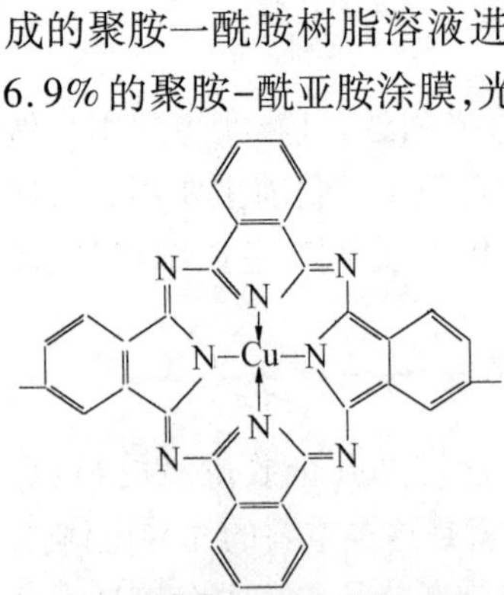

N　N　N—Cu—N　N　N　N
CuPc　酞菁铜

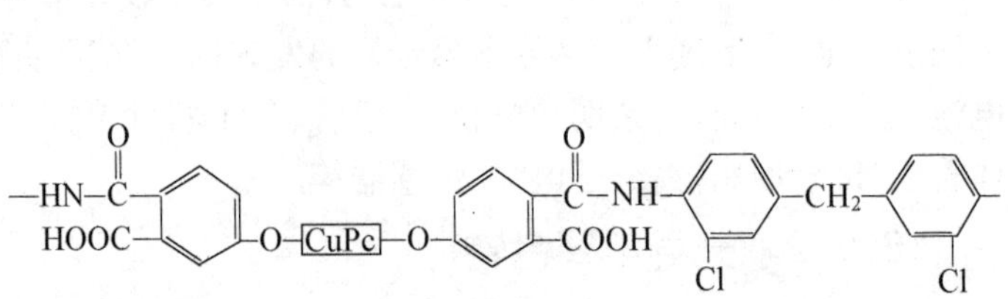

—HN—C(=O)　HOOC—　—O—CuPc—O—　—C(=O)—NH—　—CH₂—　—COOH　Cl　Cl

含有酞菁铜结构的聚酰胺

3. 光导电高分子的应用

光导电高分子目前主要应用在太阳能电池、静电复印、全息照相、信息记录等方面。

16.2.3　高分子压电体、热电体

若物质受外力则产生电荷，反之，若加电压时则发生形变，物质的这种性能称为压电性，这类物质称为压电体。而有些物质当温度改变时则产生电荷，这种性能称为热电性，这种物质称为热电体。

1. 高分子压电体、热电体的作用原理

研究最多的高分子压电体、热电体是聚偏氟乙烯。

关于压电机理目前仍是有争议的问题。多数人认为聚偏氟乙烯压电性是由大分子晶区的固有特性即体积极化度所引起，因为实验表明聚偏氟乙烯的压电性随着晶区中 β 晶相的含量增加而加强。也有研究表明，聚偏氟乙烯的极化度与注入电荷有关，特别是用未取向的 α 晶相的聚偏氟乙烯薄膜经过热极化得到强压电性，认为压电性是极化时正极金属-聚合物接触所引起，或者说注入电荷所引起。也有工作表明当温度低于聚偏氟乙烯的玻璃化温度（$T_g = -40$ ℃）极化时，其压电性有数量级的减少，故非晶区对压电性有很大贡献。

2. 高分子与低分子结晶特性比较

表 16.2 为高分子与低分子结晶的特性。可以看出，聚偏氟乙烯具有极优良的特性。PZT 陶瓷是现在最佳的压电体、热电体。由于技术的改进，聚偏氟乙烯的压电率，热电率在不断提高，其性能总评价已可与 PZT 陶瓷相匹敌。虽然聚偏氟乙烯的压电率、热电率都小于 PZT 陶瓷约一个数量级，但是介电常数却小于 PZT 陶瓷二个数量级，因而压电电场输出反而大于 PZT 陶瓷一个数量级。再加上高分子薄膜具有易于加工、柔韧、廉价等优点，聚偏氟乙烯在使用中较 PZT 陶瓷有更佳的效果。

表 16.2　高分子与低分子结晶的特性比较

物　　质	压电率 d/ (pC · N^{-1})	热电率 P/ (μC · m^{-1} · K^{-2})	电气机械结合常数 K_{33}	残留极化 P_r/ (mC · m^{-2})	介电常数 ε	弹性系数/ (kN · m^{-2})
聚 γ-苄基谷氨酸酯	$d_{14} = 1.7$				3.5	3
氰乙基纤维素	$d_{14} = -3$				16	2.5
聚氯乙烯	$d_{31} = 0.22$	−1			8	2.3
聚偏氟乙烯	$d_{31} = 40, d_{33} = 60$	−50	0.2	50	13	2.5
水晶	$d_{11} = -2.25, d_{14} = 0.85$				4.7	78
PZT 陶瓷	$d_{31} = -180, d_{33} = 300$	−270	0.5	200	1200	80

3. 压电、热电聚合物的品种

最主要的压电、热电聚合物是聚偏氟乙烯 PVD F$\leftarrow CH_2-CF_2 \rightarrow_n$，其次还有偏氟乙烯与三氟乙烯的共聚物、多肽、纤维素及其衍生物、骨胶原、甲壳质、脱氧核糖核酸等。

4. 压电、热电聚合物的应用

利用压电体的正效应和逆效应，压电体可应用于板、弦的振动测量和激振，扩音器、心音计、电流计、扬声器、头戴式耳机、盒式储存器、消除杂音型扩音器、显示器、超声波诊断装置、压力传感器等方面。聚偏氟乙烯热电体薄膜温度变化 1 ℃约能产生 10 V 电压，这样高的灵敏度，可以测量出百分之一度的温度变化，可被用于红外线传感器的夜间报警器、火灾报警器、非触点温度计、热光导摄象管等方面。

第17章　功能薄膜材料

自20世纪70年代以来,薄膜技术得到突飞猛进的发展,无论在学术上还是在实际应用中都取得了丰硕的成果。薄膜技术和薄膜材料的发展涉及几乎所有前沿学科,它的应用与推广又渗透到各个学科以及应用技术中,如电子、计算机、磁记录、信息、传感器、能源、机械、光学、航空航天、核工业、化工、生物、医学等,现已成为当代真空技术和材料科学中最活跃的研究领域,所制备的各种类型的新材料、新结构、新功能的薄膜,对材料的研究和使用起到巨大推动作用。

17.1　薄膜制备技术

薄膜的制备方法很多,如气相生成法、液相生成法、离子注入法、氧化法、扩散与涂布法、电镀法等。本节主要介绍真空蒸镀法、溅射镀膜法及离子镀膜法。

17.1.1　真空蒸镀法

把待镀的基片置于高真空室内,通过加热使蒸发材料气化(或升华)而淀积到某一温度基片的表面上,从而形成一层薄膜,这一工艺过程称为真空蒸镀法。

采用蒸发形成薄膜的过程包括以下几个物理阶段:①采用蒸发或升华把被淀积的材料转变为气态;②原子(分子)从蒸发源转移到基片上;③这些粒子淀积在基片上;④在基片表面上粒子重新排列或它们的键发生变化。

真空蒸镀设备主要由真空镀膜室和真空抽气系统两大部分组成,如图17.1所示。

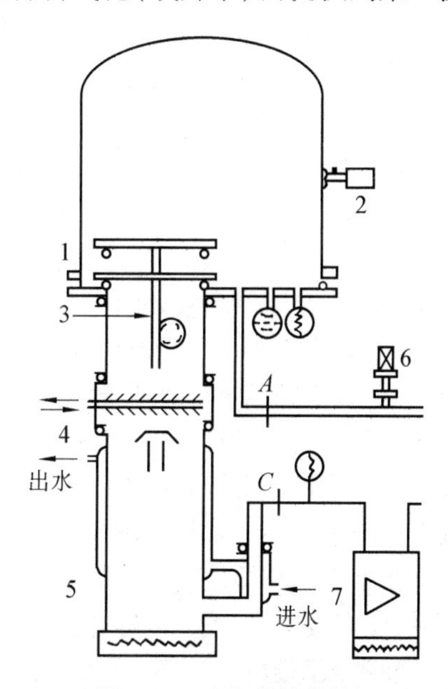

图17.1　真空蒸镀系统

1—钟罩;2—针阀;3—高真空阀;4—冷阱;5—扩散泵;6—磁力充气阀;7—增压泵

真空镀膜室是用不锈钢或玻璃制成的钟罩。镀膜室内装有蒸发电极、基片架、轰击电极、测温和烘烤电极、挡板转动装置、膜厚监控测量仪以及一些辅助装置。

真空抽气系统主要由扩散泵、机械泵、高真空阀、低真空阀、充气阀及挡油器等组成。

蒸发源分为电阻加热、电子束加热、激光等类型。电阻加热蒸发源是用高熔点金属(钨、钼、钽)做成。用蒸发源存放膜料,利用大电流通过加热器时产生的焦耳热来直接加热膜料使其蒸发,通常用于蒸发温度小于 1 500 ℃的铝、金、银等金属，以及硫化物、氟化物、某些氧化物。这种蒸发源结构简单、使用方便、造价低，因此使用普遍。

电子束加热蒸发源利用电子束集中轰击膜料的一部分而进行加热，它由热阴极、电子加速极和阳极(膜料)等组成。电子束蒸发源的特点是：能量高度集中，使膜料的局部表面获得高温，可控制蒸发温度。因此，对高和低熔点的膜料都适用，尤其适合熔点达 2 000 ℃的氧化物。由于不需坩埚，避免了坩埚材料对膜料的污染。

激光蒸发源将激光束作为热源来加热膜料，通过聚焦可使激光束功率达到 10^6 W/cm^{2}以上，它以无接触加热方式使膜料迅速气化，然后淀积在基片上形成薄膜。

激光蒸发的主要优点是：能实现化合物的蒸发沉积，而且不会产生分馏现象，能蒸发任何高熔点材料。采用激光蒸发源是淀积介质膜、半导体膜、金属膜和无机化合物膜的好方法。

17.1.2　溅射镀膜

用高能粒子(大多数是由电场加速的正离子)撞击固体表面，在与固体表面的原子或分子进行能量或动量交换后，从固体表面飞出原子或分子的现象称为溅射。溅射出来的物质淀积到基片表面形成薄膜的方法称为溅射镀膜法。

与蒸发镀膜相比，由于溅射镀膜中靶材无相变，化合物的成分不易发生变化，合金也不易发生分馏，因此使用的靶材广泛。由于溅射淀积到基片上的粒子能量比蒸发的高 50 倍，同时又有对基片清洗和升温作用，形成的薄膜附着力大。

1. 辉光放电与溅射现象

辉光放电是气体放电的一种类型，它是一种稳定的自持放电。它的最简单装置是在真空放电室中安置两个电极，阴极为冷阴极，通入压强为 0.1～10 Pa 氩气，当外加直流高压超过着火电压(起始放电电压)V_s 时，气体就由绝缘体变成良导体，电流突然上升，两极间电压降突然下降。此时，两极空间就会出现明暗相间的光层，气体的这种放电称为辉光放电，图 17.2 为辉光放电示意图。

辉光放电可分为正常辉光放电和异常辉光放电两类。正常辉光放电时，由于放电电流还未大到足以使阴极表面全部布满辉光，因此随电流的增大，阴极的辉光面积成比例地增大，而电流密度 j_k 和阴极位降 V_k 则不随电流的变化而改变。在放电的其他条件保持不变时，阴极位降区的长度 d_k 随气体压强成反比变化。异常辉光放电时，由于阴极表面全部布满了辉光，电流进一步增大，导致 j_k 增加，d_k 减小，V_k 进一步增加，撞击阴极的正离子数目及动能比正常辉光放电时大为增加，在阴极表面发生强烈溅射，所以利用异常辉光放电进行溅射镀膜。基片作阳极，要溅射的材料作阴极(靶子)。

根据引起气体放电的机理不同，可形成不同的溅射镀膜方法，主要有直流溅射、高频溅射、反应溅射、磁控溅射等方法。

2. 高频溅射

高频溅射的原理如图 17.3 所示。

利用高频电磁辐射来维持低气压(2.5×10^{-2} Pa)的辉光放电，使正离子和电子交替轰击靶子。

高频溅射可以沉积任何固体材料的薄膜，所得膜层致密、纯度高、与基片附着牢固，并具有较大的溅射速率。

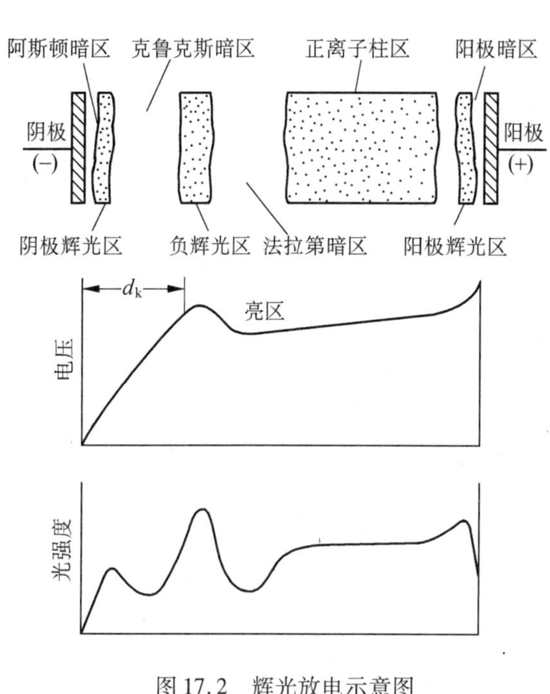

图 17.2　辉光放电示意图

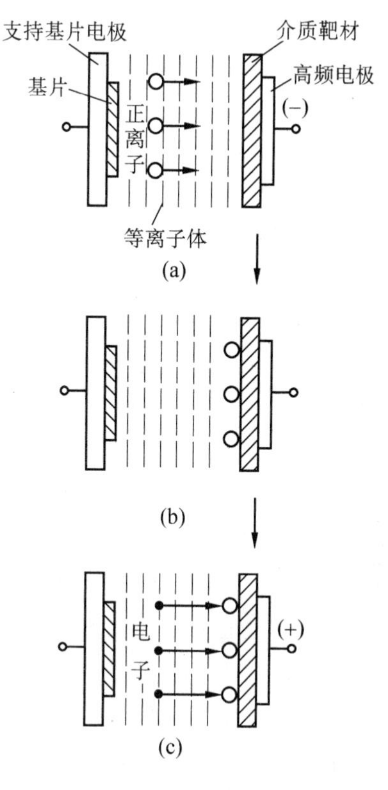

图 17.3　高频溅射原理图

3. 磁控溅射

磁控溅射的电场和磁场相互垂直,可以将电子的运动路程限制在靶面附近,显著地延长了电子的运动路程,增加了同工作气体分子的碰撞几率,提高了电子的电离率,使磁控溅射速率数量级提高。

17.1.3　离子镀膜

离子镀膜技术是 20 世纪 60 年代发展起来的一种镀膜方法,它是真空蒸发与溅射相结合的新工艺,即利用真空蒸发来制作薄膜,利用溅射清洁基片表面。因此,它是在辉光放电中的蒸发法,离子镀膜装置如图 17.4 所示。

从蒸发源蒸发出来的粒子通过辉光放电的等离子区时,其中的一部分被电离成为正离子,通过扩散和电场作用,高速打到基片表面,另外大部分为处于激发态的中性蒸发粒子,在惯性作用下到达基片表面,堆积成薄膜,这一过程称为离子镀膜,为了有利于膜的形成,必须满足沉积速率大于溅射速率的条件,这可通过控制蒸发速率和充氩压强来实现。

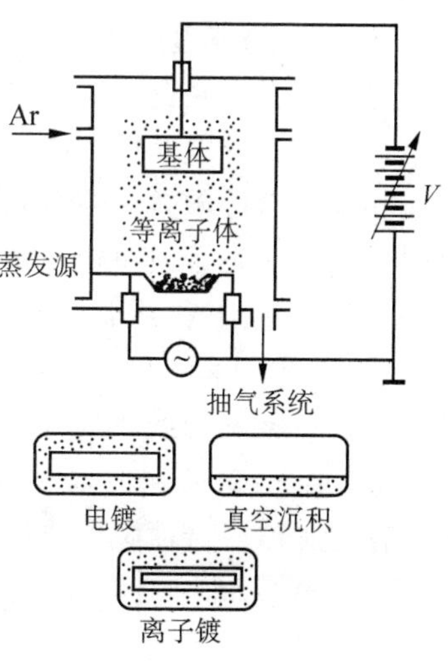

图 17.4　离子镀膜原理图

离子镀膜的主要优点是基片表面和膜面洁净,不受沾污。由于基片受到高能粒子的轰击,温度较高,因此对基片不用辐射加热就能提高表面区域的扩散和化学反应速度,并具有互溶性。

17.2　导电薄膜

导电薄膜在半导体集成电路和混合集成电路中应用十分广泛,它可用作薄膜电阻器的接触端、薄膜电容器的上下电极、薄膜电感器的导电带和引出端头,也可用作薄膜微带线、元器件之间的互连线,外贴元器件和外引线的焊区,以及用于形成肖特基结和构成阻挡层等。在集成电路中,导电薄膜所占的面积比例与其他薄膜材料相比是很大的,而且随着集成度的不断提高、薄膜多层互连基板的应用,其所占面积比例将不断增大。因而导电薄膜的性能,对于提高集成度和提高电路性能均有很大影响。

导电薄膜按其成分可分为:①低熔点单元素导电薄膜;②复合导电薄膜;③多晶硅薄膜;④高熔点金属薄膜;⑤金属硅化物导电薄膜;⑥透明导电薄膜。

17.2.1　低熔点金属导电薄膜

在金属薄膜中,主要有 Au,Ag,Cu 和 Al 薄膜,其中,对 Al 薄膜的研究和应用较多。通常采用真空蒸发法制作铝膜,所用原材料纯度为99.99%以上,真空度高于 5×10^{-3} Pa。由于 Al 与 W,Mo,Ta 等元素易生成低共熔合金,故一般不使用 W,Mo,Ta 舟蒸发铝。在集成电路工艺中主要采用溅射技术制备 Al 膜。

此外,Au 薄膜、Ag 薄膜、Cu 薄膜与 Al 薄膜一样,均属元素导电薄膜,它们的制备方法仍以真空蒸发、溅射为主。Ag,Cu 易氧化,Au 性能稳定。

17.2.2　复合导电薄膜

金膜的导电性好、稳定性好,是一种优良的导电薄膜。但金与基板(如微晶玻璃、陶瓷)的附着性很差。因此,当金膜用作导电膜时,一般必须先淀积一层底金属层,然后再淀积金,形成金基复合导电薄膜。所以,复合导电薄膜在结构上主要包括底金属层和上面金属层两部分。底金属层主要起粘附作用,使上层导电薄膜能牢固地附着于基片上;上层薄膜则主要起导电作用和便于焊接。

由于复合导电薄膜的组分至少包括两种或两种以上的金属,因此在制备这种薄膜时,不能采用单蒸发源或单靶,必须采用两个或三个蒸发源顺序蒸发和采用多金属靶的顺序溅射方法,才能获得所需性能。

铬-金薄膜和镍铬-金薄膜是目前用得最多的复合导电薄膜。主要用作电阻的端头电极、互连线、微带线、单层薄膜电感器、薄膜电容器上电极和焊区等。

钛-金薄膜、钛-铂-金薄膜、钛-钯-金薄膜主要用于钽膜电路和半导体器件中,镍铬-铜-钯(铂)-金薄膜主要用于锡焊,氮化钛-金和钼化钛-金薄膜可以在 400 ~ 450 ℃下稳定工作。

17.2.3　高熔点金属薄膜

高熔点金属是指元素周期表中ⅣB 族的 Ti,Zr,Hf;ⅤB 族的 V,Nb,Ta;ⅥB 族的 Cr,Mo 和 W。

制造高熔点金属薄膜,主要是为满足集成度大于 256 Kbit 的器件对电极材料的要求。选用电子束蒸发、溅射和化学气相沉淀等方法可以制备高熔点金属薄膜。

采用上述方法在二氧化硅等热稳定薄膜表面所形成的 W,Mo 等高熔点金属薄膜,一般为多晶结构,薄膜多呈柱状结晶结构,晶粒尺寸随基板温度和热处理温度的升高而增大,薄膜的电阻率 ρ 值会逐渐变小,可以在大规模集成电路中使用。

17.2.4　多晶硅薄膜

重掺杂的多晶硅薄膜是替代 Al 膜作为 MOS 集成电路的栅电极与互连线材料。多晶硅薄膜耐高温热处理,经氧化处理,可在其表面生成优良的 SiO_2 膜,容易得到高纯度的膜层。利用不同掺杂成分既可形成 n 型半导体,又可形成 p 型半导体;改变掺杂浓度可改变膜层的电阻率。

制备多晶硅薄膜的方法很多,通常淀积固体薄膜的方法,如真空蒸发、溅射、电化学淀积、化学气相反应淀积、分子束外延等,都可用来淀积多晶硅薄膜。

在结构上,多晶硅薄膜是由许多无规则取向的小晶粒组成的。在一定条件下,存在着一个主要的生长晶向,这个晶向为择优取向。择优取向与淀积温度及以后的热处理温度密切相关。

非掺杂多晶硅薄膜的电阻率很高,可达 $10^5\ \Omega \cdot cm$。如掺杂浓度在 $10^{19}\ cm^{-3}$ 以上,其电阻率与单晶硅的电阻率相近($10^{-2} \sim 10^{-3}\ \Omega \cdot cm$)。

掺杂后多晶硅的许多性质,如电气性质、光学性质、结构和形貌等都随掺杂材料的种类和浓度而改变。多晶硅薄膜的导电性质与单晶硅的不同,是因为在多晶硅薄膜中存在着晶界。

17.2.5　金属硅化物薄膜

硅化物具有低的电阻率(约为多晶硅电阻率的 1/10 或更低),且高温稳定性好,抗电迁移能力强,并可直接淀积在多晶硅上,其工艺与现有硅栅 N 沟道 MOS 工艺兼容,因而被广泛用于超大规模集成电路中。

元素周期表中有一半以上的元素可与硅形成一种或多种硅化物,但适于集成电路的硅化物,必须具有以下性质:低电阻率、易刻蚀、可氧化、机械稳定性好,适用于整个集成电路工艺,与 Al 不易发生反应等。符合上述要求的主要是ⅣB 族、ⅤB 族和ⅥB 族的难熔金属硅化物和ⅧB 族的亚贵金属硅化物。常用的硅化物有 $NbSi_2$,PtSi,Pd_2Si,$NiSi_2$ 等。

制备硅化物的方法有共溅射、共蒸发、分子束外延、化学气相沉积等方法,形成硅和金属的多层结构,经退火处理,形成硅化物薄膜。

17.2.6　透明导电薄膜

透明导电薄膜是一类既具有高的导电性,在可见光范围又有很高的透光性,并在红外光范围有很高的反射性的薄膜。它大体可分为金属膜、氧化物薄膜和非氧化物单相或多层膜三大类。在金属膜中有 Au, Ag, Cu, Pd, Pt, Al, Cr, Rh 等膜；在氧化物膜中有 In_2O_3, SnO_2, ZnO, CdO 等膜；在非氧化物膜中有 Cu_2S, CdS, ZnS, LaB_6, TiN, TiC, ZrN, ZrB_2, HfN 等膜。透明导电薄膜由于具有透明性质，因而在电子、电气及光学等领域都有广泛的应用。

在玻璃衬底上制备透明导电薄膜时，由于需要采用高温处理过程，考虑到透明性、导电性及力学性能等因素，大多采用金属氧化物。

在玻璃衬底上制备透明导电膜的方法有喷雾法、涂覆法、浸渍法、化学气相沉淀法、真空蒸发法、溅射法等。

在塑料衬底上制备透明导电薄膜有多种方法，其中最典型的方法是真空蒸发法，这种方法的衬底大多采用聚酯薄膜，也可采用各种溅射方法来制备。

17.3　光学薄膜

光学薄膜发展很早，应用广泛，几乎所有光学仪器都离不开各种性能的光学薄膜，如增透膜、反射膜、偏振膜、分光膜、干涉滤光膜等。近代激光技术的发展，又为光学薄膜的研制和应用开辟了新的前景。激光谐振腔中的腔片，扩孔、缩孔时用的望远镜，激光器上的反射镜，接收用干涉滤光片，起偏、检偏用的偏振片等均为光学薄膜在激光技术中的应用，称为激光薄膜。

薄膜材料是光学薄膜表现光学性质的关键，可用作光学薄膜的材料很多，不下百余种，有化合物、半导体、金属等，各种材料可适合于不同的用途和光学波段。然而，从光学性质、力学性质、化学稳定性和热稳定性综合观之，理想的材料却不多，适用于激光薄膜的材料更少。目前，用得较多的光学薄膜材料有如下几种：①氧化物，如 Al_2O_3, Bi_2O_3, Sb_2O_3, Nd_2O_3, ZrO_2, TiO_2, ThO_2, SiO_2, PbO, SiO_2 等；②氟化物，如 CaF_2, MgF_2, BaF_2, PbF_2, NdF_3, CeF_3, ThF_4 等；③硫化物，如 ZnS 等；④半导体材料，如 Si, Ge 等；⑤金属材料，如 Au, Ag, Al, Cu, Cr 等。

17.3.1　防反射膜

折射率为 1.5 的玻璃对于垂直于入射光的反射率约为 4%，在具有大量光学元件的光学系统中，存在着许多空气/玻璃界面，这时反射损耗会累积起来，使得透射率明显降低。另外，在折射率大的半导体中，反射损耗也大。例如，在折射率约为 4 的 Ge 中，反射损耗约为 36%。为了减小反射损耗，增大光学元件的透射率，通常是采用在光学元件上沉积防反射镀层的办法，在透明物质上镀单层、双层或多层反射膜。表 17.1 给出典型的用于可见和红外波段防反射膜物质的透明波段以及折射率。在选择构成防反射膜的物质组合时，不仅考虑它的光学性质，还必须考虑其机械强度以及成膜的难易程度等因素。

表 17.1　用于防反射膜的物质的折射率和透明波段

物	质	折射率	波长/nm	透明波段
$n<1.5$	氟化钙(CaF_2)	1.23 ~ 1.26	(546)	150 nm ~ 12 μm
	氟化钠(NaF)	1.34	(550)	250 nm ~ 14 μm
	冰晶石(Na_3AlF_6)	1.35	(550)	<200 nm ~ 14 μm
	氟化锂(LiF)	1.36 ~ 1.37	(546)	110 nm ~ 7 μm
	氟化镁(MgF_2)	1.38	(550)	210 nm ~ 10 μm
	二氧化硅(SiO_2)	1.46	(500)	<200 nm ~ 8 μm
$1.5<n<2$	氟化钕(NdF_3)	1.6	(550)	220 nm ~ >2 μm
	氟化铈(CeF_3)	1.63	(550)	300 nm ~ >5 μm
	硫化锌(ZnS)	2.35	(550)	380 nm ~ 25 μm
	硫化镉(CdS)	2.6	(600)	600 nm ~ 7 μm
$n>3$	硅(Si)	3.5		1.1 ~ 10 μm
	锗(Ge)	4.0		1.7 ~ 100 μm

当选择防反射膜时，必须考虑反射率与入射角的关系，一般膜的层数越多，反射率开始增大的入射角就越小。

许多物质的折射率受膜的制备条件（制备方法、气体成分、沉积速率等）的影响很大。一般在镀膜过程中直接监视并控制膜的反射率和透射率，最好在反射率达到最小时停止镀膜。

17.3.2　吸收膜

光学多层膜镀层的应用实例之一是太阳光选择吸收膜。当需要有效地利用太阳热能时，就需要考虑采用对太阳光的吸收较多，而由热辐射等所引起的损耗较小的吸收面，从图 17.5 可看出，太阳光谱的峰值约在 0.5 μm处，全部能量的 95% 以上集中在 0.3 ~ 2 μm 之间。另一方面，由被加热的物体所产生的热辐射的光谱是普朗克公式揭示的黑体辐射光谱和该物体的辐射率之积。在摄氏几百度的温度下，黑体辐射光谱主要集中在 2 ~ 20 μm 的红外波段。由于太阳辐射光谱与热辐射光谱在波段上存在着这种差异，因此，为了有效地利用太阳热能，就必须考虑采用具有波长选择特性的吸收面。这种吸收面对太阳能吸收较多，同时由热辐射所引起的能量损耗又比较小，即在太阳辐射光谱的波段（可见波段）中吸收率大，在热辐射光谱波段（红外波段）中辐射率小。采用在红外波中反射率高达 1，辐射率非常小的金属，可以在可

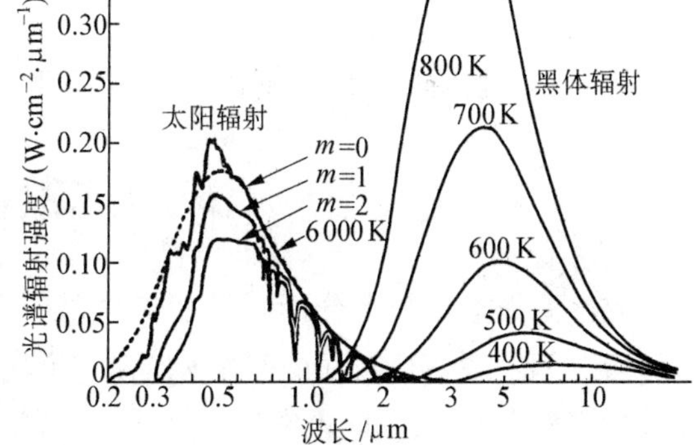

图 17.5　太阳辐射光谱与黑体辐射光谱
（m：光学空气质量）

见光波段中降低其反射率,增大其吸收。

利用半导体层中的带间跃迁吸收的方法,在金属表面沉积一层半导体薄膜,其吸收端波长在1~3 μm之间(E_g=1~0.4 eV)。当波长比吸收端波长长时,半导体层是透明的,可以得到由衬底金属所导致的高反射率。另一方面,当波长比吸收端波长短时,由于薄膜的吸收系数很大,可以吸收太阳光。用于这一目的的半导体有Si(E_g=1.1 eV),Ge(E_g=0.7 eV),PbS(E_g=0.4 eV)。它们在可见光波段的折射率较大,反射损耗较大。降低半导体反射的措施有:①适当地选取半导体层的膜厚,通过干涉效应来降低反射率;②在半导体层上再沉积一层防反射膜;③使半导体表面形成多孔结构,利用多重反射的方法,使反射率降低。

利用薄膜的干涉来达到防反射的目的,要采取的措施有:①由单层透明金属膜来防止反射;②由具有吸收的薄膜来防止反射;③沉积干涉滤色器型的多层金属防反射膜。

17.3.3 薄膜光波导

光波导就是一种将光波封闭在有限截面的透明媒质内,并利用其横向界面上的全反射现象,使波沿波导轴向传播的光学结构。

薄膜光波导的基本结构大致可分为两种,一种是由所沉积的低折射率和高折射率的薄膜形成的二维波导;另一种是将薄膜加工成条带状图形所形成的三维波导。

薄膜光波导的衬底用折射率比波导核心层的折射率低的透明材料,但是也有采用非透明材料(硅等半导体衬底)的情况,这时的结构是由低折射率的透明缓冲层和高折射率的核心层叠加所构成的。单晶衬底被广泛采用的有$LiNbO_3$,Al_2O_3,SiO_2等氧化物介电体单晶以及GaAs,InP,Si等半导体晶体。一般在单晶衬底上比较容易得到比多晶波导层纯度高、损耗低的单晶波导层,还会出现电光效应、非线性光学效应等,适合作功能元件。

制备单晶薄膜是采用各种外延方法(气相、液相、分子束外延、有机金属化学气相法等),在异质外延过程中制备的薄膜物质与衬底不同,这时由于晶体常数不同会产生残余应变和晶格缺陷。Si单晶上的低折射率缓冲层,常常采用由热氧化所得到的SiO_2膜。多晶以及非晶态物质的薄膜的制备,通常是采用真空蒸镀、溅射等方法。

17.4 磁性薄膜

磁性薄膜是一个十分活跃的研究领域,因为用它能够制造计算机快速存贮元件。1955年发现在磁场中沉积的磁性薄膜沿该磁场方向呈矩形磁滞回线,这表明磁性薄膜可以作成双稳态元件;同时也发现元件从一个稳态转换到另一个稳态所需的时间极短(约10^{-9} s),利用薄膜代替铁氧体磁芯的研究取得了成功。

17.4.1 磁性膜的基本性质

饱和磁化强度M_s是膜厚L和温度T的函数,在三维情况下,$M_s(T)$服从$T^{3/2}$的关系,而当L=30 nm以下时,随L的减少,由$T^{3/2}$关系变为T的关系。由此可推断,随着膜厚L的减少,居里温度T_c也会降低。

铁磁性薄膜具有单轴磁各向异性，并由此产生矩形磁化曲线和磁滞回线。由于薄膜中所特有的内应力分布，认为磁滞伸缩是诱发产生垂直磁各向异性的原因。

铁磁体中加有磁场时，电阻率正比于磁场强度的平方，称为正常磁阻效应；另外电阻率会随磁化强度的不同而变化，这种现象为异常磁阻效应。磁性薄膜的各向异性磁阻效应可用于磁头、磁泡检测、磁场检测用磁传感器等。

17.4.2　单晶态磁性薄膜

磁性单晶膜可利用外延法来制备。在离子型晶体或金属单晶体的结晶面上可通过真空蒸镀法进行外延，要求基体的温度必须在外延温度以上。

在 NaCl 单晶解理面(100)上制取 Ni 单晶膜，其各向异性常数 K_1 的值具有各向异性。在 MgO(100)解理面上，Ni 的 K_1 值随基体温度增加而增加。K_1 越大表明完全单晶化程度越高。

γ-Fe 膜是特殊单晶膜，通常的 Fe 是体心立方晶体结构，面心立方的 γ-Fe 仅存在于块体状的合金。但是如果在 Cu 单晶体上，使外延单晶 Fe 膜尽可能薄，也可获得 γ-Fe 膜，当膜厚为 2 nm 以下时，是 γ-Fe(100)/Cu(100)，利用磁矩仪测出的 K_1 值，表明膜层为铁磁性的。实验表明，在不同衬底面上，所得磁性薄膜性能不同。在 Cu(100)面上生成反铁磁性膜，在 Cu(110)与(111)面上，室温时为铁磁性的。

17.4.3　非晶态磁性薄膜

非晶态软磁膜具有不存在晶体学磁各向异性，以及不存在由晶粒边界引起的磁畴壁钉扎等优点，而且与熔融金属急冷非晶薄带相比，具有下述优点：①组成范围比急冷薄带宽；②厚度可以做到数微米以下；③对形状的限制比较小。

非晶态膜的制作方法分电镀、电解、蒸镀、溅射等。可以利用电镀、电解方法制备 Co-P 膜、Ni-P 膜、Co-Ni-P 膜等非晶膜。由溅射法制备的软磁膜属于金属-非金属系、金属-金属系或金属、非金属的一方或双方都由几种成分构成的多成分系统，由 Fe，Co，Ni 和 Si，B，C 等组成的金属-非金属系，其铁磁性金属的饱和磁化随非磁性元素的添加量而成比例降低。对于金属-金属系，除去两组元都是铁磁性的情况，上述规律也基本成立。为获得非晶态膜，大多数情况下需要添加金属的量比需要添加非金属的量要小。因此为达到高饱和磁化强度，应尽量采用金属-金属系。另一方面，为获得低矫顽力、高磁导率，要求膜层的磁滞伸缩要小。

17.4.4　磁泡

磁泡是 30 年来在磁学领域中发展起来的一个新概念。一般情况下，一个铁磁体总要分成很多小区域，在同一个小区域中磁化矢量方向是相同的，这样的小区域称为磁畴。相邻两个磁畴的磁化矢量方向总是不同的。1932 年 Bloch 建立畴壁概念，他指出在两个磁畴的分界面处，磁化矢量方向的变化不是突然由一个磁畴的方向变到另一个磁畴的方向，而是在一个小的范围内逐渐地变化过去的。磁畴和磁畴之间过渡区称为畴壁。

磁泡是在磁性薄膜中形成的一种圆柱状的磁畴。在未加外磁场时，薄膜中的磁畴呈迷宫状，由一些明暗相间的条状畴 构成，两者面积大体相等，如图 17.6(a)所示。明畴中的磁化方向是垂直于膜面向下的，而暗畴中的磁化方向是垂直于膜面向上的。在垂直于膜面向下的方向加一外磁场 $\boldsymbol{H}_B$，随 $\boldsymbol{H}_B$ 增大，明畴的面积逐渐增大，暗畴的面积逐渐减小，部分暗畴变成一段一段的段畴，如图 17.6(b)所示。当 $\boldsymbol{H}_B$ 增加到某一值时，段畴缩成圆形的磁畴，如图 17.6(c)所示。这些图形的磁畴看起来很像是一些泡泡，故被称为磁泡。

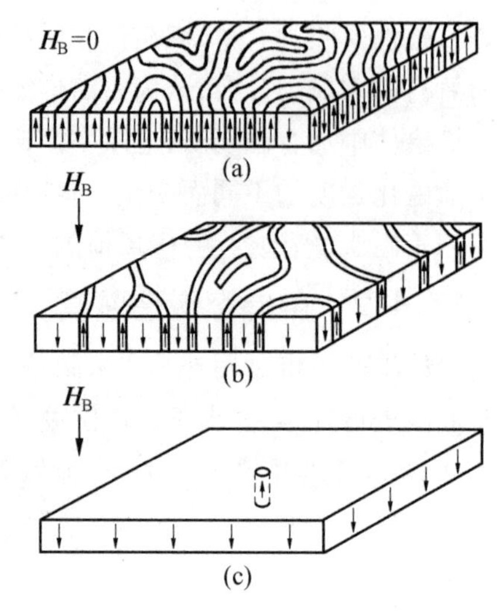

图 17.6　磁泡的形成

从垂直于膜面的方向来看，磁泡是圆形的，但实际上磁泡是圆柱形的，在磁泡区域中磁化方向和 $\boldsymbol{H}_B$ 相反。如增加 $\boldsymbol{H}_B$，则磁泡的直径将随 $\boldsymbol{H}_B$ 的增大而减小。$\boldsymbol{H}_B$ 增加到某一数值时，磁泡会突然消失。

在形成磁泡以后，如果保持 $\boldsymbol{H}_B$ 不变，则磁泡是很稳定的，即已经形成的磁泡不会自发地消灭，没有磁泡的区域也不会自发地形成新的磁泡。在磁性薄膜的某一位置上“有磁泡”和“没有磁泡”是两个稳定的物理状态，可以用来存贮二进制的数字信息，用磁泡来存贮信息的技术称为磁泡技术。

磁泡材料种类很多，但不是任何一种磁性材料都能形成磁泡。磁泡只能在自发磁化垂直于膜面的材料中形成。而且要使缺陷尽量少，透明度尽量高，磁泡的迁移速度要快，材料的化学稳定性、机械性能要好。满足这些要求的材料有六方铁氧体($MeFe_{12}O_{19}$)、氟化铁(FeF_3)、硼酸铁($FeBO_3$)和尖晶石($MeFe_2O_4$)、稀土正铁酸盐和稀土石榴石，其中 Me 为 Ba，Ca，Sr 和 Pb。

磁泡材料主要通过外延法生长出单晶薄膜。液相外延法是使溶解有析晶物质的饱和熔液与保持稍低温度的晶种基片相接触来生长单晶薄膜的方法。用液相外延已生长出了 $Eu_{2.0}Er_{1.0}Ga_{0.7}Fe_{4.3}O_{12}$ 和 $Eu_{1.0}Er_{2.0}Ga_{0.7}Fe_{4.3}O_{12}$ 等稀土石榴石薄膜单晶，质量较好，磁性缺陷密度仅为 2 个缺陷/cm^2。

气相外延法是以稀土和铁的卤化物作原料，首先在高温下将其变为气体，然后通过氧化沉积到基片上长出单晶薄膜的方法。目前用这种方法已生长出 $Y_3Fe_5O_{12}$，$Gd_3Fe_5O_{12}$，$Y_{1.5}Gd_{1.5}Fe_5O_{12}$ 等石榴石单晶薄膜。该方法工艺简单，沉积速度快，是生长磁泡薄膜的好方法。

17.4.5　磁性薄膜的应用

磁记录是用磁带或磁盘记录信息。为了增加记录密度，必须采用具有高矫顽力 $\boldsymbol{H}_c$、膜更薄的记录介质。

金属膜磁带与采用 γ-Fe_2O_3 的传统涂布型磁带相比，具有优良的电磁变换特性，适于制作录音带、录像带。

利用铁磁体的各向异性磁阻效应,可以制作铁磁性金属薄膜磁传感器。

17.5　高温超导薄膜

高温超导材料研究最多的方法是制成薄膜,日本住友电气公司研制成钬钡铜氧化物的钬系高温超导薄膜,这种薄膜在 77.3 K 时的临界电流密度为 2.54×10^6 A/cm^2。该薄膜是应用高频喷溅法,在镁单晶衬底上积蓄钬钡铜氧化物制成的,膜厚约 0.7 μm。在 1 T 的磁场中,它的临界电流密度仍能维持 150 A/cm^2,已达到实用化的要求。

美国加州大学的一个研究组,选用激光淀积法制作的 $YBa_2Cu_3O_7$ 薄膜,是在 650 ℃ 到 750 ℃温度下,在氧气中生长得到的。制得的薄膜在 77 K、零磁场条件下,可传输 $5\times10^6 A/cm^2$ 的电流。这种薄膜的优点还在于,$1/f$ 噪声比溅射或电子束蒸发制作的要低两个数量级,并有进一步改进的潜力。

美国洛斯阿拉莫斯国家实验室改变了过去蒸发材料和用气体输运的方法,直接将精细研磨的材料粉末送进反应室。临界温度达 85 K,液氮温区的电流密度达 4×10^4 A/cm^2。该技术可用于在长方体的氧化镁单晶衬底上淀积薄膜,还可在几种柔性纤维体上沉积。

日本东京大学工学部用高频热等离子体法制成了超导陶瓷薄膜。高频热等离子体法的淀积速度为 10 μm/min,比蒸发法要快 500 ~ 1 000 倍。用这种方法制出的超导薄膜,在 94 K 下呈超导电性。高频热等离子法是将反应室加热到大约 1 000 ℃,然后用氩气将钡、钇、铜的氧化物粉末送入反应室,各种粉末在高温蒸发并进行化学反应,而后被冷却在氧化镁的基板上,从而得到了钇系超导薄膜。

美国桑迪亚国家实验室的科学家研制出铊系超导薄膜,该薄膜在 97 K 时呈超导电性。在 77 K 时,其临界电流密度为 1.1×10^5 A/cm^2。这种铊系超导薄膜为多晶结构,膜厚约为 0.7 μm。多晶薄膜可通过大电流,但其制备非常困难。制备多晶薄膜的唯一途径是将其沉积在绝缘衬底上。铊系多晶薄膜可被沉积在任何一种半导体材料的衬底上,与通常的钇钡铜氧超导体相比,铊系超导体的晶粒之间有更强的连接力,且在强磁场中仍保持其超导电性,这种薄膜已非常接近于实用。

日本日立公司利用离化簇束蒸发方法,在银衬底上镀出了取向排列的高温超导薄膜。这一技术使得超导薄膜向实用化又迈出了一步。近几年的很多研究项目都集中于制作氧化物超导薄膜,目的之一是研制超导导线。目前大部分情况是薄膜的临界电流密度已达每平方厘米几百万安培(77 K)。虽然电流密度已达到实用的要求,但是这些材料的衬底基本上是绝缘体,如果作为导线使用,在导体上不能保持超导状态时,就会引起导线损坏。为了防止这一现象的发生,有必要增加起旁路作用的金属作为导线的一部分。在金属带上蒸镀超导薄膜就可以解决这一问题。日立公司通过控制原子聚集状态和原子的动能大小,直接在银衬底上镀出钇钡铜氧薄膜,薄膜晶向排列整齐。转变温度为 76 K,无磁场时的临界电流密度在 4.2 K 时,为 2×10^5 A/cm^2;当施加 10 T 的磁场时,临界电流密度为 1.5×10^4 A/cm^2。

美国新泽西州的研究人员确定了一种工艺,可用于高温超导体电路的大量生产。这种新工艺吸收了比制作高温超导体的约瑟夫森结还要多的许多设想,工艺重复性好,且基础是半导体生产技术,采用脉冲准分子激光技术,依次淀积氧化亚铜钡钇薄膜层,非超导的氧化亚铜钡镨层以及另一层氧化亚铜钡钇,来构成器件,使低压超导电流从一个超导层流入另一个超导层。因为超导电流很弱,因此很容易控制。这种工艺的关键是各层材料的晶格结构十分相似,使每一层都能在另一层顶上有顺序地生长,如用镨代替钇,可以明显改变和控制该层的电学性质。现已制成包括几百层的器件。

美国通用电器公司成功地在硅衬底上沉积了一层超导薄膜,当温度为 83 K 时,沉积的薄膜有超导电性。由于硅材料在微电学领域中占主导地位,因此,要将超导材料应用于微电子学领域,必须解决超导材料和硅材料的匹配问题。以前,由于在退火中,超导材料易和硅材料混合,因此无法在硅衬底上沉积超导薄膜。这次,研究人员利用氧化锆(耐热的金属氧化物)作为缓冲层,终于解决了这一问题。

日本京都大学使用钇系高温超导物质,试制成功了表面平滑性比过去提高约 500 倍的薄膜,这种薄膜可用于约瑟夫森器件和大规模集成电路的配线。900 ℃进行加热处理,会出现约 0.1 μm 的凹凸。现设法在 500 ℃以下进行蒸镀,无需再加热处理,膜的厚度为 0.15 μm,为以前的 1/5,在 90.15 K 呈超导状态,有迈斯纳效应。

17.6　离子交换膜

17.6.1　离子交换膜的作用机理

离子交换膜与离子交换树脂就其化学组成而言几乎是相同的,但形状不同。离子交换树脂是树脂上的离子与溶液中的离子进行交换,而离子交换膜是在电场作用下对溶液中的离子进行选择性透过。离子交换膜的作用机理如图 17.7 所示。

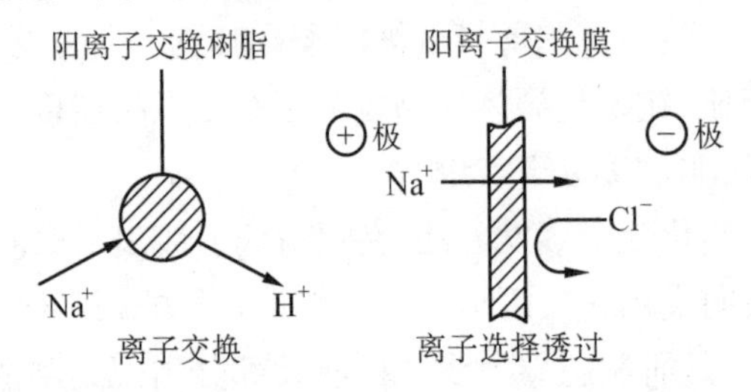

图 17.7　离子交换树脂和离子交换膜的作用机理

17.6.2　离子交换膜的种类及生产方法

1. 离子交换膜的种类

离子交换膜的种类繁多,主要有异相膜、半均相膜、复合膜等。

2. 离子交换膜的生产方法

制膜的母体大多是苯乙烯——二乙烯苯共聚物,也有聚乙烯、含氟高聚物、聚乙烯吡啶等。从功能基来讲,阳离子交换膜主要含有磺酸基,阴离子交换膜主要含有季胺基。

离子交换膜的生产工艺都比较复杂。上海化工厂生产的异相膜是将牌号为 732 磺酸型阳离子交换树脂或牌号为 717 或 D201 季铵型阴离子交换树脂研磨成细度达 200 目的的粉末,以聚乙烯、聚异丁烯为粘合剂混练后,热压成膜,以锦纶为增强网布压制而成。

均相膜、半均相膜可用含浸法、流延法、刮浆法、切削法来生产。

①含浸法。F-101,F-201,F-301 膜的生产是含浸法的例子,它是以聚偏氯乙烯为基膜,浸在含苯乙烯、二乙烯基苯单体中,经聚合后再分别引入磺酸基、季铵基、膦酸基制成的。

②流延法。SF-1 离子交换膜可用流延法制成。将聚 α,β,β-三氟苯乙烯 281 溶解在溶剂 DMF 中,经胶体研磨、过滤、脱泡,将此浆液在抛光的平板玻璃上流延成膜即成。

③刮浆法。刮浆法又称糊法,是生产离子交换膜最主要的一种方法,适于大型连续生产,自动化程度高。这种方法是将线形的无离子交换功能基的聚合物溶解或分散在可引入离子交换基的烯类单体及交联剂等混合液中,调制成糊状并涂刮在增强用的网布上,聚合得基膜,而后通过高分子化学反应引入离子交换基,制成离子交换膜。

④浸胶法。浸胶法是将增强用网布经胶浆浸渍后,挥发掉溶剂后制成膜。

17.6.3　离子交换膜的应用

离子交换膜的用途广泛,可连续使用,不需要再生,经济效益显著,从 20 世纪 50 年代以来,离子交换膜的制造及应用就受到世界各国的广泛重视。

离子交换膜主要用于电渗析、电极反应的隔膜,也用于扩散渗析、离子选择性电极、人工肾脏等,见表 17.2。

表 17.2　离子交换膜的应用

方式		试验中	工业化
电渗析	脱盐	1. 精制蛋白质 2. 糖类的脱盐 3. 再生电极液 4. 人造肾脏	1. 海水、苦碱水脱盐淡化 2. 处理放射性废液 3. 纯化血清和疫苗 4. 牛乳、乳清的脱盐 5. 精制氯氨基酸
	浓缩	1. 处理亚硫酸纸浆废液 2. 回收电镀废液	海水浓缩制盐
	置换	感光乳剂的处理	1. 果汁脱酸 2. 制造药品 3. 制造化学试剂
	水分解	制造酸碱	
	复分解	1. $2NaCl+(NH_4)_2CO_3=Na_2CO_3+2NH_4Cl$ 2. $2NaCl+Ca(OH)_2=2NaCO+CaCl_2$	
	电泳分离	1. Na^+和 K^+ 2. Na^+和 Li^+ 3. 同位素 4. 其他元素	

续表 17.2

方式	试验中	工业化
电解隔膜	1. 电解食盐 2. 电解制造弱酸弱碱 3. 由 $NaOH+CO_2$ 制造 Na_2CO_3 4. Na_2SO_4 的电解	1. 丙烯腈电解二聚化制造己二腈 2. 铀的电解还原 3. 电流涂饰 4. 二元酸胶羧二聚化制造长碳链酸
扩散渗透	回收废碱	1. 回收冶金工业中酸洗废液中的酸 2. 回收木材制糖液中的酸 3. 回收精制镍、锡
其他	1. 浓差电池 2. 反渗透膜	1. 燃料电池隔膜 2. 电池隔膜 3. 分析中的应用(活度测定、膜上电泳、选择性电极等)

从应用角度来看,优质的离子交换膜应具备下列特性:①离子迁移数高,即离子选择透过性好;②膜电阻低;③机械强度大;④化学性能稳定,抗药品性良好,抗膜面污染性好;⑤因自由扩散引起的盐类及水的迁移小;⑥使用寿命长;⑦使用中尺寸稳定性好;⑧容易保养和使用;⑨膜的成本低。

1. 电渗析膜的应用

电渗析除了海水浓缩制盐,海水、苦咸水淡化及水的纯化方面有广泛的应用外,在环境保护、产品纯化等方面也有重要的应用。以下我们就分别介绍一下电渗析在这两方面的应用情况。

①环境保护。电渗析法已应用于放射性污染饮用水的净化,电镀废水的处理。

②合成及天然产物的纯化。电渗析也应用于从海带中提取甘露醇,从果汁中提取柠檬酸,提高了果汁质量;从牛奶中脱除过量的无机盐,制造婴儿用牛奶等。

此外,电渗析法还用于肌苷酸的精制、肾脏病患者用的无盐酱油的生产、液晶的纯化、蛋白质纯化等方面。

2. 电极反应的隔膜

一般电极反应要用隔膜把阳极液和阴极液分开,而离子交换膜具有选择透过性,用作电极反应的隔膜有很多优点,在工业上可以用于食盐的电解、己二腈的制造。

①食盐电解制氢氧化钠。采用含氟的磺酸盐或羧酸型阳离子交换膜进行食盐的电解,产品纯度高、工艺简单、成本低。

②丙烯腈电解还原二聚制己二腈。己二腈是生产尼龙-66 的主要原料,过去用苯或苯酚来合成,工艺繁杂,美国 Monsato 公司以丙烯腈为原料,以阳离子交换膜为隔膜,在助电解质对甲苯磺酸四乙铵存在下,电解 10% ~15% 丙烯腈的水溶液,在阴极上一步合成己二腈,反应的电流效应和收率均接近 100%。化学反应式如下

$$2CH_2=CH-CN+2H^++2e \longrightarrow NC-(CH_2)_4CN$$

第 18 章　新型功能材料

18.1　智能功能材料

18.1.1　智能功能材料

在新材料领域中，正在形成一门新的分支学科，这就是智能材料，也称机敏材料。材料发展已由石器材料、钢铁材料、合成高分子材料、人工设计材料进入智能材料（Intelligent Materials）。所谓智能材料就是同时具有感知功能即信号感受功能（传感器的功能）、自己判断并自己作出结论的功能（情报信息处理机的功能）和自己指令并自己进行行动的功能（执行机构的功能）的材料。因此，感知、信息处理和执行功能是智能材料必需具备的三个基本要素，智能材料是日本高本俊宜教授将信息科学融合于材料物性和功能的一种材料新构思。

功能材料可以判断环境，但不能顺应环境。智能材料则不但可以判断环境，而且还可顺应环境，即智能材料应具有应付环境条件变化的特性，如自己内部诊断、自己修复、预告寿命、自己分解、自己学习、自己增值、应对外部刺激自身积极发生变化。

纵观材料的发展，经历了松散型如金属材料、无机非金属材料和高分子材料，到复合和杂化型如金属基、陶瓷基和高分子复合材料及生物杂化材料，进而为异种材料间不分界的整体化融合型材料。而智能材料则是受集成电路技术启迪而构思的三维组件模式的融合型材料，是在原子、分子水平上进行材料控制，于不同的层次上寓于自检测（传感功能）、自判断、自结论（处理功能）和自指令、执行（执行功能）所设计出的新材料。

众所周知，细胞为生物体材料的基础，而细胞本身就是具有传感、处理和执行三种功能的融合材料，故可把它作为智能材料的蓝本。

18.1.2　金属系智能材料

金属材料具有耐热、耐蚀和强度大等特性，因而可以制作所有领域的大部分结构物。但是，考虑到航空、宇航和原子能等尖端领域的今后发展，那么给包括金属在内的结构材料增添智能功能就显得极为重要了。

在结构材料领域，金属材料在使用过程中会产生疲劳龟裂和蠕变变形，从而导致损伤和性能变坏。如果使金属结构材料本身具有检知损伤和性能恶化，从而加以抑制并自己修复的功能，亦即使材料智能化，那么在确保结构物的可靠性和使用的安全性方面将是极其有益的。

通常容许金属材料中存在不致于降低强度特性的微小空穴或者缺陷，以疲劳断裂（这是导致断裂事故的主要原因）为例，钢和铝合金中即使存在约 1 μm 大小的微小空穴，其疲劳极限也不会降低。因而可以通过在 1 μm 尺寸的微小空穴内埋入一种断裂时能产生声波的物质来检知裂纹,判断结构材料本身的寿命和预告异常现象,并利用结构材料中埋入的另一种物质(能产生应力、产生相变),受裂纹部应力作用所产生的相变来抑制和自己修复裂纹,或者利用材料中所含的成分自动析出来填充间隙实施自己修复。尽管还没有关于这样的金属系智能结构材料的研究例子,但有人进行过用声发射传感器(AE 传感器)检知铝合金内嵌入的硼粒子断裂时的声波的研究工作。另外,由于分散于钼内的氧化锆粒子的相变现象可在裂纹尖端产生应力缓和作用,从而能显著提高材料的断裂韧性值 K_{IC}。

日本等国正在研究使金属材料具有如下功能,即当材料发生变形、裂纹等损伤和性能恶化时,借助颜色、声音、电信号等检知这些现象的自我诊断功能,以及利用由应力引起的相变使应力集中缓和的自我修复功能。

形状记忆合金是一种重要的执行器材料,可用其控制振动和结构变形。形状记忆是热弹性马氏体相变合金所呈现的效应,此时,金属受冷却剪切由体心立方晶格移位转变成马氏体相。形状记忆就是加热时马氏体低温相转变至母相而恢复原来形状。

18.1.3　无机非金属系智能材料

智能陶瓷具有很多特殊的功能,它能像有生命物质,例如人的五官那样,感知客观世界。并且这类陶瓷可能动地对外作用功、发射声波、辐射电磁波和热能,以及促进化学反应和改变颜色等对外作出类似有生命物质的智慧反应。很多智能陶瓷具有自修复和候补功能,它使材料能抵抗环境的突然变化。部分稳定氧化锆的抑制开裂就是一个很好的例子,它的四方-单斜相变,能自动在裂纹起始处产生压应力来终止裂纹扩展。在纤维补强的复合材料中,部分纤维断裂,释放能量,从而避免进一步断裂。陶瓷变阻器和正温度系数热敏电阻(PTC)是智能陶瓷,在高电压雷击时,氧化锌变阻器可失去电阻,使雷击电流旁路入地,该电阻像候补保护那样可自动恢复。变阻器的 I-V 非线性特征也是一种自修复能力的表现,使材料能重复多次使用。钛酸钡 PTC 热敏电阻在 120 ℃左右的相变温度下,出现电阻的极大变化,从而可作为冲击电流保护元件。变阻器的电阻-电压特性和 PTC 的电阻-温度特性,都具有很显著的非线性效应,因而能作为候补保护元件。

电致变色现象(Electrochromism)是指材料在电场作用下而引起的一种颜色变化,这种变化是可逆的并且连续可调。颜色的连续可调意味着透过率、吸收率及反射率三者比例关系的可调。利用电致变色材料的这一特性构造的玻璃窗具有对通过光、热的动态可调性,这种玻璃装置称为智能窗。

近几年来,智能窗的开发研究开展得非常活跃,这种由基础玻璃和电致变色系统组成的装置,利用电致变色材料在电场作用下而引起的透光(或吸收)性能的可调性,可实现由人的意愿调节光照度的目的。同时,电致变色系统通过选择性地吸收或反射外界热辐射和阻止内部热扩散,可减少办公大楼和民用住宅等建筑物在夏季保持凉爽和冬季保持温暖而必须耗费的大量能源。这种装置既可用作建筑物的门窗玻璃,又可作为汽车等交通工具的挡风玻璃,还可用作大面积显示器,在建筑、运输及电子等工业领域有着广泛的应用前景。

电致变色材料必须具有离子和电子电导的特性,这种材料可以分为三大类:①过渡金属氧化物;②有机物;③插入式化合物。插入式电致变色材料是通过石墨与碱金属的气相反应而制得的。

过渡金属氧化物中金属离子的电子层结构不稳定,在一定条件下离子的价态发生可逆转变,形成混合价态离子共存状态,随着离子的价态和浓度的变化,颜色也发生变化。依据其着色机理的不同可分为阴极和阳极材料两类。阴极材料为 VIB 族金属氧化物,可由真空蒸发、化学气相沉积、电子束蒸发、反应性溅射及溶胶-凝胶法制备。阳极材料为Ⅷ族及 Pt 族金属的一些氧化物或水合氧化物,可由阳极氧化、反应性溅射及蒸发法制备。

18.1.4　高分子系智能材料

高分子凝胶为高分子在溶剂中的三维网络,其大分子主链或侧链上有离子的解离性、极性和疏水基团,类似于生物体组织。此类高分子凝胶可因溶剂种类、盐浓度、pH、温度的不同以及电刺激和光辐照不同而产生体积变化,凝胶的这种体积变化是基于分子水平(分子结构)、高分子水平(结构和形态的变化)及大分子间水平(大分子间相互作用,可动离子压力及熵压力)变化的刺激响应性。

智能高分子材料作为生物医用材料,其应用前景明确,如以其制成药物释放体系(DDS)载体材料,则这类 DDS 可依据病灶所引起的化学物质或物理量(信号)的变化,自反馈控制药物释放的通-断特性。如血糖浓度响应的胰岛素释放体系可有效地把糖尿病患者的血糖浓度维持在正常水平,这是利用多价羟基与硼酸基的可逆键合作为对葡萄糖敏感的传感部分。

高分子膜材具有物质渗透和分离功能。现正以生体膜为模型研究开发刺激响应性多肽膜。利用可逆的构象及分子聚集体变化,制成稳定性优异的膜材,它对物质的渗透速率可随钙离子浓度、pH 及电场刺激而变化,这类智能性膜材的研究集中于增大响应敏感度和改善其通-断控制等。

智能材料现正日益受到各方面的关注,从其结构的构思,到智能材料的新制法(分子和原子控制、粒子束技术、中间相和分子聚集等)、自适应材料和结构、智能超分子和膜、智能凝胶、智能药物释放体系、神经网络、微机械智能光电子材料等方面积极开展研究。

18.2　梯度功能材料

18.2.1　梯度功能材料概念

随着现代科学技术的发展,金属和陶瓷的组合材料受到了极为广泛的重视,这是由于金属具有强度高、韧性好等优点,但在高温和腐蚀环境下却难以胜任。而陶瓷具有耐高温、抗腐蚀等特点,但却具有难以克服的脆性。金属和陶瓷的组合使用,则可以充分发挥两者长处,克服其弱点。然而用现有技术使金属和陶瓷粘合时,由于两者界面的膨胀系数不同,往往会产生很大的热应力,引起剥离、脱落或导致耐热性能降低,造成材料的破坏。

梯度功能材料(Functionally Gradient Materials,FGM.)的研究开发,最早始于 1987 年日本科学技术厅的一项“关于开发缓和热应力的梯度功能材料的基础技术研究”计划。所谓梯度功能材料,是依据使用要求,选择使用两种不同性能的材料,采用先进的材料复合技术,使中间部分的组成和结构连续地呈梯度变化,内部不存在明显的界面,从而使材料的性质和功能,沿厚度方向也呈梯度变化的一种新型复合材料。这种复合材料的显著特点是克服了两材料结合部位的性能不匹配因素,同时,材料的两侧具有不同的功能。

虽然 FGM 的最初目的是解决航天飞机的热保护问题,提出了梯度化结合金属和超耐热陶瓷这一新奇想法,但现在,随着 FGM 的研究和开发,其用途已不局限于宇航工业,其应用已扩大到核能源、电子、光学、化学、生物医学工程等领域,其组成也由金属-陶瓷发展成为金属-合金、非金属-非金属、非金属-陶瓷、高分子膜(Ⅰ)-高分子膜(Ⅱ)等多种组合,种类繁多,应用前景十分广阔。

18.2.2　梯度功能材料的制备

材料的性能取决于体系选择及内部结构,对梯度功能材料必须采取有效的制备技术来保证材料的设计。下面是已开发的梯度材料制备方法。

1. 化学气相沉积法(CVD)

通过两种气相均质源输送到反应器中进行均匀混合,在热基板上发生化学反应并沉积在基板上。该方法的特点是通过调节原料气流量和压力来连续控制改变金属-陶瓷的组成比和结构。用此方法已制备出厚度为 0.4 ~ 2 mm 的 SiC-C,TiC-C 的 FGM 材料。

2. 物理蒸发法(PVD)

通过物理法使源物质加热蒸发而在基板上成膜。现已制备出 Ti-TiN,Ti-TiC,Cr-CrN 系的 FGM 材料。将该方法与 CVD 法结合已制备出 3 mm 厚的 SiC-C-TiC 等多层 FGM 材料。

3. 等离子喷涂法

采用多套独立或一套可调组分的喷涂装置,精确控制等离子喷涂成分来合成 FGM 材料。采用该法须对喷涂压力、喷射速度及颗粒粒度等参量进行严格控制,现已制备出部分稳定氧化锆-镍铬等 FGM 材料。

4. 颗粒梯度排列法

制备梯度材料还有颗粒直接填充法及薄膜叠层法。前者将不同混合比的颗粒在成型时呈梯度分布,再压制烧结。后者是在金属及陶瓷粉中掺微量黏结剂等,制成泥浆并脱除气泡压成薄膜,将这些不同成分和结构的薄膜进行叠层、烧结,通过控制和调节原料粉末的粒度分布和烧结收缩的均匀性,可获得良好热应力缓和的梯度功能材料,现已制备出部分稳定氧化锆-耐热合金的 FGM 材料。

5. 自蔓延高温合成法(SHS)

利用粉末间化学放热反应产生的热量和反应的自传播性使材料烧结和合成。现已制备出 Al-TiB_2,Cu-TiB_2,Ni-TiC 等体系的平板及圆柱状 FGM 材料。

6. 液膜直接成法

将聚乙烯醇(PVA)配制成一定浓度的水溶液,加一定量单体丙烯酰胺(AM)及其引发剂与交联剂,形成混合溶液,经溶剂挥发、单体逐渐析出、母体聚合物交联、单体聚合与交联形成聚乙烯醇(PVA)-聚丙烯酰胺(PAM)复合膜材料。

7. 薄膜浸渗成型法

将已交联(或未交联)的均匀聚乙烯醇薄膜置于基板上,涂浸一层含引发剂与交联剂的 AM 水溶液。溶液将由表及里向薄膜内部浸渗，形成具有梯度结构的聚合物。

18.2.3　梯度功能材料的应用

FGM 最重要的应用领域是航天工业，在其他领域也有着广阔的应用前景，见表 18.1。

表 18.1　梯度功能材料的应用

工业领域	应用范围	材料组合、预期效果
核工程	核反应第一层壁及周边材料 电器绝缘材料 等离子体测量、控制用窗材	耐放射性、耐热应力 电器绝缘性 透光性
光学工程	高性能激光器组 大口径 CRIN 透镜、光盘	光学材料的梯度组成 高性能光学产品
生物医学工程	人造牙、人造骨 人工关节 人造脏器	陶瓷气孔分布的控制 陶瓷和金属、陶瓷和塑料 提高材料的生物相容性和可靠性
传感器	超声波诊断装置、声纳 支架一体化传感器	传感器材料和支架材料梯度组成 压电体的梯度组成 提高测量精度，苛刻环境使用
化学工程 民用范围	功能性高分子膜催化剂 燃料电池 纸、纤维、衣服、食品、建材	金属、陶瓷、塑料、玻璃、蛋白质、水泥
电子工程	电磁体、永久磁铁 超声波振子 陶瓷振荡器 硅、化合物半导体混合 IC 长寿命加热器	压电体的梯度组成 磁性体的梯度组成 金属的梯度组成 Si 和化合物梯度组成 提高性能，质量减轻，体积变小

18.3　功能复合材料

复合材料是一种多相复合体系，它可以通过不同物质的组成、不同相的结构、不同含量及不同方式的复合而制备出来，以满足各种用途的需要。目前复合材料的复合技术已能使聚合物材料、金属材料、陶瓷材料、玻璃、碳质材料等之间进行复合，相互改性，使材料的生产和应用得到综合发展。

18.3.1　树脂基功能复合材料

聚合物基复合材料由于其质地轻、强度高、耐腐蚀、隔热吸音、设计和成型自由度大而被广泛用于航空航天、船舶与车辆制造、建筑工程、电器设备、化学工程以及体育、医学等各个领域。

1. 导电复合材料

在聚合物基体中，加入高导电的金属与碳素粒子、微细纤维，通过一定的成型方式而制备出导电复合材料，加入聚合物基体中的这些添加材料可分为两类——增强剂和填料。

增强剂是一种纤维质材料，它或者是本身导电，或者通过表面处理来获得导电率。这类增强材料用的较多的是碳纤维，其中聚丙烯腈碳纤维制成的复合材料比沥青基碳纤维增强复合材料具有更加优良的导电性能和更高的强度。

导电复合材料中使用较多的填料为炭黑，它具有小粒度、高石膏结构、高表面孔隙度和低挥发量等特点，其加入量为5%～20%。金属粉末也常用作填料，其加入量为30%～40%。选择不同材质、不同含量的增强剂和填料，可获得不同导电特性的复合材料。

2. 透光复合材料

美国维斯特·考阿斯特公司最早成功地研制了无碱玻璃纤维增强不饱和聚酯型透光复合材料。根据温度、建筑采光、化工防腐等各种应用的需要，制成的透光复合材料有耐光学腐蚀的、自熄的、耐热的（120 ℃）、透紫外光的、透红橙光的以及特别耐老化的特性。但总的来说，不饱和聚酯型透光复合材料透紫外光能力差、耐光老化性不好。为此，美国、日本等又先后开发研制了有碱玻璃纤维增强丙烯酸型透光复合材料，其光学特性、力学性能都比不饱和聚酯型的透光复合材料有明显改进。

以玻璃纤维增强聚合物为基体的透光复合材料其性能取决于基体（树脂）、增强剂（玻璃纤维）及填料、纤维与树脂间界面的粘接性能以及光学参数的匹配。一般来说，强度和刚度等力学性能主要由纤维所承担，纤维的光学性能一般较固定，而树脂与材料的各种化学、物理性能有关。

3. 隐身复合材料

随着电磁波探测、红外探测技术的日新月异的发展，给作战用的飞机、导弹、舰艇、坦克造成了致命的威胁，因而大大促进了人们对隐身技术的研究。

雷达涂覆型吸波材料包括涂料（主要为铁氧体）和贴片（板）（为橡胶、塑料和陶瓷）。日本研制的一种宽频高效吸波涂料是由电阻抗变换层和低阻抗谐振层组成的双层结构，其中变换层是铁氧体和树脂的混合物，谐振层则是铁氧体、导电短纤维与树脂构成的复合材料。

红外隐身材料主要集中于红外涂层材料，现有两类涂料。一种是通过材料本身（例如使用能进行相变的钒、镍等氧化物或能发生可逆光化学反应的材料）或某些结构和工艺，使吸收的能量在涂层内部不断消耗或转换而不引起明显的升温；另一类涂料是在吸收红外能量后，使吸收后释放出来的红外辐射向长波转移，并处于探测系统的效应波段外，达到隐身目的。涂料中的粘合剂、填料（形态、大小、结构）、涂层的厚度与结构都直接影响到红外隐身效果。

4. 压电复合材料

压电材料有广泛的用途，无机压电材料品种多，压电性能良好，但其硬而脆的特性给它的加工和使用带来困难。某些高分子材料，如聚偏二氟乙烯经极化、拉伸成为驻极体后亦有压电性，但由于必须经拉伸、极化，材料刚度增大，难于制成复杂形状，并且具有较强的各向异性。这两类压电材料都具有压电性能好、综合性能差的弱点。

将无机压电材料颗粒与聚合物材料复合后，可制得具有一定压电性的复合材料，如将钛酸锆与聚偏二氟乙烯或聚甲醛复合而得到材料，压电复合材料虽然压电性不十分突出，但其柔软、易成型,尤其是可制成膜状材料,大大拓宽了压电材料的用途。最重要的是由于其压电性及其他性能具有可设计性,因而可以同时实现多功能,这是普通压电材料所无法比拟的。

18.3.2　金属基功能复合材料

金属基复合材料的发展历史虽然要比树脂基复合材料晚,但是由于其具有横向机械性能好、层间剪切强度高、导热导电、不吸湿、尺寸稳定性好、使用温度范围宽、耐磨损等优异特性而得以迅速发展,特别是功能金属基复合材料更加令人注目。

1. 电接触复合材料

电接触元件是传递电能和电信号以及接通或切断各种电路的重要元件,它所使用的材料的性能直接影响到仪表、电机、电器和电路的可靠性、稳定性、精度及使用寿命。

碳纤维增强铜复合材料被用于制造滑动电接触-导电刷,以银作基体的开关电接触复合材料,既利用了银的导电导热性好、化学稳定性强等特点,又可通过添加一些材料来改善银的耐磨、抗蚀和抗电弧侵蚀能力,从而能够满足断路器、开关、断电器中周期性切断或接通电路的触点对各项性能的要求。开关电接触复合材料主要有金属氧化物改性的银基复合材料、碳纤维银基复合材料、碳化硅晶须或颗粒增强银基复合材料。

2. 超导复合材料

超导材料有着广泛的应用潜力,然而高临界转化温度的氧化物超导体脆性大,虽有一定的抵抗压缩变形的能力,但其拉伸性能极差,成型性不好,使得超导体的大规模实用受到了限制。用碳纤维增强锡基复合材料通过扩散粘接法将 $YBa_2Cu_3O_2$ 超导体包覆于其中,从而获得良好的力学性能、电性能和热性能的包覆材料。试验发现,随着碳纤维体积含量增加,碳纤维/锡-钇钡铜氧复合材料的拉伸强度不断提高。由于碳纤维基本承担了全部的拉伸载荷,所以在断裂点之前,碳纤维/锡材料包覆的超导体,一直都能保持超导特性。

18.3.3　陶瓷基功能复合材料

陶瓷基功能复合材料是复合材料的一个重要领域,它具有耐磨、耐腐蚀、绝热、电绝缘等优异特性。除通过碳化硅纤维、氧化铝纤维的加入改善陶瓷脆性提高结构性能外,陶瓷基复合材料的优异功能特性越来越受到人们的极大关注。

1. 耐热、抗激光辐射的复合材料

碳化硅增强玻璃陶瓷基复合材料在氧化环境中,能经受 1 300 ℃的高温。厚为 0.229 cm,含有四层碳化硅纤维布的碳化硅,增强 10% 二氧化钛和 90% 二氧化硅的陶瓷基复合材料层板,经功率为 120 W/cm^2 的二氧化碳激光辐照,60 min 后才能使二氧化硅烧蚀。

氧化铝纤维增强陶瓷基复合材料具有抗激光破坏的能力,适宜作天线罩。在中等激光功率密度下,厚为 0.762 cm 的 65% 氧化铝纤维增强氧化铝致密复合材料,抗二氧化碳激光的烧穿时间为 7 s;而在高激光功率密度下,其烧穿时间为 5 s。

2. 高热性能绝热复合材料

隔热材料是利用低热导率延缓热量向内部传导而达到防热目的,可用于导弹、航天器外表面或内部以及发动机、推进机贮箱的隔热。用二氧化硅纤维、硼硅酸铝纤维和少量碳化硅粉末所组成的耐高温的纤维增强复合绝热材料制成的防热瓦已用于航天飞行器上。

18.4 多孔硅材料

1991 年 12 月在美国材料研究学会的秋季讨论会上,一种叫多孔硅(Porous Silicon,缩写为 PS)的材料突然成为像 C_{60}材料那样的热门专题。1990 年 Canham 报道,室温下多孔硅有很强的光荧光现象,发光波长在可见光范围,肉眼可见,这一发现在科技界引起了极大的反响,大批科技人员蜂拥而上投入研究。世上光荧光材料很多,为什么人们对多孔硅如此重视,这是因为作为微电子学的基础——集成电路已高度发展,不足 1 cm^2 的硅片上可制作数百乃至上亿只元器件,器件的线条尺寸小于 1 μm,正向物理极限 0.1 μm 逼近。可是电子计算机的发展要求集成电路的速度更快,集成度更高,集成电路中信息的传输、处理和存贮都是靠电子来进行的。如果能将世界上传播速度最快的光引进来,不但可以作光连接,代替原来的金属连线,还可以直接参与信息处理和存贮,把集成电路变成光电子集成。可是硅晶体是一种非直接能隙材料,只能在红外区(1.1 eV)发射极微弱的光,所以通常认为硅不是一种发光材料,是集成电路的基本材料。而具有发光性能的半导体材料,如 GaAs,InP 等又不是理想的集成电路材料。人们曾想将 GaAs 等发光材料作到 Si 上以完成光电子集成,虽长期努力却效果不佳。突然发现将硅制成多孔状,却能发射很强的可见光,自然引起轰动,认为这是给以硅为基底的光电子学奠定了基础,可以在硅基底上直接完成光电子集成,开辟一代光电子计算机。此外,发光多孔硅可在显示器、发光器件、传感器件等方面得到应用。

18.4.1 多孔硅的结构

早在 20 世纪 50 年代,美国贝尔实验室的 D. Uhlir 和 D. Turner 发现,在 HF 溶液中对硅作电化学阳极腐蚀,硅将变为多孔状,称为多孔硅。多孔硅易氧化变为有绝缘性质的氧化硅,当时主要用作集成电路的器件隔离和 SOI(Silicon on Insulator)材料的绝缘衬底。

早期研究表明,低孔度(低于 60%)多孔硅基本上保持原衬底的单晶结构框架,只是在硅中形成许多孤立的孔洞,主要孔洞平行于腐蚀方向,主孔洞又不断产生枝杈。

Canham 指出,当孔度达 80%,相邻的孔将连通,留下一些孤立的晶柱或晶丝,称为量子线。Raman 散射和光荧光测量表明多孔硅的结构是有序晶体,而 X 射线光电子能谱及电子衍射结果表明多孔硅主要表现为非晶体特征。透射电镜和高分辨电镜分析表明,多孔硅是由许多小颗粒组成,颗粒的内核是有序的,外面覆盖一个无序壳层,这些颗粒在空间堆成无规则的珊瑚状。有序晶核的排列基本上保持原来单晶体的晶向。

18.4.2 多孔硅发光机理

多孔硅引人注目,关键是其发光性质。只能发射微弱红外光的硅,经阳极氧化处理后却能发射很强的可见光,波长可以从红、橙、黄、绿到蓝色。从多孔硅光荧光谱可以看到,不但光子能量比原单晶高,而且强度也大得多。

已提出的十几种发光模型主要可归为三类:①量子限制模型,②非晶发光模型,③与表面相关的发光模型。

量子限制模型认为,多孔硅可能由量子点构成,量子限制效应,使禁带或能级间距增大,辐射复合的发光将移向高能量。

非晶发光模型认为多孔硅的发光光谱与非晶硅相似,发光光谱是由悬挂键缺陷态及带边跃迁引起。

与表面相关的发光模型认为有的发光与多孔硅的晶体结构有关。

上述发光模型的存在都有其实验根据,不同的条件下制备的多孔硅性质不同,不同的测试条件观察到的性能也有差异,所以发光机理尚不能确定。人们主要认为多孔硅是一些纳米尺寸的小晶粒,由于量子尺寸效应,能隙加大,激光的电子空穴有较高的能量,它们经表面态复合而发光,复合过程有声子和激子参与。环境对表面态,同时也对发光过程有直接而重要的影响。

18.4.3　多孔硅的形成机理

许多科学家认为 Si 在 HF 溶液中是通过下列化学反应被溶解的

$$Si+2HF+2h^{+}\rightarrow SiF_{2}+2H^{+}$$

其中,h^{+}为带正电荷的空穴载流子;SiF_2 是不稳定的硅二价化合物,经继续反应可形成稳定的、可溶的 SiF_6H_2。

多孔硅为什么能孔状生长?即 Si 表面怎样产生初始的凹坑;PS 孔壁的 Si 为什么不溶解;PS 孔的前端为什么容易溶解?根据半导体电化学理论,如果 Si 中的载流子(空穴)被耗尽,则 Si 的溶解将停止,但如果硅表面某个部位由于某种具体原因改变了表面的势能分布,使能量势垒产生的变化允许空穴流向表面,则 Si 的溶解便出现。另外,有人提出量子线模型,用量子限制效应引起 Si 的能隙加大所造成的附加势垒来解释溶解被阻止的现象。上述现象还需人们对多孔硅做一步的研究才能解释。

参考文献

[1] 钱苗根. 材料科学及其新技术[M]. 北京:机械工业出版社,1986.
[2] 温树林. 现代功能材料导论[M]. 北京:科学出版社,1983.
[3] 张克从. 近代晶体学基础[M]. 北京:科学出版社,1987.
[4] [英]拉顿·威尔逊. 固体物理[M]. 刘阳君,张宝峰,译. 天津:天津科学技术出版社,1984.
[5] 方可,胡述楠,张文彬. 固体物理[M]. 重庆:重庆大学出版社,1993.
[6] 关振铎,张中太,焦金生. 无机材料物理性能[M]. 北京:清华大学出版社,1992.
[7] 谢希文,过梅丽. 材料科学与工程导论[M]. 北京:北京航空航天大学出版社,1991.
[8] 方俊鑫,陆栋. 固体物理学[M]. 上海:上海科学技术出版社,1981.
[9] 林德华. 超导物理基础与应用[M]. 重庆:重庆大学出版社,1992.
[10] 康昌鹤,杨树人. 半导体超晶格材料及应用[M]. 北京:国防工业出版社,1995.
[11] 郭贻诚,王震西. 非晶态物理学[M]. 北京:科学出版社,1984.
[12] 功能材料及应用手册编写组. 功能材料及应用手册[M]. 北京:机械工业出版社,1991.
[13] 黄德群,单振国,千福熹. 新型光学材料[M]. 北京:科学出版社,1991.
[14] [日]御子柴宣夫. 电子材料[M]. 袁健畴,译. 北京:电子工业出版社,1988.
[15] [日]樱井良文,小泉光惠. 新型陶瓷材料及其应用[M]. 陆俊彦,王余君,译. 北京:中国建筑工业出版社,1983.
[16] 周东祥,张绪礼,李标荣. 半导体陶瓷及应用[M]. 武汉:华中理工大学出版社,1991.
[17] 王力衡. 薄膜技术[M]. 北京:清华大学出版社,1993.
[18] 清华大学,沈阳真空技术研究所. 薄膜科学与技术手册(上、下册)[M]. 北京:机械工业出版社,1991.
[19] 磁泡编写组. 磁泡[M]. 北京:科学出版社,1986.
[20] 徐祖耀,李鹏兴. 材料科学导论[M]. 北京:上海科学技术出版社,1986.
[21] 姚连增,逾文海. 晶体世界[M]. 北京:科学出版社,1992.
[22] 陈春荣,赵新乐. 晶体物理性质与检测[M]. 北京:北京理工大学出版社,1995.
[23] 吴兴惠. 敏感器件及材料[M]. 北京:电子工业出版社,1992.
[24] [日]立花太郎. 液晶知识[M]. 谈漫琪,丁学乐,译. 北京:科学普及出版社,1984.
[25] L·埃克托瓦. 薄膜物理学[M]. 王广阳,张福初,梁民基,译. 北京:科学出版社,1986.
[26] 王素红,徐永安. 液晶与新技术[J]. 现代物理知识,1998,10(3):24-27.
[27] 赵伟彪,龚家聪,陶正炎. 梯度功能材料[J]. 功能材料,1993,24(3):277-279.
[28] 陶杰. 功能复合材料的发展与应用[J]. 功能材料,1992,23(6):321-324.
[29] 张立德. 纳米材料研究的现状和发展趋势[J]. 物理,1995,24(8):470-473.

[30] 林鸿溢. 纳米材料与纳米技术[J]. 材料导报,1993,6:42-45.
[31] 鲍希茂. 发光多孔硅[J]. 现代物理知识,1994,6(2):27-30.
[32] 田莳. 功能材料[M]. 北京:北京航空航天大学出版社,1995.
[33] 李见. 新型材料导论[M]. 北京:冶金工业出版社,1987.
[34] 章熙康. 非晶态材料及其应用[M]. 北京:科学技术出版社,1987.
[35] 陈长聘,王启东. 金属氢化物基础特性与应用[M]. 北京:航空工业出版社,1994.
[36] [日]太刀川恭治,户叶一正. 超导——新技术的突破口[M]. 北京:化学工业出版社,1992.
[37] 王会宇. 磁性材料及其应用[M]. 北京:国防工业出版社,1989.
[38] 乔松楼. 新材料技术[M]. 北京:中国科学技术出版社,1994.
[39] 汪东亮. 新材料[M]. 上海:上海科学技术出版社,1994.
[40] 李成功,姚熹. 当代社会经济的先导——新材料[M]. 北京:新华出版社,1992.
[41] 李国栋. 95 ~96 年磁性功能材料进展[J]. 功能材料. 1997,28:3-5.
[42] 李国栋. 94 ~95 年磁性功能材料进展[J]. 功能材料. 1997,27:3-5.
[43] 孙东升. 贮氢合金应用研究近况[J]. 功能材料. 1997,28:2-9.
[44] 安越. 利用贮氢金属分离回收氢的研究进展[J]. 材料科学与工程,1997,15:2-5.
[45] 杨贤金,王玉芬. CoNiP 高密度磁记录介质性能的研究[J]. 功能材料,1996,27:2-5.
[46] 钟智勇. 非晶软磁合金的巨磁阻抗效应及应用[J]. 功能材料,1997,28:3-6.
[47] 唐有根. 贮氢合金机械合金化制备的研究进展[J]. 金属功能材料,2002,9:2-5.
[48] 王辉. Mg 基贮氢合金研究进展[J]. 金属功能材料,2002,9:2-5.
[49] 徐祖耀. 形状记忆材料[M]. 上海:上海交通大学出版社,2000.
[50] 李建忱. 铁基形状记忆合金的研究进展与展望[J]. 功能材料,2000,31:1-3.
[51] 吴志方,柳林. 新型块体非晶合金的形成、结构、性能和应用[J]. 金属功能材料,2002,9:3-5.
[52] 楮维,陈国均. 大块非晶全金的研究进展[J]. 磁性材料及器件,1999,30:1-4.
[53] 田民波. 磁性材料[M]. 北京:清华大学出版社,2001.
[54] 龙毅. 新功能磁性材料及其应用[M]. 北京:机械工业出版社,1997.
[55] 王浩. 巨磁电阻材料及其在电子元器件上的应用[J]. 磁性材料及器件,1998,29:1-4.
[56] 吴安国. Nd-Fe-B 烧结磁体的高性能化[J]. 磁性材料及器件,1998,29:4-7.
[57] 李霞. 合金元素对 Nd-Fe-B 系稀土永磁材料磁性能的影响及其发展展望[J]. 金属材料研究,2001,27:4-7.
[58] 李国栋. 2000 ~2001 年金属磁性功能材料新进展[J]. 金属功能材料,2002,9:2-5.
[59] 陈广文,殷景华. 溶胶-凝胶法制备的 Al_2O_3 感湿膜及其性质[J]. 材料研究学报,1995,9:3-6.
[60] 殷景华,蔡伟. 退火温度对纳米 PtSi/Si 异质结形成的影响[J]. 功能材料,2001,32:5-7.
[61] 林尚安,陆耘. 高分子化学[M]. 北京:科学出版社,1982.

[62] 焦书科,黄次沛. 高分子化学[M]. 北京:纺织工业出版社,1983.
[63] 陈义镛. 功能高分子[M]. 上海:上海科学技术出版社,1988.
[64] 日本高分子学会高分子实验学编委会. 功能高分子[M]. 北京:科学出版社,1983.
[65] 杨辉荣. 聚合物试剂和催化剂[M]. 广州:广东科学技术出版社,1991.
[66] N·K·马瑟,C·K·纳兰. 聚合物在有机化学中的应用[M]. 李弘,李乃弘,译. 北京:化学工业出版社,1986.
[67] [日]片山将道. 高分子概论[M]. 朱树新,译. 上海:上海科学技术文献出版社,1983.
[68] 林展如. 金属有机聚合物[M]. 成都:成都科技大学出版社,1987.
[69] [日]永桥元太郎. 感光性高分子[M]. 丁一,余尚元,乾英夫,译. 北京:科学出版社,1984.
[70] 李善君,纪才. 高分子光化学原理及应用[M]. 上海:复旦大学出版社,1993.
[71] [日]土田英俊,户岛直树. 高分子络合物的电子功能[M]. 北京:北京大学出版社,1992.
[72] 陈义镛. 功能高分子[M]. 上海:上海科学技术出版社,1988.
[73] 李青山,石祥. 功能高分子材料在医疗保健中的应用[M]. 哈尔滨:哈尔滨工程大学出版社,1993.
[74] 干福熹. 信息材料[M]. 天津:天津大学出版社,2000.
[75] 李言荣,恽正中. 电子材料导论[M]. 北京:清华大学出版社,2001.
[76] 沈能珏. 现代电子材料技术-信息装备的基石[M]. 北京:国防工业出版社,2000.
[77] 张志焜,崔作林. 纳米技术与纳米材料[M]. 北京:国防工业出版社,2000.
[78] 张启程. 光存储材料及其存储机理[J]. 功能材料,2004,35:419-421.
[79] 王欣姿. 电子俘获光存储材料的最新研究进展[J]. 光电子技术与信息:2005(18):2-4.
[80] 袁保红. 光折变聚合物材料的研究进展[J]. 物理学进展,2000(20):2-4.
[81] 黄雄飞. 光折变聚合物的研究进展[J]. 中山大学研究生学刊,2000,21:1-3.
[82] 姚建铨. 光电子技术[M]. 北京:高等教育出版社,2006.
[83] 应磊. 电磷光发光聚合物[J]. 化学进展,2009,21:1275-1276.
[84] 韦进全,张先锋. 碳纳米管宏观体[M]. 北京:清华大学出版社,2006.
[85] ODOM T W, HUANG J L, KIM P, et al. Atomic structure and electronic properties of single-walled carbon nanotubes[J]. Nature, 1998,391:62-64.
[86] GEIM A K, NOVOSELOV K S. The rise of grapheme[J]. Nature Materials, 2007,6:183-191.
[87] NOVOSELOV K S, JIANG D, SCHEDIN F, et al. Two-dimensional atomic crystals [J]. PANS, 2005,102:10451-10453.